# ハンミョウの生物学

# ハンミョウの生物学
## ハンミョウ類の進化・生態・多様性

デイビッド L. ピアソン／アルフリート P. ボグラー 著
堀 道雄／佐藤 綾 訳

## TIGER BEETLES
The Evolution, Ecology, and Diversity of the Cicindelids
by David L. Pearson and Alfried P. Vogler

東海大学出版部

この本を私たちの恩師である次の方たちに捧げる.
Lyle Bradley, Rob DeSalle, Ronald Huber, Jens Knudsen, Joseph Lengeler, Gordon Orians.

**Tiger Beetles: The Evolution, Ecology, and Diversity of the Cicindelids**
by David L. Pearson and Alfried P. Vogler, originally Published by Cornell University Press
Copyright © 2001 by Cornell University
Updated distribution maps are copyright © David L. Pearson. All rights reserved

This edition is a Translation authorized by the original publisher, via Japan UNI Agency

口絵1　巣孔の入口で待ち伏せ姿勢をとるハラビロハンミョウ亜属の一種 *Cicindela* (*Lophyridia*) *littoralis* Fabricius の幼虫．フランスのコルシカ島，ピナールルにて，F. Cassola 撮影．

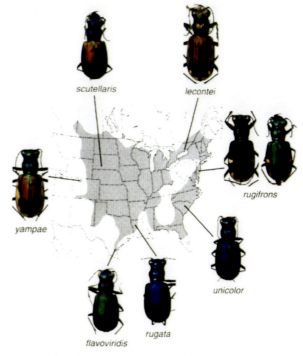

口絵2　北アメリカ大陸におけるコトブキハンミョウ *Cicindela* (*Cicindela*) *scutellaris* Say の各亜種の分布．

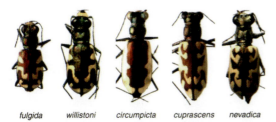

口絵3　北アメリカ中央部の二畳紀の地層で赤褐色をした川床に生息する赤褐色の鞘翅をもつハンミョウ属 *Cicindela* (広義) 5種の成虫．

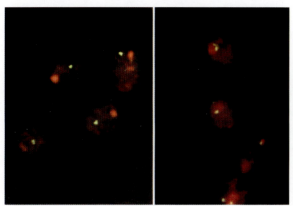

口絵4　蛍光 in situ ハイブリダイゼーション（FISH）によって発色したリボソーム DNA の遺伝子座が存在する場所〔ヒメモリハンミョウ亜属 *Pentacomia*（左図）の常染色体上と，メダカハンミョウ属 *Therates*（右図）の性染色体上のリボソーム DNA〕．分裂期中期には，性染色体は集合して性小胞（sex vesicle）を形成し，濃いオレンジ色に染まることに注意．この実験でリボソーム DNA は明るい黄白色の点として発色している．

口絵5　アマゾン川の岸辺の砂地で，夜間に配偶行動をおこなうキハダハンミョウ亜属の一種 *Phaeoxantha aequinoctalis* Dejean の雄（下）と雌（上）．ブラジル，マナウスにて，M. Zerm 撮影．

口絵6　朝日を背に受けて日光浴をするアカネハンミョウ *Cicindela* (*Cicindela*) *pulchra* Say の成虫．合衆国アリゾナ州，ウィルコックスにて，K. Wismann 撮影．

口絵7　雨期に増水したアマゾン川本流の水際で，流木に取りついているナミカラカネハンミョウ *Tetracha sobrina* Dejean の成虫の集団．ブラジル，マナウスにて，J. Adis 撮影．

口絵8 体温調節のために植物の陰で「出はいり行動」をするカワラハンミョウ Cicindela (Chaetodera) laetescripta Motschulsky の成虫．鳥取砂丘にて，芦田 久撮影．

口絵9 暖かい地表面に腹部をつけて身体を暖めているチリメンハンミョウ Eucallia boussingaulti Guérin の成虫．アンデス山脈の標高3,100m地点，エクアドル，ロハにて，J. Alcock 撮影．

口絵10 林床の木漏れ日を浴びて日光浴をするアメリカムツボシハンミョウ Cicindela (Cicindela) sexguttata Fabricius の成虫．合衆国ルイジアナ州，バトン・リュージュ近郊にて，G. Strickland 撮影．

口絵11 垂直に近い巣孔の底にいるナミハンミョウ Cicindela (Sophiodela) japonica Thunberg の幼虫．京都にて，芦田 久撮影．

口絵12 雨期に冠水する氾濫林〔バルゼア（varzea）〕の樹幹で休息するヒメモリハンミョウ亜属の一種 Odontocheila (Pentacomia) egregia Chaudoir の成虫．ブラジル，マナウスのアマゾン川本流近くにて，J. Adis 撮影．

口絵13 ベンガラハンミョウ *Cicindela* (*Cicindela*) *limbalis* Klug の配偶者防衛．カナダ，アルバータ州，エドモントンにて，J. Acorn 撮影．

口絵14 サシガメに捕らえられたハラビロハンミョウ亜属の一種 *Cicindela* (*Lophyridia*) *littoralis* Fabricius の成虫．イタリア，アルベレーゼにて，F. Cassola 撮影．

口絵16 林床の茂みの葉に集まってねぐらをとるモリハンミョウ属の一種 *Odontocheila confusa* Dejean. ペルー，マドレ・デ・ジオス県，タンボパタ自然保護区のアマゾン川流域南西部にて，E. Ross 撮影．

口絵15 苔むした砂地に紛れるドウイロハンミョウ *Cicindela* (*Cicindela*) *repanda* Dejean の成虫．合衆国ルイジアナ州，バトン・リュージュにて，G. Strickland 撮影．

口絵17 雨期の涸谷の河原でシクンシ科の灌木に日中目撃された集団ねぐら．多数のカドハンミョウ *Cicindela* (*Lophyridia*) *plumigera* W. Horn の成虫の集団に同亜属のハラビロハンミョウ *C.* (*L.*) *angulata* Chevrolat の成虫が混じっていた．ネパール東部のダランにて，堀 道雄撮影．

口絵18 熱帯林の林床の茂みの葉の上で獲物を探すクシヒゲハンミョウ属の一種 Ctenostoma (Euctenostoma) regium Naviaux の成虫．エクアドル，オレリャナ県のアマゾン川河畔にて，K. Wismamm 撮影．

口絵19 強力な毒針をもつ肉食性のアリ，サシハリアリ Paraponera clavata．口絵18の樹上性のクシヒゲハンミョウの一種 Ctenostoma (Euctnostoma) regium は，大きさ，形，行動，威嚇の摩擦音がこのアリにとてもよく似ており，おそらく擬態しているのだろう．エクアドル，アマゾン川流域の低地にて，K. Wismamm 撮影．

口絵20 スダレハンミョウ亜属の一種 Cicindela (Elliptica) flavovestita Fairmaire（中）に外見が擬態しているゴミムシの同属の2種，Graphipterus disicollis と G. vitticollis，ソマリア，モガディシオ産．F. Cassola 撮影．

口絵21 湿気の高い水田で獲物を探すニセムツボシハンミョウ Cicindela (Calochroa) flavomaculata Hope の成虫．インド，カルナータカ州，バンガロールにて，D. Pearson 撮影．

口絵22 赤い砂という特異な生息場所で生活するコーラルピンクサキュウハンミョウ Cicindela (Cicindela) albissima Rumpp の成虫．合衆国ユタ州，コーラルピンク砂丘州立公園にて，C. Breton 撮影．

口絵23 合衆国ユタ州南西部にあるコーラルピンク砂丘州立公園の景観．口絵22のコーラルピンクサキュウハンミョウ Cicindela (Cicindela) albissima Rumpp はこの砂丘だけに生息する．C. Breton 撮影．

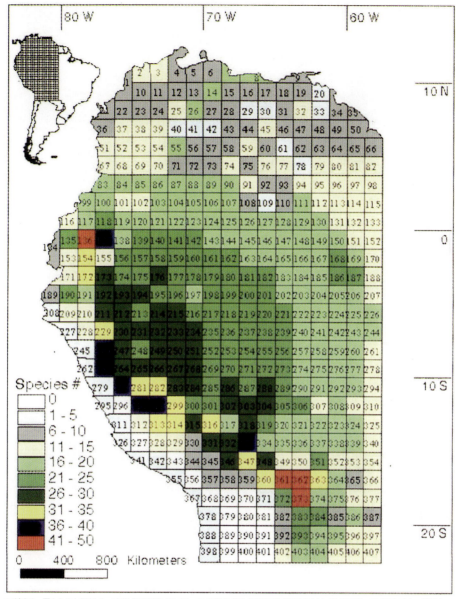

口絵24 図11.3と同じく,南米北西部のハンミョウの種多様性の空間的変異を示すための区画.この図では,未調査でデータのない258区画にも,種多様性の空間モデルからの推定値を記入し,また空間的変異のパターンを示すために,各区画の種多様度を凡例に示した色で段階分けしている.

口絵25 非飛翔性で樹上性のヌバタマキノボリハンミョウ Tricondyla cyanea Dejean の成虫.このハンミョウはキリギリスの一種 Condylodera tricondyloides の後期齢の幼虫が擬態しているモデルと考えられる.マレー半島,ケダー・ピーク,ウエストウッドにて,E. S. Ross 撮影.

口絵26 樹上性のキリギリスの一種 Condylodera tricondyloides の後期齢の幼虫.口絵25のヌバタマキノボリハンミョウ Tricondyla cyanea Dejean の成虫にとてもよく似ている.マレー半島,ゴンバックにて,E. S. Ross 撮影.

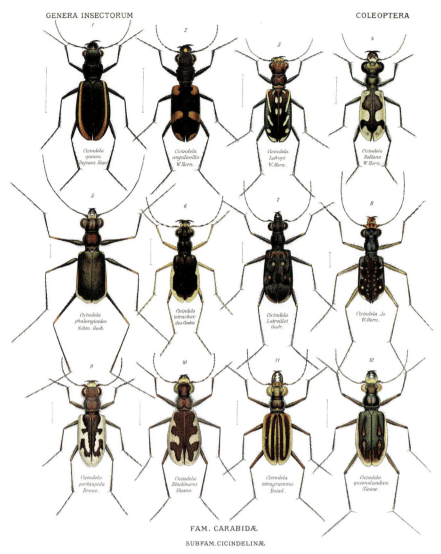

口絵27 近縁度の異なるハンミョウ属 Cicindela（広義）の12種の成虫．斑紋の色とパターン，身体の大きさと形もさまざまである（W. Horn, 1915より）．

口絵28 小川沿いの下生えの葉で休む，緑銅色をしたセセラギハンミョウ Oxygonia prodiga Erichson の雄．ハンミョウの中で極端な性的色彩二型が見られるのはこの属だけである．ペルー，山間の町ティンゴ・マリア付近の森林にて，E. S. Ross 撮影．

口絵29 同じく下生えの葉で休む，セセラギハンミョウ O. prodiga Erichson の雌．暗青緑色をしている．口絵28と同じ場所にて，E. S. Ross 撮影．

口絵30 体色が明るい緑色のウスバハンミョウ属の一種 *Heptodonta analis* Fabricius の成虫．危険から逃れようと林床から飛んでシダの葉に止まったところ．マレーシア，マレー半島にて，芦田 久撮影．

口絵31 森林の葉上で活発に活動するヤエヤマクビナガハンミョウ *Neocollyris loochooensis* Kano の成虫．西表島にて，榎戸良裕撮影．

口絵32 林床の小径や倒木上で活動するシロスジメダカハンミョウ *Therates alboobliquatus* W. Horn の成虫．西表島にて，山本捺由他撮影．

口絵33 日差しの強い砂浜で向陽姿勢をとるハラビロハンミョウ *Cicindela* (*Lophyridia*) *angulata* Fabricius の成虫．種子島にて，榎戸良裕撮影．

口絵34 マウント行動で配偶者防衛をしているイカリモンハンミョウ *Cicinelela* (*Abrocelis*) *anchoralis* Chevrolat の雄．種子島にて，榎戸良裕撮影．

口絵36 マダガスカル特産で樹上性のクチヒゲハンミョウ属の一種 *Pogonostoma simile* Jeannel の成虫．熱帯林の樹幹で，夜間は下を向いた姿勢で静止している．昼間も餌を待ち伏せたり休息するときは同じ姿勢をとる．同島北部アンカラファンティカ国立公園にて，堀 道雄撮影．

口絵35 1990年代末頃に台湾から西表島に侵入し定着したと考えられるタイワンヤツボシハンミョウ *Cicindela* (*Cosmodela*) *batesi* Fleutiaux. 西表島にて，堀 道雄撮影．

口絵37 ハンミョウ類では最も身体の大きな属，エンマハンミョウ属の一種 *Manticora tibialis* Boheman の雄．大顎が大きくて左右非対称．雌の大顎はやや小さく左右対称．荒地のラテライト上で，主に夜間に餌を探している．南アフリカのルーイブールトにて，Hennie de Klerke 撮影．プレトリア大学 Clarke Scholts 教授提供．

口絵38 大西洋に面したアフリカ南西部の砂浜に生息するヒラグチハンミョウ *Platychile pallida* Fabricius の成虫．夜行性で非飛翔性．前胸背後端に大きな棘をもつ．南アフリカのポートノロスにて，堀 道雄撮影．

口絵39 アンデス山脈の高地に生息するフタモンハンミョウ属の一種 *Pseudoxycheila chaudoiri* Dokhtouroff の成虫．日中にがれ場や河原で活動するが非飛翔性．エクアドル，ロハ州の標高約2,500mのヤンガナにて，堀 道雄撮影．

口絵40 アフリカの疎開林の林床を走り回るヒゲブトハンミョウの一種 *Dromica horii* Cassola の成虫．昼行性で非飛翔性．ザンビア北部のタンガニイカ湖畔ムブルングにて，堀 道雄撮影．

口絵41 マダガスカル特産で，ベッコウバチ類に擬態しているとされるハチモドキハンミョウ属の一種 *Peridexia fulvipes* Dejean の成虫．林床をよく飛翔し，植物に止まることも多い．同島南東部のラヌマファナ国立公園にて，堀 道雄撮影．

口絵42 マダガスカルの石灰岩地帯の乾燥林の林床でひっそりと活動するキララハンミョウ属の一種 *Physodeutera horimichioi* Moravec & Razanajaonarivalona の成虫．同島北西部ベマラハ国立公園にて，堀 道雄撮影．

口絵43 南アメリカの熱帯林に広く分布するモリハンミョウ属の一種 *Odontocheila cajennensis* Fabricius の成虫．林床の植物上を飛翔しながら活発に活動する．エクアドルのアンデス山脈東麓のテナにて，堀 道雄撮影．

口絵44 大西洋に面したナミブ砂漠の砂浜に生息するアオヒラタハンミョウ *Eurymorpha cyanipes* Hope の成虫．昼行性ですばやく飛翔する．ナミビアのリューデリッツにて，堀 道雄撮影．

# 序　文

　本書で取り上げるのは，ハンミョウと呼ばれる魅力的な昆虫である．その身体の構造，分子レベルの分析の成果，遺伝，行動，自然史について詳しく紹介し，また，それに基づいてできるかぎりハンミョウ類の多様性が掴めるよう心を砕いた．つまり，その多様性を進化的な観点から論じ，系統進化，種分化，生物地理，生態，生理，保全までを詳しく検討しよう．さらに，この脚の長い，眼の大きな甲虫からの研究成果は，調査が難しい他の多くの生物へも簡単に応用できることを示そう．つまり，ハンミョウは，遠方の，まだ調査が進んでいない生息場所（たとえばアマゾン川流域）や類縁のない生物（たとえば鳥類，両生類，他の昆虫）を理解するためのモデル生物となりうるのではないか．私たち著者二人はなりうると確信しているし，本書を読まれる皆さんにもそれを理解してもらえるはずである．

　私たち二人は，ハンミョウについて従来の生物学と最新の生物学を統合したスタイルの本を書こうと何年も話し合ってきた．最終的に，このコーネル大学出版会の『節足動物の生物学』(Arthropod Biology) シリーズの一冊として，出版できることになった．その資料集めと執筆には4年以上を費やしたが，それは楽しい挑戦であった．作業をつうじて，二人の意見の違いを突き合わせ，論理的な筋道を一貫させ，議論の焦点をはっきりさせることができた．執筆において一番心がけたことは，経歴や経験の異なる読者たちがもっているはずのさまざまな期待にどう応えるかであった．つまり，ハンミョウの生物学についてはほとんど独学の場合が多い熱心なアマチュア，大学院に進学したばかりで研究テーマと対象生物を探している学生，さらには分子遺伝学，細胞生理学，最新の系統分類学，実験行動学，生態学などの専門分野で充分な経験を積んできた研究者までの，幅広い読者が抱くであろうさまざまな期待にどう応えるかであった．

　こうした読者はいずれもハンミョウの生物学への興味をもっているので，本書を読みとおして，ハンミョウについての見方，考え方，全体像を読み取ることができると著者らは期待している．本書は，幅広い読者を対象にしているが，専門の研究者を満足させながら，同時にアマチュアにも不満を抱かせないようにするのは不可能に近い．必要な場合には専門用語を定義して使い，基本的な仮定と理論をできるかぎり簡潔に説明するよう心がけた．一方で，テーマや概念について深く追究することもできるかぎり試みた．もし，あなたがある章のはじめの説明が分かりきったことを述べていると感じるなら，もっと刺激を受けそうな内容に行き当たるまで読み飛ばせばよいだろう．同様に，もし，あなたがここは難しすぎると感じた部分に行き当たったなら，そこは飛ばして，もっと自分の興味と経験に合う部分に進めばよいだろう．おそらく，他の章を読んだ後で，その読み飛ばした部分に戻れば，ハンミョウの生物学を理解するうえでその部分が必要であることを分かってもらえると思う．

　私たち著者の目標は，さまざまなレベルのハンミョウ愛好者をさらに啓発し，鼓舞する本を書き上げることであるが，専門家の友人たちとアマチュアの友人たちの両方が草稿に目を通して，その目標が達成されているかどうかを論評してくれた．そのことに関して，執筆中の原稿に何度も目を通して批評してくれた多くの友人と同僚に感謝の意を表したい．特に，文章の分かりやすさと正確さの両方に対して，歯に衣を着せない批評と助言をしてくれた次の方々へ，その尽力と心遣いに対して心からの感謝を捧げたい．John Alcock（アリゾナ州立大学）（敬称略），Timothy Barraclough（インペリアルカレッジ，シルウッドパーク校，イギリス），Richard Freitag（レイクヘッド大学，サンダーベイ，オンタリオ州，カナダ），Robert C. Graves（ボウリン・グリーンステイツ大学，オハイオ州），Neil Hadley（ノースカロライナ大学ウィルミントン校），Ronald L. Huber（ブルーミントン，ミネソタ州），Michael Quinlan（アリゾナ州立大学），John Shetterly（ボストン，マサチューセッツ州），George Ball（アルバータ大学，エドモ

ントン，カナダ）．なお，次の方々が，野外や実験室で撮影したハンミョウのオリジナルの写真やスライドをこの本のために提供してくれた．John Acorn（エドモントン，カナダ），Joachim Adis と M. Zerm（マックスプランク陸水学研究所，プレーン，ドイツ），John Alcock，芦田 久（京都，日本），Christine Breton（ニューヨーク），Fabio Cassola（ローマ，イタリア），Steve Spomer と Leon Higley（ネブラスカ大学），Ed Ross（カリフォルニア科学院，サンフランシスコ），Kim Wismann（テンペ，アリゾナ州）．また，Michael Kippenhan（ポートランド，オレゴン州）は線画を何枚か提供してくれた．王立大学シルウッド校，イギリス自然史博物館，アリゾナ州立大学の生命科学イメージ視覚化グループの Anne Rowsey は図式の製作についての専門的意見と必要な道具と装置を提供してくれた．John Lawton（個体群研究所，王立大学シルウッド校，前所長）は2回のイギリス渡航の費用を提供してくれたが，それは私たち二人が原稿作成を共同で取り組むうえで大きな助けとなった．

私たち二人のハンミョウ研究における多くの共同研究者，とりわけ自然史博物館（ロンドン）の甲虫分子研究の研究室の Timothy Barraclough，Anabela Diogo，および他のメンバー，さらにアリゾナ州立大学の Steven Carroll に感謝の意を表したい．さらに，困難な野外調査と実験室での作業を手伝ってくれた次の方々にも感謝する．David Brzoska（カンザス大学，ローレンス），Jaime Buestán と Ronald Navarrete（グアヤキル大学，エクアドル），Fabio Cassola（ローマ，イタリア），Bob Coder（ウィルコックス，アリゾナ州），Rob DeSalle（アメリカ自然史博物館，ニューヨーク），Jae Choe（ソウル大学，韓国），Terry Erwin（スミソニアン研究所，ワシントン），Claudio Ruy Fonseca（国立アマゾン研究所，マナウス，ブラジル），Jose Galián（ムルシア大学，スペイン），Kumar Ghorpade（バンガロール，インド），Paul Goldstein（自然史博物館，シカゴ），Fernando Guerra（サン・アンドレス大学，ラパス，ボリビア），Neil Hadley（ノースカロライナ大学，ウィルミントン），Ronald Huber（ブルーミントン，ミネソタ州），Steven Juliano（イリノイ州立大学，ノーマル），C. Barry Knisley（ランドルフ・メイコン大学，アッシュランド，バージニア州），Elizabeth Mury-Meyer（シカゴ，イリノイ州），Gerardo Lamas（リマ自然史博物館，ペルー），Robert Lederhouse（ラトガース大学，ニューブランズウィック，ニュージャージー州），Roger Naviaux（ドメラ，フランス），Veronica Núñez（エクアドル・カトリック大学，キト），H. R. Pajni と Ashwani Kumar（パンジャブ大学，チャンディガル，インド），Jon Paul Rodríguez（ベネズエラ科学研究大学，カラカス），Ann Rypstra（マイアミ大学，オハイオ州），Thomas Schultz（デニソン大学，グランヴィル，オハイオ州），W. Dan Sumlin（サン・アントニオ大学，テキサス州），Ana María Trelancia と Silvia Sanchez（ナシオナル・アグラリア・ラ・モリーナ大学，リマ，ペルー），G. K. Veeresh と T. Shivashankar（バンガロール農業科学大学，インド），Todd Shelly（ハワイ大学，ホノルル），Jürgen Wiesner（ウォルフスブルク，ドイツ）．この方たちの助けなしには私たちのハンミョウについての研究はけっして遂行できなかっただろう．

コーネル大学出版会の編集者，Peter Prescott 氏には，出版作業を推し進めるとともに，私たちを暖かく激励していただき，感謝する．最後に，私たち二人の妻，Nancy Pearson と Bea Howard には，私たちが野外調査に出たり，実験室に籠もっている間，そうでないときは家に居ても執筆のことで頭がいっぱいで他に気が回らない私たち二人を，我慢強く見守ってくれたことに感謝する．

# 日本語版への序文

　本書の英語の初版（2001）が出版されてから15年がすぎた．その間，専門家および熱心なアマチュアの努力によってハンミョウに関する知見は驚くほど増大した．300篇以上の生態，行動，自然史に関する論文が発表され，さらに150篇もの分類と系統に関する論文と本が出版されている．私たち著者はこうした研究成果の多くをこの日本語版で新たに引用した．ハンミョウは依然として最もよく分かっている昆虫のひとつである．

　英語の初版で予想したように，分子生物学的手法はハンミョウ研究のあらゆる分野において，仮説検証の主要な分析法となった．また，最近15年の研究では，保全の観点，および生物指標と害虫防除の担い手という応用的観点からハンミョウを対象とする研究も大きな割合を占めるようになった．さらには，生物学の最前線でもハンミョウを活用する研究が現れている．この日本語版では，新たに4つの節または小節，つまり「バイオミメティックス（生物模倣）」「占有モデルと在・不在データ」「市民科学者」を第11章に，「気候変動」を第12章に設けて，それぞれ詳しく紹介した．野外の調査計画において市民科学者の役割はますます重要となっており，バイオミメティックスは，生物の構造や機能を真似ることで自然を持続可能なかたちで商業的に活用できるために関心が高まっている．占有モデルなどの特殊な数理モデルは，個人的かつ非定型的ながら長期にわたって集められた観察データなどを統計的に確実に利用できるようにする．また，気候変動が実際に大きくなっているのか，そして，その場合の原因は何かを解明する必要性はますます大きくなっている．もし，今から15年後に本書の次の版が出版されるとすれば，この4つの分野でさらに多くの研究と知見が積み重ねられているだろうが，私たち著者の予想では，その新たな発見や仮説検証の面で，ハンミョウはさらに注目されているはずである．

　過去15年間のもうひとつの注目すべき変化は，北アメリカとヨーロッパ以外の研究者たちの活躍が目に見えて増大したことである．南アメリカ，アフリカ，アジアから発信された研究は2～3倍に増えた．とりわけ印象的なのは，ハンミョウを研究する日本人研究者が，日本国内だけでなく，世界的規模で研究を展開していることである．本書の日本語版の出版は，私たち著者にとっても大きな喜びである．そして，この日本語版が，研究者と市民科学者のハンミョウへの関心をさらに高め，いっそうの発展を導く助けとなることを切に望んでいる．

　最後にもうひとつ指摘しておきたい．一般的に科学では，驚くべきことに，そして同時にわくわくすることでもあるが，科学技術，科学的概念，そして，おそらく現在の常識では予想もしなかった新しい分野が，数年後にはごくふつうのこととなる場合が多い．ハンミョウに関しては，深く，そして幅広い知見が蓄積され続けているので，今後の研究がどのような方向に向かおうとも，ハンミョウは技術的発展，概念形成，仮説検証において，これからも有用なモデル生物であり続けるに違いない．

2016年4月<br>
著者を代表して．<br>
David L. Pearson

# 目 次

序文　xiii
日本語版への序文　xv

### 第1章　はじめに ──── 1
　　ハンミョウ研究のおもしろさ　1
　　ハンミョウ研究の先人たち　2
　　科学研究におけるハンミョウの価値　3

## 第1部　分類的多様性─進化および世界的分布でみたハンミョウ

### 第2章　ハンミョウとは ──── 8
　　どの仲間に近いのか　8
　　ハンミョウの特徴　8
　　生活環の各発育段階　25

### 第3章　分類と進化 ──── 29
　　ハンミョウ科の分類　29
　　多様性の進化　39

### 第4章　種と種分化 ──── 48
　　種とは何か　48
　　なぜ種を問題とするのか　53

### 第5章　遺伝─特異な性決定様式 ──── 71
　　染色体と生殖細胞　71
　　染色体の進化と種分化　78

### 第6章　生物地理 ──── 80
　　なぜ，ある地域では種数が多く，別の地域では少ないのか　80
　　ハンミョウはどこから，どのようにして来たのか　91

## 第2部　生態的多様性─自然環境でのハンミョウ

### 第7章　自然を生き抜く ──── 100
　　物理的生息場所の中のハンミョウ　102
　　安定した体内環境の維持　103
　　長期的な環境変化に対する応答　110
　　その他の進化上の問題　119

### 第8章　交配相手の探索と求愛 ──── 121
　　性淘汰と雌の選り好みの論理　122
　　交配と繁殖　123

第9章　敵からの逃避と回避 ──────────────── 130
　　　天敵はどんな動物か　132
　　　対捕食者形質　134
　　　複合的な対捕食者防衛　137
　　　防御化学物質──局所的な適応か，歴史的な成り行きか　141

第10章　競争者に立ち向かう ───────────────── 146
　　　食物と採餌行動　147
　　　ハンミョウはどのように競争に立ち向かっているのか　151
　　　群集内の共存種の組合せに規則性はあるのか　153
　　　ハンミョウの適応放散──何が多様性を促進したのか　159

第11章　経済と保全 ──────────────────── 167
　　　経済的な利用価値　167
　　　バイオミメティクス（生物模倣）　168
　　　保全　169
　　　分類群間の比較と統計上の自己相関の問題　172
　　　分子レベルの研究と保全　177
　　　市民科学者と保全　183

# 第3部　生態的多様性と分類的多様性の相互作用

第12章　今後の研究と統合 ──────────────── 186
　　　分布パターンの研究　186
　　　亜種の研究の必要性　187
　　　世界全体での比較　189
　　　系統樹の改良とその予測力の強化　190
　　　剛毛の配列様式と統合　190
　　　気候変動　193
　　　結論　193

付録A　ハンミョウの観察と採集　195
付録B　世界の主な属の自然史　203

訳者あとがき　221
引用文献　225
学名索引　255
分類名・和名索引　259
人名索引　263
事項索引　264

# 第1章

# はじめに

## ハンミョウ研究のおもしろさ

　ハンミョウという昆虫のおもしろさは，いろいろな生息場所に見られること，ほぼ世界中にくまなく分布すること，さまざまな特長がいずれも洗練されていることにある．ハンミョウは，これまでに約2,300種が記載されており（Cassola & Pearson, 2000），世界中の陸上環境に広く見られる．ただし，南極大陸，北緯65度以北の北極地方，タスマニア島，またハワイやモルディブのように孤立したいくつかの海洋島には生息していない．標高で見ると，約3,500mからマイナス220mまで分布する．ハンミョウは，美しい色彩をした種類が多く，その凛とした立ち振る舞い，そして多様な生息環境，たとえば高地草原，砂漠草原，熱帯雨林，海辺などで生活できる能力をもつことで，私たちの好奇心をおおいに刺激する．好奇心をかき立てられたプロの科学者や熱心なアマチュアたちが，こうしたハンミョウの魅力の謎を，どんな特性がどのように発揮され，そして，なぜそうなっているのかの観点から解明しようとしてきた．ハンミョウでは，自然史，個体群動態，群集，世界的な種多様性のパターン，特定のグループの系統分類などが詳しく研究されており，これらの研究によって実に多くのことが分かってきた．その結果，ハンミョウは最も広範に研究された昆虫の科のひとつとなり，とりわけ生態学と地理的分布の研究が際立っている．しかしながら，これらの豊富な知見を詳しく扱った本はなく，手に入る文献としてはそれらを手短にまとめたものだけである（Pearson, 1988; Knisley & Schultz, 1997）．本書は，最新の，そして広範な知見を体系的にまとめたもので，内容としては，分類，自然史，生息場所の説明から，多種からなる群集での餌をめぐる競争の理論，複雑な防衛戦略の役割，分岐しつつある個体群の間の分子遺伝学的解析まで多岐にわたる．

　これから議論することになる論点の実例として，次のような場合を考えてほしい．アリゾナ州南東部の砂漠草原から採集したハンミョウの標本を，ボルネオ島の原生林の林床から得られたハンミョウの標本の隣に置いてみれば，両種がとてもよく似ていることにすぐに気づくであろう．外見がとてもよく似ているハンミョウ2種が，どのようにして，砂漠草原と原生林というまったく異なる生息場所で生活できるのか．異なる生息場所で生活するための決定的な違いは，種間のほんのわずかな違いによってもたらされているようであり，たぶん，ハンミョウ成虫の基本的な形態上の形質は，それほど重要ではないのだろう．たとえば，微妙な生理的違いや幼虫期における違いによって，それぞれの種がきわめて異なる環境に対処することを可能にしていることもありうる．この謎を解き明かすに当たっては，おそらく現在の生態学的な要因と，過去における出来事，あるいはその両方の組み合わせが関わってくるであろう．本書では，以下のような基本的な問いに答えるため，説明と分析（自然史に分子生物学的な技術を組み合わせた分析）をおこなっている．つまり，ある特定の種がなぜある特定の生息環境にだけ現れるのかという問いである．さらに，これらの分析法に加えて他の現代的な技術の助けも借りて，以下のような応用的な問いにも答えようとしている．つまり，ハンミョウに対する知識が，近縁の，あるいは類縁の遠い分類群の絶滅可能性を予測する助けになるのか，あるいは，これらの知識が生態系全体を把握する助けになりうるか，という問いであり，また，ある地域に見られるハンミョウ類の目録を作ることは，動物相と植物相が最も多様性に富む場所，つまり最も保全に値する場所を効果的かつ迅速に指摘することにつながりうるのか，

という問いである.

　基礎的な研究あるいは応用的な研究のどちらを議論するにせよ,本書では,こうした問いに応えるために,科学的手法を用いていることを強調したい.科学的手法は,次の4つの手順を含んでいる.（1）野外や研究室,博物館での観察の中で,何かおもしそうな疑問をいだく.（2）その疑問を説明してくれそうないくつかの仮説を立てる.（3）それぞれの仮説が正しかった場合,観察と操作的実験からどのような結果が得られるかの予測を立てる.（4）そして,実際に観察と実験をおこない,野外や実験室でデータを得ることで,最初の疑問に答えを出す.しかしながら,もしその後にもっと詳しいデータが手に入り,それが以前の結果と矛盾していたら,すべての手順を一からやり直さなければならないであろう.この科学的な手法は,どんな科学にも見られる2つの発達段階,つまり,なんらかのパターンを検出しようとする初期の記載的な段階と,パターンの原因を見つけ出そうとする後期の分析的な段階の両方において有効である.

　本書では,ハンミョウについてのあらゆる側面,すなわち,ハンミョウの分類,解剖学的構造,系統,生理機能,生態,行動,保全,そして進化を扱っている.本書の主な目的は,ハンミョウ愛好家の卵たちに詳しい基礎知識と掘り下げた議論を提供し,またプロ・アマ問わず経験を積んだ研究者たちに難問を解決する洞察力を培ってもらうことである.前半の各章では,解剖学的構造,分布,自然史についての基礎知識を扱っている.これらの知識は,ハンミョウを研究しようとする者には必要不可欠なものである.後半の各章では,前半での内容を踏まえて,疑問と仮説を提示している.後半まで読んでもらえれば,ハンミョウが遺伝,生物地理,生態,行動,そして保全といったテーマを探求するのに最も有効かつ好奇心をそそる分類群のひとつであることに納得してもらえるはずである.

## ハンミョウ研究の先人たち

　1758年,スウェーデン人のCarolus Linnaeus教授が,世界で初めてハンミョウを正式に記載した.彼は,現在使われている二名法という体系を発展させた人物である.彼は7種をハンミョウ属 *Cicindela* として記載したが,この属名がハンミョウに対して使われたのは,これが最初であったと考えられる.それ以前,つまり,西暦1世紀のプリニウスの時代から1710年のJohn Rayまでの間,この属名に使われた単語は,現在ではホタル科として認識される昆虫のことを指していた.*Cicindela* という単語は,明らかに2つのラテン語をルーツにもっている.ひとつは *cicatrix* であり,意味は斑点,もうひとつは *candela* であり,意味はロウソクや光である.組み合わせると,この単語は明るい（色のついた）斑点という意味にとることができ,少なくともLinnaeusによってこの属に入れられたハンミョウの中にはこの名前がぴったりのものがいる（G. Ball,私信）.

　ハンミョウ研究の初期の頃（18世紀中頃）は,もっぱら新種を記載することに力が注がれていた（Ball, 1996）.初期の研究者たちは皆ジェネラリストであり,ほとんどの人は,採集が容易で,大きくてめだつ昆虫に重点を置いていた.もちろんハンミョウはその代表格の対象であった.長期間の保管が可能な,常勤の管理者がいる自然史博物館や規模の大きい個人コレクションの発展にともない,ますます新種の発見に力が注がれた.遠征は広い範囲にわたり,未記載種を求めて,熱狂的ともいえる探索がおこなわれた.デンマーク人のJohann C. Fabriciusとフランス人のPierre A. Latreilleは,1700年代末から1800年代初めまでの間に多くのハンミョウの新種を記載した.博物学者のThomas Sayは,アメリカ人として初めてハンミョウを野外において精力的に研究した人であった.彼が新種を記載した頃は,弓矢による攻撃が北アメリカ西部の昆虫学者にとっての職業上の危険となるような時代であった.しかしながら,上記の人々はすべてジェネラリストの自然史研究者であり,昆虫から哺乳類,鳥,植物までのあらゆる生物を採集していた.1800年代中頃になってようやく,ハンミョウやそれに近いオサムシ科の甲虫を専門とする研究者が現れ,洗練された分類の論文を発表しはじめた.これらの研究者には,ウクライナ人のBaron Maximilien de Chaudoir,フランス人のP. F. M. A. le Comte DejeanとPierre F. M. Auguste,そして後にはHenry W. Batesがいる.

Batesは，イギリスの王立地理学協会の幹事であり，アマゾン川流域に何年も滞在し，標本を採集したり，昆虫の行動や自然史について鋭い観察をおこなっている．

1800年代にハンミョウについて研究した重要な先駆者たちは，ほとんどヨーロッパ人であり，Louis A. A. Chevrolat, Wladimir S. Dokhtouroff, Gotthelf Fischer von Waldheim, Edmond Fleutiaux, Jean T. Lacordaire, Louis Reiche らがいるが，1800年代末に向かってしだいにアメリカ人が台頭してくる．これらのアメリカ人には，Thaddeus W. Harris, Samuel H. Haldeman, John L. LeConte, George H. Horn［この甲虫全般の研究者と区別するためにハンミョウ研究の大御所のWalther Hornは，通常 W. Horn と記される］, James Thomson らがいる．ハンミョウの系統分類を重視する視点は，Charles W. Leng, Henry Fall, Henry Wickham らアメリカ人昆虫学者によって1900年代初頭まで続いた．この時代のアメリカ人研究者の中で最も議論をよぶ研究者の一人が，Thomas L. Casey である．彼はほぼすべての変異型を異なる種として扱い，その多くを新種として記載した．しかしながら，こうしたアメリカ人研究者の生産性も，ドイツ人医師 Walther Horn と比べれば見劣りしてしまう．Horn は，20世紀初頭に活躍した研究者の中で，最も精力的かつ影響力の大きな人物である．1890年から1943年までに彼が発表した284篇もの出版物は，ハンミョウについて研究しているすべての人の見方に深く影響を与えている．

ハンミョウ研究者の次の世代には，フランス人の Pierre Basilewsky, René Jeannel, Emile Rivalier, アメリカ人の Melville Hatch, Mont A. Cazier らがいる．彼らは，引き続き新種の記載をおこない，分類学的関係を理解しようとした．さらに，オーストリア人の Karl Mandl 教授は，1921年から1990年までの間に274篇ものハンミョウに関する論文を発表し，その中には生物地理に関するものも含まれていた．この時代には，ハンミョウの系統分類の基礎が固まってきたことから，生態や自然史についての研究が始まっている．アメリカ人の P. J. Darlington Jr. と Victor Shelford, そしてスウェーデン人の Carl H. Lindroth は，これらの分野で特に重要な役割を果たしている．20世紀中頃からは，ハンミョウの研究は，研究者の数という点からも発表された論文数という点からも，指数関数的に発展した．ヨーロッパ人が再び世界規模の分類学的研究に主導権を握るようになり，そうした研究者としては，Fabio Cassola, Chris M. C. Brouerius van Nidek, Roger Naviaux, Karl Werner, Jürgen Wiesner らがいる．一方で，北米の研究者たちも，ハンミョウの分類学に大きな貢献をしており，これらの研究者には，Richard Freitag, Ed V. Gage, Walter Johnson, Robert C. Graves, Ronald L. Huber, Norman L. Rumpp, W. Dan Sumlin III らがいる．同時に，同じく北米の研究者である Harold L. Willis や André Larochelle らは，ハンミョウを対象に行動や生態学的研究を推し進めた．20世紀後半には，ハンミョウは世界中で研究されるようになり，ヨーロッパや北米だけでなく，南米や南アフリカ，日本，インドにも研究者が現れている．彼らは，ますます洗練された研究をおこなった．今日では，数百人ものハンミョウ研究者が，個人的に，あるいは地域や国内，そして国際的な雑誌を通して研究成果を分かち合っている（Pearson & Cassola, 2005）．1969年には，ニュースレターを前身として年4回定期的に発刊される雑誌，『*Cicindela*』が創刊された．この雑誌は，Ronald L. Huber, Richard Freitag, Robert C. Graves, Harold L. Willis によって編集され，ハンミョウ専門に，観察，情報，一般の興味を引く論文を提供するために刊行されている．

## 科学研究におけるハンミョウの価値

ハンミョウ研究の歴史を通して明らかになったことがいくつかある．そのひとつは，アマチュアの昆虫愛好家たちのたゆまぬ献身的努力がなければ，ハンミョウはいまだ研究の進んでいない昆虫のままであっただろうということである．多くの愛好家たち，たとえば弁護士，歯科医，鉄道員，郵便局員，刑務官といった人たちは，ハンミョウの研究資金を稼ぐために仕事をしているといっても過言ではなく，こんなにも熱心な愛好家がいるのは，ハンミョウ以外ではチョウ，トンボ，鳥類くらいである．さらに，ハンミョウについて書かれた論文のうちプロではない生物学者によるものが，全体の80％近くを占めており，この割合の高

表1.1 理想的なモデル生物の特徴.

| | | |
|---|---|---|
| 1. | その生物は分類学的に安定しているか | ある疑問を検証するためのデータ収集を終えた後に,調べた個体群が,実は複数種あるいは遺伝的に分化した複数のグループを含んでいたことが分かった場合,研究結果を解釈することは難しいだろう. |
| 2. | 試供生物の生物学や自然史はよく分かっているか | もし,個体群の多くの個体は雨季に活動するのに,研究は乾季におこなわれ,観察期間中にはほんの少数の型破りな個体しか活動していなかったとしたら,データの解釈は,間違ったものになるだろう. |
| 3. | 必要とあれば,直ぐにでも観察したり,手に取ることができるか. | 多少とも研究資金や時間が限られている場合,林冠にかろうじて見つかるような生物や,標識再捕のための捕獲がとても難しいような生物は,研究のモデル生物としては通常不適格である. |
| 4. | 試供生物によって明らかにされた生物学的パターンが,他の生物で見られるパターンを反映している証拠はあるか. | もし試供生物の行動や生態が珍しいものであった場合,あるいは特殊な生息場所や地域に限定されすぎて,他の生物の代表にはなれそうにない場合,モデルや供試生物としての役割は限られたものになるだろう. |

さは他の同様な昆虫のグループと比較しても同じかそれ以上であろう.

　2つめは,ハンミョウについての一連の研究によって,注意の行き届いた分類体系が構築され,それが後続する研究にとっての堅固な基礎となっていることである.分類体系や進化的関係がしっかりと確立されていない分類群は,一般的に言って,優良な試供生物（test organisms）とはならない.後続の研究者たちは,もし,対象とする種がきっちりと識別できない,あるいは分類的位置づけを再検討できない状態であったなら,その研究を再現したり,研究結果を発展させることはできないだろう.

　3つめは,2つめと密接に関連することであるが,かつての研究者たちはほぼすべて,まずなによりもハンミョウそのものに興味をかき立てられて研究に勤しんできたが,最近になって,科学におけるもう一段上の観点からハンミョウに注目する研究者が現れ始めたことである.これはたぶん,初期の研究者たちによるデータベースが利用できたというだけの理由によると考えられる.過去20年の間に,分子レベルの研究や生理学的研究に使われるおびただしい数の技術と洗練された装置類が進歩してきた.こうした科学技術の中には,もはや通常のモデル生物では設問したり答えを出したりできない種類のものもある.あるデータを必要とする疑問が生じたときにだけ,それに向いた生物がモデル生物として貢献できる（表1.1）.ハンミョウは,分類と自然史についての確固たるデータベースが存在することによって,分子生物学者や生理学者,数理モデルを扱う学者たちを惹きつけている.さもなければ,これらの研究者たちは,もともとハンミョウに興味がなかったか,場合によっては知識すらなかった人たちである.こうした類の研究者たちにとっては,答えを出すのに用いる対象生物よりも,疑問の方が重要なのである.このアプローチは,アマチュアとプロの研究者との間に溝を生みだし,また生物を対象とする科学者と分子を対象とする科学者との間に,さらには科学哲学上の基礎理論の信奉者と応用至上主義との間にも溝を生みだしてもおかしくはなかった.しかし,これらの研究者たちの相互依存性は,火を見るよりも明らかであり,ハンミョウを対象としている異なるグループの研究者たちの間で,非建設的な批判が飛び交った事例はまったくといってよいほどない.もっとも,ハンミョウを研究している人たちは,ただ上品で寛大になりがちなだけなのかもしれないが.

　ハンミョウは,理想的な試供生物としての要件をとてもよく満たしており,制約はほんのわずかしかない.制約があるかどうかは,生息場所や地理的位置,問いかけられている具体的な疑問による.たとえば,高山や北半球にある永久凍土の縁で研究をおこなう場合は,ハンミョウ以外の生物を対象としなければならない.というのも,このような地域にハンミョウは生息していないからで

ある．同様に，スラウェシ島において，生態や行動を研究するための試供生物としてハンミョウを利用することは生産的ではないだろう．なぜなら，スラウェシ島には多くの種類のハンミョウが生息するものの，その自然史はいまだ解明されていない部分が多いからである．加えて，飛翔筋組織や呼吸の生理的仕組みについても，ハンミョウではほとんど研究されていないため，目下のところ他の生物にも適用できるデータを提供することはできない．一方で，捕食者―被食者の相互作用や空間的な分布に関しては，ハンミョウはとてもよく研究されており，そうしたデータは，種の共存や空間的多様性のパターンについてのさまざまな一般的な疑問を検証するのに，すぐにでも使えるだろう．なにしろ，実績がそれを示している．モデル生物としてのハンミョウの価値を認めた研究者によって実現可能となった，あるいはおおいに深められた研究分野の例としては，分子系統や，鋭敏な聴覚機能，空間モデリング，視覚野の生理機能の研究など枚挙にいとまがない．

# 第1部

## 分類的多様性
―進化および世界的分布でみたハンミョウ

# 第2章

# ハンミョウとは

## どの仲間に近いのか？

ハンミョウは，いわゆる甲虫と呼ばれる鞘翅目（Coleoptera）昆虫に含まれるかなり明瞭に区別できるグループである．研究者によっては，歩行虫と総称されるオサムシ科（Carabidae）の中の特異なグループ（ハンミョウ亜科 Cicindelinae，あるいはハンミョウ族 Cicindelini）と位置づけている（Jeannel, 1942b）．しかしながら，大方の昆虫学者はハンミョウが独立の科，ハンミョウ科（Cicindelidae）を構成すると考えている．系統分類学者の考えでは，ハンミョウがどんな分類単位にまとめられるにしろ，このグループと多くの形質を共有している一番近縁なグループは，オサムシ科（Carabidae），いずれも肉食性のゲンゴロウ科（Dytiscidae），ミズスマシ科（Gyrinidae），コガシラミズムシ科（Haliplidae）である．ハンミョウも含めてこの5つの科は他の2～3の科とともにオサムシ亜目（Adephaga，食肉亜目ともいう）を構成する．これらオサムシ亜目の他の科からハンミョウを区別する形質は，次の5つである．（1）長い鎌形の大顎（大腮）をもち，（2）大顎の内側には単純な形の歯が並ぶが，大顎の基部には複数の交合面を備えた臼歯状の歯を備え，（3）細長い体形で，胸部よりも眼を含めた頭幅の方が広く，（4）走るのに適した細長い脚をもち，（5）幼虫には巣孔を掘る習性がある．

## ハンミョウの特徴

大部分のハンミョウは成虫の体形と行動が互いにとてもよく似ている．一番違うのは大きさと色彩である（図2.1）．最小の種は体長わずか5 mmほどで，最大のものは4 cmを越す．くすんだ暗色のものが多いが，鮮やかな色彩をまとったものもいて，明るい緑，紫，青，赤，黄色のさまざまな配色が見られる．流線型の身体と細長い脚をもつものが多く，地面や植物の上を機敏に走りまわる．視覚で狩りをするための大きな眼をもち，そのため比較的ほっそりとした前胸よりも頭の方が幅広くなっている．成虫は一対の透明な膜質の翅をもっていて飛ぶことができる．その翅は，ふだんは折りたたまれて，鞘翅（Elytra）と呼ばれる腹部の背面を被う堅い上翅の下にしまい込まれている．この鞘翅は（昆虫一般が備えている一対の）前翅が変形したもので，飛ぶときには，下の飛翔用の翅の羽ばたきのじゃまにならないように前方に広げた状態で保持される．翅を使って飛ぶのは捕食者から逃げるためで，短距離を低く飛ぶ．しかし，長距離の分散のために飛翔する種もいるし，また，数は多くないがその飛翔用の翅を失った種もいて，それらは地表だけで活動する．

大部分の種の生活場所は地表である．通常，成虫は地表をすばやく，短く走っては止まり，また走るという動作を繰り返す（Dahmen, 1980）．その走る速度があまりに速すぎるので，獲物を視認するにはどうしても立ち止まらざるを得ない．ときどき立ち止まって，動く昆虫などを探すのである（Gilbert, 1997）．獲物となりそうなアリ，クモ，ハエなどを見つけると，すばやくその方向に向き直り，一瞬間をおく．次の瞬間，その獲物に向かって突進し，うまく追いついたなら，その細長い鎌状の大顎（大腮）で噛みついてとり押さえる．

成虫はまず，捕まえた獲物を大顎で噛み砕いてミンチ状にする（Evans, 1965）．同時に，大顎の付け根に開口する大顎腺からはタンパク質分解酵素を含んだ唾液が分泌され，消化が始まる．この唾液は大顎の内側を走る溝を伝って大顎の先端や歯状突起に達する（Singh & Gupta, 1982）．この噛タバコのような唾液は防衛にも使われる．白い捕虫網でハンミョウを捕まえたことのある人なら，

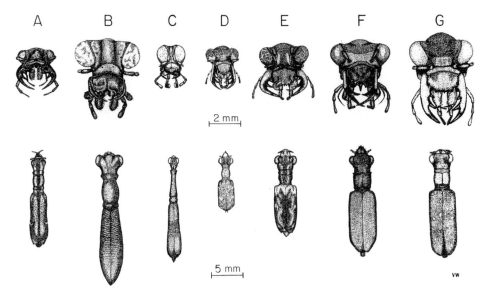

図2.1 さまざまな生物地理区から選んだハンミョウ7属の代表種についての成虫の頭部と身体全体の背面図. A) クシヒゲハンミョウ属の *Ctenostoma dormeri* W. Horn (新熱帯区), B) キノボリハンミョウ属のハネナシキノボリハンミョウ *Tricondyla aptera* Olivier (オーストラリア区), C) クビナガハンミョウ属の *Noecollyris constricticollis* W.Horn (東洋区), D) ヒメモリハンミョウ亜属の *Odontocheila (Pentacomia) egregia* Chaudoir (新熱帯区), E) メダカハンミョウ属の *Therates basalis* Dejean (東洋区), F) モリハンミョウ属の *Odontocheila cajennensis* Fabricius (新熱帯区), G) ハンミョウ属 (クラカケハンミョウ亜属) の *Cicindela (Hipparidium) xanthophila* W.Horn (エチオピア区) (Pearson, 1980より).

捕虫網に茶色のシミが付くことを知っているだろう．大きなハンミョウを捕まえて，この唾液にまみれた大顎がたまたま指の皮膚に食い込んだりすると，ヒリヒリとした痛みさえ覚える．

つぎに唾液まみれにされた獲物の肉塊は，指状の小顎鬚または小顎肢 (palpi) によって口腔にかき集められ，大顎の根元にある臼歯状の歯で咀嚼される．中腸からの消化酵素も混ぜ合わされ (Uscian et al., 1995)，粥状になった食物は強力な咽頭のポンプ (cibarial-pharyngeal pump) によって口元から喉に送られる (Evans, 1965)．こうして口腔中でぐちゃぐちゃにされた粥状の食物から液体や流動の成分が飲み込まれ，汁気のない外皮の成分だけが残る．この飲み込まれない食物の滓は吐き捨てられる (Evans & Forsythe, 1985)．

幼虫は，甲虫としてはきわめて変わっている．どのハンミョウの幼虫も驚くほど互いに似ているが (図2.2)，それはいずれも細長い巣孔の中で生活しているからである．すなわち，成虫が夜行性か昼行性のどちらであれ，地表活動性か樹上性のどちらであれ，また，体形が細長いかずんぐりしているかのどちらであれ，幼虫の生活様式はよく似ているということである．幼虫の身体は，白くイモムシ様で，皮膚は膜質の部分が多い．頭部は暗色で兜のような殻に覆われ，また暗色のプレート状の甲が身体の方々に並んでいるが，とりわけ胸部の前端のもの (前胸背板) が際立って大きい．頭部は大きく，その上面には小さな眼が全部で6個あり，その下面には恐ろしげな大顎を備えている．しかし，幼虫で一番めだつ特徴は，なんといっても体の後部の背中側にある前方を向いた2対の大きな鉤状の突起，フックである．ハンミョウの幼虫は，成虫と同じく肉食性である．しかし，成虫とは違って，幼虫は獲物が自分の方に来るのを待つ．どの幼虫も，細長い巣孔の入口で，自分の頭と前胸背でぴったりと巣孔に蓋をするように身をかがめ，獲物を待ち伏せる (図2.3)．

幼虫の巣孔が造られる場所は，種類ごとに決まっていて，平らな地面，垂直な粘土質の壁面，林床の落葉落枝層だったりする．中には，樹木の枯れた枝や小枝に巣孔を構える種類も少数ながらいる．獲物にできる小動物が巣孔の入口に近づいてくると，幼虫は巣孔の壁面にフックを突き立てて下半身を固定しながら上半身を後に反らせる姿勢

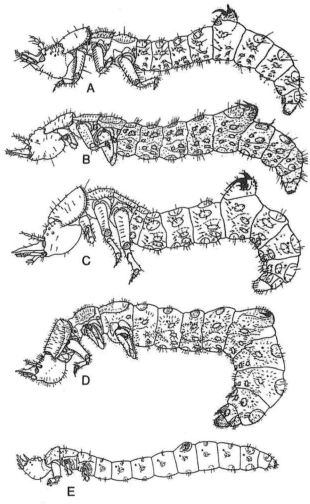

図2.2 さまざまな生物地理区から選んだハンミョウ5属の代表種についての三齢幼虫の側面図．A）ベンガラハンミョウ *Cicindela* (*Cicindela*) *limbalis* Klug（新北区），B）カロライナカラカネハンミョウ *Tetracha carolina* L.（新北区と新熱帯区），C）カリフォルニアヤシャハンミョウ *Omus californicus* Eschscholtz（新北区），D）アメリカオオハンミョウ属の *Amblycheila cylindriformis* Say（新北区），E）クビナガハンミョウ属の *Neocollyris bonelli* Guérin（東洋区）（Hamilton, 1925より）．

で獲物に飛びつき，その強力な大顎で捕まえる．そして，もがく獲物を巣孔の奥に引きずり込み，大顎を何度か突き立てて噛み殺す．幼虫も，獲物を噛みしだいて液状の成分だけを飲み込むための臼状の構造を口の前に備えているが，その構造は成虫のものよりは単純である（Wigglesworth, 1929）．

幼虫の頭と前胸の背面は周囲の地表と同じ色と質感を備えているので，巣の入口で待ちかまえていてもまず気づかれない（口絵1）．幼虫は危険が迫ると入口からすばやく奥に引っ込む．かくして何もなかった地面に突然巣孔の口が開き，そこではじめて幼虫がいたことに気づくのである．

## 種の同定

ハンミョウ成虫での属までの詳しい検索表なら，Hornによるドイツ語の検索表をHarold Willisが英語に翻訳して専門誌『*Cicindela*』に発表したもの（Willis, 1969）がお勧めである．北アメリカ・中央アメリカ・カリブ海地域についてなら，Boyd et al.（1982）とPearson et al.（2015）を勧めたい．また，『世界の甲虫』（Beetles of the

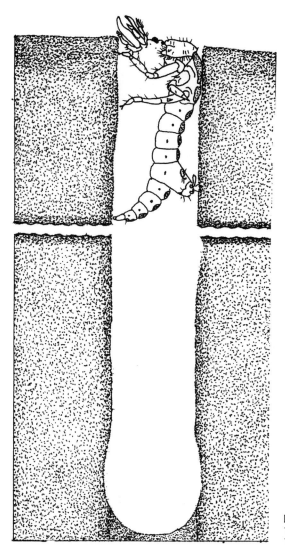

図2.3 土中に縦に掘られた巣孔の入口で待ち伏せする典型的なハンミョウ幼虫の側面図．巣孔は途中で省略されて描かれており，実際にはもっと深い．

World）という図鑑のシリーズがあり，ハンミョウについてはこれまで全部で6巻が出版されている．上巻と下巻の2冊ずつで旧北区のユーラシア（Werner, 1991, 1992），北アメリカと中央アメリカ（Werner, 1993, 1994），アフリカ（Werner, 1999a, b）の3つの地域をカバーしており，地域ごとにほぼ全種の成虫のカラー写真が載っている．そのカラー写真はすばらしく，標本と突き合わせることのできる図鑑としてりっぱに役立つが，検索表は載っておらず，英語，ドイツ語，フランス語の併記による解説も簡単なものである．Jürgen Wiesner が1992年に出版した『Verzeichnis der Sandlaufkäfer de Welt — A checklist of the tiger beetles of the world』（Verlag Erna Bauer 社刊）は，世界のハンミョウについて最も網羅的で最新のリストである．さらに，南北アメリカ大陸とその周辺のハンミョウについては，その後に出版されたErwin & Pearson（2008）のチェックリストが役に立つ．幼虫については，学術誌『Mitteilungen der Schweizerischen Entomologischen Gesellschaft』にPutchkov & Arndt（1994）が英語で発表した，世界中の多くの属についてのリストと検索表がお勧めである．さらに，南アメリカ大陸の幼虫については，Arndt et al.（2002）が利用できる．

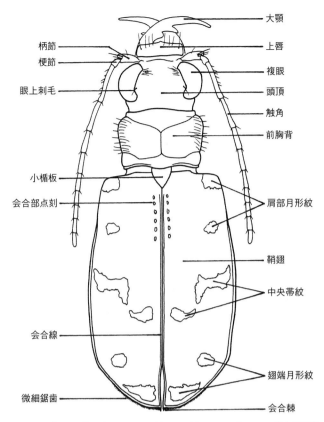

図2.4 オレゴンハンミョウ Cicindela (Cicindela) oregona Leconte 成虫の背面.

## 身体の造り

　そうした検索表や他の多くの文献などを使いこなすには，ハンミョウの基本的な身体の構造に習熟しなくてはならない．また身体の構造についての知識は，分類群の同定，生理学的な反応，行動の機能，生態的な因果関係を理解する場合にも必要となる．そこで，ここでは成虫と幼虫の身体の特徴を簡単に図示しておく（図2.4-2.14）．こうした図とその簡単な説明は，難解な解剖学的用語の意味を知るための手引きとしてもおおいに役立つだろう．

　成虫の身体を覆っている硬い外皮（cuticle）はハンミョウの生存にとって必須のものであるが，それは分類群の同定にもきわめて重要である．一番外側の層〔上外皮（epicuticle）〕には微小な孔，皺，畝があって，微細彫刻（microsculpture）と呼ばれている（Schultz & Bernard, 1989）．この微細彫刻のパターンの違いはハンミョウの種や属を区別するときによく使われる．外皮は光を反射するメラニン色素と透過させる半透明なワックスの薄い層が交互に何層にも重ね合わさってできている．このように重ね合わさった各層の厚さの違いが光の反射と干渉を変化させ，じつにさまざまな色彩が産みだされる（Schultz & Rankin, 1983a, b）．すなわち，外皮での反射が一様であればそれだけ反射する光の色の純度が高くなる．一方，微細彫刻の彫りが深く反射が一様ではない場合は，さまざまな角度で多方面からくる異なった波長の光により多様な色がブレンドされることになる．こうした外皮をもつハンミョウの身体は暗緑色または暗褐色で，他の昆虫では色素だけでこうした色彩をもつ種類が多い．一方，キラキラと輝く種類のハンミョウでは，外皮内の各層の厚みは一様で，表面も比較的滑らかである．全身真っ黒のハンミョウ，たとえばヤシャハンミョウ属 Omus やアメリカオオハンミョウ属 Amblycheila などでは，メラニン色素が比較的密にそして無秩序に詰まっていることで，ほとんどの光を吸収してしまう．これ

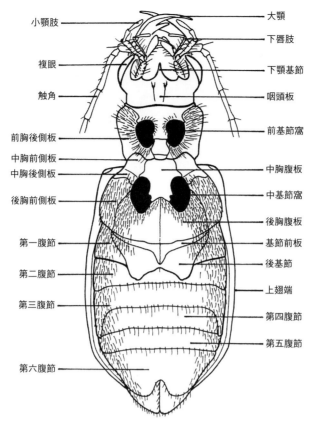

図2.5　オレゴンハンミョウ *Cicindela* (*Cicindela*) *oregona* 成虫の腹面.

以外に，外皮の一部に色素がまったくない種類もいて，その部分は淡黄色か白色である（Knisley & Schults, 1997）．外皮に含まれる化合物（脂質とワックス）も色彩に影響する（Hadley, 1994）．もっとも，こうした化合物の一番重要な機能は体内の水分の保持にある．

　ハンミョウ成虫の身体の構造で一番よく調べられるのは頭部である（図2.4-2.9）．同定に使われる形質の特徴とその機能はつぎの通りである．長く糸状の触角（antennae）（色，刺毛の配列，全体の長さ）は主に接触感覚を担っている．大顎（mandibles）（相対的な長さ，内側に並ぶ「歯」の数と配置）は獲物の捕獲と処理，そして雄では交尾のときには雌を抱えこむ役割を果たす（Richardson, 2010）．上唇（labrum）（色，長さと幅の比率，前端の「歯」の数と配置，刺毛の数と配置）は大顎とともに獲物の捕獲と処理を担っている．下唇（labium）（刺毛の有無と配置，指の形をした下唇肢の各節の相対長と色）と小顎（maxillae）（指の形をした小顎肢の各節の相対長と色）は噛み砕いている餌の塊をこねながらその質を吟味し（Ball et al., 2011），口前腔の開閉を調節する．複眼（compound eyes）（膨らみ具合と相対的大きさ）．これらに加えて，両眼の間や頭部表面の微細彫刻の複雑さや皺の深さ，および感覚器または体温調節の絶縁体として機能する白い剛毛の分布状態も同定の役に立つ．

　胸部（thorax）（図2.4-2.6）について一番よく使われる区別点はその全体の形（横長の長方形，四角形，縦長の長方形など），側面の形状（筒状，同じ太さ，膨らんだ形，台形など），質感（明るい金属光沢，艶消し状），上面〔前胸背板（pronotum）〕の色，側面・下面・上面の剛毛の有無や配置である．雌の胸部の側面〔中胸前側板（mesepisternum）〕に溝や窪みをもつ属もあり，それは交尾溝（coupling sulcus）と呼ばれる（図8.2を参照）．その溝または窪みの形は通常，種ごとに異なる．交尾のとき，雄は自分の大顎をこの

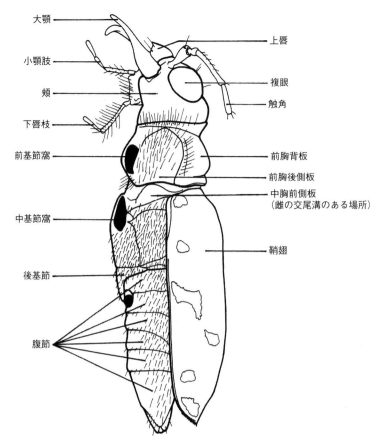

図2.6　オレゴンハンミョウ *Cicindela* (*Cicindela*) *oregona* 成虫の側面.

溝にはめ込んで身体を固定する（図8.3）．したがって，この溝は他種との交雑を防ぐ生殖隔離機構のひとつと考えられる．薄明薄暮性や夜行性の種類の雌はこの溝をもっていないものが多い．

　前胸背板の後ろにある堅い鞘翅（elytra）は前翅の変形したもので，飛翔用の後翅と腹部背面を覆うが，一番めだつ部分である．鞘翅は飛翔時には前方に広げられて固定翼の役割を果たすが，羽ばたくことはない（DeSouza & Alexander, 1997）．鞘翅の肌理または風合いを決めるのは表面のさまざまな微細な構造で，散在する刻孔（foveae），点刻（punctation）と呼ばれる微細な小孔の列，溝〔皺（rugae）〕，点刻のない滑らかな部分などであり，また翅端には細く盛りあがった縁取りと微小鋸歯（microserration），さらに鞘翅の後端から伸びる一対の会合棘（sutural spine）などがある．さらに，肌理とともに重要なのは，鞘翅の形（両端が平行で四辺形，中央が膨らんだ楕円形，卵形など），断面の形（盛りあがった形，平たい形），地の色（金属光沢，艶消し状），斑紋の形と配置（斑点，半月形，帯状）とその色，または無紋かどうかなどである．腹面の地の色および刺毛の配列と密度も分類上の重要な形質である．

　ハンミョウのハンミョウらしさは何といってもその細く長い脚にある（図2.10）．ハンミョウがさまざまな場所を敏捷に走り回れるのは，その脚の形と長さとともに，身体にはまり込んでいる脚の回転軸が小さいことによる（Evans & Forsythe, 1984）．オーストラリア内陸部の塩性湿地に生息する飛べないオーストラリアハンミョウ亜属 *Rivacindela* は世界で一番早く走れる昆虫で，その早さは秒速2.5m（時速9km）に達すると記録されており，これは1秒間に自分の体長の170倍の距離を疾走していることになる（Kamoun & Hogenhout, 1996）．脚の色，刺毛の配置，相対的な長さ（身体全体に対する比率と，脚の各節の比

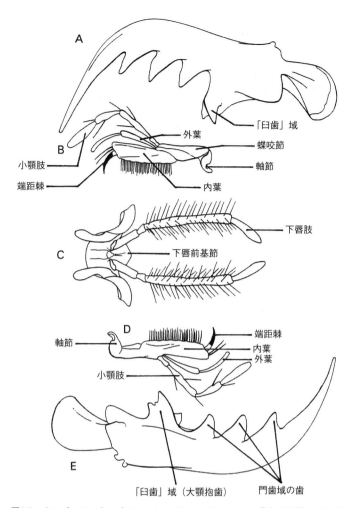

図2.7 オレゴンハンミョウ Cicindela (Cicindela) oregona 成虫の口器．それぞれ，右大顎の背面（A）と右大顎の腹面（E），左小顎の腹面（B）と右小顎の背面（D），下唇の腹面（C）を示す．

率の両方）も種の同定にはよく使われる．ハンミョウの雄は，どの種でも，前脚の跗節の腹面に，長くて先の曲がった剛毛がブラシ状に密生した白色のパッドをもつ．また，樹上性の種では，雌雄とも中脚と後脚の跗節にこのようなパッドをもっている種が多い（Stork, 1980）．前脚の脛節に特別の溝と棘をもつ種も多く，それは触角の掃除に使われる（Regenfuss, 1975）．新熱帯区産のトゲクチハンミョウ属 Oxycheila の雄は，後脚を鞘翅の縁にこすりつけて可聴域の音（摩擦音）を出す（Serrano et al., 2003）．

　飛翔に用いられる後翅（hind wings）は膜質で，翅脈（vein）と呼ばれる太い畝からなるかっちりとした骨組みをもつ（図2.11）（Ward, 1979）．飛翔時には翅の打ち振る深さ（振幅）によって速度を制御し，どちらかの翅先を下げることで方向を変える（Schneider, 1974; Nachtigall, 1996b）．後翅は翅脈の骨組みをわずかに捻るだけで三つ折りに畳んで鞘翅の下にしまい込むことができる．種によって，翅脈の配置は異なる．飛べないハンミョウの多くは，後翅はきわめて短くなっているか（短翅型），まったく消失（無翅型）して鞘翅は癒合してしまっている．飛べないハンミョウは多くの属で独立に出現しており，おそらくアリなどの飛ばないタイプの昆虫への擬態，あるいは分散や敵からの逃避に関して飛ぶ必要がない生息場所でエネルギー節約のために進化したのであろう（Wagner & Liebherr, 1992; Kamoun & Hogenhout,

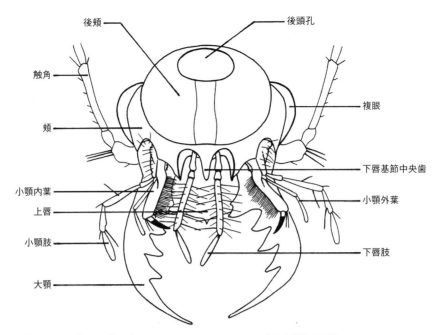

図2.8　オレゴンハンミョウ *Cicindela* (*Cicindela*) *oregona* 成虫の頭部の腹面.

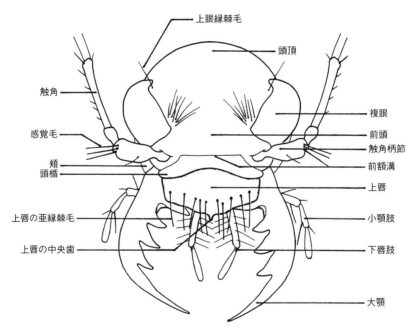

図2.9　オレゴンハンミョウ *Cicindela* (*Cicindela*) *oregona* 成虫の頭部の背面.

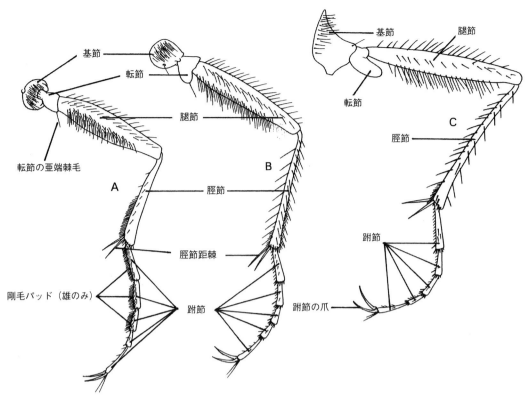

図2.10 オレゴンハンミョウ Cicindela (Cicindela) oregona 成虫の脚. A) 前脚, B) 中脚, C) 後脚.

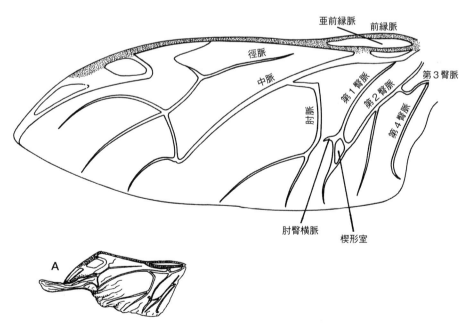

図2.11 オレゴンハンミョウ Cicindela (Cicindela) oregona 成虫の後翅（飛翔用の翅）の翅脈. また, A) では翅が三つ折りで畳まれるようすを示す. 畳まれた翅は鞘翅の下にしまわれて護られる.

第2章 ハンミョウとは

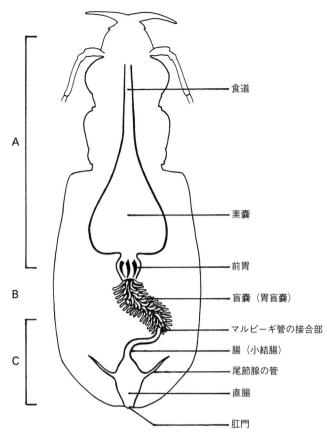

図2.12　オレゴンハンミョウ Cicindela (Cicindela) oregona 成虫の体内の消化器官系（背面図）．A）前腸（口陥），B）中腸（原腸），C）後腸（肛門陥）．

1996)．

　ハンミョウの，呼吸，消化，生殖，分泌などに必要な体内器官も驚くほど複雑である．こうした体内の構造は，まだ分類に活用できるほどには研究されていないが，その可能性は十分にある．

　ハンミョウは肉食性なので，典型的な植食性昆虫がもっているような長くて複雑に巻き込んだ消化器系は必要ない．ハンミョウの消化器系（消化管）は口から肛門まで比較的単純で主に3つの部分に区分できる（Usican et al., 1995; Yahiro, 1996)（図2.12）．中腸と後腸の境にはマルピーギ管（Malpighian tubeles）と呼ばれる排出器官が繋がっていて，マルピーギ管自体は体腔内のあらゆる方向に伸びている．それ以外の体内器官，たとえば内分泌系（ホルモンなど），呼吸器系〔気管小枝（tracheoles）〕，筋肉系などはハンミョウでは特に注意して研究されてはいない．神経系では2つの部分だけが詳しく調べられている．眼と眼による受像，そして聴力用の鼓膜の形と機能についてである．

　ハンミョウ成虫の眼の大きさや形は種類によってさまざまであり，それによる立体視（三次元の受像）の能力にも大きな変異があるが，両眼視の能力については，これまで調べられた種類はいずれも前方40〜120度の範囲であった（Friederichs, 1931; Kuster & Evans, 1980; Bauer & Kredler, 1993）．夜行性のアメリカオオハンミョウ属 Amblycheila，ヤシャハンミョウ属 Omus，カラカネハンミョウ属 Tetracha などのハンミョウの眼はどちらかといえば平たく，昼行性の種類のようには膨らんでいない．夜行性の種類では一般的に眼の構造〔個眼（ommatidium）〕も昼行性のものと比べると単純である（Kuster, 1980）．受光の能力を決めるのは，各個眼の受光部〔個眼面（facets）〕の配置と，角膜レンズと視神経の間に伸びる感桿（rhabdom）の長軸に沿った色素顆粒の移動である（図2.13）．

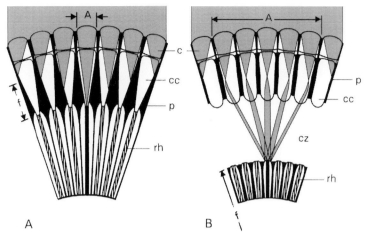

図2.13 節足動物にみられる複眼の主要な2つの様式.A) 連立像眼, B) 重複像眼. 角膜表面に入射した平行光線(灰色で塗った部分)が,角膜(c),円錐晶体(cc)と進んで,感桿(rh)で焦点を結ぶ.A: 受光部の有効口径,cz: 透明層, f: 焦点距離, p: 遮光色素(Warrant & McIntyre, 1993より).Elsevier Science の許可を得て転載.

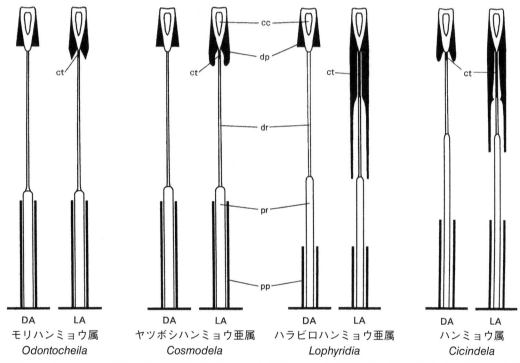

図2.14 ハンミョウの4つの属における個眼の暗順応時(DA)と明順応時(LA)の状態.遮光遠位色素(dp)の位置の変化を示す.cc: 円錐晶体, ct: 円錐晶体管, dr: 遠位感桿分体, pp: 近位色素, pr: 近位感桿(Brännström, 1999より).

感桿の長い種類では,光はそれぞれの個眼面からしか入らない.

平行光線はまず個眼面に到達し(影を付けた部分),角膜と円錐晶体(crystalline cone)に入射する.そして中心の感桿で像を結ぶ.この配置の視覚は,強い光のもとできわめて感度が高く,最も効率的に機能する〔連立像眼(apposition eye)〕.他のハンミョウでは,感桿は比較的短く,複数の個眼面からの光が互いに重なり合いながら網膜上に像を結ぶ〔重複像眼(superposition eye)〕

第2章 ハンミョウとは

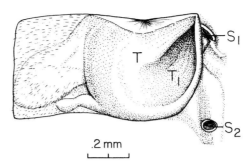

図2.15 ハンミョウの鼓膜．リボンヒメハンミョウ *Cicindela (Cylindera) lemniscata* Leconte の第一腹節背板の背面右半分を拡大して示す．一対の耳の片側を示している．鼓膜（T）には2つの縁によって区切られる小区画（$T_1$）があり，この部分が空気中の音に反応して最大変位の振動を生む．第一腹節の気門（$S_1$）はやや前方側面に偏って位置するが，第二腹節の気門（$S_2$）とそれ以降の気門は背面に位置している（Spangler, 1988より）．Blackwell の許可を得て転載．

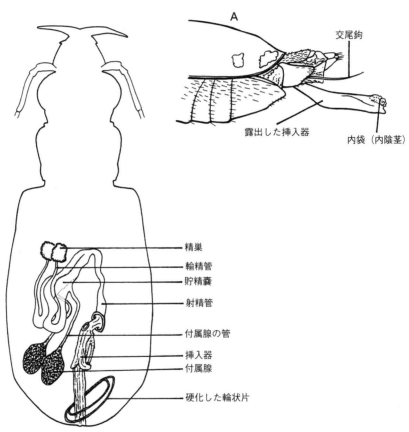

図2.16 オレゴンハンミョウ *Cicindela (Cicindela) oregona* 雄成虫の生殖器官系（背面図）．また，露出した状態の挿入器も示す（A）．

(Warrant & McIntyre, 1993; Brännström, 1999)．この配置は弱光条件下あるいは夜間に最も効率がよい．さらに，この2つのタイプの眼を状況に応じて変換する（感桿を遮光している色素細胞を移動させることで）種類もいる（図2.14）．そうした種類では，強い光のもとでは色素顆粒はほぼ感桿全体に広がり，連立像眼として働く．弱光条件下または夜間には感桿の半分までの位置に凝縮し，重複像眼として働く（Warrant & McIntyre, 1993; Brännström, 1999）．ハンミョウ成虫の眼は小さな

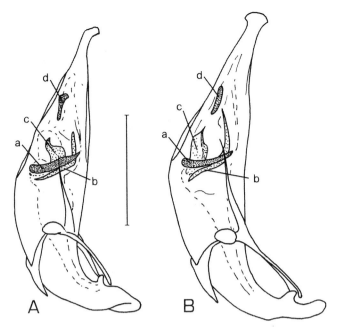

図2.17 雄の生殖器．南米産のブラジルハンミョウ亜属のきわめて近縁な2種，*Cicindela (Brasiella) balzani* W. Horn（A）と *C. (B.) rotundatodilatata* W. Horn（B）について，挿入器の一般的な形状と内部の構造物を示す．a: 弓状片（arciform piece），b: 針状片（stylet），c: 楯状片（shield），d: 棒状片（stick）．スケールを示す縦線は1mm（Cassola & Pearson, 1999より）．

対象の動きを感知できるが，成虫と獲物の両方が動いている状況では獲物の探知と位置決めをすることはできない．すばやく走る成虫が間欠的に立ち止まるのは，視覚上で獲物の動く角度を補正するためである（Gilbert, 1997）．

ハンミョウの成虫は，甲虫としては例外的に聴覚用の鼓膜（tympanum）をもっている（Spangler, 1988）．鼓膜をもつ昆虫は他にもいるが，ハンミョウの鼓膜はそれらとは独立に進化したもので，鞘翅に覆われた後翅の付け根の後ろに当たる，腹部第一節背面にあり，一対のドーム状に膨らんだ構造物である（図2.15）．飛行中のハンミョウは超音波に反応して腹部を縮め，地表に落ちる（Yager & Spangler, 1995, 1997; Yager et al., 2000）．おそらくコウモリからの攻撃を回避するため，あるいは餌（Fowler, 1987）または交尾の相手を見つけたときにそうするのだろう．

ハンミョウの生殖器官はとてもよく調べられており（Higley, 1986），分類での比較の対象としても盛んに用いられてきた．雄では長い糸状の構造物〔flagellum（鞭状片）〕をもつ種が多く，これは精子の受け渡しに一役買っているようである（Freitag et al., 2001; Freitag, 2016）．陰茎（penis）は挿入器（aedeagus）と呼ばれる硬い鞘の中に収まっているが，体外に伸ばすことができる（図2.16）．挿入器の全体の形状，先端の形，硬化した輪状片と挿入器内部の構造物の形と配置は種ごとに異なっており，種の同定だけでなく種間の類縁関係についての手がかりとなる（図2.17）．挿入器は右側を下して体内に収まっている．体外に出すときは，時計回りに90°回転させて繰り出す．挿入器の先端には内袋（internal sac）と呼ばれる，あまり硬化していない部分があり，中には非対称形でキチン質の骨片が一組収まっている．この内袋と骨片は交尾のときには反転して，挿入器の先端から飛び出す．この反転した内袋は雌の体内で膨らみ，先端の小孔（ostium）から精子を送り込む．

雌の生殖器官（図2.18）も，交尾後に精子を貯めておく受精嚢（spermatheca）などの雌特有の形質をもっている．腹部第8節と第9節は伸縮性の産卵器官となっていて，土などの基質に卵をひとつずつ産みこむときに使われる．産卵器官，特に末端の陰具片（gonapophysis: 狭義の産卵管）の

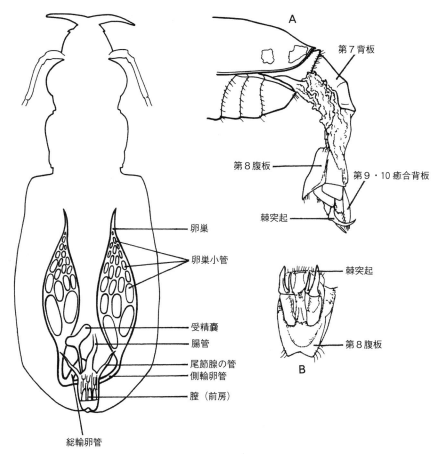

図2.18 オレゴンハンミョウ Cicindela (Cicindela) oregona 雌成虫の生殖器官系（背面図）．また，伸長した状態の産卵管（側面図）（A）と産卵管の末端節（腹面図）（B）を示す．数字は腹節の番号を示す．

形状は種ごとに異なっている．これらの形質の研究は始まったばかりであるが，系統関係，生態，行動に関する新たな知見が得られるだろう（Higley, 1986）．

体内の生殖器官と密接に関連している器官として一対の防御物質分泌腺〔臀部腺（pygidal glands）〕があり，これは雄雌とももっていて，直腸の両脇にある．この腺のすぐ下にこの分泌物の貯蔵部があり，そこから伸びる管は腹部第8節に開口している（Forsyth, 1970）．

幼虫にもさまざまな形質がある（図2.19-2.27）．しかし，成虫と比較すると，どの種類もよく似ている（Knisley & Pearson, 1984）．幼虫の区別に使われるのは，主に腹部第5節背面にある内鉤と中鉤の形と相対長である．また，側単眼（stemmata）の大きさ，数，配置，そして触角（成虫と比べるとはるかに短い）の各節の相対長も分類上よく使われる形質である．他にも分類に使われる形質としては，頭と前胸背にあるプレート片の大きさと形と稜線（ridges）の有無や，口器，腹端の腹肢（pygopod），さらには身体中に生えている剛毛の数と配列の細かな違いなどがある．

眼は幼虫の器官としては一番よく調べられている（Toh & Mizutani, 1994a, b; Toh et al., 2003）．活発に動く成虫と比べて，巣孔から動かない幼虫では，獲物の動きを探知するときの難しさはない．他の昆虫のイモムシ様の幼虫では，眼は単純で粗い像しか結べないが，ハンミョウの幼虫の眼は光受容器が密に集積していて，細かな像が結べる（Gilbert, 1989; Mizutani & Toh, 1995, 1998; Okamura & Toh, 2001, 2004）．

なお，ハンミョウについてさらに理解を深めるには，各種類の生活史とこれら形態上の形質の結びつきを理解する必要がある．その種類ごとの違

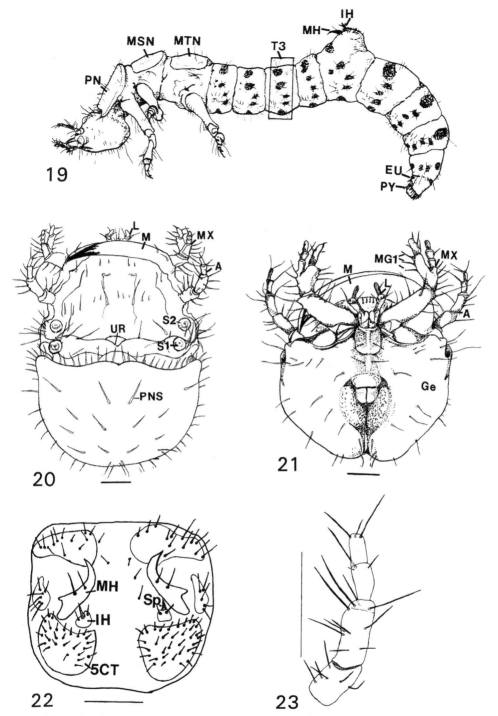

図2.19-2.23 アカネハンミョウ *Cicindela* (*Cicindela*) *pulchra* Say の三齢幼虫（Knisley & Pearson, 1984より）．図2.19 側面の形状．EU: 真腹板（eusternum），IH: 内鉤（inner hook），MH: 中鉤（median hook），MSN: 中胸背板（mesonotum），MTN: 後胸背板（metanotum），PN: 前胸背板（pronotum），PY: 尾肢（pygopod），T3: 第3腹節片（third abdominal sclerites）．図2.20 頭部と前胸背（背面図）．A: 触角（antenna），L: 上唇（labium），M: 大顎（mandible），MX: 小顎（maxilla），PNS: 前胸背板の刺毛（pronotal seta），S1とS2: 側単眼（stemmata），UR: 額のU字状の稜線（U-shaped ridge on frons）．図2.21 頭部（腹面図）．A: 触角（antenna），Ge: 頬（gena），L: 唇舌（ligula），M: 大顎（mandible），MG1: 小顎外葉第1節の中端部の刺毛（setae on medial margin of galea segment 1），MX: 小顎（maxilla）．図2.22 第5腹節（背面図）．IH: 内鉤（inner hook），MH: 中鉤（median hook），5CT: 第5尾側背板（5th caudal tergite），Sp: 棘状突起（spines）．図2.23 右の触角（antenna）（背面図）．横と縦の細い線は1mmを示す．

第2章 ハンミョウとは 23

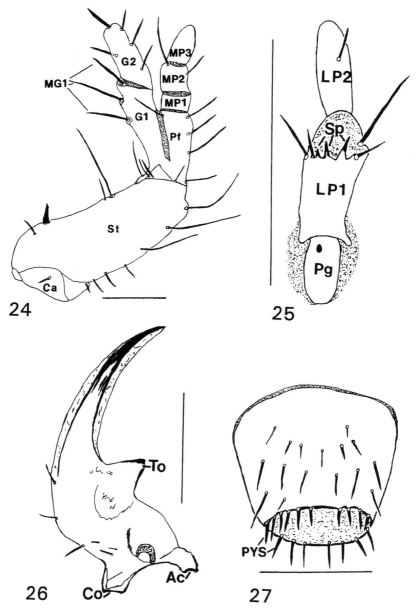

図2.24-2.27 アカネハンミョウ Cicindela (Cicindela) pulchra の三齢幼虫 (Knisley & Pearson, 1984より). 図2.24 左の小顎 (maxilla) (腹面図). Ca: 転節 (cardo), G1とG2: 外葉 (galea segments), MG1: 外葉第1節の中端部の刺毛 (setae on medial margin of galea segment 1), MP1, MP2, MP3: 小顎肢の各節 (maxillary palp segments), Pf: 担肢節 (palpifer), St: 蝶鉸節 (stipes). 図2.25 下唇 (labium) の左半分 (腹面図). LP1とLP2: 下唇肢第1節と第2節 (labial palp segments), Pg: 下唇肢基節 (palpiger), Sp: 棘状突起 (spines). 図2.26 左大顎 (背面図). Ac: 関節陥 (acetabulum), Co: 関節丘 (condyle), To: 歯 (tooth). 図2.27 尾肢 (pygopod) (背面図). PYS: 尾側刺毛 (caudal setae of pygopod). 縦と横の細い線は1mmを示す.

いを実感してもらうために，巻末（付録B）に，世界のハンミョウの大部分の属について，外部形態の特徴，生息場所，生態，地理的分布の概要をまとめた．これら各属の簡潔な描写から，ハンミョウの多様性と共通の特徴をつかみ取ってもらえると思う．またこの概要は，本章に続く系統分類，行動，生理，生物地理，生態についての各章の予告編としても役立つだろう．各属は系統的に古いものから新しいものの順に並べてある．

## 生活環の各発育段階

ハンミョウの理解に必要なもうひとつの重要な観点は，受精から成虫までの一生における時間的変化，つまり生活環（life cycle）である．当然ながら，生活環についての種間の違いは，どこで暮らし，そしてどの種と共存するかに関連する（Zerm et al., 2001）．

### 生殖細胞形成と受精

精巣での精子形成については *Cicindela campestris* で詳しく調べられている（Werner, 1965）．また，卵巣での卵子の発達については何種かで調べられている（Hirschler, 1932; Willis, 1967; Hori, 1982）．生殖腺の成熟と配偶子形成のメカニズムについてはほとんど調べられていない（Jaglarz et al., 2003）．ただ，ブラジルのアマゾン川流域に生息するヒメモリハンミョウ亜属の一種 *Odontocheila (Pentacomia) egregia* では，雨期が終わって気温が安定し林床が乾燥することが雌の卵子形成の引き金となるが，雄の精子形成に温度と湿度は影響しないことが知られている（Amorim et al., 1997）．受精についてはハンミョウでは詳しく調べられてはいないが，甲虫では産卵直前の受精が一般的である．卵巣から輸卵管に出た卵が受精嚢（それ以前の交尾で得た精子が貯蔵されている）を通過するとき，精子が少し放出されて受精が成立する．［訳注：ナミハンミョウでは，雌は一度交尾すると，受け取った精子を受精嚢に貯蔵して以後の産卵に使う（Hori, 1982）．］

### 産卵

産卵に先立って，雌は産卵する地点を触角と大顎を使って精査する．土の感触，塩分濃度，傾斜，湿度，温度が適切なら（Hoback et al., 2000a），雌は産卵管を伸ばし，身体をほとんど真っ直ぐに立てる．腹部をリズミカルに伸び縮みさせながら，産卵管の先端で土を掘り進み，土の表面から数mm ないしは 1 cm 以上の深さに卵形の卵をひとつ産み込む．そして雌は産卵管を抜き取り，掘った跡が分からなくなるよう，その穴を埋め戻す．雌は飼育下では 1 日に 10～20 個の卵を産めることが分かっているが，野外ではほとんど調べられていない．卵そのものの生物学的，形態学的性質はほとんど調べられていないが（Willis, 1967），卵の外側の膜〔外卵殻（exochorion）〕は産み込まれる基質のタイプと関連するようである（Serrano, 1990）．種ごとの卵の大きさ（2～4 mm）は成虫の大きさと相関している（Knisley & Schultz, 1997）．卵は粘着性物質で被われているので，ちょうどよい深さと位置に固定されて，幼虫の孵化にも具合がよいと思われる（Cornelisse & Hafernik, 2009）．

ハンミョウの卵殻は透明なので胚発生を観察するには理想的である．シロブチハンミョウ *Cicindela (Eunota) togata* では頭部，胸部，腹部の体節形成とそれに続く附属肢形成が詳しく観察されている（Willis, 1967）．室内条件では産卵後 10～12 日で幼虫が孵化する．孵化のタイミングには，土壌の湿度が密接に関係しているようである．土壌の湿り気が卵表面を柔らかくし，卵殻を脱ぎ捨てることが楽になるのである（Knisley & Schultz, 1997）．孵化は 5 分で終わるが，体表のクチクラ層が硬くなるにはさらに 15～24 時間かかる．

幼虫は雌親が産卵した場所から簡単には移動できないので，雌は産卵する場所を慎重に選択する（Knisley, 1987; Brust & Hoback, 2009）．実際にどのように選択しているのかは解明されていないが，伸ばした産卵管が突き通せる場所かどうかがまず重要な要素だろう．産卵管の形に種の特徴が現れることも多く，粘土質の土壌に産卵する種の産卵管は細く，砂質の土壌に産卵する種の産卵管は太いようである（Leffler, 1979）．ある予備的な調査によると，砂漠の中の草地では，雌は草の根元の東側に多く産卵する．東側は朝の光が差し込んで早く暖まり，午後には陰になって相対的に涼しくなる．産卵する地点の選択においては，その地点の物理的性質だけでなく，幼虫の密度も重要な要素となるだろう．幼虫が一ヶ所に集まりすぎると，餌をめぐる競争が激化し，また敵から目をつけられやすくなるという不利益を被るだろう（Knisley & Pearson, 1981）．従って，雌は幼虫の巣孔や自分が直前に産卵した場所からは少なくともある距離をおいて産卵すると思われるが，現時点でこれを裏付けるデータはまだほんのわずかしかない（Brust et al., 2012b）．

図2.28 キンスジハンミョウ Cicindela (Pancallia) aurofasciata Dejean の幼虫の屈曲した巣孔．インド，カルナタカ州バンガロールの疎開林の林床にて．T. Shivashankar 撮影．

## 幼虫期

　産卵から孵化までの日数は，種，温度，生息場所の違いに応じて9日から38日までとさまざまである（Willis, 1967; Palmer, 1976; Hori, 1982; Serrano, 1990）．孵化後，幼虫は外骨格が硬化するのを待ち，自分が卵として産み込まれた空所を大顎を使って拡張して，細く長いトンネルを構築する．幼虫は自分の頭と前胸背をシャベルのように使って掘り出した土を地表まで運ぶ．巣孔の円形の入口まで運ぶと，土を後ろ向きにはね飛ばす．そして，また巣孔の底まで降りて，さらに土を掘る．幼虫は蛹になるまでに一齢，二齢，三齢という3つの幼虫期をすごす．十分に餌を食べた幼虫は，入口を塞いで巣孔の底に引き籠もり（Lin & Okuyama, 2014），脱皮して次の齢に進む．また，巣孔が水浸しになった場合も，巣の入口を塞ぐ．脱皮時の不活発な時期は約1週間続く．ある齢から次の齢に成長すると，幼虫の身体はその前の齢と比べてかなり大きくなるので，巣孔の入口と巣孔の広さ，そして深さも大きくしなければならない．

　幼虫の巣孔の深さは齢期，種，基質ごとにさまざまで，15～200cmと幅がある．大部分のハンミョウの幼虫はさまざまなタイプの土壌に巣孔を構えるが，キノボリハンミョウ属 Tricondyla, クビナガハンミョウ属 Collyris（広義），クシヒゲハンミョウ属 Ctenostoma などの樹上性の属の幼虫は，枯木または朽木に同じような巣孔を造る（Zikan, 1929; Balduf, 1935; Trautner & Schawaller, 1996）．巣孔の直径は幼虫の頭と前胸背を合わせた直径より少し大きい．巣孔の入口は完全な円形ではなく，一ヶ所だけ他よりもわずかに削り取られていて，幼虫の大顎がそこにはまるように位置すると，頭と前胸を基質（地表など）と同じ平面に保てる．このように幼虫の頭が巣孔の入口のある方向に固定されると，腹部背面の鉤は巣孔の壁面の一方の側に常に当たるようになり，窪みができる．こうした巣孔に掘り込まれる非対称性のために，幼虫は少なくとも巣孔を造り替えるまでは同じ方向を向いて待ち伏せることになる．たいていのハンミョウの巣孔は地表面に対して垂直で，そしてそのまま開口する．しかし，砂地性のハンミョウのなかには，巣孔の入口が浅い漏斗形か窪みになっている種がいる．対照的に，斜面か垂直な基質に巣孔を造る種では，巣孔の入口の上側に半月状の庇（ひさし）と下側に窪みを造るものが多い（Rice, 2012）．さらには基質の表面から煙突のように飛び出した管状の巣孔を造る種もいて，その巣孔の先端が真っ

図2.29 ネバダマルバネハンミョウ Cicindela (Ellipsoptera) nevadica Leconte の蛹と地中の蛹室. 合衆国ネブラスカ州リンカーン郡にて. S. Spomer 撮影.

直ぐな種もいれば曲がっている種もいる（Willis, 1967; Shivashankar et al., 1988）（図2.28）. こうしたさまざまな巣孔を造ることで，それぞれの幼虫にとって最適な湿度，温度，pH，その他の化学的・物理的条件が維持される（Knisley, 1987）. 巣孔のもつ物理的な特質には，それによって獲物が近づきやすくなるというものもあれば，敵からの防衛に役立つものもあるだろう. ハンミョウの幼虫は成虫よりも特殊化の程度が高く，また巣孔の位置を移すこともまずできないので，微生息場所の許容範囲は成虫と比べるとずっと狭い.

初齢から三齢（終齢）までの幼虫期間は大部分の種で1～4年である. しかし，大型の種と長い乾期を伴う砂漠地帯に生息する種ではもっと長いかもしれない. 初齢より二齢，二齢より三齢と，後の齢ほど期間は長くなり，必要な餌の量も増える. そして，各齢期にどれだけの餌を食べたかは幼虫期間の長さに直接影響する. 合衆国の北西部に生息するアンソニーサキュウハンミョウ Cicindela arenicola についての野外実験によると，人為的に餌を追加で与えた幼虫では，三齢幼虫になるまでに13ヶ月，成虫になるまでに2年を要した. 一方，何も与えず自力で捕らえた餌だけで育った幼虫では，三齢になるまでに2年，成虫にな るまでに4年かかった（Bauer, 1991）.

三齢期を終えた幼虫は，巣孔を塞いで，巣孔の底近くに小さな部屋を造り，その中で蛹へと変身する（図2.29）（Serrano, 1991; Cárdenas et al., 2005）. 〔訳注: 巣孔の底とはかぎらない. ナミハンミョウのように地表に近い側に側室を設ける種も多い〕蛹の時期は，身体の造り替え〔変態 (metamorphosis)〕の時期で，翅や飛翔筋といった成虫の器官が発達して，消化管は改造され，さまざまな生化学的変化が生じるなど，成長の最終段階を迎える. こうした変化はハンミョウではほとんど調べられていないが，他の甲虫での研究から推測することはできる. すなわち，呼吸用の気管系と循環系はほとんど変化せず，神経系などの器官はもっと集中化し，排出器官のマルピーギ管は一部造り替えられる. この動けずに無防備な時期はふつう18～30日であるが，蛹期が1年またはそれ以上と考えられる種も報告されている（W. D. Sumlin，私信）.

### 成虫の羽化

一般的に昆虫の変態を直接に制御しているのはホルモン，なかでも重要なものは幼若ホルモンであるが，ハンミョウではその作用機構は調べられ

ていない．ハンミョウの発達についての初期の研究によると，成虫の色彩は蛹室周辺の湿度と温度によって変わる可能性がある（Shelford, 1917）．しかし，のちの研究によると，成虫の色彩は主に遺伝的に決まっており，個々の微生息場所が影響することはまずない（Knisley & Schultz, 1997）．また別の問題として，実験的に調べた研究によると，羽化時の成虫の大きさと雌の産卵数は，幼虫期に食べた餌の量に影響される（Hori, 1982: Pearson & Knisley, 1985）．

成虫の脱皮（蛹の外皮を脱ぎ捨てること）のようすは何種かのハンミョウでだけ報告されている（Willis, 1967; Knisley & Schultz, 1997）．新成虫は蛹と比べるとかなり大きい．蛹の外皮を割って出てくるとき，新成虫は空気を吸い込み，また，血液を送り込んで身体の前方の体積を増し，蛹の外皮の予め決められた部分に割れ目を入れる．その割れ目から身体を引き抜いた成虫は，しばらくそのままでいる．やがて成虫の外皮は硬くなり，色も（乳白色からその種本来の色彩に）変わってくる．多くの種では，新成虫は脱皮から3日以内に土を掘って地表に出て，活発な活動を始める．しかし，かなり長い期間，地下の幽閉生活を続ける種もいる．そうした種は，餌や交尾相手の入手しやすい季節の到来を告げる何らかの兆候，たとえば土壌湿度の変化を待っているのである．

活動中の成虫に，発生上の奇形（teratology）が見られることがある．たとえば，癒合した鞘翅，変形した気管小枝，そして，頭部では左右非対称の上唇，変形した大顎，二叉になった触角などである（Shelford, 1915）．こうした奇形によって，その成虫の採餌行動，体温調節，捕食者回避，交尾相手からみた魅力，そして，適応度一般がどう影響されるかについては調べられていない．成虫の加齢に起因する変形もある．たとえば，蛹期から始まり成虫期初めまで続く体色変化はこれまで調べられた種のほぼ全種で見られており，何種かでは成虫の体色変化は生涯続く（色合いがしだいに黒ずむ，あるいは緑色が強くなるなど）（Shelford, 1917; Mandl, 1931; Willis, 1967）．この成虫の体色変化は外皮中の多層の反射層が加齢とともにしだいに厚くなることによる（Schultz & Rankin, 1983b）．こうした体色変化が，何らかの適応的意義をもつのか，あるいは繁殖を終えた老齢期特有の現象で適応的意義など何もないのかは，分かっていない．成虫の日齢を知るのに役立つ便利な方法は，大顎先端の摩耗度を測定することである（Kritsky & Simon, 1996）．

成虫の寿命（life span）は一般的に約8〜10週間である（Serrano, 1995）．しかし，エンマハンミョウ属 *Manticora* の大型種では，数年生きるものがいるようである（Oberprieler & Arndt, 2000）．合衆国南西部の草原性の砂漠に生息するクサチヒメハンミョウ *Cicindela (Cylindera) debilis* では，成虫の寿命は，その種名に相応しく［訳注: *debilis* は弱々しいの意］わずか10日か2週間である．アフリカ南部でこれとよく似た生息場所に生息する飛翔しないヒゲブトハンミョウ属 *Dromica* の成虫は，降雨後のきわめて短い期間だけ活発に活動する．その短い期間の最後に成虫は死ぬのか，あるいは次の降雨まで土壌中か植物の根元に潜り込むだけなのかは分かっていない．こうした違いはあるものの，大部分のハンミョウで，個体の一生に占める成虫期の相対的長さは短い（Taboada et al., 2013）．［訳注: ナミハンミョウの成虫期間は越冬期間を含めて12ヶ月で，最短の幼虫期間とほぼ等しい（Hori, 1982）．］

ここまでハンミョウの解剖学的構造と生活史について重要な項目をいくつか述べてきた．次章では現存種の進化的な関係を見ていこう．

# 第3章

# 分類と進化

　ハンミョウの研究では，生理学，生態学，地域ごとのリスト作成，分類学，生物地理学，保全生物学，分子生物学的側面が発展している．これらのさまざまな観点を結びつけるのは進化的関係〔系統進化，系統発生（phylogeny）〕についての研究である．系統進化が重要となるのは，それによってさまざまな情報源からの知見を統合できるからである．しかし，もっと単純で応用的な理由からも系統進化は重要となる．その理由は，生物は信じられないほどの多様性に富んでいるので，ある対象生物とそれが示す現象について効率よく情報を交換するには，その対象生物の分類体系が必要となるからである．この章では，Linnaeus が正式に最初の種を記載して以来，過去250年間にわたるハンミョウ科の分類と多様性についてなされた議論の発展を論じよう．ハンミョウの進化についてこれほど詳しい検討は初めての試みであり，いつ，どのグループが現在の多様性をもたらしたのかを探究する手がかりとなる．系統樹に基礎をおくことで個々の形態的特徴，たとえば剛毛の配列とか色彩パターンとかの特徴が進化的にどう発展し精緻なものとなっていったかを見ることもできるようになる．

## ハンミョウ科の分類

### 進化論以前の分類

　ハンミョウの分類が始まったのは1700年代，分類学の開拓者，スウェーデン人の Carolus Linnaeus（Carl von Linné とも呼ばれる）が9種のハンミョウを認定したときである．その内の3種，ユーラシアミヤマハンミョウ *Cicindela sylvatica*，ヨーロッパニワハンミョウ *C. campestris*，ヒブリダハンミョウ *C. hybrida* は，彼が大学生のときにスカンジナビア半島北部のラップランド地方へ野外調査に赴いた折に彼自身が採集したものである．その50年後，Johann Fabricius（1745-1810）は69種のハンミョウを認定し，それを3つの属，すなわちハンミョウ属 *Cicindela*，エンマハンミョウ属 *Manticora*，クビナガハンミョウ属 *Collyris* に分けた．その後，Pierre Dejean が登場する．彼はナポレオン軍の将校で，ワーテルローの戦いでは副官を務めた軍人でもあったが，1825年に発表したハンミョウの論文では，約200種をあげるとともに，ハンミョウ科甲虫の系統関係を初めてまとめあげた．彼が区分したグループの多くは現在でも有効で，それはハンミョウ分類についてきわめて大きな功績であった．その後の研究者はそのグループをさらに細かく区分して体系化したが，その基礎は Dejean によって造られたのである．

　つぎの大きな進展は，Walther Horn（1871-1939）による驚異的な仕事ぶりによってもたらされた．この時初めて，ハンミョウの分類学が進化的な経歴を反映するように配慮されたものとなった．1915年当時までに記載されていた種は，現在知られている種の約半分でしかなかったが，属と上属のほとんどは分類学的によく認識されていた．Horn はそれまでに知られていた種についての分類体系を作り上げたが，それは現在まで引き継がれている．たとえば，Wiesner の世界のハンミョウのリスト（1992）の大きな分類群はほぼすべて W. Horn の分類体系に依存している．Horn は，Dejean や他の初期の分類学者が創った分類群を踏襲したが，ある大きな改革を施した．それはすべてのハンミョウを，その系統樹の根本で分かれる2つの大きな系統，つまり細前側板類 Alocosternale と太前側板類 Platysternale という2つの根幹的系統（Urstamm）に区分したことである．この2つの系統は，胸部のめだたない部位〔後胸腹板（metasternum）のうちの前側板（episternum）〕の細かな，しかし，一貫した形態

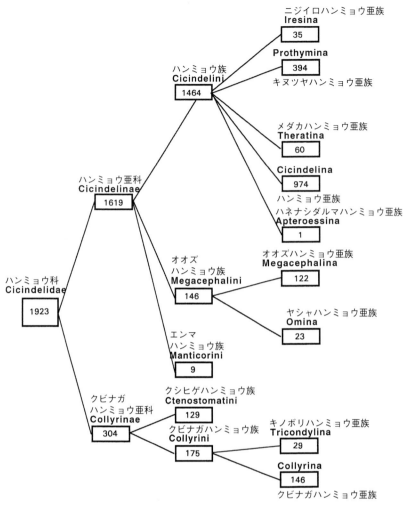

図3.1 ハンミョウ類の伝統的なリンネ式分類と分類群間の系統関係．枠内の数字はその分類群の種数（Wiesner, 1992に基づく）．

的な違いで区別される．この部位が細前側板類では細い帯状であるが，太前側板類では幅広く平坦である．現在の分類体系での名称，クビナガハンミョウ亜科 Collyrinae とハンミョウ亜科 Cicindelinae は，Horn が最初に認めたこの2つの大きな系統と完全に対応する．そして，この2つの系統がそれぞれ，一群の族（tribe）といくつかの亜族（subtribe），そして，たくさんの属〔genus（複数形は genera）〕を擁しているのである（図3.1）．

Walther Horn は各グループの進化的関係を反映した分類体系を目指した．しかし，どのようにしてそれぞれの進化史を反映させたのだろうか．何を根拠としたのだろうか．化石なら進化史についての直接的な証拠となりうるが，ハンミョウについては，化石はほとんど見つかっていない（Coope, 1979; Nagano et al., 1982; Morgan & Freitag, 1982）．もっとも，この点は他の無脊椎動物の大部分，そして，多くの脊椎動物でも同様であるが．実際には，後氷期の堆積物中から見つかる半化石（subfossile）〔通常，過去1万年前以降の現世生物の遺体を指す〕を別にすれば，それ以前の古いハンミョウの化石として知られているものは2体だけで，どちらもヨーロッパのバルト海沿岸で採掘された琥珀から得られたとされている．そのひとつは，フランスのディジョンという町〔パリの東南308kmに位置〕の博物館に保管されている標

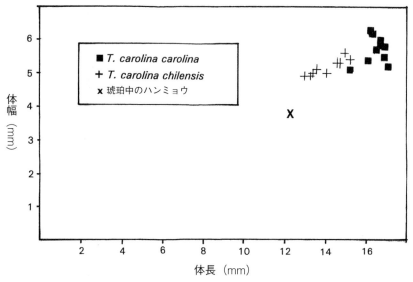

図3.2 カロライナカラカネハンミョウ Tetracha carolina carolina, その亜種チリカラカネハンミョウ Tetracha carolina chilensis, および琥珀中のこの属の化石標本についての, 体長と体幅の関係 (Röschmann, 1999より).

本で，1839年に Gaspard Brullé が学位論文の中でモリハンミョウ属 Odontocheila の一種として記載している．しかし，約80年後に，Walther Horn (1908) がこの興味深い標本を検討して，現生のマダガスカル産のクチヒゲハンミョウ属 Pogonostoma の一種 P. chalybaeum と同一だと認定した．彼は，樹脂が琥珀に変わるのに必要な何百万年もの間，ハンミョウの種が不変のまま存続したはずはないとして，そのハンミョウを包んでいる物質がそもそも琥珀なのかどうかを疑った．コーパルと呼ばれる天然樹脂は琥珀よりもずっと短い期間で生成する．そして，琥珀はアルコールには溶けないが，コーパルは簡単に溶ける．そこで Brullé の標本を包んでいる物質の一部をアルコールに漬けたところ，溶けてしまった［つまりこの虫入りの琥珀はまがい物だったのである］．

二番目の琥珀中のハンミョウは，もっと意義深いものであることが分かっている．この標本は，まず，現生の南北アメリカ産のカロライナカラカネハンミョウ Tetracha carolina として記載され，Horn も本物の化石と認定した［Horn の時代には Tetracha はオオズハンミョウ属 Megacephala の亜属とされていた］．その認定が間違っていないことはその後の研究でも示されている．たとえば，その標本での琥珀の層状構造に明瞭な方向性が見てとれる．そうした樹脂の流動を示す構造を模造することはきわめて難しい．また，その標本が模造品でない別の証拠はハンミョウといっしょに植物の破片が混じっていることで，これもバルト海産の琥珀の特徴である．その小さな破片のひとつがハンミョウの頭の下にひっついている．また，琥珀中には他の不純物や小さな気泡も不規則に散らばっている．さらに，もし，それが模造品ならば，ハンミョウを封入するときにできるはずの樹脂と虫体の境目にできるはずの境界面も見あたらない．

しかし，この標本が本物の化石だとしたら，それはあるハンミョウの種が約4千万年前の漸新世から実質的にまったく変化せずに存続してきたことを意味する．しかし，その後の研究によって，その標本は実際にはさまざまな点でカロライナカラカネハンミョウ T. carolina とは異なっていることが分かってきた．そのうちの体の大きさとプロポーションの違いを図3.2に示す．こうした証拠から，最近の研究では，この標本の種はカロライナカラカネハンミョウとは別種であると結論されている (Röschmann, 1999)．それでもなお，この標本は別の問題を抱えており，それについては Horn もおおいに悩んでいる．その問題とは，バルト海産の琥珀の産地は，現在のカラカネハンミ

ョウ属 Tetracha およびそれと近縁なオオズハンミョウ属 Megacephala の主な分布範囲である南アメリカおよびアフリカから遠く離れているということである．Horn の考えでは，オオズハンミョウは，彼の言う太前側板類 Platysternale の中できわめて初期に分岐したグループであり，現在の分布から考えて，南半球の起源であると推測される．となると，この属の起源として，その直接的な（化石の）証拠が示唆している北半球と，現生種の分布様式が示唆する南半球の，どちらが確実な証拠なのだろうか（Elias, 2014）．

Horn は化石記録よりも現生種の分布による説明の方を選んだ．彼は 2 種類の観察可能な事項，つまり，その生物の形質と主なグループの地理的分布を重視した．さまざまな形態学的形質のうち，彼が最も重視したのは後胸腹板の形である．その次に重視したのは，胸部のさまざまな部分の形態的差異，そして後翅の支脈のパターン，身体中の剛毛や刺毛の配列パターンとその微細な形，鞘翅の色彩パターン，腹部と前側板［上翅の縁の反りの部分］の一群の特徴である．Horn は，これらの形質グループ〔現在は形質系（character system）と呼ばれている〕のそれぞれについて，進化的に原始的な形態から新しい形態への必然的な変化を反映していると考えられる傾向を探した．この時間的変化についての推論から，Horn は各系統の進化経路を導きだした．しかし，彼は，形態情報を系統進化の樹状図に変換するための正式な手順とその検証法を知らなかったので，もっぱら主観的な解釈に頼ってしまった．そのため，彼の慧眼をもってしても，形質のグループごとに推測された変化の傾向の間に明らかな矛盾が生じてしまい，明確な系統樹を構築したとは言い難い状態であった．ある分野の実力ある権威者がよくするように，Horn もこうした矛盾を権威主義的な言い回しを使った強弁で取り繕った．

方法論の弱点はあったにせよ，綿密な標本の観察から得られた Horn の並外れた洞察をさらに理解するために，彼がハンミョウの進化的類縁関係を導きだすときに用いた手法を詳しく見てみよう．ハンミョウ科の主要な系統の系統進化的な由来とその形態学的形質についての Horn の結論は，それら系統の地理的分布に大きく依存している．彼はアフリカ産と南米産のグループ，たとえばオオズハンミョウ属 Megacephala のハンミョウ間にはきわめて近い類縁関係があると推測した．そこで，当時は地理学的な証拠はひとつもなかったにもかかわらず，南半球にある大きな陸塊の間に陸橋がいくつか存在したに違いないと仮定した．その後，地質学者が大陸移動説を受け入れたことで，オオズハンミョウ属の分布がきちんと理解できるようになった（生物地理学については第 6 章で詳しく扱う）．

Horn の考えたハンミョウ科の系統進化を図3.3 に示す．これによると，細前側板類と太前側板類は原始的オサムシ類（proto-caraboid）の共通祖先から独立に起源した．一方の系統はその原始的なグループからずっと分化した新しいグループ，トゲグチハンミョウ属 Oxycheila（オオズハンミョウ族）とハンミョウ属 Cicindela（ハンミョウ族）に向かって発展したように描かれている．Horn の提案した分類体系はこうした進化の仮説に基づいており，まず 2 つの大きな系統，つまり細前側板類と太前側板類に分け，そして後者をさらに 3 つの族，すなわち，エンマハンミョウ族（Manticorini），オオズハンミョウ族（Megacephalini），ハンミョウ族（Cicindelini）に区分している．そして種数の多いハンミョウ族をさらに 5 つの亜族，すなわち，ヒゲブトハンミョウ亜族 Dromicina，キヌツヤハンミョウ亜族 Prothymina，モリハンミョウ亜族 Odontocheilina，メダカハンミョウ亜族 Theratina，ハンミョウ亜族 Cicindelina に細分している．この分類体系はその後の研究者からもおおむね引き継がれ，20世紀全体を通した分類学的研究の基礎を成した．一番問題にされたのはハンミョウ類が分類学上の科として扱えるかどうかであったが，Horn はいつもの権威主義的態度でこれを一蹴した．彼は，ハンミョウ類には独立の科としてオサムシ科から区別できるほど分岐した形質はないと考えた．そして大部分の研究者，たとえば Crowson（1955）も Horn の考えに追従した．Jeannel（1942b）は，オサムシ科の主要なグループを25の科に区分し，ハンミョウ類も科に据え直した．ハンミョウ科を一番強く主張したのは Mandl（1971）で，オサムシ科との主要な違いをあげ，さらにハンミョウ類だ

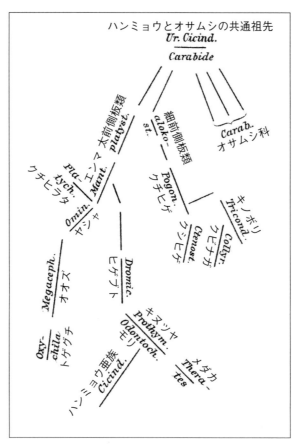

図3.3 Walther Horn (1915) が提唱したハンミョウ科の系統進化.
分類名の「ハンミョウ」は省略.

けが広く保持している祖先的形質として，新たに雄交尾器の内部の部品が対称的であること（オサムシ類では非対称的である）をあげた．これはハンミョウ類が科として十分な地位を占める証拠であるにもかかわらず，広い支持は得られなかった（たとえば，Erwin & Simms, 1984）．

　Horn 以後，ハンミョウ科の分類を最も大きく進展させたのは Emilie Rivalier (1892-1979) で，主にはハンミョウ属 Cicindela を分割したことで名を馳せている．彼の有利な点は，Jeannel を中心としたフランスの研究グループが発展させていた認識，つまり，甲虫を含めた昆虫類において雄交尾器の外形と構造には独特の形質の秩序があって，それによって近縁種どうしを関連づけることができるという認識を共有できた点である．彼は一連の注目すべき論文（Rivalier, 1950, 1954, 1957, 1961, 1963）を発表し，それぞれ主な生物地理区をひとつずつ取り扱うかたちで［訳注: 分割を意味する démembrement を表題に冠して，生物地理区ごとにハンミョウ属を細分した一連のフランス語の論文］，世界中のハンミョウ属のほとんどの種の雄交尾器を詳しく検討した．Rivalier はこの一連の論文で，雄交尾器の類似性に基づいて，主なグループについての分類体系を示すとともに，新たに50以上の亜属を設けた［訳注: Rivalier 自身はそれぞれを主には属として設定したが，本書ではそれらを亜属として取り扱い，分割前のハンミョウ属 Cicindela に含まれていた種を全部合わせてハンミョウ属 Cicindela（広義），そして Rivalier が残したハンミョウ属はハンミョウ属 Cicindela（狭義）として扱っている］．この進化的類縁関係を反映すると思われる雄交尾器の類似性および生物地理区に基づいた区分の体系は，その後の研究者に広く受け入れられ，根拠のはっきりしない

第3章　分類と進化　33

Horn の体系に取って代わった．

Rivalier は最終的にハンミョウ亜科全体を検討して（Rivalier, 1971），Horn の区分を改変して，さまざまな属と亜族に割りふった．そのなかでメダカハンミョウ亜族（Theratina）とハンミョウ亜族（Cicindelina）は残したが，大きな変更としてヒゲブトハンミョウ亜族（Dromicina）とキヌツヤハンミョウ亜族（Prothymina）をひとつのグループ（キヌツヤハンミョウ亜族 Prothymina）にまとめた．また，ニジイロハンミョウ亜族（Iresina）とハネナシダルマハンミョウ亜族（Apteroessina）を新設した（後者はインド亜大陸産の3個体だけで記載された単一の種からなり，その後，新たな個体は得られていない）．彼の分類体系は，それ以後の研究者があまねく採用しており，上属より上のハンミョウの分類としては大きな反対意見もなく受け継がれて今日に至っている．従って，ハンミョウの上位分類群を主に扱った Horn の体系に続いて，Rivalier の仕事が現在のハンミョウ分類の大きな柱となっているのである．こうした初期の研究者たちは，コンピュータや高度なソフトウエア，DNA の塩基配列の情報，系統を再構築するための近代的な理論などのない時代にあって，長年の経験と緻密な洞察力を頼りに祖先形質と派生形質を見分けることで，ハンミョウの分類についての科学的に魅力のある仮説を提出してきた．そうした新しい研究手段を手にした私たちが，これらの仮説を再検討しなければならない．

**分岐分類学的分析と DNA 塩基配列**

現在のほとんどの研究者は，生物の過去の進化過程は現生種の形質から推論できると考えている（Cardoso & Vogler, 2005）．系統を再構築するにあたって基本となるのは「生命の階層構造」（hierarchy of life）である．1900年代初頭の分類学者と同じように，現代の系統学の研究者にとっての出発点は，生物は階層構造という枠組みで分類的にまとめられるという認識である．たとえば，北米産の大型のハンミョウの何種かは，体の細かな構造に類似性が多いので単一の亜属，ハンミョウ亜属 Cicindela にまとめられる．この亜属は別の亜属，アメリカハンミョウ亜属 Cicindelidia とははっきりと異なっていて，後者に属する種はまた独自の形質のセットをもっている．同時に，この2つの亜属に含まれる種は多くの形質のセットを共有していることでひとつの属，ハンミョウ属 Cicindela（広義）にまとめることができ，その形質セットは南米の熱帯雨林産の属，たとえばモリハンミョウ属 Odontocheila やヒメモリハンミョウ亜属 Pentacomia に対してはっきりと異なる．さらに，この北米と南米のグループに共通する形質もあり，それは北米の夜行性の属，アメリカオオハンミョウ属 Amblycheila とヤシャハンミョウ属 Omus の種のものとは区別できる．こうした違いにもかかわらず，これらの属のすべての種は，甲虫（鞘翅目 Coleoptera）のさまざまなグループのなかでハンミョウとして区別できるし，甲虫は甲虫で昆虫綱（class Insecta）のなかで明瞭なグループとして区別できる．つまり要点は，どの生物も共通の特徴によってある特定の分類群に割りふることができ，それらをいくつかまとめて，それよりも階層構造的に上位の分類群に割りふられるということである．

しかしこれは，生き物の多様性を調べれば，一般的にそうなっているという観察事項である．そもそも，なぜそうした階層が存在するのかについての説明はそれほど簡単ではない．大方の進化生物学者は，この生物の階層構造は進化的過程の結果だと考える．それは分岐（cladogenesis）と呼ばれる，生物の系統が枝分かれをして新しい系統が生まれる過程である．この新たに生まれた種のうち，大部分ではないとしても，多くが結局は絶滅する．つまり，その系統は進化的には行き止まりとなる．疑いなく，多くのハンミョウの種および系統全体が跡形もなく消えてしまったことだろう．特に，化石になる可能性が低いことを考えれば，そうである．しかしながら，少数の系統だけが存続し，また新たな分岐へと進んでいく．この過程が長い地質学的時間のなかで何度も繰り返され，さらに新しい系統に分岐していき，最終的に現生種の多様性を産みだすことになった．そして，この過程こそが生き物の階層構造を説明するのである．

この一連の分岐という事象を最もうまく表現する図として，分岐図（cladogram）がある（図3.4）．これは分岐の歴史的順序を明示したもので，枝の

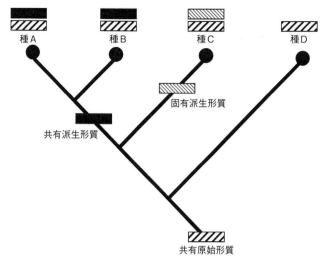

図3.4 共有派生形質，固有派生形質，共有原始形質の関係を示した分岐図．用語の定義は表3.1を参照．

先端には現生の分類群が，そして想定される祖先種（絶滅種）は枝と枝の分岐点（node）に位置づけられる（Goldstein & Desalle, 2003）．

こうした系統樹には2つの前提がある．ひとつは，分類群が分岐すると必ず姉妹群が2つ生まれることで，もうひとつは，その分岐は分岐図中の分岐点で示されるということである．姉妹群の歴史的年齢は当然同じ，つまり同じ分岐点で共通祖先から分かれたのであり，それまでは同一の系統的歴史を共有していた．歴史を共有していたのであるから，その姉妹群の特徴は，分岐後に身につけたもの以外は，すべて同じはずである．しかし分岐後は，それぞれの姉妹群は相方とは独立に新しい特性を獲得する．一般的に，新しい特性は分岐後の時間とともに増えていく．そうした特性のいくつかはそれぞれの種がさらに分岐した後に獲得されたものということもあるだろうし，分岐せずに続いた系統の中で変化する特性もあるだろう〔向上進化（anagenesis）と呼ばれる〕．こうして生物のどの系統にも，その歴史の中でおびただしい変化が生じるだろう．この変化は現在，現生種のもろもろの特性のなかに記録されているのである（Barraclough & Vogler, 2002; Pons et al., 2004）．

そこで，約2億年に及ぶハンミョウの進化史の中の枝と分岐点で何が生じたかを直接推定する化石はなく，タイムマシンもないのであるから，過去の出来事を跡づけるにはこの現生種の特性を使うしかない．現生種同士を比較して論理的な順序で並べることで系統を再構築するのである．しかし，そうした資料から系統を辿ることは複雑な作業であり，実際，進化生物学の研究者の間に生じた意見の不一致はかなり大きい．広く用いられている手法は，問題の分岐パターンを決めるために特定の進化的出来事に焦点を当てる．たとえば，ある特性が2種で共有されていたとしよう．その場合，この手法では，その特性は1回の進化的出来事で獲得されたと考える．もしそうなら，問題の2種は単一の共通祖先に由来する子孫であり，従って分岐図においては同一の枝から分枝したものとしてまとめられる．2種がその特性（形質）を共有していることが，それらは同類，つまり単一の系統に属していることの指標となるのである．このやり方で分析する種と形質を増やしてゆくことで，問題とする分類群全部を分岐図の中に位置づけることができ，系統樹が完成する．

この分岐図作製の手法はドイツの昆虫学者Willi Hennigまでさかのぼる．彼はこの手法を1950年に出版した本の中で系統分類学（phylogenetic systematics）と名づけ，1966年の英語版でさらにこのアイデアを拡張した．このHennigの手法はきわめて大きな影響力をもち，この分野に革命をもたらし，現在，分岐分類学

表3.1　系統関係の構築に関する用語.

| 用語 | Term | 定義 |
| --- | --- | --- |
| 外群 | Outgroup | 分岐分析において，形質の極性を決めるために，比較対象とする分類群．この外群の形質状態によって，内群の形質変化の方向が定まる． |
| 共有祖先形質 | Symplesiomorphy | あるグループ内で共有されている祖先的形質で，そのグループの内部に関する系統情報をもたない． |
| 共有派生形質 | Synapomorphy | 2つ以上の分類群をひとつの単系統群に統合する派生形質． |
| 極性 | Polarity | 形質変化の方向性．祖先的な状態から派生的な状態への変化についての相対的方向． |
| 系統樹 | Phylogenetic tree | 一群の分類群とその祖先種についての系統的関係を示す仮説．おおまかには分岐図と同義． |
| 系統樹のトポロジー | Tree topology | 分岐図（系統樹）の形状． |
| 最節約性，最節約原理 | Parsimony | 観察された事象を説明する競合仮説のうち，最も単純で効率的な仮説を選択すべきという自然哲学の基準．仮定される同形形質（ホモプラシー）が最少の系統仮説が最節約的となる． |
| 姉妹群 | Sister groups | 他のどんな分類群よりも近縁な2つの分類群． |
| 収斂 | Convergence | 別個の祖先的状態から同一の形質状態が生じること． |
| 側系統群 | Paraphyletic group | ひとつの直近の共通祖先に由来する子孫の一部からなるグループ． |
| 多系統群（多系統性） | Polyphyletic group (polyphyly) | 同形形質（ホモプラシー）に基づくグループ． |
| 多分岐 | Polytomy | 分岐図上で3つ以上の分類群へ別れる分岐点．すなわち未解明の分岐点． |
| 単系統群（単系統，単系統性） | Monophyletic groups (monophyly) | ひとつの直近の共通祖先に由来する子孫のすべてを含むグループ．派生形質の共有（共有派生形質）で特定される． |
| 内群 | Ingroup | 研究対象としている一連の分類群 |
| 派生形質 | Apomorphy | 祖先の状態から変化した形質もしくは形質状態． |
| 分岐図 | Cladogram | 派生形質に基づいて分類群間の関係を表す枝分かれ図． |
| 分岐図の長さ | Length of cladogram | 分岐図においてデータ（形質状態）を説明するのに必要な形質変化（ステップ）の最少回数． |
| 分岐点 | Node | 分岐図中で枝が別れる点． |
| 分岐分類学 | Cladistics | 分類学の手法のひとつで，派生形質の共有に基づいて分類群をまとめ，分岐図（系統樹）を作製する． |
| ホモプラシー（同形形質，同形形質的） | Homoplasy (homoplastic, homoplasious) | 当該の系統樹と矛盾する変化を示す形質．すなわち，2回以上変化して平行進化または収斂進化を示している形質． |
| ルート（根）付け | Rooting | 分岐図の出発点あるいは付け根として，ひとつの分類群を選定し，分岐図にルート（根）を付与すること． |

（cladistics）と呼ばれている基本的原理を生んだ．そして，それは系統の再構築の手法として広く受け入れられてきた．この手法の基本的考え方はとても分かりやすい．系統の推論に使える唯一の形質は，その形質をもっていない単一の祖先から分岐した複数の分類群で獲得された形質である．そのような形質は共有派生形質（shared derived character または Synapomorphy）と呼ばれ，その新たに獲得された特性を共有するすべての分類群が同一の系統の子孫であることを示すものである．他のすべての形質，たとえば共有されているが派生的ではない形質〔共有祖先形質（shared ancestral character または Symplesiomorphy）〕や，ある単一の分類群だけに派生した形質〔固有派生形質（uniquely derived character または Autapomorphy）〕は分岐分類において有効な系統情報をもってないのである（表3.1; 図3.4）.

こうした新しい手法によってもたらされるハンミョウの系統に関しての知見は，Horn や Rivalier のものとどのように違うのだろうか．ハンミョウの系統進化についての最新の説（図3.5）は，幼虫の形質（Arndt, 1993; Arndt et al., 1997）と成虫からの分子データ（Vogler & Pearson, 1996; Vogler & Welsh, 1977）に基づいており，それは Horn の系統樹とは次の点で異なっている．Horn の系統樹（図3.3）では現生種たちは枝の中に位置する

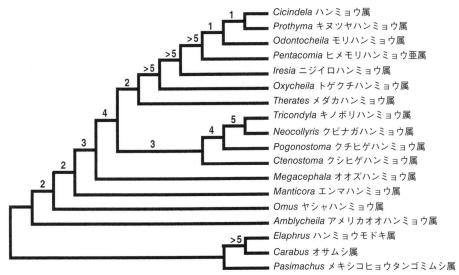

図3.5 DNA分子と幼虫形質の分析から得られたハンミョウ類の系統樹（Vogler & Barraclough, 1998より）．
図中の数字はブレーマー支持指数．数字が大きいほどその分岐の支持率は高い．

ように描かれるが，シュタイナー木（Steiner tree）と呼ばれる現在の系統樹では各分類群は直接に結びつけられることはなく，それらを結びつけるのは枝の分岐点である．その分岐点に位置するのは，その分岐点から生じる2つの系統の想像上の共通祖先である．

図の表し方が異なるので直接には比較できないが，現在の系統樹（図3.5）と初期のHornの系統樹（図3.3）との間には一致点も多い．とりわけ，細前側板類の4グループが近縁であること，なかでもキノボリハンミョウ族（Tricondylini）とクビナガハンミョウ族（Collyrini）が姉妹群であることが確かめられた．また太前側板類では，夜行性でオサムシに似たヤシャハンミョウ族（Omini）（ヤシャハンミョウ属 *Omus*，アメリカオオハンミョウ属 *Amblycheila*，ヒラグチハンミョウ属 *Platychile* からなる）がオオズハンミョウ族（Megacephalini）より根元に位置すること，一方，キヌツヤハンミョウ亜族（Prothymina），モリハンミョウ属 *Odontocheila*，ヒメモリハンミョウ亜属 *Pentacomia*，ハンミョウ亜族（Cicindelina）はひとまとまりとなっていて，もう少し後で分岐したことが確かめられた．しかしながら，明らかな相違もある．現在の系統樹ではトゲグチハンミョウ属 *Oxycheila* はオオズハンミョウ属 *Megacephala* との関係は遠く，またエンマハンミョウ属 *Manticora* とオオズハンミョウ属 *Megacephala* の関係はHornが考えたよりも近い．一番大きく，そして意外な相違はクビナガハンミョウ亜科（Collyrinae）の位置である．このグループは他のハンミョウ類全部と姉妹群の関係にあるというのがHornの考えであった．ところが現在の系統樹では，このグループはハンミョウ亜科（Cicindelinae）に含まれてしまい，さらにハンミョウ亜科を側系統，つまり単一の祖先種に由来する子孫種のすべてを含んではいない分類群にしてしまう（ハンミョウ亜科の共通祖先は，このグループには含まれないと考えられていたクビナガハンミョウ亜科の祖先でもある）．

ハンミョウ科の系統樹の全般的な形としては従来のものとよく似ているにもかかわらず，分岐分類学的分析による分類では，単系統群を構成する大きな分類群は4つだけである．それは，ハンミョウ科全体，クビナガハンミョウ亜科（Collyrinae）に属するもの（亜科とする扱い自体は，このグループが別の亜科，ハンミョウ亜科に含まれてしまったので，支持されない），ハンミョウ族（Cicindelini），ハンミョウ亜族（Cicindelina）の4つである．オオズハンミョウ族（Megacephalini）は異なった祖先に由来する分類群の複合体であることが明らかとなった．つまり，ハンミョウ科の中の祖先的なグループ〔ヤシャハンミョウ亜族

第3章 分類と進化 37

(Omina)〕と，トゲグチハンミョウ属 *Oxycheila* のようにずっと後になって分化したグループが含まれているのである．これらのデータに基づく論理的結論として，オオズハンミョウ族（Megacephalini）は少なくとも3つの分類群に分割するべきである．それによって，このグループの進化過程を反映した新しい分類体系が構築できる．

　分子データと幼虫形態に基づいたハンミョウ科の類縁関係についての私たちの仮説が，従来の説よりも進化過程をよく反映しているかどうかを知るにはどうすればよいだろうか．歴史に関する言説の試みすべてにいえることであるが，歴史そのものを確実に知ることは不可能である．説明しようとする進化過程について直接観察ができない以上，私たちだけでなくどの研究者の下す結論についても不確実性が存在することは認めねばならない．しかし次のことは言える．もし，分岐分析と最節約原理の仮定が支持されるとすれば，ある形質の変異の分布状態（ここでの例では，分析対象のハンミョウ類のDNAの塩基配列データと幼虫の形態形質）について，それを現時点で最もうまく説明する仮説は提案できるはずである．せっかくDNAの塩基配列の情報や飼育の難しい幼虫の形態学的形質を詳しく調べても，ハンミョウ類の進化について確実なことが分からないとがっかりすることかもしれない．系統分類学の目的が真の類縁関係を発見することではないと知って戸惑いを感じる人もいるかもしれない．最初に述べたように，系統分類学が目指すのは，研究対象の生物について観察される形質のあり方からその生物群の階層構造を再構成することである．それがどれだけ成功し，その系統樹が他の説よりどれだけ優れているかは，別の技術を使うことで評価されねばならない．

　私たちの系統樹が支持されるかどうかを手持ちのデータを使ってテストする方法のひとつは，ブートストラップ法（bootstrapping）とジャックナイフ法（jackknifing）と呼ばれる統計学的手法を使うことである．それにはまず，元のデータからの再抽出によって得られる異なるデータを用いて系統樹を構築する．この操作を繰り返し，再抽出データで得られた多数の系統樹において特定の分岐点が得られる回数を信頼度の数値として使うのである．分岐図においてよく使われる別の手法は，最も短い（最も節約的な）樹形で存在していた各分岐点が，もっと長い樹形においても存在するかどうかを調べる手法である．図3.5の各分岐点の上に示した小さな数字は，この手法の考案者Bremer（1988）にちなんでブレーマー支持指数（Bremer support）と呼ばれるものである〔崩壊指数（decay index）とも呼ばれる〕．この指数の値は，ある分岐点が存在しない系統樹の中で最もステップが短い系統樹が，最節約的な樹形に比べて何ステップ長いかを示している．たとえば，図3.5で，ハンミョウ属 *Cicindela* とキヌツヤハンミョウ属 *Prothyma* のペアに至る分岐点をもたない系統樹の中で最短のものは，最節約的な樹形より1ステップ長いだけである．従って，この分岐点の信頼度は低いということになる．

　Vogler-Arndt の系統樹，つまり分子と幼虫形質データに基づく系統樹（図3.5）の分岐点に関しては，ハンミョウ科が単一の祖先に由来することはかなりの確度で支持されている［訳注: この段落で述べられている分岐点のブレーマー支持指数については Vogler & Pearson, 1996 の分子系統樹を参照のこと］．つまり各属は，多くの共通な塩基置換とともに18S リボゾーム RNA 遺伝子の特異な伸長分節（expansion segment）を共有している（Vogler et al., 1997）．同様に，大部分の属を含むハンミョウ族（Cicindelini）の分岐点の存在は他の分析手法の結果と合致している．一方，ハンミョウ全種のおよそ半数が含まれるハンミョウ亜族（Cicindelina）の分岐点についての支持は低い（ブレーマー支持指数 = 2）［訳注: これも Vogler & Pearson, 1996 で示された値である］．

　こうした系統進化の推定がどれだけ合理的かを評価するには，別の方法もある．どの学問的立場の系統分類学者からも一般的に受け入れられている評価法のひとつは，異なった種類のデータから独立に得られた系統樹の分岐パターンを比較することである（Cardoso et al., 2009）．つまり，そうした別々の系統樹の全体としての類似度なり同一性を統計的に比較するのである．私たちの分子データについては，リボゾームDNAをコードしている2つの別の遺伝子からの情報を使った．ひと

つは核ゲノム（両親からの遺伝情報を含んでいる）からの，もうひとつはミトコンドリアのゲノム（母親からの遺伝情報だけを含んでいる）からの情報である．それでもこの2種類のデータからは，ほぼ同じ結果が得られた．ただし，ミトコンドリアからのデータでは，系統樹の端に近い比較的新しい分岐点について高い支持が得られたのに対し，核ゲノム（より保存的で，形質変化が少ない）からのデータでは，系統樹の根元に近い方の分岐点について高い支持が得られた．

幼虫についてのデータからもよく似た結果が得られた．しかし，幼虫ではいくつかの分類群の間で形質が類似しているために，解像度の悪い分岐点が多く見られた．DNAの分子データでは約1,000塩基対の情報が用いられたのに対し，幼虫についてのデータはたった30形質が検討されただけなので，データ全体に対する幼虫データの寄与は大きくないと思えるかもしれない．しかしながら，この小さなデータの重要性はきわめて高かった．なぜなら，分子データだけでは低い支持しか得られなかった分岐点が，分子データと幼虫データをいっしょに分析することで，ずっと高い支持を得たからである．もしすべてのデータセットが基本的に同じ樹形を支持するなら，その樹形の信頼度は増すのである．

複数のデータセットが使えるかどうかは，別の，そしておそらくもっと重要な理由から注目に値する．ある特定の変異に富む形質，たとえば問題とする分類群のDNAの塩基配列を，分岐図作成の標準的なアルゴリズムを使って分析する場合，最初はその仮説の妥当性を評価するための手段がない．たとえば，こうしたDNAの塩基配列はその塩基組成に，正確な歴史の復元を阻むような，何らかの偏りを抱えている可能性がある．実際，筆者らの分析のひとつでそのようなことが生じていた．ハンミョウ科の何種かで，核リボゾームRNA遺伝子の中のきわめて可変的な部分に，特別に伸張したDNA分節が含まれることが認められたのである．このDNA分節が存在する場合には，塩基組成が互いによく似ており，その類似性ゆえに，標準的な最節約法による分析においては，特定の系統を示す強いシグナルとなる．しかしこの系統シグナルは，他の分子分析および幼虫のデータから得られるものと大きく異なっていた．さらに詳しく分析してみると，このDNA分節は「ずれ」（slippage）という特別の突然変異過程に起因し，何種かのハンミョウで独立に生じたものであることが分かった（Vogler et al., 1997; Hancock & Vogler, 1998, 2000）．私たちがこの異常を突きとめて，系統分析から取り除くことができたのは，他のデータ，とりわけ幼虫からの情報が使えたからである．系統分類学者はこのように形質セットを横断して評価することを「相互参照」（reciprocal illumination）と呼んでいる．この評価法では，ある分析結果が他の分析結果の判定に影響するのである．いくつかの形質系はさまざまな理由で互いに異なった分析結果を産みだしうる．しかしながら，もし2つ以上の，性質がきわめて異なるデータセット（筆者らの研究の場合では，核DNAの一断片（図3.5），核ゲノムとは別の，きわめて小さいミトコンドリア染色体中に存在するmtDNAの一断片，幼虫の形態形質のデータセット）からの分析結果が大部分一致するか矛盾がないならば，それらの形質は進化上の歴史を共有していると合理的に推測できるのである（Kluge, 1989）．

さて，ハンミョウ科の基本的な系統関係についての知見を得て，またその知見に至る系統進化を解明する手順についても理解したのであるから，この情報を研究対象の生物学上の疑問の解明に適用することができる．まず，この系統進化の情報をハンミョウの主要な分類群の進化と，種分化速度についての仮説の検証に使ってみよう．つぎに，ハンミョウの生物地理学上の仮説の検証にも使ってみよう．後の章では，ここで得られた系統樹を，適応形質の進化を調べるために使ってみよう．そこで明らかとなるように，こうしたタイプの検証が最も有効で，かつ信頼できる結果を生むのは，近縁種の間，たとえばハンミョウ属 Cicindela（広義）のような単一の属に適用した場合である．

## 多様性の進化

ハンミョウ類の進化史とは，形態学的あるいは分類学的な観点からみても，多様性の増大の歴史といえる．それは，現在も多くの種類がいるオサムシの仲間の祖先から発して，樹上性のクビナガ

ハンミョウ亜科（Collyrinae）と，最も派生的なグループで地表をすばやく走ったり飛翔するのに適応したハンミョウ属 Cicindela（広義）に至る歴史である．本節ではこれら現生種に見られる多様性をさらに詳しく検討しよう．Walther Horn はハンミョウの成虫にみられる形態差に関して2つの形態セットに注目し，それに基づいてハンミョウ科の進化を構想した．その2つとは，棘毛（bristles）および剛毛（setae）の配列様式〔総じて毛序（chaetotaxy）と呼ばれる〕と，鞘翅および他の体表の色彩である．

### 形態的多様性

　ハンミョウ成虫の身体を詳しく観察すれば，体表のいろいろな部分が剛毛（seta）または棘毛（bristle）と呼ばれる毛に覆われていることに気づくだろう〔本書では剛毛と棘毛は区別されていない〕．その多くは鮮やかな白色で，他の甲虫の体表にある毛とは大きく異なっている．ルーペを使えばその剛毛も何種類かに区別できる．一番めだつものは，一塊りに密生して体表を覆う白色の剛毛で，胸部および頭部の側面，腹部の腹板に見られる．これらは通常，鮮やかな白色で，生えている広さは多少とも種ごとに異なる．この剛毛の塊には断熱と体温調節の働きがあるだろう．

　この剛毛と形のよく似た別のタイプの剛毛がある．それは通常，さまざまな部位の体表に，それほど密生せず個々に直立して生えている．さらに別タイプの剛毛はこの2種類の剛毛とは異なり，暗色ないし黒色で，長くて直立して単独またはまばらな塊りとして生えている．この剛毛はおそらく感覚機能に関連しており，特定の部位，たとえば頭部では複眼の近辺（複眼の上とか複眼の間），上唇の上面，頭楯，前胸の側面の端，上翅の特定の部位などに孤立して生えている．この剛毛は，それぞれの部位に種ごとに決まった数で，たとえば上唇では，前端またはその少し内側に，片側で1本から十数本が並んで生えている．さらに別の，密で細かい毛が体表の特定部位，たとえば触角に見られる（ただし，通常，基部から4節目までは無毛）．この微毛はすでに述べた3種類の剛毛とは基本的に別物で，クチクラの最外層から生じた単純な構造物である．

　こうした剛毛と棘毛は，伝統的なハンミョウの分類では種の違いが表れやすい形質として特に重視されてきた．Horn のハンミョウ属 Cicindela についての種の検索表でも，頭部，触角，胸部，脚などの特定部位での剛毛のあるなし，およびその形状に重きが置かれている．また，種までの同定用の図，たとえば Cazier（1954）のメキシコ産ハンミョウ属 Cicindela のモノグラフでは，種ごとの上唇の精密な線画が添えられているが，その外形の違いとともに，その上に生えている感覚毛の剛毛の数と位置も種ごとに異なることが示されている．また剛毛は，ハンミョウ類の系統関係を示すものとしても重視されてきた．Horn は，原始的と考えられる分類群の剛毛のあり方が派生的と考えられるグループのものとは異なることに気づいた．特に，剛毛タイプの分化とその配置は，ハンミョウ類の進化の過程でしだいに「精錬」されてきたことを見いだした．たとえば，原始的と考えられるエンマハンミョウ族（Manticorini）には一種類の剛毛しか認められず，それは身体全体に一様に生えており，単に身体を保護する役割をもつだけのようである．オオズハンミョウ族（Megacephalini）では，剛毛の生え方はやはり一様であるが，生えている場所は鞘翅などに限られている．頭部のいろいろな部位，たとえば頭楯には通常大部分の個体で左右非対称に剛毛が生えており，また，それらの剛毛の多くは感覚毛であるとの示唆もある．Horn の考えに基づく系統樹で次の段階に位置するヒゲブトハンミョウ亜族（Dromicina）では，さらに発達した剛毛を備えているが，それは白色で，生えている部位もいっそう限定されている．さらに次の段階のモリハンミョウ亜族（Odontocheilina），キヌツヤハンミョウ亜族（Prothymina），メダカハンミョウ属 Therates では，少数の孤立した感覚毛としての剛毛だけが生えていて，体表の微毛はなくなっている．最後の段階に当たるハンミョウ亜族（Cicindelina）では，体表を覆う剛毛は鮮やかな純白で，身体の下面と前胸に明瞭な塊りとなって生えている．その塊りが，めだって広い系統もあれば，比較的狭い系統もある．極端な場合，ハンミョウ属カラクサハンミョウ亜属の Cicindela (Lophyra) alba, C. (L.) albens, C. (L.) arnoldi などでは，上唇，頭楯，眼，

小盾板，鞘翅を除くほぼ全身がこの白い剛毛で覆われている．ハンミョウ属 Cicindela（広義）の他の種では剛毛の数ははるかに少ない．

興味深いことに Horn は，彼の言う細前側板類（alocosternal）〔現在のクビナガハンミョウ亜科（Collyrinae）〕をハンミョウ亜科（Cicindelinae）とは独立の系統と見なした．この結論は，すでに論じたように，Vogler-Arndt の分子系統の解析結果からは支持されない．その解析ではクビナガハンミョウ類はハンミョウ亜科に含まれる．実際，クビナガハンミョウ類の剛毛の配列様式（毛序）は原始的（系統樹の根元付近の）系統のヤシャハンミョウ亜族（Omina）と派生的系統のハンミョウ亜族との中間的な状態である．たとえば，マダガスカル特産のクビナガハンミョウ類であるクチヒゲハンミョウ属 Pogonostoma には明色の2種類の剛毛，すなわち長い感覚毛と比較的短い装飾的（ornamental）な剛毛をもつ．それらは主に鞘翅上に生えているが，その配列のパターンは，もっと派生的な分類群のものと比較して連続的な分布を示す．もしこの剛毛の配列の傾向の一貫性と方向を受け入れるなら，すなわち，まんべんなく生えている状態からしだいに特定の部位への集中へ，暗色から鮮やかな白色へ，一種類のタイプの剛毛から装飾的な剛毛を含むいくつかの種類への分化といった傾向を認めるなら，クビナガハンミョウ類は系統的にはどこか中間の位置を占めることになり，それは最近の研究結果とおおむね合致する．

ハンミョウの剛毛は，複雑な分化パターンを示しながらも，観察して比較することは難しくないので，こうしたタイプの探究には理想的な系である．しかし意外にも，毛序は正規の系統解析では使われてこなかった．大部分の分類学者は，剛毛の生える位置が系統を正確に反映する特性で信頼に足る形質情報をもたらすとは考えていないのである．しかしながら，本当にそうなのかは，剛毛の空間配置様式を系統進化についての他のデータと突きあわせて検討して結論を出すべきことである．剛毛の配列様式の中には実際に変化しやすい要素もあるだろうが，主な系統群間で保守的に保持されているように見える要素もある．剛毛の配列様式の研究は依然としてまだ揺籃期にあるといえる．

形態形質の中でも，毛序に関する特性の多くはあるかなしかの二値形質で，扱いやすい性質を備えている．つまり，毛序に関する特性の多くは，身体の特定の部位に存在するか否かに基づく不連続な形質である．毛序を解析するには，まず，剛毛の配列様式のさまざまな要素，つまり剛毛の間隔，位置，本数，その形を明確にしなければならない．これらの要素が合わさると，全体の形質状態は複雑でいかにも手に負えない代物のように見えるかもしれない．特に，身体のさまざまな部位にある剛毛を問題とするとなると，なおさらである．しかし，もし主要な違いが抽出でき，それを系統進化の観点から検討できるなら，分析はけっして手に負えないものではない．たとえば，生える位置が決まっていて，かつ周辺の剛毛の存否からまったく影響を受けない剛毛がある．逆に，近くに他の剛毛がどれだけあるか，そして，それと関連して剛毛間にどれくらいの距離があるかによって，生える位置が変化する剛毛もある．これらを区別することで，毛序に関する構造の発生を支配している全体的な座標系と細胞間の相互作用を推し量ることができる．

**鞘翅の色彩パターン**

ハンミョウの鞘翅の色彩はよく目立つ．そして剛毛の研究と同様に，この色彩パターンは種や主な分類群を特徴づけて区別することにとても重要な役割を果たしてきた．また，ハンミョウにとって鞘翅の色彩はその生存にきわめて大きな意味をもっている．それは鞘翅の色彩が，隠蔽の効果をもったり，あるいはさまざまなタイプの警告色によって捕食者を脅したり攻撃を思い止まらせる効果をもつことで，捕食回避の機能を果たすことによる．従って，こうした色彩には強い選択圧がかかっていると考えられる（第8章を参照）．しかし，だからといって，色彩パターンが単に捕食回避の機能だけを反映して最適なパターンになっているということではない．そうした色彩パターンの進化を読み解くには，まずその背後に存在する機構を理解することが必要である．おそらくその機構には，色彩の配置の情報に影響する細胞分化の精密な系が関わっているだろう．

Walther Horn（1915）は，ハンミョウの色彩パ

ターンの複雑さの程度が分類群ごとに異なることに注目し，ハンミョウ科の進化の過程で，その複雑さの度合いが増したと考えた（そして実際にその色彩パターンの複雑さを系統進化上の古い群と派生的な群を分ける根拠に使った）．その考えの裏づけとなったのは，次のような観察である．系統進化的に古いと考えられるオオズハンミョウ族（Megacephalini）では鞘翅に斑紋がまったくない（たとえば，エンマハンミョウ属 *Manticora*，オニハンミョウ属 *Mantica*，ヒラグチハンミョウ属 *Platychile*）か，あったとしてもかなり単純なものである．一番原始的な色彩パターンをもつのはオオズハンミョウ属 *Megacephala* で，この属のものは鞘翅の後端（翅端）に明色部をもつものが多い．しかし，Horn はこのタイプのものは厳密な意味での斑紋とは考えなかった．なぜなら，その明色部は身体のある部分の色が徐々に薄くなっている状態で，それは他の種類（たとえばメダカハンミョウ属 *Therates* など）でも身体の背面（胸や鞘翅）に見られる場合がある．Horn によれば，オオズハンミョウ属の何種かについてはこの色彩パターンから発展した（派生した）やや複雑なパターンが認められる．それは翅端（希には鞘翅の肩部の場合もある）の明色部が周囲とは不連続に区切られた状態である．その明色部の形と大きさはまちまちであるが，種ごとにはっきりと決まっており，それはその明色部をその部位に出現させる特別な機構が存在することを意味している．

色彩パターンとそれを支える機構の次の段階は，トゲグチハンミョウ属 *Oxycheila* に見られるが，Horn はこの属を，系統樹の根元に位置するオオズハンミョウ族に近縁と考えた〔ただし，Vogler-Arndt の系統仮説ではこの系統はハンミョウ族（Cicindelini）と姉妹群関係にある〕．トゲグチハンミョウ属は鞘翅に鮮やかな黄色か赤の斑紋をもつが，それは鞘翅に沈着する色素による．Horn は，この色彩パターンはオオズハンミョウのものより進化的に発展した形であり，翅端や肩に斑紋がないのはそれが消失（退化）したからだと考えた．

さらに派生的なグループ，特にヒゲブトハンミョウ亜族（Dromicina）とハンミョウ亜族（Cicindelina）では，これよりもずっと複雑な鞘翅の斑紋のパターンが見られる．Horn は，その

きわめて変異に満ちた斑紋パターンを概念化して説明するための枠組みを提示した．彼は，斑紋形成に関する自律的なシステムが大きく3つあると仮定した．それらは別々に，あるいは協調して，鞘翅の斑紋の位置と総量を支配していると考えた．そして，その3つのシステムを，それぞれが作用する鞘翅上の位置と対応させて側辺部（marginal），基部（basal），縫合部（sutural）要素と呼んだ．各要素は一連の斑点と三日月紋から構成されるが，その斑点なり三日月紋が伸び縮みしながら，背景となる暗色または金属光沢の地色の上にさまざまな大きさの明るい色彩の斑紋を浮かび上がらせるのである．

この3つの斑紋形成システムのうち，側辺部要素が進化的に最も古いと考えられた．その原初的なものは鞘翅の両側の縁だけに現れる細長い紋で，ヒゲブトハンミョウ族 Dromicini，モリハンミョウ族 Odontocheilini，またハンミョウ属 *Cicindela*（広義）の一部の種に見られる．しかし，ハンミョウ属の多くの種では，側辺部要素はこの単純な原初形態よりもっと入り組んだ斑紋や斑点となっている．その主な成分は，鞘翅の肩部と中央部と翅端部で，鞘翅の両側の縁のすぐ内側に現れる3〜5つの斑紋である．これらは互いに繋がる場合も離れたままの場合もあり，また両側の縁の紋が内側に伸びている場合もある．一番縮小した状態では，鞘翅の側辺の内側に並ぶ3つの斑点（何種かのモリハンミョウ属 *Odontocheila*．図B.23を参照）なり5つの斑点（ハンミョウ属 *Cicindela*）となる．後者は，口絵27にも例示したように，ハンミョウ属 *Cicindela*（広義）の何種かに見られる．こうした斑紋が鞘翅の縁から内側に伸びて繋がる場合があり，肩部の2つ，そして翅端部の2つがそれぞれ繋がって帯となり，鞘翅の前部と後部に独特の半月紋が形成される．そして，その帯がさらに伸びると，ハンミョウ属 *Cicindela*（狭義）で一番ふつうに見られる斑紋となり，その帯がちぎれていくつかの小さな斑点になってしまうと，旧北区のヨーロッパニワハンミョウ *C. campestris* 種群の斑紋となる（その斑点の大きさは種ごとに異なる）．こうした側辺部要素だけが出現するハンミョウ属 *Cicindela*（広義）の斑紋形成パターンは，その座標系がどのように変異するかをよく

示している（口絵27）.

　2番目の自律的斑紋形成システムである基部要素は，鞘翅の付け根にある，丸い，または三角形，または後方に伸びる帯状の斑紋である．この斑紋が一連の斑点となって鞘翅の先端まで並んでいる種もいる．従って，この要素は，ハンミョウ属 *Cicindela*（広義）の多くの種にみられる縦方向への斑紋パターンとも関連している．つまり，個々の斑紋は，側辺部要素中の中央部縦方向の成分と合体する場合がある．また，側辺部要素と基部要素から生じたと考えられる部分が，きっちりとした線で別れている分類群もある．最後に，3番目の主要な色彩パターンである縫合部要素は，左右の鞘翅の合わせ目である縫合部のすぐ脇に位置し，ほとんどの分類群では鞘翅の前半部に限られている．この縫合部要素は，必ず基部要素と側辺部要素といっしょに表れるので，この2つの要素が進化の過程で拡張したものである．

　Walther Horn は，近縁種間および類縁の遠い種間で斑紋パターンを入念に比較し，この斑紋形成システムを導きだした．それにより彼は，近縁かどうかを決めるのは白い斑紋がどれだけあるかではなく，どの要素がどのように変異しているのかであると結論づけた．彼はこの発見を George Henry Horn（1892）以来の大きな学問的進展であると主張した［訳注: 第1章でも述べたように Horn という名のハンミョウ研究者が二人いるために，ハンミョウの研究論文や本では，ファーストネームあるいはその頭文字をつけて区別している］．George Henry Horn の論文は鞘翅の斑紋パターンの類似性が系統進化に関連していることを主張したものであるが，そのパターンの構成要素の空間的配置までは検討していなかった．

　Walther Horn がこうした分析を，近年の発生生物学による知見が知られていない100年以上も前におこなうことができたのは驚くべきことである．Walther Horn は，形態的構造がどのように産み出されるかについて現在の私たちが理解している観点を，はっきりと認識していた（Gerhart & Kirschner, 1997）．昆虫の成虫の形態的構造は，幼虫と蛹という発達過程で形成される．この過程も，他の動物の胚発生と同様に，ひとつずつ段階を追って進み，最終的に成虫の身体を作りだすように細胞分化と細胞の成長が制御される．身体のどんな構造の形成にもこの胚発生の複雑な過程が関与しており，鞘翅の色彩パターンも例外ではない．まず，位置についての情報を統御する座標系が確立され，どの構造（または，どの色彩の成分）がどこを占めるかが決められなければならない．つぎに，その構造（鞘翅の色彩パターンの場合は，色）を生みだすために，位置についての情報が利用されなければならない．

　第2章で見たように，ハンミョウ類の鞘翅表面での色彩発現についての極微細構造はすでによく分かっている（Schultz & Rankin, 1983a, b）．薄片からなるクチクラ層中のメラニン色素の層と透明なワックス層の数，層の厚さ，層の均等さによって反射光が混ぜあわされ，さまざまな色彩が生み出される．メラニン色素が欠落した部分は色の抜けた状態となる（Knisley & Schultz, 1977）．

　ハンミョウ科において，このメカニズムがまだ原始的な状態では，暗色の色素の生成が抑えられて，系統樹の根元に位置するグループに見られる明褐色か黄色い斑紋となると考えても間違いないだろう．その斑紋の位置はそれほど明確ではなく，斑紋の境界も曖昧である．それが意味することは，斑紋の出現を支えている細胞分化の系が，タイプの異なる細胞間にまだ明瞭な区別をつけていないということである．さらにこの細胞系は白色，黄色，赤といった色彩もまだ作りだすことができない．こうした色彩の違いは，次の段階の複雑さを意味しているのである．

　通常，色彩パターンが精妙になればなるほど（または，一般的にいって，形態的構造が複雑になればなるほど），発生時の細胞分化の座標軸には高度なものが必要となる．その座標軸は，色彩パターンの空間配置に新たに加わる斑紋形成に関わるだけでなく，要素間の境界を厳密に確定することにも関与するはずである．ハンミョウの色彩パターンにおいて，こうした分子レベルの過程がどのように進行しているのかはまったく知られていないが，他の昆虫，特にチョウ類で分かっていることから類推することは可能である．チョウの翅にみられる特定の色彩要素，たとえばシジミチョウ科の眼状紋などは，一連の分子的相互作用のカスケード（反応の連鎖系列）によって作りださ

れることがよく分かっている．その最初の過程は，眼状紋が形成される場所の位置決めである（Carroll et al., 1994）．この過程が進行するのは，翅の発生（形態形成）の諸段階のうち，他の多くの構造が発生する前の，初期の段階である．しかしながら，この初期段階においてすでに，最終的に成虫の翅の特定部位に眼状紋が形成されるよう細胞の分裂と成長の過程は決定されている．そして，それが進行するなかで，一連の発生過程によってその眼状紋の詳細，つまり，その大きさ，色，境界の明瞭さなどが精密に決まっていく．

　細胞分化に関する情報網が精密化することで，ある構造パターンが複雑化するというモデルは，ハンミョウ科の色彩パターンの進化についてのWalther Hornの考えと一致する．そのパターン形成の最も単純なものは，鞘翅の末端または基部の色彩を漠然と違える形である．この形では，高度な座標系は不要である．なぜならその位置決めに関して，すでにある鞘翅の端という構造に依存できるからである．漠然と周囲と色を違えるだけなら厳密な境界を確定する必要がなく，さらに，すでにある暗色の色素形成を抑えるだけで新たに別の（明るい）色素を作りだす必要もない．この最も単純な鞘翅の色彩パターンからハンミョウ属Cicindela（広義）に見られるような複雑なパターンへの移行には，いくつかの段階が必要となる．たとえば，明るい色彩の斑紋の境界をきっちりさせる，特定部位の暗色の反射（と剛毛）を減らす，鞘翅の末端と基部以外の部位に暗色を抑えて新たな斑紋を作りだす，周囲とはまったく異なる新たな色彩成分を生成するなどである．

　では最終的に，この発生学的メカニズムのもとで，どのようにして近縁種間でも見られるような色彩パターンの違いが生じるのだろうか．そうした種間差も，発生の初期に細胞分化と決定のメカニズムが異なることによって決まるに違いない．このパターン形成の発達がどのようなものかはまだ十分には解明されていないが，色彩パターン形成の初期過程は，鞘翅そのものの形成に関わる細胞分裂に影響する情報の経路に密接に組み込まれていると予想される．この色彩パターン形成の初期過程は，なによりも基本的な成分の位置決定に関わっているはずである．それが変更されるよう

なことになれば形態形成自体が混乱しかねない．従って，斑点形成についての変更は鞘翅構造全体が適切に発生することを妨げる可能性がある．

　もし，ここで仮定しているように，色彩パターンの個々の成分である斑紋の配置が発生の初期に達成されるなら，色彩パターンの成分の基本的な空間配置の変更は非常に難しく，従ってきわめて保守的に維持されているはずである．一方，その成分の大きさや正確な連なり方は，その後に続く細胞運命が決まっていく過程のなかで定まっていくので，斑紋や色彩パターンの細部は鞘翅全体の発生とはそれほど関連しないだろう．色彩パターンのこの細部の特性は近縁種間や個体間でも変異しうるはずで，実際にもそうである．従って，進化の過程で保守的に維持されている度合いは，発生過程で情報がどのような優先順位で処理されるのかについて教えてくれるのである．

### 系統的多様性の進化

　鞘翅目（甲虫）は昆虫の中では最も種数が多いが，目内の系統ごとに種数は大きく異なる．ハンミョウ科は，およそ2,300種を擁するが，甲虫の中では最も小さな科のひとつである．さらに，ハンミョウ科内の主要な分類群ごとに種数は大きく異なることもはっきりしている．このように種数が異なる理由は何だろうか．ハンミョウ科の進化史の中で初期に出現した分類群の方が後期に出現した分類群よりも，単に継続的な系統の分岐（祖先種からの複数の種が生じること）を通じて種数を高める時間を長くもっていたということだろうか．あるいは，特定の系統が他の分類群よりも新しい種を生みだす速度が速かったということだろうか．もしそうならば，なぜそうなのか．

　こうした問いに答えるに当たって，系統進化的な仮説はとても役に立つ．なぜなら，系統進化的な仮説によって，種数を分析する際，分類群を適切に比較する手法を手にすることができるからである．最近，著者らは図3.6に示した系統樹についてそのような分析をおこなった．Wiesner（1992）に示されている種数のデータを用いて，まず，そこに含まれる属と亜属を，いずれも共通の祖先種に由来する種群からなる分類群とみなした．その単系統群の代表種（模式種）を分析の単

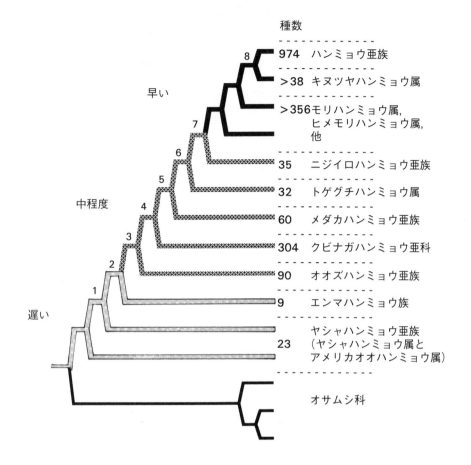

図3.6 ハンミョウ類の系統樹の各分枝に含まれる種数と多様化の速度の変化．多様化の速度の大きな変化を示すために，多様化の速度をおおまかに3つの水準に分け，枝の色調で区別してある．分岐点1〜8について，分枝の多様化の統計的有意差も示す（Vogler & Barraclough, 1998より）．

位として選び，系統樹中でその分類群の他の構成種全部の地位を代表するものとした．こうして，この系統分析に用いた種数はかなり少ないものとなったが，系統樹の各分岐点（node）での種数の合計値を仮定した．この系統樹上に種数を重ねると（図3.6），ヤシャハンミョウ亜族に含まれる原始的な分類群の種数はもっと後に進化してきた分類群のものと比較してきわめて少ないことが明白である．そして系統樹で最後の方に分岐した分類群たちの種数の多さは驚くほどである．これらは偶然の変化からはかけ離れているように見えるが，偶然で生じうる期待値を正確に算出するまでは確実な結論は出せない．そのためには，実際の種数を，姉妹関係にある分類群が同じ確率で分岐していくと仮定した帰無モデルの値と比較しなくてはならない（Slowinski & Guyer, 1989）．

この帰無モデルのもとでは，ある系統がサブ系統AとBに分岐したばかりだとすれば，それぞ

れのサブ系統が次に分岐する確率は同じとなる．たとえば，仮にその後 B が分岐して A（B, C）となったとすると，そのそれぞれが再び分岐する確率も同じで，従って B の子孫がさらに分岐する確率は A よりも 2 倍高くなる．このランダムな分岐の過程では，調和のとれた（対称形の）系統樹は生じそうもない．実際は，すでにかなり大きな系統は，すでに種数が多いというそれだけの理由で，他の条件が同一でも種分化の可能性が高くなる．

従って，ここで問題とするのは，偶然だけから期待されるよりもさらに偏った系統樹なのかどうかであり，それにはある単純な統計学のモデルを用いて判定する．このハンミョウ科の系統樹では，実際に数個の分岐点が統計的に有意に偏っている．多様性の低い系統から発して，見かけの種分化速度の最初の有意な増大は，それまでの古い系統からオオズハンミョウ属 *Megacephala* が分岐したときに生じており，2 回目はそれまでの系統からクビナガハンミョウ亜科（Collyrinae）が分岐したときで，3 回目はそれまでの系統からハンミョウ族（Cicindelini）が分岐したときである（図3.6）．［訳注: この図では分岐点 7 以降の黒で示した系統をハンミョウ族と呼んでいる．］少し予想外のこととして，きわめて種数の多いハンミョウ亜族（Cicindelina）（あるいは広義のハンミョウ属 *Cicindela*）が生じた分岐点の有意差の水準は特に高くはないことである．その意味するところは，その種数が偶然だけで完全に説明可能な水準に止まっているということである．しかしながら，統計的期待値から外れる大きな種数がキヌツヤハンミョウ亜族（Prothymina）（モリハンミョウ属 *Odontocheila* とそれ以降の分類群を含む）を生じた分岐点で見られる（図3.6）．この亜族は多数の属を擁する点でも際だった分類群である〔ハンミョウ科の58属のうち，38属がこの亜族に含まれる（Wiesner, 1992）〕．

種分化が加速されたかどうかを判定するこの手法から分かることは，種の多様化の本質について十分に理解できているとはとてもいえない状態だということである．最も帰無モデルにおける，多様化の速度は一定との仮定が合理的かどうかもまだ不確かなままである．それでも少なくとも，こうした統計的手法を用いることで，系統樹上で高い種分化速度を示す特定の部分が偶然だけで生じたものではないと判定することができ，従って進化的に説明する必要があることを意識できる（Vogler et al., 2005; Pons & Vogler, 2005; Sota et al., 2011; Tsuji et al., 2016）．その特別に種数の多い分枝に何か変わった点はないか．その高い種分化速度（または低い絶滅速度）を説明する生物学的要因，たとえば，種数の増加に先立ってある形質を獲得したなどの要因がないか．あるいは，そうした放散が地球の歴史におけるなんらかの出来事と同時に起きてはいないか．ハンミョウ科では，これらの問いを系統進化の仮説に基づいて丹念に検討することはそれなりに可能である．少なくともある爆発的種分化が起きた相対的年代については分かるし，また，他の歴史的事象からの知見を組みこむことで，その出来事の絶対年代さえも決定できるかもしれない．しかしながら，こうした推測は状況証拠でしかない点には注意すべきである．つまり，それらの推測は，ある特定の要因と種分化速度の上昇という出来事の間に，はっきりした因果的対応を実証するものではない．こうした対応は，別のタイプの実験によって手に入れなくてはならない．この問題はまた後で取りあげよう．

これらと関連して，もうひとつ未解決の問いが残っている．ハンミョウ科は鞘翅目の中では最も小さい科のひとつである．それなら，甲虫において何が種の多様性を促進したのかという問いを追究するには不適切な対象かもしれない．しかし，約2,300種という記載された種数は少数といえるだろうか．ハンミョウ科の多様化の速度を推定するに当たっては，高次分類群として適切な姉妹群と比較しなければその問いには答えることができない．そこで問題となるのは，ハンミョウに一番近い仲間が何かまだ分かっていないという点である．ハンミョウ科は，総体的には，きわめて多様化した大きな科であるオサムシ科（Carabidae）（歩行虫とも呼ばれる）に類似している（Erwin, 1979, 1985; Arndt, 1993; Beutel, 1993）．このためハンミョウ科はオサムシ科の一部であると考える研究者もいて，オサムシ亜科（Carabinae）に近いとする立場（Deuve, 1993; Erwin, 1985; Liebherr & Will, 1998），オサムシ科の別の亜科（Hiletinae）

に近いとする立場（Ward, 1979），さらにはツノヒゲゴミムシ亜科（Loricerinae）と近いとする立場（Arndt, 1993; Beutel, 1993）まである．しかしながら，こうした研究のいずれもがその主張の決定的根拠となる形質を提示しているわけではなく，また，ハンミョウ科をオサムシ科とは独立の分枝とみなす研究者（Bils, 1976; Nichols, 1985; Regenfuss, 1975）もいる．リボゾームDNA遺伝子の分子分析がこの問題について提示する情報は驚くほど少ない．よく使われる系統樹の計算手法のいずれを用いても，ハンミョウ科はオサムシ科の中で最も派生的な分類群であるゴモクムシ亜科（Harpalinae）の近くに位置するが，その場所には系統樹上での位置の決定が難しい他の分類群，たとえばセスジムシ科（Rhysodidae）やヒゲブトオサムシ科（Paussidae）なども含まれる（Maddison et al., 1999; Shull et al., 2000）．このようにオサムシ類の系統樹の先端部に位置づけられたことはきわめて予想外の結果であり，形態学的根拠に照らせば無意味に等しいことである．それはきっと塩基配列の特殊な進化の副産物であろう．先に述べたように，配列のずれをもたらす突然変異機構によって非常に伸長した配列部分では，一般的に分子進化の速度が上昇する．このことがハンミョウ科と（おそらく独立に）セスジムシ科とヒゲブトオサムシ科で起きたのであろう．そのようにして大きく変異した配列は，同じようにして他から大きく変異した配列と似やすい．それはおそらくすべてホモプラシー的（収斂的）変化の結果であろう．系統樹の中の長い枝が間違った解を導くような系統シグナルをもつ現象は，系統学全体にとって深刻な問題であり，ハンミョウ科の位置づけに関する事例でもまだ解決されていない（Maddison et al., 1999）．

　ハンミョウ科の類縁関係についての問いは，鞘翅目の高次分類群の系統分類ではとりわけ徹底的に論じられながらもまだ未解決の問題である．しかし，この問いの解明は，鞘翅目の根元の系統的関係の探究にとって，きわめて重要である．もし，ハンミョウ科がオサムシ科に属さないのなら，ハンミョウ科は，謎めいたムカシゴミムシ科（Trachypachidae）とともに，オサムシ亜目（Adephaga）の中の陸棲のグループである陸生オサムシ類（Geadephaga）の根元近くに位置するのだろう（この陸生オサムシ類は水棲の水生オサムシ類（Hydradephaga）と姉妹群をなす）（Shull et al., 2000）．ハンミョウ科がオサムシ亜目の根元付近に位置する可能性が高いことは，オサムシ亜目と他の3亜目の系統関係を解明するうえで重要な意味をもつ（Crowson, 1955; Lawrence & Newton, 1982）．従って，ハンミョウ科の系統進化的位置の確定は，鞘翅目の根元付近の類縁関係の解明にとって重要なテーマとなるだろう．

# 第4章

# 種と種分化

## 種とは何か

　大部分の生物学者が認めるところとして，生物界は互いに不連続な，そして，その内部では共通の形質をもつ個体からなる，種（species）によって構成されている．種は生物界の基本的な実体であり，また生物の多様性に関するあらゆる研究の通貨でもある．すでに前章までに種数に関する問題を論じたし，この章でも，局所的および地域的な多様性，そして種分化や絶滅の速度を決める要因を検討する場合には，種数という値を使うことになる．そしてここまで，あたかも種がどんなものかは自明であるかのように，そして単に学名が付けられた，互いに等価な実体として扱えるものとみなしてきた．しかし，それが度を超えた単純化であることは，あるまとまった標本や種名一覧などを見ればすぐに分かる．たとえば，異なった産地からの個体群，特に広大な地理的分布域をもつ種の個体群は，互いに相当異なっている（口絵2）．こうした地理的に異なった個体群は，亜種または品種と呼ばれ，ハンミョウでは多くのものが命名されている．一例をあげると，Wiesner (1992) の世界のハンミョウのチェックリストによれば，それが一番多いのはユーラシア産のヒブリダハンミョウ *Cicindela hybrida* で，合計17の亜種または品種があげられている．

　ハンミョウの分類学の歴史を見渡せば，（種とか属とかの）特定の分類学的カテゴリーについて誰もが認める基準といったものはなく，特定の種や亜種の分類的位置は，研究者の主観で変更されることが多かった．できるだけ多くの分類群に分けようとする「細分主義」（splitting）や，逆にできるだけまとめようとする「合併主義」（lumping）に陥る理由の一端は，地理的変異についての情報が不十分なためであるが，意見の相違が生じるもうひとつの理由は，属，亜属，種，亜種についての基準が専門家ごとに主観的に解釈されてきたことにある．最も極端な事例のひとつは20世紀初頭の T. L. Casey の場合で，彼は何百もの新種を記載したが，その依拠した標本の多くは，同じ場所で採集された標本のセットから他と多少異なっている1個体を抜き出したものであった．Walther Horn はこの種名の乱造に怒り狂い，ハンミョウ科の分類についての主著（1915）で延々2頁以上を Casey の仕事への弾劾に当てている〔そして，さらに Casey が命名した種名をシノニム（同物異名）に指定することに数頁を費やしている〕．現在，少なくとも北米産のハンミョウについては，分布域の全域での変異が詳しく調べられており，種名レベルでの分類は安定したものとなっている．もっとも全種について分類上の問題点がすべて片づいたとは言えない．たとえば，北アメリカ太平洋沿岸のヤシャハンミョウ属 *Omus* の各種とホソハンミョウ亜属 *Cicindela (Cylindera)* のカナダ産の *cinctipennis / pusilla / terricola* 種群の問題はまだ解決していない．

　この章ではハンミョウに関連する「種の問題」を検討しよう．それには，2つの大きな，そして相互に関連する論点を取り上げよう．そのひとつは種分化そのものについてである．自然界で新しい種が進化する場合，いったい何が起きているのだろうか．もうひとつは，一群の標本が独立の種であるかどうかを決める明瞭な基準はないのであるから，種であると認めうるための最善の必要条件を検討しよう．

　種分化の過程を考えるために，もっと正確に言えば，新しい種が生まれる時にはどんなことが起きているかを考えるために，その過程をうまく図式化した Willi Hennig（1966）の図を参考にしよう（図4.1）．有性生殖をおこない，相互に交配す

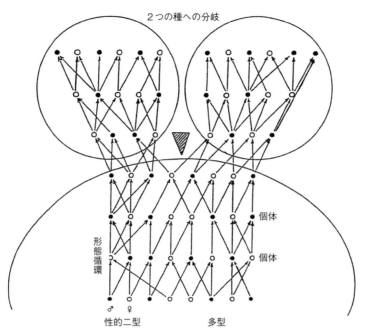

図4.1 Hennig（1966）の考えによる種分化の過程．ホロゲネシス［新種は全分布域にわたって同時に生じるとする考え方］的な関係と個体レベルの変化が示されている．各個体の発育（個体発生），個体間の交配（系譜関係），2つの種への分岐（系統関係）がそれぞれ入れ子状に組み込まれて組織化されたものとして描かれている．Hennig 著 *Phylogenetic Systematics*（1966）より（©イリノイ大学評議会，1966, 1979）．イリノイ大学出版の許可を得て再録．

る生物集団中の個体はすべてひとつの遺伝子プールの構成員であり，内部にはどんな遺伝的な区分も存在せず，また，他の同様の集団とは明瞭に分離している．なんらかの出来事，たとえば山脈の隆起や河川の流入，あるいは分布域の一部での寄生者の大発生などが障壁となって，個体群内に相互の交配が妨げられる部分が生じたとしよう．それまで単一の生物集団であったものが，はっきりと2つの集団に分かれ，各集団内の構成員は相互に交配しながら，他方の集団の構成員とはもはや接触がなくなるのである．

**生殖隔離**

ほとんどの研究者が合意するであろう点として，種分化にとって一般的に重要な必要条件は，障壁の形成と地理的隔離である（Mayden, 1997）．しかし，研究者間の合意もここまでである．意見の不一致が生じる根本的な理由は，種の境界を定めるための，誰もが認める明確な手順がないからである．過去約50年間で，種についての考え方に最も影響を及ぼしたのは，ハーバード大学の著名な生物学者 Ernst Mayr と「現代的統合」（the New Synthesis）の推進者たちである．彼らが，個々の「生物学的種」（biological species）を区別する主要な基準として重視したのは，個体群の間の生殖隔離である．もし2つの個体群，または地域の間で構成員が交配できて，遺伝子プールの間で遺伝子の交換ができるなら，それらの個体は同一種の構成員と考えられる．しかし，もしそれらの個体が交配できないのなら，それは2つ以上の種に属することになる．この定義は，20世紀後半に多くの昆虫分類学者によって承認されたものである．

種の境界を定める主要な基準として生殖隔離を用いることは合理的な前提と思えるだろう．しかし，それは本当に役に立つだろうか．Mayr（1942）の定義をさらに詳しく検討してみよう．曰く，「種とは，実際に，または潜在的に，交配可能な生物の集団で，別の同様の集団からは生殖的に隔離されているもの」．この定義の，「潜在的に」繁殖できるという基準はとても曖昧である点に注意しよう．この生物学的種概念を厳密に適用しようとすれば，交配の確認のための繁殖実験か

第4章 種と種分化 49

野外での直接観察が必要となる．野外での観察には限界がある．なぜなら，別個の個体群の構成員が物理的に接触できるためには，その2つの個体群がきわめて近接している必要があるからである．自然条件下では接触しない個体の間の繁殖隔離，つまり地理的に離れた場所に生息し，けっして出会うことのない（異所的な）個体群の間の生殖隔離の検証は，人為的な条件下でおこなうしかない．残念ながら，これまでそうした実験室での検証が試みられることはまずなかった．

ハンミョウでは，そのMayrの生物学的種概念の確立を目指した，例外ともいえる直接的な交配実験による研究がBarry Knisleyによって，アメリカイカリモンハンミョウ Cicindela (Habroscelimorpha) dorsalis について試みられている（C. B. Knisley，私信）．その研究で対象とされたのは，原名亜種の C. dorsalis dorsalis と別の亜種 C. d. media で，この2亜種は，合衆国東部のメリーランド州とヴァージニア州にまたがって湾入するチェサピーク湾の入口付近のきわめて接近した砂浜に生息する．この2亜種は，色彩が異なり（C. d. media は鞘翅の斑紋の暗色部分が C. d. dorsalis よりも広い），また身体の大きさも違う（C. d. media は体長12～15mmで，C. d. dorsalis は13～17mmとやや大きい）．Knisleyは，この2亜種を，海上の直線距離にして約3km しか離れていないそれぞれの産地から採集し，室内で注意深い交配実験を何度かおこない，亜種間と亜種内での交配の成功率を観察した．交配の成功率は，雄が雌にマウントできるかどうかと，雄が交尾器を挿入している時間の2つで評価した．この種では，これまで研究されているハンミョウとは異なり，交尾器を挿入している時間は比較的長く，精子をうまく送達するには約1時間を必要とする．この交配実験の結果は明瞭であった．雄が別亜種の雌にマウントすることは頻繁に観察されたが，交尾時間と精子の送達にまでこぎ着けた割合は，亜種内での交尾と比較して有意に低かった．従って，この潜在的に交配の可能性のある2つの集団が出会ったときには，交配前隔離（この場合は身体の大きさが関係している）が生じると言える．この結果は，この2つの集団を別種として扱うことを支持するだろう．

ハンミョウ研究者の大部分は，繁殖隔離の問題を片づけるために，室内や野外での直接観察ではなく，間接的な検証に頼っている．野外観察や自然誌的研究が示すところでは，2つの個体群が繁殖において互いに隔離されているかどうかは，何らかの形態的な特徴，たとえば身体の大きさの違いに現れる．そうした形態的な違いは，野外や室内で交配を直接観察することに較べれば，簡単に測定して比較できる．分類学者は，それまでの経験に照らして，2つのグループの間で何らかの一貫した違いを探す．もし，そうした違いが見つかった場合には，それはタイプ標本を指定する基本的な形質となり，2つのグループは別種として記載される．この手法は，仮定と主観に満ちたやり方である．もし，見つけた違いが軽微なもので，その種の地理的分布範囲の特定の地域だけで認められるものなら，その個体群は亜種と判断され，学名の属名と種名に続く3番目の亜種名が付けられるだろう（たとえば，Cicindela oregona maricopa とか）．

そこでの仮定は次のようである．その亜種は依然として交配可能であるが，交配自体は生じたとしても希である．そして，その亜種は，地理的に分かれているがゆえに，形質の違いを発達させるだろう．しかしながら，違いの程度を段階分けすることは，別の理論的な問題を引き起こす．もし，違いがわずかな分類群が亜種（交配は可能）で，違いがもっと大きければ種（交配は不可）であるなら，違いの程度は繁殖隔離と厳密に相関することを意味する．しかしながら，多くの生物で知られているように，いつもそうであるとは限らない．北米のハンミョウで，一番よく調べられている2種間の交雑は，ハンミョウ属 Cicindela のジュウニモンハンミョウ C. duodecimguttata とオレゴンハンミョウ C. oregona の間の種間交雑である（Freitag, 1965）．この2種はウミベハンミョウ C. maritima 種群［訳注: この種群については第7章の訳注（114頁）を参照］に属する普通種で，それぞれ合衆国とカナダの東部と西部の広い範囲に分布する（Pearson et al., 1997）．そしてロッキー山脈の東麓のある帯状の地域でこの2種は出会い，大規模に交雑している（図4.2）．この2種の分布範囲には，ウミベハンミョウ種群に属する別の近

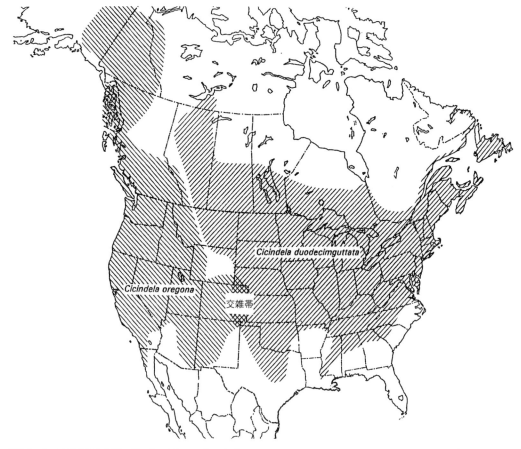

図4.2 北アメリカ産の2種，ジュウニモンハンミョウ *Cicindela* (*Cicindela*) *duodecimguttata* Dejean とオレゴンハンミョウ *Cicindela* (*Cicindela*) *oregona* Leconte の分布域と2種間の交雑帯．

縁な種も何種か生息しており，ときには同じ生息場所に出現することもあるが，それらの種とは交雑していない．ウミベハンミョウ種群の種群内の系統関係が解明される前は，何人かの分類学者は次のように考えていた．ジュウニモンハンミョウとオレゴンハンミョウは，外部形態や雌の交尾器に明瞭な違いはあるものの，交雑するのであるから，両種はきわめて近縁なはずである（Freitag, 1965）．ところが，DNA分析（Vogler et al., 1998）の結果，オレゴンハンミョウとジュウニモンハンミョウはそれほど近縁ではないことが示唆された（図4.3）．むしろオレゴンハンミョウは，西部の近縁種のグループに属しているが，そのグループ内では交雑は生じていない．従って，ハンミョウでは交雑と系統関係の近さには明確な相関は認められない．同様のことは他の生物でも知られている（Cracraft, 1989）．

この主張は一昔前の分類学者の考えとは異なる．彼らは形態差と遺伝的差異は一般的に繁殖隔離と相関すると考えていた．そう考えることの利点は，もし形態差が遺伝的差異を直接反映するのなら，それはすぐに計量できるので，簡単に個々の生物学的種（つまり生殖隔離されている集団）を同定できることを意味するからである．形態差と遺伝的差異は相関する場合があることは確かであるが，系統的に近縁な種が形態的に大きく異なっている場合〔たとえば，鳥類（Avise, 1994），シクリッド科魚類（Meyer, 1993）〕，あるいは系統的には遠い種の間で形態差が小さい場合〔たとえば，サンショウウオ類（Avise, 1994）〕もけっして希ではないことも分かっている．形態が似ていないこと，あるいは系統関係の近さが分かったとしても，それから繁殖隔離について言えることは少ない．従って，形態の似る2種，たとえばオレゴンハン

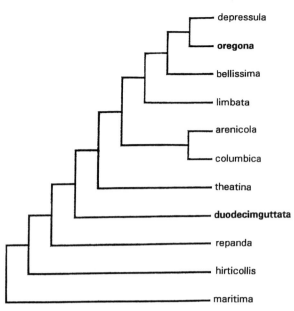

図4.3 分子データに基づき最尤法で描かれたウミベハンミョウ *maritima* 種群の系統関係．オレゴンハンミョウ *Cicindela oregona* とジュウニモンハンミョウ *C. duodecimguttata* がそれほど近縁ではないことが示されている（Vogler et al., 1998より）．

ミョウとジュウニモンハンミョウが交雑しているからといって，その2種がきわめて近縁ということにはならないのである．

**種を識別する特徴**

種とは，図4.1に端的に表されているように，時間的・空間的に共通の遺伝子プールに密接に結びつけられた生物の集団である．従って，種は，遺伝子流動で結びつけられる地理的範囲の中のひとつ，または複数の個体群からなる．その個体群は地理的に限定されるので，ある個体がどこで見られたかは，その個体を特定の種のメンバーであると認めるための必要条件である．しかし，ある特定の地理的範囲内に存在する個体群が同一種なのか別種なのかはどうすれば分かるのだろうか．そのために必要な証拠は，ある個体群のすべての個体を別の個体群のすべての個体から区別できる何らかの（遺伝的）形質である．もし，その形質によって2つのグループのすべての個体を必ず分けることができるなら，その2つのグループは別々の遺伝子プールに属する，すなわち別種であると考えることができる．この考えを支えているのは，いわゆる「系統的種概念」（phylogenetic species concept）である．この概念での種の定義は，

「ある形質セットによって区別できる持続的な生物集団のうちの，認定できる最少の標本」となる（Nelson & Platnick, 1981; p.12）．

その分析に使える形質とは，その違いを各個体で明瞭に点数化でき，その差に基づけば各個体を2つ以上のグループのどれかに容易に割り振ることができるような形質である．そうした形質としては，ハンミョウの分類学者が伝統的に種の区別に用いてきた形質，たとえば交尾器，色彩パターン，上唇の形，上翅の微細彫刻，剛毛の配列などに現れる一貫した差異があげられる．しかし，分子的形質は特に重要である．なぜなら，DNA鎖の塩基配列に現れる差異は比較的明瞭に点数化できるからである．また，その差異を区別する研究者の能力も，主観的な評価に陥りがちな形態形質の差異を認める能力とは無関係である．しかし，そうした分析では，どんな形質を使うかは，実はそれほど問題ではない．なぜなら，そうした形質は別々の遺伝子プールを区別するための代理として使っているだけだからである．つまり各形質状態は各遺伝子プールを識別するための目印（マーカー）なのである．もし，ある遺伝形質がある個体群の個体だけに認められ，別の個体群の個体にはけっして認められないなら，この2つの個体

群は遺伝的に交流していないと合理的に考えることができる.

そうしたマーカーは「標徴」(diagnostics) とも呼ばれ, ひとつまたは複数の個体群を独立の系統学的種として識別するためのデータとなる. この識別可能性という考えのもとでは, 種とは構成メンバーすべてが特定のマーカーをもっている集団ということになる. この定義からして, そのマーカーのあるなしによって種の境界が定まるのである. 系統学的種の区別においては, 形質の質が問題になることはなく, また, そうした形質の最低限の数とか, 形質状態が基本的にどれだけ違っていなければならないとかの制約もない. すなわち, 系統学的種は, 計測できる量によって限定されるものではない. この系統学的種概念が, 生物学的種概念よりも優れている点は, 差異の程度という問題が, 少なくとも原理的には, 生じないことである.

しかし, この識別可能性という基準のもとでも, 問題とする種の地理的分布のことは検討しなければならない. なぜなら, 遺伝子プールとは互いに繁殖している個体の集まりと定義されるので, 繁殖上の交渉においてめだった障壁のない特定の地域に共存する個体は基本的にすべてその中に含まれることになる. そして障壁がなければ遺伝子プールがその個体群よりも小さいということはないので, その個体群こそ (他の集団, たとえば家族などではなく) 標徴のマーカーの有無を検査する基本的なまとまりということになる. 系統学的種の定義の一部として, 種の最小の単位は単一の個体群である. ひとつの種に2つ以上の個体群が含まれるかどうかは, 標徴となる形質, つまり他の個体群には無くて特定の個体群のすべての個体に認められる形質, によって評価されることになる. このような種の定義の仕方は, 種の境界を決める直截な基準となり, また定量的な分析に対しても役に立つ (Davis & Nixon, 1992).

この定義によれば, 種を記載する場合, 何らかの差異が認められれば十分とはいえないことに注意しよう. この定義の考え方は明らかに個体群の境界を定めようとしているのであって, わずかな形態差, たとえば鞘翅の色彩や剛毛の配列様式が異なる少数の標本, あるいは特定の形質について大多数の個体とは異なる標本を選ぼうとするものではない. その識別可能性の基準を適切に用いるには, 次の点がきわめて重要である. すなわち, ひとつ以上の個体群の全個体がその標徴を示し, かつ他の個体群にはその標徴を示す個体がまったくいないことである. この基準は, 正しく用いるなら, 厳密なものであり, また機械的に新種を見つけ出せるというものではない. 変異に対して強力な解像度をもつ分子マーカーを使えば, ハンミョウ個体群の中に多数の標徴を見つけ出せると期待する人もいるかもしれない. しかし, この章の後半で示すように, 実際にはそうではない. 分子的形質が種の識別を保証する手法ではないのと同様に, 形態学的マーカーをどのように分類の重要な根拠に用いるかについても注意深くあらねばならない. もし, ある局所個体群に小さな形態的差異が認められたとして, その差異が標徴かどうか不確かな場合は, それを変異集団として記載すべきではない. もし, 中間的な形質を示す個体が得られているなら, 特にそういえる.

実際上は, 系統学的種を定める手法が, 伝統的分類学で昆虫の種を区別する手順とまったく異なるわけではない. ただそれは明確で広く適用できる基準を用いることで客観性という要素を加味するのである (Cracraft, 1989). 明らかに, この手法にも, 種分化の過程 (図4.1に描かれている過程) を記述して評価することに関しては弱点がある. なぜなら, この手法は単にマーカーの分布のパターンを問題とするだけだからである. それに加えて, この手法には次のような原因によって生じる弱点もある. それは, 個体群なり個体の集団からのサンプルが不十分である場合, 中間的なマーカーを示す個体群を見逃してしまう場合, あるいは用いたマーカーの信頼性が低い場合などである. しかしながら, こうした限界があるからといって, 他から独立した遺伝子プールを見分けるという系統学的種概念の基本的な有用さが損なわれるわけではない.

## なぜ種を問題とするのか

種の記載についての適切な基準を決めることでさえ, それほど難しかったことを考えれば, 分類学者の間で, どれが種でどれが種ではないか, そ

していったいハンミョウは何種いるのかについて，長い間意見が一致しなかったことも当然であった．しかしながら，確固とした優れた種の定義を手にしたことで，ハンミョウ類の分類が進んだだけでなく，その生態，行動，進化のさまざまな観点についてもさらに意義深い問題設定ができるようになった．そうした問題設定とは，局所的な変異の起源，形態・生理・行動上の形質と生息場所・捕食者との関係，生息場所への特殊化，新たな種の出現についての進化的時間スケールなどである．こうした問題を考える際，最も重要な役割を果たすのは，種の地理的分布である．この地理的分布には，生息場所パッチの相互関連性，気候と他の生態学的な違いによる分化，地質学的な歴史と気候の変化などの要素が含まれる．これらの要素はどれも，ハンミョウ類の遺伝的，形態的，生態的分化とその分化の進行速度にも影響を及ぼす可能性がある．

## 伝統的分類学と色彩・身体の大きさの差

そのような種を識別する別々の基準が存在するとして，現在の分類体系で種および地理的品種の数は納得のいくものとなっているだろうか．また，それぞれに分化したハンミョウの主な分類群が区分できるようになったとすれば，それらは互いにどのような形質がどの程度異なっているのだろうか．さらに，そのような違いはどのようにして生じたのだろうか．こうした疑問に答えるために，広い分布域をもつ種の変異を調べた研究をいくつか検討してみよう．ハンミョウの各地域個体群が互いに異なる場合，その主な形質差は鞘翅の色彩パターンと，それよりは少ないが，身体の大きさである．その好例として，コトブキハンミョウ *Cicindela (Cicindela) scutellaris* をあげることができる（口絵2）．この種も地理的に広い分布域をもち，その中での形態の変異はかなり大きなものがある．それら異なった地域個体群の多くは亜種として記載されており，大方の分類学者の考えるところでは，それぞれの亜種は別種に分化する途上にある．しかし，そうした色彩パターンと身体の大きさの明瞭な差異が本当に進化的に深い分岐に由来するのかどうかは不明である．のちの章で，身体の色彩の隠蔽効果と捕食回避について検討する際に見ることになるが，そうした差異はさまざまな淘汰圧への進化的応答であり，どんな色彩パターンをどの程度発達させるかはそれらの淘汰圧との関係で決まる可能性がある．

色彩パターンの複雑さを最も詳しく調べた研究のひとつは，北米産のサキュウハンミョウ *Cicindela (Cicindela) limbata* に関するもので，この種は大陸の中央部，合衆国ユタ州からカナダのアルバータ州にかけて分布する．分布範囲は広いものの，この種はいくつかの広大な砂丘だけに隔離個体群として生息する（図4.4）．その分布範囲の中の別々の場所から得られる個体群の間には，明瞭な違いが見られる．そのように形態的にはっきりと異なるものは4つの亜種に区分されている．その内の3亜種は，大草原（プレーリー）および北米大陸の大平原の北方地域の，比較的連続した地域に生息する．一方，残る1亜種（コーラルピンクサキュウハンミョウ *C. limbata albissima*）は，孤立した単一個体群で，ユタ州南部中央の，他から隔絶された砂丘地帯だけに生息するが（口絵22と23），それはロッキー山脈というこの大陸の分水嶺の西側では本種の唯一の分布地である．亜種間の形態的変異の大部分は色彩に関するもので，とりわけ鞘翅の白紋が地の暗色部分ににじむように広がるが，その広がりの程度に違いが見られる．最北の亜種 *C. l. hyperborea* は暗色部分が大きく広がっているが，もっと南方の亜種，とりわけ原名亜種 *C. l. limbata*（図7.6を参照）および飛び離れた分布を示す亜種のコーラルピンクサキュウハンミョウでは，暗色部分が大きく後退していて，鞘翅は一見したところ白色に見える．しかし，こうした形態の違いは個体群間の遺伝的分離の程度および別個の遺伝子プールの隔離の度合いと対応しているだろうか．あるいは，その形態の違いは，砂丘ごとに異なる環境の特定の要素と結びついた淘汰上の有利さを反映しているのだろうか．このテーマに取り組んだのはAcorn（1992）で，彼はハンミョウの色彩パターンが決まるうえで温度調節がどう関わっているかを調べた．すでに実験室での研究（Schultz & Hadley, 1987b）から，次のことは分かっていた．鞘翅の暗色の斑紋の部分は明色の部分より光の反射率は低く，そのぶん太陽光に当たると温度は高くなる．従って，鞘翅の色

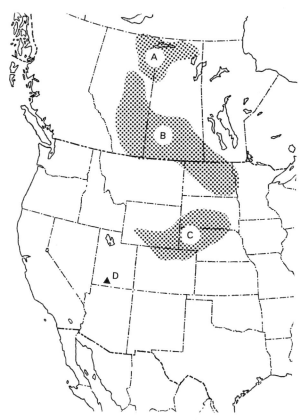

図4.4 北アメリカ西部におけるサキュウハンミョウ Cicindela (Cicindela) limbata Say の4亜種の分布域.
A: C. l. hyperborean（一番暗色の亜種），B: C. l. nympha（中間的な色合いの亜種），C: C. l. limbata（中間的な色合いの亜種），D: C. l. albissima（一番明色の亜種）の分布域を示す.

彩パターンは太陽光の吸収度の相対的な尺度として使える.

こうした知見の生態的意味合いを検討するために，Acorn（1992）はサキュウハンミョウ C. limbata の暗い色彩の亜種（暗色型）と明るい色彩の亜種（明色型）の行動を，カナダの南北に繋がる砂丘地帯で，それぞれをいっしょにして比較した．すなわち，色彩型が異なる成虫を本来の場所とは異なる別の場所に移すことで，本来の場所と移した先の場所での行動の効率のよさを測定したのである．その結果，明色型と暗色型は，同一の温度環境の下で互いに異なった体温調節の行動を示した．暖かくて，強い日差しの気候の下では，明色型の個体は，暗色型のものよりも餌探索の活動時間は長く，また日陰に入って休む時間は短かった．しかし，冷涼な気候の下では，じっとして日光浴に費やす時間は暗色型の方が短かった．それは，暗色型の方が赤外線を多く吸収するために明色型よりも早く暖まるからである．もし，餌探索の時間を長く取れることが淘汰上有利であると仮定するなら，この種の色彩パターンの地理的な変異のあり方は，まさに予想されるとおりのものである．すなわち，北方の亜種は南方の亜種と比べて，その生息場所の温度が低いことと対応して，全般に暗色の色彩パターンを示すのである．

この研究は，分類学者たちが多様性の起源についてよく問題とする2つの，互いに相容れない仮説のどちらが正しいかについて，解決の糸口を与える．その互いに相容れない仮説とは次のようなものである．つまり，個体群間の分化というものは，地史的な長い期間，分離していた集団の間でゆっくりと蓄積してきた多数の差異によってもたらされるか，あるいは比較的短期間の自然淘汰によって単一の形質，または鞘翅の色彩パターンのような関連のある少数の形質が変化することによってもたらされるかの，2つの仮説である．

第4章 種と種分化 55

分子マーカーの分析をおこなえば，どちらの仮説が正しいのかはかなり確実に分かるだろう．実のところ，そうした分子マーカーの分析によれば，自然淘汰によって急激な変化と，個体群間にめだった形態的変化のないまま深い断絶が形成されることの両方が生じうる．たとえば，サキュウハンミョウ C. limbata では，分布の南端に見られる 2 亜種，C. l. limbata と C. l. albissima は，斑紋の暗色部分がとても少なくなっている点でよく似ている．特に分布の最南端で他と隔絶している C. l. albissima は，その温暖な気候条件での生活から予想されるように，鞘翅全体がほぼ完全に白くなっている．しかし，C. l. limbata の方は，分子マーカーで見るかぎり北方の亜種との間に明確な違いはない．従って，この類似性が意味するところは，色彩パターンに見られる南北の傾斜は正に気候条件への最近の進化的な反応ということである．一方で，この分子マーカーの分析から驚くべきことが判明した．C. l. albissima は，鞘翅の色彩パターンに関しては C. l. limbata に酷似しているにもかかわらず，DNA 分子マーカーによる分析によると，C. l. limbata も含めてどの亜種とも直接の類縁関係にはなく，北米の西部に生息する他の数種を含んだこの種群全体の根元付近から分岐していたのである（図4.5）（Morgan et al., 2000）．この種群について従来の分類学者の見解は，色彩パターンの類似に惑わされて，実際にはない類縁関係を想定したものだったということである［訳注：この結果を重視したと思われるが，本書の第10と11章，および最近のフィールド図鑑（Pearson et al., 2015）では，コーラルピンクサキュウハンミョウは独立種 Cicindela albissima として扱われている］．

　一方，ロッキー山脈の東側に分布するサキュウハンミョウ C. limbata の他の亜種の間の分化は最近生じたものであることが，いくつかの証拠から明らかとなっている．証拠のひとつはミトコンドリア DNA のマーカーに一貫した（標徴となる）差異が認められないことで，今ひとつの証拠は地学と古気候のデータからのものである．近年，砂丘地帯は頻繁に位置と大きさを変えてきたし，それによってハンミョウ個体群の絶滅や合体が何度も繰り返されてきたことは確実である．実は，現在サキュウハンミョウが生息している地域全体は最後の氷河期には氷床に覆われていたし，その後およそ 1 万年前に氷床がなくなってからも，この地域の景観と砂丘地帯のあり方は絶えず変化してきた．この変化は20世紀に入ってからでも相当の規模で生じている．1930年代のダストボウル（Dust Bowl）［その時代に合衆国グレートプレーンズ（大平原）で断続的に発生した大規模な砂嵐］の時期には，気候の乾燥化と過放牧の影響が相まって，植生は減少し，サキュウハンミョウの生息に適した砂丘地帯が広がった．一方，現在は砂丘地帯の大きさと広がりは縮小する傾向に向かっている．今日の砂丘地帯のうち，その位置がめだって変化し続けているものはほんのわずかで，サキュウハンミョウの分布範囲と分散は抑えられている．現在，各砂丘は互いに遠く離れているので，ハンミョウ個体群の間の交流はまったくないか，あってもほんのわずかだろう．このように各個体群が地理的に隔離された状況は，最後の氷河期以降のこと，実際にはここ100年以内のことであろう．このように最近まで交流があったことは確かだとしても，この種の 3 亜種，つまり C. l. limbata, C. l. hyperborean, C. l. nympha の鞘翅の色彩パターンが収斂の傾向を示すことは明瞭で，進化的には短期間で生じたようである．

　サキュウハンミョウ C. limbata が示す形態の変異とその分布様式は，多くの点でハンミョウ属 Cicindela では典型的なものである．その変異は明瞭で，それぞれが別の遺伝子プールに属することを示す標徴としては十分である．しかしながら，その色彩パターンが変異する生態上の原因がはっきりしているなら，その変異は地域ごとの，そしておそらく迅速に生じた適応を反映しているだろう．従って，そうした形態の変異は，その系統における長期の進化過程についてはよい指標とはならないであろう．しかしながら，この結論については，同様の淘汰圧に曝されたはずの他の種群を使って，もっと広く検証しなければならない．

　この結論を補強するには，良質の DNA 分子データが揃っている北米産のもうひとつの種，アメリカイカリモンハンミョウ C. (Habroscelimorpha) dorsalis が利用できるだろう．この種はマサチューセッツ州からメキシコ南部のベラクルツ州まで

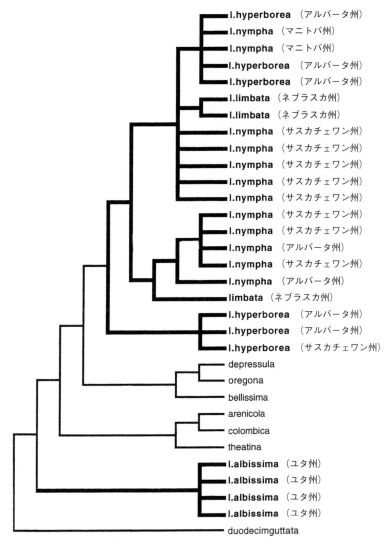

図4.5 ミトコンドリアDNAのハプロタイプに基づいた北アメリカのサキュウハンミョウ *Cicindela* (*Cicindela*) *limbata* の亜種間の分岐図（Morgan et al., 2000より）．

の非常に広い分布域をもつ．しかし，サキュウハンミョウ *C. limbata* がそうであったように，この種の分布も特別な生息場所と結びついている．具体的には，この種は大西洋沿岸とメキシコ湾沿いの沿岸洲［海岸線に並行する連続的な長い砂洲］に限って生息する．伝統的な分類では，北米に4亜種，そしてメキシコ南部からきわめて近縁なマガリモンハンミョウ *C. curvata* が認められている．種内多型を示す他のハンミョウ属 *Cicindela* (広義) の種と同様，それら亜種間の一番大きな形態的違いは，鞘翅の色彩パターンと身体の大きさである（図4.6）．形態計測学（morphometrics）を用いた分析によると，それらの亜種はいくつかの測定値，たとえば前胸背の縦と横の比や両眼の間の相対的幅などによっても区別できる（Boyd & Rust, 1982）．その分析によると，北米で命名されている4亜種は明瞭に区別できるが，例外が2ヶ所あった．1ヶ所はチェサピーク湾の入口で，そこでは2亜種が完全に分布を接しており（50頁を参照），もう1ヶ所はミシシッピー川のデルタ地帯で，そこでは2亜種が入り交じって生息しているようで，それらの場所ではいくぶん中間的な形態を持つ個体も見つかっている．

この身体の大きさと鞘翅の色彩パターンの違い

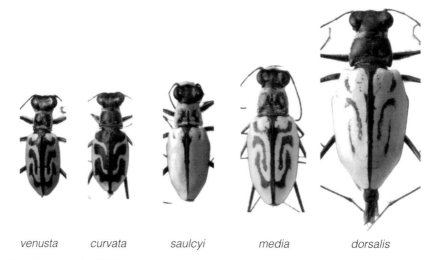

図4.6 北アメリカ産で沿岸性のアメリカイカリモンハンミョウ Cicindela (Habroscelimorpha) dorsalis Say の4亜種と姉妹種のマガリモンハンミョウ C. curvata Chevrolat.（右から順に）C. (H.) d. dorsalis, 大西洋沿岸の北部に分布. media, 大西洋沿岸の中部と南部に分布. saulcyi, フロリダ州沿岸とメキシコ湾東部に分布. curvata, メキシコのベラクルツ州に分布. venusta, メキシコ湾西部とメキシコ北部に分布.

には，サキュウハンミョウ C. limbata で考えたような，地域ごとの淘汰圧で生じたものという証拠はあるのだろうか（Dangalle et al., 2013）．鞘翅の暗色の度合いは，体温調節の熱収支の仮説から予想される南北の傾斜とはまったく合致しない．北方の個体の多く，特にマサチューセッツ州のものは，それよりも南の大西洋岸に分布する亜種 media の個体よりもはるかに明るい体色である．またメキシコ湾沿岸では，東側と西側で気候条件に大きな違いはないにもかかわらず，フロリダ州の個体はメキシコ湾の西側とその南方のものよりもはるかに明るい色彩パターンなのである．

しかし，これらの個体群の間の色彩パターンの違いを説明できるかもしれない要因がもうひとつある．それは砂浜の色を背景とするカモフラージュという要因である（Schultz, 1986; Hadley et al., 1988）．北米沿岸の砂浜の色は地域ごとに異なる．マサチューセッツ州のケープ・コッドの砂浜は白色から黄白色，それよりも南の大西洋岸の砂浜は暗色，フロリダ半島では明白色の珊瑚砂の砂浜，ミシシッピー川の河口付近は泥または暗褐色の砂浜，メキシコ沿岸では大部分が火山に由来する暗灰色から黒色の砂浜である．アメリカイカリモンハンミョウの亜種が見せる色彩の地理的パターンは，カモフラージュ仮説による予想と合致する

（図4.6）．すなわち，北部の C. d. dorsalis の色彩は明るいが，それより南の大西洋岸の諸州の C. d. media では鞘翅の暗色部が広くなっている．また，メキシコ湾沿岸では，フロリダ州の C. dorsalis saulcyi が一番明るく，中でもタンパ付近のいくつかの個体群のものでは暗色部がまったくない．メキシコ湾を西に向かって進むと，明色から白色に近いものが優勢となり，ミシシッピー川デルタ地帯でもっと暗色の C. d. venusta と置き換わる．さらに一番暗色の姉妹種であるマガリモンハンミョウ C. curvata がメキシコのベラクルツ州付近に生息するが，その地域で背景となる砂浜は火山性の暗色の砂である．

このアメリカイカリモンハンミョウ C. dorsalis の亜種と姉妹種の事例は，色彩パターンが決まるうえで重要な要因のひとつは土壌の色との調和であるとする仮説について，ハンミョウの中では数少ない，かなり確信のもてる事例である．その主な証拠は，広範囲にわたって，外見上の土壌タイプが異なる生息場所の間で，土壌の色と鞘翅の色彩パターンがおおむね対応するという知見である．この説明には説得力があり，研究者間でもほとんど異論は出ていない．他のハンミョウ属の種で，土壌タイプと色彩パターンの対応が認められた事例として，同一種の個体群の間でそうした対応を

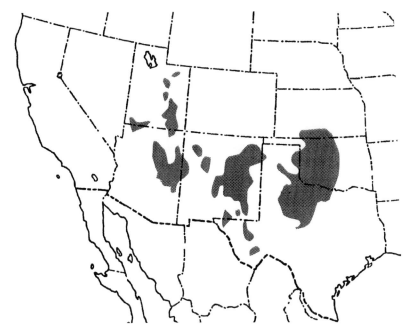

図4.7 北アメリカ中央部における，二畳紀の赤色の地層に由来する土壌の分布（Willis, 1967より）．

みた研究が2つある．ひとつはHardley et al. (1988)の研究で，ニュージーランドの海岸で特産のニュージーランドハンミョウ亜属の一種 *Cicindela (Zecicindela) perhispida* の色彩パターンの種内変異と，暗色，褐色，白色の砂浜との対応を認めている．もうひとつは，次に紹介する北米中央部でのWillis (1967) の研究である．

Willis は，カンザス州で塩性湿地のハンミョウ類を徹底的に調査するなかで，何種かの鞘翅の色と背景となる土壌の色との対応を調べた．するとおもしろい関係が見えてきた．表土が赤い色をした土壌の地域では，ハンミョウの鞘翅の色が目立って赤いのである．調べたすべての種，すなわちカワラマルバネハンミョウ *C. macra*，ドウイロマルバネハンミョウ *C. cuprascens*，アメリカカワラハンミョウ *C. circumpicta*，シロブチハンミョウ *C. togata*，ウィリストンハンミョウ *C. willistoni* でそうなっていた（口絵3）．ただし，興味深い例外としてヒガタハンミョウ *C. fulgida* がいたが．赤い土壌は二畳紀（ペルム紀）の赤い地層に由来するが，それは北米南部の中央付近に広く分布している（図4.7）．その土壌の分布地の外側には，鞘翅が明るい緑と青いタイプのハンミョウが優勢である．第9章で詳しく論じるが，ハンミョウ属 *Cicindela*（広義）の鞘翅の色彩パターンに働いたと考えられる自然淘汰の証拠としては，おそらくこれまでで一番明瞭なものを，Willis が見つけている．彼は，赤い土壌の地域内で，アメリカチョウゲンボウ（*Falco sparverius*）が吐き戻した未消化物のペレットの中からアメリカカワラハンミョウ *C. (Habroscelimorpha) circumpicta* の身体の破片を探した．その地域のアメリカカワラハンミョウの個体群は多型で，赤い鞘翅と緑の鞘翅の両タイプからなるが，ペレットの中から見つかったのは緑の鞘翅の個体ばかりだったのである．

アメリカイカリモンハンミョウ *C. dorsalis* に話を戻すと，その色彩パターンが地域の捕食圧のもとで生まれたと考える理由がたくさんあり，それには土壌の色との対応が関わっていたようである．対照的にサキュウハンミョウ *C. limbata* の色彩パターンは，主に体温調節の効率と関わっていた．しかし，体温調節の必要性は，実はアメリカイカリモンハンミョウにおいても無視することはできないのであって，それは亜種間・近縁種間で変化する場合が多いもうひとつの要素，すなわち身体の大きさが関連するようである．生物で一般に認められるパターンのひとつにコープの法則（Cope's Rule）と呼ばれるものがあり，それは厳

しい環境に曝される地域の個体群ほど身体の大きさが増すように進化する傾向を指す．この現象の生物学的な原因と考えられるものは，身体の表面積に対する容積の比である．生物では，身体の大きさが増す場合，その表面積は長さの2乗に比例して増えるが，身体の容積は3乗に比例して増える．従って，生物が大きくなるほど，容積に対する表面積の比は小さくなる．表面積の比が小さいということは，熱の放射が少ないことを，すなわち体温の逸失が少ないことを意味するので，寒冷な気候条件のもとでは大きな身体の方がエネルギー的に有利となる（第7章を参照）．アメリカイカリモンハンミョウで観察される傾向は，まさにこの予想と合致する．すなわち，寒冷な条件下に生息する北方の個体群（C. d. dorsalis）の身体が一番大きく，南方に行くに従い，身体は小さくなる（C. d. media）．そしてメキシコ湾沿いの亜熱帯の条件下に生息する個体群（C. d. venusta, C. d. saulcyi, マガリモンハンミョウ C. curvata）は身体がさらに小さい．従って，体温調節の必要性がアメリカイカリモンハンミョウの色彩パターンを産みだした主要な要因ではないとしても，もうひとつの要素，つまり身体の大きさの変異は，その影響のもとで生じたと考えられる．［訳注：コープの法則とは，同じ系統の進化過程において，新しい時代ほど身体の大きな種が出現する傾向があるとする説で，ここでの説明とは異なる．北のものほど身体が大きいという傾向についてのここでの説明に近いものはベルクマンの法則（Bergmann's rule）であるが，その法則も内温動物について主張されたもので，ハンミョウに適用するには難がある．外温動物では北のものほど身体が小さくなるという逆の傾向が認められる場合が多く，逆ベルグマン（anti-Bergmann's rule）の法則と呼ばれている．総じて，ここでのアメリカイカリモンハンミョウの身体の大きさの説明は説得力が弱い．］

Knisley & Hill（1992）は，アメリカイカリモンハンミョウの大西洋岸沿いの形態的違いを，次の2つの形質値を評価することで，詳しく調査した．すなわち，鞘翅の暗色の斑紋部分の割合（鞘翅指数と呼んだ）と標本の大きさ（鞘翅の長さを測った）である（図4.6を参照）．その結果，全体としては，北から南に向かって鞘翅指数の明るい個体群から暗い個体群へと変化する傾向を認めたが，その分布のパターンは不規則で，特に鞘翅が明るい C. d. dorsalis と暗い C. d. media の分布が接する場所では複雑な様相を呈していた．色彩パターンだけで比較した場合，各個体群がこの2亜種のどちらに属するのかを明確に判定することはできなかった．しかし，色彩パターンと身体の大きさを合わせて比較すると，たとえその2亜種の分布が地理的に近接している場所でも，きちんと判別できた．

### 種の区別のための DNA 塩基配列の利用

サキュウハンミョウ C. limbata とアメリカイカリモンハンミョウ C. dorsalis の研究事例から，種や亜種を区別する場合に一番よく使われる形質に対して，自然淘汰がどのように作用しうるかが理解できるようになった．しかし，そうした形質は種の認定にとってよい指標なのだろうか．つまり，そうした形質は，「系統的」種を認定する際の，信頼のおける標徴として使えるのだろうか．種を，歴史的過程を共有する，まとまりのある生物集団として捉える私たちの立場からすれば，なによりも大切なことは，その形質がそうした歴史的過程を実際によく反映したものかどうかを知ることである（Endler, 1982; Taylor, 1987; Jackson & Harvey, 1989）．

この問いに確実に答えるには，身体の形態上の違い以外の証拠が必要となる．そうしたさらなる証拠は，遺伝子レベルの変異を扱う，DNA の塩基配列の分析から手に入れることができる．この分子分析が一番詳しくおこなわれたハンミョウはやはりアメリカイカリモンハンミョウ C. dorsalis で，その分析にはミトコンドリア DNA（mtDNA）のマーカーが用いられた（Vogler & DeSalle, 1993, 1994a, b）．図4.8に示した分岐図は，アメリカイカリモンハンミョウの個体がもつ独自の mtDMA の塩基配列のタイプ（ハプロタイプと呼ばれる）の類似度の関係を示している．問題とする配列の相違に応じて各枝の位置関係を割り振ったこの分岐図は，ハプロタイプの A0～A11 を示す枝と G0～G4 を示す枝の間が深く分岐していることが分かる．この2つの枝の深い分岐は，フロリダ半島

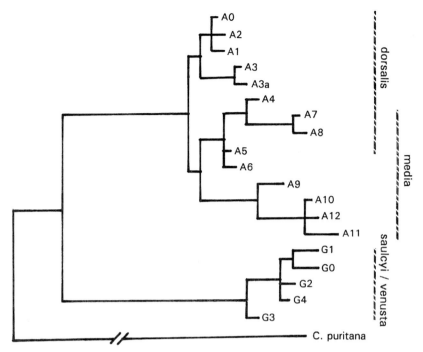

図4.8 ミトコンドリアDNAのハプロタイプに基づいたアメリカイカリモンハンミョウ *Cicindela* (*Habroscelimorpha*) *dorsalis* の亜種間の分岐図（Vogler, 1998より）.

を境に東側と西側に存在するハプロタイプでの塩基配列の相違を意味している．一方，その2つの大きな枝の内部では，各枝の間の距離は比較的小さく，大部分のハプロタイプの間では塩基配列の相違は2～3ヶ所にすぎないことが示されている（Pons et al., 2006）．

さて，このハプロタイプの分布と伝統的な分類での亜種（図4.8の右側の破線で示されている）の分布とを較べてみると，次のことが言える．大西洋沿岸の3つのハプロタイプ，A5，A7，A8は，*C. d. dosalis* と *C. d. media* に共通に存在する．メキシコ湾沿岸でも同様に，2つのハプロタイプ，G0とG4は，*C. d. saulcyi* と *C. d. venusta* に共通に存在し，ハプロタイプG3は *C. d. saulcyi* とマガリモンハンミョウ *C. curvata* ［図には示されていない］に共通に存在する．従って，これらのハプロタイプは，大西洋沿岸とメキシコ湾沿岸の間に存在する深い分岐を別にすれば，これまで亜種として認められてきたグループの分離の仕方とは明らかに異なる分離のパターンを示している．

ミトコンドリアDNA分析の次なる大きな成果は，これらのマーカー（ハプロタイプ）の地理的分布の解明である（表4.1）（García-Reina et al., 2014）．ほとんどのハプロタイプの地理的分布域はとても狭い．たとえば，ハプロタイプA0，A1，A2は最も北のマサチューセッツ州マーサズ・ヴィニヤード島の個体群だけに見られ，ハプロタイプA3，A4，A5はバージニア州チェサピーク湾周辺だけに限られ，ハプロタイプA7とA8は2つの亜種，*C. d. dorsalis* と *C. d. media*，が出会う地域だけにおおむね限られている．さらに，ひとつの枝にまとまっているハプロタイプA9～A12は大西洋沿岸の南部に限って出現し，また，その出現頻度も南の方ほど高くなる．

このように各ハプロタイプの分布は限られてはいるが，大西洋沿岸の北から南に順に並ぶ個体群の間にはハプロタイプの構成の急激な変化は見られない（マーサズ・ヴィニヤード島の個体群は例外であるが）（図4.9）．その変化は狭い地理的分布域に沿って緩やかに生じており（地理的傾斜の好例と言える），個体群間の差異の度合いは基本的に地理的距離の関数となる．この漸進的かつ一貫した変化によって，分布域の両端の個体群でのハプロタイプの構成は，まったく異なったものと

表4.1 アメリカイカリモンハンミョウ C. dorsalis の大西洋沿岸の個体群における各ハプロタイプを示した個体数と分析個体数 (n).

| 個体群 | ハプロタイプ | | | | | | | | | | | | | | n |
|---|---|---|---|---|---|---|---|---|---|---|---|---|---|---|---|
| | A0 | A1 | A2 | A3 | A3a | A4 | A5 | A6 | A7 | A8 | A9 | A10 | A11 | A12 | |
| MV | 20 | 1 | 1 | | | | | | | | | | | | 22 |
| ChE | | | | 43 | 5 | | 9 | | 7 | 10 | | | | | 74 |
| ChW | | | | 60 | | 29 | 20 | | | | | | | | 89 |
| ChS | | | | | | | 5 | | 11 | 5 | | | | | 21 |
| CH | | | | | | | 21 | | | | | | | | 21 |
| FI | | | | | | | 28 | 1 | | | | | | | 29 |
| FS | | | | | | | 2 | | 1 | | | | | | 3 |
| LB | | | | | | | | | 15 | 6 | | 2 | | | 23 |
| HNB | | | | | | | | | 2 | 13 | | 1 | | | 16 |
| HSP | | | | | | | 1 | | 12 | 1 | 6 | 3 | 3 | 1 | 26 |
| PI | | | | | | | | | 10 | 4 | | 12 | | | 26 |
| FB | | | | | | | | | | | | 3 | | | 3 |
| EB | | | | | | | | | | | | 4 | | | 4 |
| TI | | | | | | | | | | | | 15 | 3 | | 18 |
| LTI | | | | | | | | | | | | 18 | 4 | | 22 |

出典は Vogler, 1998.
※個体群の記号は図4.9と同じ.

なる．メキシコ湾沿岸の個体群については，形態学的特徴に基づいた従来の分類では3つの亜種（または2種で，うち1種に2亜種）に区分されており，ミトコンドリア DNA のデータはまだ十分には得られてはいないが，おそらく各個体群の間には大西洋沿岸と同様の地理的傾斜がみられるに違いない．もしそうであるなら，それは亜種間の区別が無意味ということなのだろうか．そして，アメリカイカリモンハンミョウ種群（アメリカイカリモンハンミョウとマガリモンハンミョウ）は，本当は1種ということなのだろうか．

こうした問いに答えるひとつのやり方は，純粋に計算に基づくもので，個体群集約分析（population aggregation analysis）と呼ばれる手法を用いる（Davis & Nixon, 1992）．この手法は，種の標徴の基準を設定し，各々の個体群を含めてもその標徴が基準を満たすかどうか，そして，その標徴となる形質をもつかどうかの得点を繰り返し計算して，個体群のまとまりを抽出する．構成メンバーがある形質を必ずもっている個体群同士はひとつの種としてまとめられ，構成メンバーがその形質をけっしてもたないような個体群たちは別の種とされる．大西洋沿岸域のアメリカイカリモンハンミョウで認められた15のハプロタイプは，塩基配列が25ヶ所で異なっている DNA 分子の多型であるが，その多型を示す個体群の集団（表4.1）がこの手法で分析された．この分析では，各個体群中に見られるハプロタイプが記録され，そして個体群内ではすべての個体が問題のハプロタイプをもち，他の個体群中にはそのハプロタイプが認められない，そのような個体群がひとつのグループにまとめられる．アメリカイカリモンハンミョウでの分析では，そうした他とはっきりと区別できるグループが2つ抽出された．それが大西洋沿岸の個体群のグループと，メキシコ湾沿岸の個体群のグループで，その2つは標徴としても多くの相違点をもっている．しかしながら，大西洋沿岸の個体群の間では，ある個体群だけに認められ，他ではけっして見られないハプロタイプをもっている個体群は，マーサズ・ヴィニヤード島の個体群（図4.9）だけである．この特異な個体群のことをひとまず無視すれば，北米の北緯28°から北緯41°までの大西洋沿岸域の個体群は，明瞭なサブグループには分けられないことがこの個体群集約分析によって示唆される．

こうしたミトコンドリア DNA の比較に基づく分析によれば，形態学からの分析結果の中で支持されるものはただひとつ，すなわち，フロリダ半島を境としてその東側と西側で個体群のまとまりが途切れていることである．その意味するところ

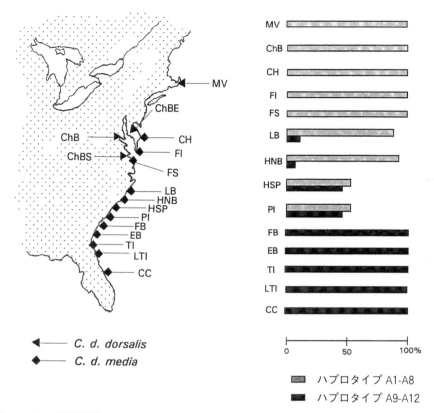

図4.9 北アメリカの大西洋沿岸でのアメリカイカリモンハンミョウ Cicindela (Habroscelimorpha) dorsalis のミトコンドリア DNA のハプロタイプの頻度の変化（Vogler, 1998より）．MV: マーサズ・ヴィニヤード島，マサチューセッツ州．ChB: シルバー・ビーチ，メリーランド州．CH: チンコーティーグ島，ヴァージニア州．FI: フィッシャーマン島，ヴァージニア州．FS: フォート・ストリー，ヴァージニア州．LB: ロング・ビーチ，ノースカロライナ州．HNB: ホールデン・ビーチ，ノースカロライナ州．HPS: ハンティントン州立公園，サウスカロライナ州．PI: パウレイ島，サウスカロライナ州．FB: フォリー・ビーチ，サウスカロライナ州．EB: エティスト・ビーチ，サウスカロライナ州．TI: ティービー島，ジョージア州．LTI: リトル・タルボット島，フロリダ州．CC: ケープカナベラル国立海浜公園，フロリダ州．

は，C. d. dorsalis/media のグループと C. d. saulcyi/venusta/curvata のグループは，多数の標徴となるマーカによって限定でき，明確に区別できる2つの独立した遺伝子プールからなるということである．従って，系統学的種の認定という基準に合致する，適切に区分される分類群はこの2つだけということになる．逆に言えば，ミトコンドリアDNA のデータからは，この大きな2つの系統の中にさらに亜種を認めることはできない．それでも，そのデータからは，大西洋沿岸域の C. d. dorsalis と C. d. media とされる個体群がそれぞれ別の遺伝子プールを構成することは読み取れる．従って，色彩や大きさの測定値などの形態学的特徴で区別される個体群が，現在の時点で使える分子マーカーで区別できるほど，独自の由来をもつ歴史的実体であるとは必ずしも言えないのである．

分子分析と形態学的データとの間のこの食い違いは，一見したところ非常に深刻な問題のように見えるが，この種群のそれぞれが過去の研究者たちによってどのように見いだされ，認められてきたかを考えれば，実はそれほど大きな問題ではないだろう．たとえば，Boyd & Rust（1982）は，この種群の，分布域全体にわたる形態的変異を徹底的に調査したが，その際，まず数ヶ所の個体群を選び，それぞれをいずれかの亜種に認定したうえで，さまざまな部位の形態計測をおこなって各亜種の間の関係を分析している．従って，その分析では各個体群の所属（亜種）は予め決められていたのである．

分子データからもたらされた2番目の結論は次のことである．すなわち，そうした形態学的形質からは，各系統の分岐の深さについての情報を引

き出せるとは限らない．アメリカイカリモンハンミョウ C. dordalis の大西洋沿岸に分布する2つの型（亜種とされてきたもの）の間の違いは，DNAの分子分析ではかろうじて検出できる程度の違いで，かつ，それは傾斜をもって移り変わる違いである．それとは対照的に，大西洋沿岸とメキシコ湾沿岸という2つの地域に分かれて分布する型の間の違いは顕著で，ミトコンドリアDNA，核の遺伝子マーカー（Vogler & DeSalle, 1994c），アロザイムを用いた各分析はどれもよく似た結果を示している．形態学的には，それら両地域の個体群は，以前からの亜種としての区分に従って（Boyd & Rust, 1982），同等の重みをもったものと考えられていた（もっとも，そう考えられていた理由の一端は，C. d. dorsalis と C. d. media が隣接して分布している地域からの標本が不足していたことにもあるのだが）．

こうした形態学的分類と分子データの比較検討から分かってきた3番目で最後の論点は，進化上の実体を確定して区別する方法に関することである．まず，標本の集め方は何よりも重要である．研究対象が連続的な分布をするグループの場合は，特にそうである．もし，移行的な形質が見られるチェサピーク湾周辺の個体群を分析に含めなかったなら，形態学的研究であれ，分子データによる個体群集約分析であれ，標本を集めた各個体群をどれかの亜種に割り振ることはもっと簡単にできたはずである．ということは，標本採集の枠組みを変えれば，それだけでどれを多様化した個体群とし，どれを種と見なすかが変わってくるということである．標本採集は地理的な分布範囲全体にわたっておこなわれるべきであり，それは分子分析であれ形態学的研究であれ，また，どんな種概念を採用しようとも，等しく言えることである．

## 進化の研究への意味

アメリカイカリモンハンミョウ C. dorsalis の分子マーカーを用いた研究の成果は，基本的にはサキュウハンミョウ C. limbata の研究結果を確認するものであった．すなわち，ハンミョウの種および亜種を確定するときに用いた色彩と身体の大きさの違い，および他の形態学的差異は遺伝マーカーに基づく区分とおおむね合致する．従って，色彩と身体の大きさが違うなら，それは，その種群が歴史的に古い時代に分離したことを示唆していると，ひとまずは結論できるということになる．

さらに，分子データからは，明確な種群の間の，分離の度合いに関して正確な情報を引き出せるし，それによって経過した進化的時間の推定値を得ることができる．分子時計に関する仮定には多くの問題があるにもかかわらず，ミトコンドリアDNAの変化速度は長い目で見ればおおむね一定である（Nei & Kumar, 2000）．そこで，それらの系統が分岐した相対的な時間枠を推定するための，DNAの塩基配列の変異率（百分率）を計算できる．この計算結果と，地質学および他の生物学的データを結びつけることで，特定の進化史上の出来事の絶対年代も計算できるだろう．たとえば，アメリカイカリモンハンミョウ C. dorsalis で見られた，大西洋沿岸とメキシコ湾沿岸の2つの系統の間の際だった分岐は，この生物地理学的地域での地質学および古気候学上の歴史と対応させることができるし，また，海面の水準の変化と気候変動についての膨大なデータと比較することもできる．さらに，DNA塩基配列の変異の程度を，同じ地域に生息する他の動物種と比較することもできる．合衆国南東部の大西洋沿岸とメキシコ湾沿岸の動物の系統の間に見られる分岐は，おそらく近縁種間の分子マーカーの地理的変異としては，世界で一番詳しく研究されたものだろう．これについて最も貢献した研究者は，ジョージア大学のJohn Aviseとその同僚たちで，彼らが分析した合衆国南東部の沿岸域に分布する動物種たちのほぼすべてにおいて，遺伝マーカーに大きな分岐が認められた．どんな動物かといえば，カブトガニ，何種かの魚類，カキ，カメ，およびハマヒメドリ（ホオジロ亜科の鳥で1987年に絶滅）などさまざまな分類群にわたっている．こうした動物には，いずれもアメリカイカリモンハンミョウと同様の，フロリダ半島周辺に系統上の大きな分岐が認められる．だだし，その分岐が見られる正確な地理的位置は分類群ごとに異なっている（Avise, 1992, 1994）．このような分類群の違いを超えて共通するパターンの存在からは，何か通底する原因があることが示唆される．研究された動物間に系統分類学上の関連はなく，共通する要素としては，陸

上と海中という違いはあるものの，沿岸に沿って分布するという点だけである．従って次のことが強く示唆される．つまり，その沿岸に暮らす動物たちに何か共通の要因が作用することで，メキシコ湾沿岸と大西洋沿岸の個体群が分離し，また相当の期間，その分離が続いたに違いないのである．

　こうした出来事がどのようなものであったかは，まだ正確には分かっていない．過去300万年にわたる鮮新世と更新世の間，極地の氷冠が発達したり縮小したりすることで，よく知られているように海水面の上昇と下降が起き，それによって露出する大陸棚の広さも大きく変化した．海水面が極端に低い時代には，メキシコ湾の大部分が乾いた陸地となった．一方，海水面が極端に高い時代には，フロリダ半島の大部分が海中に没し，中央のフロリダ高地だけが島として取り残された．〔興味深いことに，フロリダ半島のこの地域にはアメリカハンミョウ亜属 Cicindela (Cicindelidia) の特産の2種，アラメアメリカハンミョウ scabrosa とコウゲンアメリカハンミョウ highlandensis が生息する〕．こうした海水面の変化に対して，沿岸域に生息するアメリカイカリモンハンミョウとその近縁種はそれほど強い影響は受けなかっただろう．なぜなら，こうしたハンミョウは海岸線の動きに簡単について行けたはずだからである．しかしながら，海水面の変化は，海岸線上の好ましい生息場所を消滅させる可能性もある．さらに，海岸沿いの気候条件が変化することで，フロリダ半島の特定の部分が住みにくい場所に変わってしまった可能性もある．こうした変化が，それまで一続きであった個体群の集団を二分する障壁となったかもしれない．

　さらに，DNAマーカーの系統分岐のパターンが同じだとしても，それが同じ地質学的，または古気候学的な出来事に起因するとは限らない．塩基配列の分岐の程度から言えることは，そうした分岐がすべての分類群で同時に生じたわけではないということである．アメリカイカリモンハンミョウ C. dorsalis では，大西洋沿岸とメキシコ湾沿岸のグループの塩基配列の分岐は約5％で，これは調べられた動物群で認められる上限の値である．そしてその値は，その分岐がおよそ200～300万年前に生じたことを意味する．他の動物群では，分岐はもっと最近の出来事で，たかだか20～30万年とされている．当然ながら，動物が異なれば，ある気候変化に対する反応は異なるだろうし，また複数の個体群がその同じ気候変化によって分岐してゆく道筋も異なると考えられる．現在の状況では，動物によっては，分断されていたグループが再び接触できるようになったと考えられ，そうした動物では，海岸線に沿って帯状に繋がった分布が見られるだろう（その場合，大きく異なるDNAマーカーの分布が傾斜をもって移り変わることが明らかにならないと，その動物の分布がかつて2つに分かれていたことは分からない）．他の動物，たとえば，アメリカイカリモンハンミョウなどでは，再接触したような連続的な分布は見られない．そうした動物で地理的分布がはっきり分離していることには，さまざまな理由があるだろう．たとえば，中間の地域に適切な生息場所が出現しなかったとか，その動物がパッチ状にとび離れて分布する生息場所に到達できなかったとか，フロリダ半島の両側で，特定の微生息場所が互いに違ったものになってしまったとかである．

　DNA塩基配列の5％の分岐とは，ハンミョウ属 Cicindela（広義）の他の種群，特に互に近縁ながらはっきりと異なる種群と比べて，どの程度の分岐なのだろうか．たとえば，前述した北米の西部に分布するウミベハンミョウ C. maritima 種群での分子遺伝学的な分岐は，アメリカイカリモンハンミョウ C. dorsalis のメキシコ湾沿岸と大西洋沿岸の個体群の間の違いと比べて，わずか10分の1の値である（表4.2）．分岐の度合いが一番低いのは，サキュウハンミョウ C. limbata，ウエストコーストハンミョウ C. bellissima，ウスグロハンミョウ C. depressula，オレゴンハンミョウ C. oregona，コロンビアガワハンミョウ C. columbica の種たちで，その種間の分岐の度合いは0.5～0.6％の範囲にある．ウミベハンミョウ種群全体で見ても，種間の分岐の度合いが8％を超える組はない（もっとも，分岐の度合いは直線的に増加する値ではない．塩基配列が分岐すればするほど，ある塩基が別の塩基に1回以上置換する可能性は増すので，測定される塩基配列の変化速度はそれだけ過小評価されることになる）．もしミトコンドリアDNA分子の変化速度が一定であるなら，

表4.2 北アメリカのウミベハンミョウ maritima 種群のハンミョウにおける2種間のミトコンドリアDNAの分岐の度合い.

| 種 | mar | duo | dep | ore | lim | bel | are | the | col | rep | hir |
|---|---|---|---|---|---|---|---|---|---|---|---|
| *maritima* | – | (43) | (37) | (39) | (39) | (37) | (39) | (37) | (38) | (51) | (41) |
| *duodecimguttata* | (82) | – | 44 | 47 | 43 | 43 | 45 | 47 | 40 | 71 | 76 |
| *depressula* | (71) | 83 | – | 6 | 5 | 4 | 11 | 16 | 9 | 66 | 74 |
| *oregona* | (73) | 89 | 11 | – | 8 | 7 | 15 | 18 | 11 | 72 | 76 |
| *limbata* | (73) | 82 | 9 | 16 | – | 5 | 11 | 16 | 8 | 68 | 74 |
| *bellissima* | (71) | 81 | 7 | 13 | 9 | – | 11 | 15 | 8 | 67 | 73 |
| *arenicola* | (74) | 86 | 21 | 29 | 21 | 20 | – | 16 | 6 | 69 | 75 |
| *theatina* | (70) | 89 | 31 | 35 | 31 | 28 | 31 | – | 14 | 70 | 74 |
| *columbica* | (72) | 75 | 18 | 21 | 15 | 15 | 11 | 26 | – | 63 | 66 |
| *repanda* | (96) | 134 | 126 | 136 | 128 | 127 | 131 | 133 | 119 | – | 80 |
| *hirticollis* | (78) | 144 | 141 | 144 | 140 | 139 | 143 | 141 | 126 | 152 | – |

出典は Vogler et al., 1998.
※対角線より左下の欄には塩基の変化の実数を，右上の欄には1,000塩基当たりの変化の数を示す．括弧の中の数値はウミベハンミョウ *C. maritima* との差異を示すが，ウミベハンミョウの塩基配列データは不完全なので，直接には比較できない．

ある系統の種分化の速度は他の系統より速いということができる．ウミベハンミョウ種群のうち合衆国西部産の種は特に早く分岐しているように見える．種分化の速度を速める可能性をもつ要因，特に特定の生態的要因と個体群間の競争については，後の章で論じよう．その際，分子進化の速度が系統間で異なるのか，そして系統の種数とDNA分子の変化速度は相関するのかも検討しよう．

ウミベハンミョウ *C. maritima* 種群の種群内の分岐の度合いが低いとすれば，それらは「充分な種」（good species）なのだろうか．種の閾値を越えるに充分な分化を果たしていると見なすには，どれほどの違いが必要なのだろうか．それら互いに近縁な種の多くは，山地によって遠く隔たるなど，異所的に分布している．ところがこの種群の少数の種，たとえばオレゴンハンミョウ *C. oregona* などだけは，広域に分布しており，他の種と同所的に分布している．生物学的種の定義を使おうにも，そうした種では交雑の証拠はなく（例外のひとつは，前述の比較的類縁の遠いジュウニモンハンミョウ *C. duodecimguttata* との交雑であるが），遺伝子プールは分離している．この点は，それぞれ種とされているものたちの間には明瞭な形態学的差異があることからも支持され，従って標徴による区別可能性という基準を満たす種であると言える．しかしながら，図4.3の系統樹を作成するときに使ったミトコンドリアDNAの配列の違いが，それらの種の間で本当に標徴たりうるかどうかに関して，現時点では情報がない．その配列の違いは単に，他の種ももっている，ある特定のハプロタイプを偶然すくい上げただけかもしれない．その可能性を検証するには，地理的分布範囲の全域にわたるさらに詳しい標本収集が必要である．そのような分析をおこなうことで，それらの種が現在の分布に至った，そして，地理的に遠く離れた個体群の間で遺伝子の交換が途絶えた歴史的な過程を，理解できるようになるかもしれない．

### 大陸間での比較

ここまでは主に北アメリカ大陸に生息する種群を扱ってきたが，それは最後の氷期にこの大陸上にあった氷床の進退に応じて，絶滅や分布範囲の変化などの影響を大きく被った種群である．ハンミョウ属 *Cicindela*（広義）の種分化や多様化の過程について信頼できる一般論を打ち立てるには，世界の他の地域でのそうした過程も検討しなければならない．この問題については最近，オーストラリアのハンミョウ類の研究が注目されている．それは内陸の砂漠地帯で，雨期に形成される大きな塩性湖や塩性湿地の周辺に生息し，新たに記載された種を多く含むハンミョウ類である．そのハンミョウ類の大部分は互いに近縁で，オーストラリアハンミョウ亜属 *Rivacindela* に属し，成虫がずば抜けて早く走れることで名を馳せている（第

図4.10 オーストラリア南部のアルカリ湖の干上がった湖底に見られるオーストラリアハンミョウ亜属の一種 Cicindela (Rivacindela) shetterlyi Sumlin の成虫．S. Kamoun 撮影．

2章を参照）．しかし，この亜属のハンミョウは，その地理的分布と形態学的多様化の度合いという点からも興味深い．この亜属の多くの種は，それぞれ特定のひとつの塩性湖周辺だけに生息し，別種とされる他の塩性湖のものとは，前述の種の標徴としての形質，つまり身体の大きさと鞘翅の色彩パターンに関して，多少とも異なっている（図4.10）．さらに，何種かの成虫は非飛翔性で，きわだって長い脚をもっている．全部で60種ほどが記載されているが（Sumlin, 1997），その3分の2が単一の塩性湖周辺だけに生息する．

このオーストラリアハンミョウ亜属 Rivacindela の種を区別する難しさは，前述の北アメリカ大陸の種群でのそれとよく似ている．この亜属内の分類群は少数のはっきりした種群に整理できるものの，個々の湖に限定された，わずかに異なる個体群のどれが種で，どれが単なる地方変異かを決めることは難しい．私たちは DNA 分子マーカーを用いて Rivacindela blackburni 種群の分岐の度合いを分析した．この種群は，5つの「種」からなる分類群で，うち2「種」は，成虫が非飛翔性で，分布も西オーストラリアだけに限られる．私たちは，広域分布する R. trepida も含めて，この5種の標本を合計8ヶ所の湖から集めて，分析にかけた．驚いたことに，その互いに孤立している湖からの標本の塩基配列は相当異なっており，その分岐の度合いは，もっと広域に分布する北アメリカ大陸のウミベハンミョウ C. maritima 種群の分岐と同程度であった．この各湖からの標本の予期せぬほど大きな分岐に加えて，それぞれの湖の同じ「種」に属するはずの個体間の間にも大きな変異が存在した．さらに Cowan 湖の R. blackburni と Lefroy 湖の R. salicursorta で詳しく調べたところ，分析した7個体のハプロタイプはすべて異なっていた．これは予期せぬ結果であった．なぜなら，北アメリカ大陸での同様の分析では，合衆国北東部に分布するアメリカイカリモンハンミョウ C. dorsalis とピューリタンマルバネハンミョウ C. (Ellipsoptera) puritana で，同一の産地から得られた標本の mtDNA はいずれも単一の（または少数のわずかに変異した）ハプロタイプであったからである．このオーストラリアハンミョウ亜属の産地当たりの塩基配列の多様度（Nei, 1987）の総計は，北アメリカ大陸産ハンミョウの各個体群で算出された数値よりも一桁高い値である（A. C. Diogo, 私信）．

なぜこのような違いが生じたのだろうか．オーストラリア内陸部の各湖の個体群はどれも遺伝的に細分されているようにみえ，それは湖の水系の間で遺伝的交流がないことを意味する．推定され

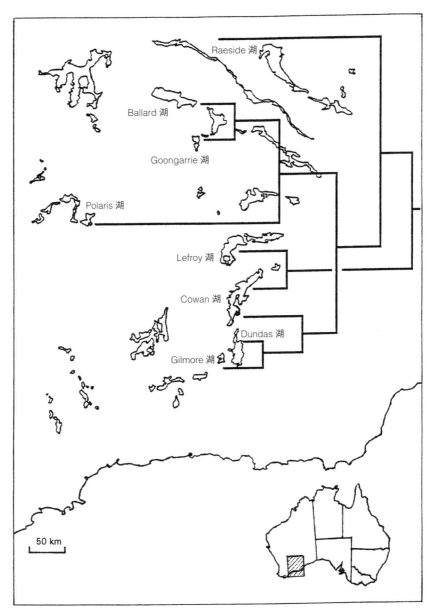

図4.11 ミトコンドリア DNA ハプロタイプからみた，各湖のオーストラリアハンミョウ亜属 *Rivacindela* の集団の類縁関係．オーストラリア内陸部のアルカリ湖の分布を示す地図上に重ね合わせてある．

たハプロタイプ間の遺伝的距離が正しいとすれば，その分岐は地史的に古い時代に生じているようで，この結論は，細分された各個体群の内部に高い遺伝的多様性が存在することからも支持される．多様化した各湖のハプロタイプは単系統を構成するので，ハプロタイプの多様化はそれぞれの個体群が現在生活する各湖で生じたに違いない（もし各湖が，それぞれの個体群の存続期間中に，その存在位置を変化させたのなら，それぞれの個体群も移動したであろうが）．その系統を再構成した分岐図を地図上に重ね合わせてみると（図4.11），系統関係と地理的距離は全体としてよく合致する．たとえば，姉妹群は地理的に近い位置に出現し（Lefroy 湖と Cowan 湖など），分岐が古い分類群どうしはおおむね地理的に離れた位置に見いだされる．例外として，Lefroy 湖と Cowan 湖の組み

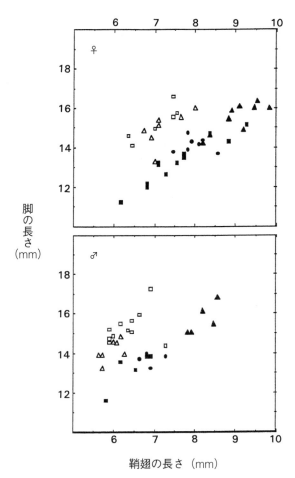

図4.12 オーストラリアハンミョウ亜属 Rivacindela における，成虫の脚の長さと鞘翅の長さとの相関関係．非飛翔性の種（△: *Rivacindela eburneola* Sumlin．□: *R. salicursoria* Sumlin）と飛翔性の種（■: *R. blackburni* Sloane．▲: *R. trepida* Sumlin．●: *R.* sp. nov.）を区別して示してある．

は Dundas 湖と Gilmore 湖の組とは分岐が古いが，地理的に近い位置にいる．

　要するに，個体群の分岐の様相が北アメリカでのそれとは大きく異なるということである．北アメリカの動物相では最近の分布域の変化から強い影響を受けている部分が多く，種分化は，多かれ少なかれ，鮮新世と更新世の気候変動とそれに伴う個体群の分離に起因する．いくつかの分類群，たとえばウミベハンミョウ *C. maritima* 種群の西部産の系統では，種分化は一番最近の氷期の影響を受けて生じている．一方，オーストラリアの乾燥地帯では，南半球の大部分がそうであるが，気候変動が分布域に与えた影響はそれほど強くはなかっただろう．オーストラリア内陸部では，気候変動によって降水量の水準が変わり，降水量は中

新世以降大きく変動したものの，徐々に乾燥していった．つまり，現在の季節的に出現する湖は，もっと湿潤であった古代の広大な河川水系の名残であり，大きな湖の連なりが次々と引き離されて小さな湖の集団として残っているのである（van de Graaff et al., 1977; Clarke, 1994）．そしてその湖畔に生息していたオーストラリアハンミョウ亜属 *Rivacindela* の個体群は，（縮小する湖の後を追いながらも）そのままそれぞれの湖周辺に閉じこめられたのである．

　従って，分子系統の研究から分かることとして，オーストラリアと北アメリカのハンミョウ個体群の間の主な違いは，生息場所の持続性である．長期間持続する個体群に共通する特徴のひとつとして，分散能力の喪失がある．従って，オーストラ

リアハンミョウ亜属 Rivacindela の数種で飛翔能力が失われていることも，それほど驚くことではない．前述のオーストラリアハンミョウ亜属の2種，R. eburneola と R. salicursoria も非飛翔性である．DNA分析によれば，この2種の類縁は遠く，飛翔能力の喪失は独立に生じたことが示されている．この2種以外にも非飛翔性のものが7種いるが，それはまた別の種群に属しており，おそらく，この2種とはまた独立に飛翔能力を失ったのだろう．これもまた生息場所の持続性という仮説に合う現象である．おもしろいことに，それらの非飛翔性の成虫はとりわけ走るのが速い（Kamoun & Hogenhoult, 1996）．それは主に身体の長さに対して脚が長いことによるようである．この脚の伸張は R. salicursoria と R. eburneola の両方に認められ（図4.12），そうした変化も独立に進化したと考えられる．速く走れることは，地表での狩りや捕食者から逃げる際に必要となる能力なので，飛翔能力の喪失を補償するだろう．しかも，そうした複雑な形態的変化が，個々の湖の小個体群ごとに生じており，そうした個体群の長期の持続性と場所ごとの形質の進化という考え方がここでも支持されるのである．

他の分類群では比較に使える DNA のデータはほとんどないが，脊椎動物と無脊椎動物，そして植物も含めた分類群に見られる生態学的および形態学的パターンの比較（Barker & Greenslade, 1982; Pianka, 1986）から，研究者たちは次のように考えている．つまり，オーストラリアと北半球の植物相と動物相に見られる違いの多くは，オーストラリアの乾燥状態にある生息場所が長期間続いたことが原因である．

それでは，どれほど異なっていれば種と言えるのか．この問いには定まった答えはないだろう．遺伝子プールの分離はわずかなこともあればきわめて明瞭ということもある．たとえば，北アメリカのウミベハンミョウ C. maritima 種群の西部の系統全体の多様性は，オーストラリアハンミョウ亜属 Rivacindela のひとつの湖の個体群の多様性と同じ水準にある．現在，オーストラリアハンミョウ亜属では，ある湖のものは独立の種とされ，他はいくつかの湖を合わせたものが種とされている．個々の湖の個体群は別の湖の個体群との間で接触をもっていないことを考えると，そうした個体群のいくつかをひとつの種としてまとめ，他のいくつかをそれぞれ独立種とする取り扱いは，正当化できないだろう．種分化とは，標徴での区別可能性の基準をもってすれば，量的差異の問題ではない．問題は遺伝的まとまりの独立性であり，それが維持されるには，地理的に異所的な分布か，異なった生息場所による分離か，あるいは他の交配前隔離と交配後隔離の機構が関わっている．私たちがそうした独立した集団を抽出できるかどうかは，その集団間でどれだけ差異が生じているかという側面と，その差異を見つける技術を私たちがもっているかという側面の両方にかかっている．分子生物学的技術はますます精錬されてきているので，それを用いればその差異を検出し，遺伝子プール間の類似性を正確に解き明かすことも可能になるだろう．しかし，こうした技術は遺伝的まとまりを検出するのに役立つだけである．たとえ他の集団からの分離がわずかであろうとも，もし，その集団のすべての構成員が一貫してある形質をもち，他の集団の構成員はそれをもっていないなら，そのまとまりの検出は可能である．種分化は，早く進む場合もあればゆっくりとしか進まない場合もあるだろう．そして，その種分化の速度は多くの要因に影響を受けるだろう．にもかかわらず，そうした要因を分析するための最初の一歩は，進化において基本となるまとまりを明確にすることである．そうした情報を手にして初めて，なぜそのような種が生じたのか，どれくらいの速さで生じたのか，他とはどれほど違うのかについて，議論できるのである．

# 第5章

# 遺伝—特異な性決定様式

　すべての遺伝情報は世代から世代へと受け継がれるので，その過程の理解はどの生物グループの進化の研究を評価する場合にも必要不可欠である．ハンミョウ類では，遺伝のメカニズムの一部が他では見られない特殊なものなので，その遺伝についての研究は，ハンミョウ類の遺伝とDNA複製についての詳細を知ることに加えて，その多様性の進化を探る手段をもうひとつ手に入れることでもある．

## 染色体と生殖細胞

　細胞が増殖するときは，2つの娘細胞に分かれるが，それぞれの娘細胞には正確に同じ遺伝情報が細胞内のDNA中に保存される（第4章を参照）．その情報は，染色体中に秩序正しく収納されている．染色体は同じものが一対ずつ揃ったセットとして，各細胞の核の中に存在する．片方のセットは父親から，もう片方は母親から受け継いだものである．染色体の紐状の構造に沿って，それぞれ特定の位置に，機能的な単位となるセグメント，つまり遺伝の単位となる分節，すなわち生物の形質を制御する情報を担う遺伝子が並んでいる．各染色体は決まった大きさと形をもち，核内での数も決まっている〔その数，大きさ，形のパターンは核型（karyotype）と呼ばれる〕．通常，染色体の数と形は生物の種ごとに決まっている（図5.1）．各遺伝子と染色体中の位置も種ごとに異なっている（Sónia et al., 1999）．この遺伝子とその位置には特定のタンパク質と酵素を合成するための情報が含まれていて，その遺伝子にはほぼ完全な正確さで自己を複製する能力があり，従って，その情報は新しい細胞にも引き継がれる．クチクラ細胞や胃壁の細胞などの体細胞は，古くなって更新する必要が生じると，有糸分裂とよばれる過程によって，娘細胞で置き換えられる．有糸分裂の間に，各細胞の核の中で染色体のDNAは2倍に増え，細胞の大きさも増し，その後，細胞は2つに分裂する．

　有性生殖をする多くの生物，つまり鳥類，哺乳類，昆虫などでは，性染色体（sex chromosome）または異形染色体（heterosome）と呼ばれる特別な染色体をもっており，それは，他の機能とともに，その個体の性決定の役割を担う．他の染色体の対〔常染色体（autosome）〕は同種の雄と雌とで形と大きさがまったく同じであるが，この異形染色体は雄と雌とで形が違う種が多い．そして通常，その形からX染色体とY染色体と呼ばれる．

　ハンミョウ類のように有性生殖で繁殖する生物では，雄と雌は子に同等の染色体の物質（つまりDNA）を伝えるが，精子と卵子という生殖細胞（配偶子と呼ぶ）を作る過程は単なる有糸分裂ではない．すなわち，子の世代で核内の遺伝物質が2倍になることを回避するメカニズムが備わっている．そのメカニズムは減数分裂と呼ばれ，各生殖細胞の中で染色体物質が半減する過程である．その過程は，まず染色体（異形染色体と常染色体のどちらも）が特定の時期（分裂中期）に（細胞の特定の部位に）厳密に秩序だって整列し，次に複雑な細胞機構によって，対となる染色体の片方ずつのセットが物理的に引き離され，新しくできる2つの細胞に1セットずつ入る．対であった染色体のどちらがどちらの細胞に入るかは偶然で決まると考えられる．その選り分けの過程で，常染色体では，父親由来の遺伝子とそれに対応する母親由来の遺伝子（対立遺伝子と呼ばれる）のどちらがどちらの生殖細胞に入るかが決まるが，性染色体に関しては，X染色体とY染色体のどちらがどちらの生殖細胞に入るかによって，それぞれの生殖細胞の性が決まる．こうして，それぞれの親は子に半分（50%）ずつの遺伝情報を伝え，子

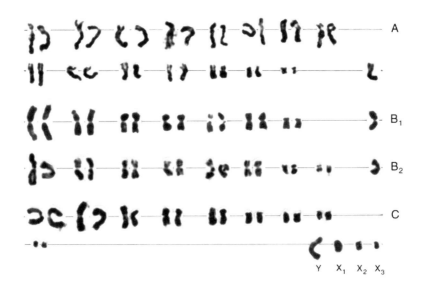

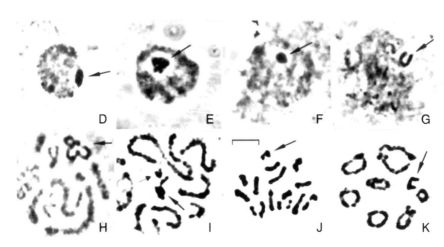

図5.1 （A）～（C）はハンミョウ各種の雄の二倍体核型．A）ユーフラテスオオズハンミョウ *Megacephala euphratica* Latreille & Dejean．$B_1$）と $B_2$）ヌマチホソハンミョウ *Cicindela* (*Cylindera*) *paludosa* Dufour．C）ハマベハンミョウ *Cicindela* (*Cephalota*) *littorea* Foeskal．（D）～（K）はハンミョウ類の減数第一分裂の初期から後期までの染色質の状態を示す．D）ヌマチホソハンミョウ，太糸期．E）ハマベハンミョウ，合糸期初期．F）ヌマチホソハンミョウ，分散期．G）ユーフラテスオオズハンミョウ，分散期．H）ハマベハンミョウ，複糸期初期．I）ヌマチホソハンミョウ，複糸期初期．J）ユーフラテスオオズハンミョウ，移動期後期．K）ヌマチホソハンミョウ，移動期．（D）から（K）までの長い矢印は異形染色体または性小胞（sex vesicle）を指し，（I）の短い矢印は B 染色体を指す．（J）に示した目盛りは $5\mu m$（$1\mu m$ は 1mm の 1 千分の 1）で，（H）から（K）までは同じ縮尺（Serrano et al., 1986より）．

は合計100％の遺伝情報を受け取ることになる．

　一部の甲虫では，性染色体による性決定が，ヒトのような単純な XX と XY というシステムではなく，性染色体の数が一対よりも多いシステム（複 X 染色体）のものがいる．ハンミョウ類もそのような特異な遺伝的性決定様式をもつグループの一員で，X 染色体を2～4本もつ種類が多い（雄で $X_nY$，雌で $X_nX_n$ と表される）(Proença et al., 2004a, b)．ハンミョウ類の複 X 染色体は，他の甲虫のそれとは異なっており，独自の道を経て生じたと考えられる．その性決定様式の起源とその奇妙な核型の逸脱が許されるメカニズムを理解することは，ハンミョウ類の進化を理解することにもつながるだろう．

## ハンミョウ類の複X染色体の特異さ

　ハンミョウ類以外に複X染色体をもつ分類群は，甲虫の中でほんのわずかである．たとえば，ゴミムシダマシ科のオサムシダマシ属 *Blaps*（Vitturi et al., 1996）とオサムシ科のいくつかの属，たとえばヒョウタンゴミムシ属 *Scarites*（Serrano, 1980; Serrano & Yadav, 1984），ホソクビゴミムシ属 *Brachinus*（Galián et al., 1990），チリオサムシ属 *Ceroglossus*（Galián et al., 1996）などである．しかし，ハンミョウ類の性染色体はキアズマ（chiasma）を形成しないという点でそれらの甲虫とも異なっている（Giers, 1977）．大部分の生物が示すキアズマとは，常染色体と性染色体の両方で見られ，減数分裂の第一分裂前期に対合した染色体（二価染色体）が互いに一部で結合した部分で，その後の染色体の適切な分離を導く構造である．しかし，分離が生じる前にも，キアズマは対合した染色体の間で交差（crossing-over）が起きる部位としても機能する．この交差は減数分裂の中期に観察される．この交差の起きる部位で，DNA分子の糸は一度切られて，対合している他方の染色体と繋ぎ直され，組換え（recombination），つまり相同染色体の間で遺伝情報の組み直しがおこなわれる．常染色体では，複製されたものが対となって存在するので，キアズマの形成と組換えにはなんら制限はない．しかし，性染色体では，異形性を示す方の性（ハンミョウでは，XY型の雄）においては性染色体が互いに対応しないので対合することができない．従って，大部分の生物で，2本のX染色体をもつ雌では対合して組換えが起きるが，Y染色体ではそのようなことは起きない．これは複X染色体をもつ生物の場合も同様で，雌では複数の相同X染色体が対合して組換えを起こすようである．ところが，ハンミョウ類では，X染色体の交差はこれまでまったく観察されていない．このようなタイプの複X染色体は非キアズマ性と呼ばれる．雄の配偶子形成において，性染色体が示す形も特異である．減数分裂のとき，他の生物では染色体は分離直前にいわゆる赤道面に平行に整列するが，ハンミョウ類ではそれは起きず，すべての性染色体（Y染色体も）が特異な顆粒，性小胞（sex vesicle）を形成する．その中で各染色体は両端で結合し，輪状に配列する（図5.1）．

　このハンミョウ類が示す複X染色体システムの物理的性状の特異さは，この分類群のゲノムの進化について何かを語っている．細胞遺伝学者の多くは次のように考えている．つまり，複X染色体システムは，単純なXYのシステムでX染色体が2つに分裂すること（fission）で生じ，そして，それが生じたのは，おそらく他の染色体の再編，たとえば常染色体と異形染色体の間，あるいは異形染色体同士の融合（fusion）や転座（translocation）が生じた後であろう．しかしながら，ハンミョウ類の減数分裂で性染色体が通常とは異なる配列をとり，また，キアズマが形成されないという特徴から，そのような染色体の再編はきわめて起きにくいだろうと予想される．実際，X染色体の構造はおおむねこの予想を裏づけるものである．たとえば，X染色体の分裂が起こり，X染色体数が増えるならば，それらの染色体は短いか小さいものになるはずである．ところがハンミョウ類ではX染色体はその数にかかわらず同じ大きさなので，性染色体の数がばらついている原因を単なる染色体の分裂に帰すことはできない．そして常染色体の数は変わらず，異形染色体の数だけがばらついていることから，別の原因が考えられる．他の生物で提唱されているような，常染色体と異形染色体の間の再編によって複X染色体が生じたとする説（White, 1973）も，ハンミョウ類での染色体の形式の進化では考えにくい．ハンミョウ類の染色体の多様化はまだ謎に満ちた現象であり，その研究からはゲノムの動態について新しい見方が導かれるだろうし，ハンミョウの進化全般についても他に類のない特徴として役立つだろう（Galián et al., 2002）．

## 複X染色体システムの進化

　ハンミョウ科で核型が解明されている種は60種を超える（Galián & Hudson, 1999; Serrano & Galián, 1999; Proença et al., 2002a, b, 2005a, 2011; およびそれらの引用文献）．今まで調べられた種の染色体数は大きくばらついている．複X染色体は，ハンミョウ亜科とクビナガハンミョウ亜科の両方で知られている（Sharma, 1988）．しかし，いくつかのグループ，たとえばオオズハンミョウ属

*Megacephala* は単純な性染色体システムで，さらに，その中のいくつかの分類群ではY染色体を失っている（雄の性は性染色体がXOの組み合わせで発現する）(Serrano et al., 1986; ただしProença at al., 1999a, b も参照)．ハンミョウ属 *Cicindela*（広義）の中では，同じ生物地理区に生息する種は特定の性染色体システムを共有している場合が多い．たとえば，北アメリカ産のハンミョウ属ではXXY形式の性染色体システムをもつ種が多く (Smith & Edgar, 1954), 一方，インド亜大陸ではXXXY形式の種が多い (Yadav et al., 1987; Mittal et al., 1989). このXXXY形式はヨーロッパ産の種にも見られる．しかし，ヨーロッパ産の何種かの性染色体システムは単純で，たとえばゲルマンホソハンミョウ *C. (Cylindera) germanica* はXY形式で，ヌマチホソハンミョウ *C. (Cylindera) paludosa* はXO形式である．

この最後の2種は，常染色体の数がわずか7対という点でも特異で，ハンミョウ類で知られている染色体数としては最少である．通常，ハンミョウ属 *Cicindela*（広義）の染色体数は9または10対で，オオズハンミョウ属 *Megacephala* では12〜15本である．甲虫類の4つの主な亜目のうち3つでは9対の染色体数が主流で，それは多食亜目（カブトムシ亜目）(Smith & Virkki, 1978; Galián & Lawrence, 1993)，ツブミズムシ亜目（ツブミズムシ科の一種 *Ytu zeus* で n = 9 +XY) (Mesa & Fotanetti, 1985), ナガヒラタムシ亜目（ナガヒラタムシ科の一種 *Distocupes varians* で n = 9 + X) (Galián & Lawrence, 1993) である．従って，甲虫類では常染色体数9対が祖先形質であるとほとんどの研究者は考えている．ところが，オサムシ科とハンミョウ科が属するオサムシ亜目は原始的なグループであるが，その常染色体数は，甲虫類の他の3亜目で見られる9対よりも多い（参考文献としては Serrano & Galián, 1999を参照）．ハンミョウ類に一番近い分類群はオサムシ科であるが，その常染色体数は4対から50対以上までの幅があり，それは甲虫類の科の中では一番広い (Serrano & Galián, 1999). 従って，オオズハンミョウ属などに見られるハンミョウ類の常染色体数の多さも，類縁の近いオサムシ科の変異幅の中に充分収まるのである．

Walther Horn のハンミョウの分類体系に従うなら，その複X染色体システムは主要グループのハンミョウ亜科 Cicindelinae とクビナガハンミョウ亜科 Collyrinae の両方に存在することになり，それは，この形質がハンミョウの進化において複数回変化したことを意味する．しかし，つい最近発表された Vogler & Arndt のハンミョウの系統関係の仮説（図3.5を参照）では，クビナガハンミョウ亜科はハンミョウ亜科の中に位置する．従って，両系統に存在する複X染色体システムが，必ずしもそれら両系統で独立に獲得された形質とは言えなくなる．しかし，ハンミョウ科の核型についての資料はこれまでわずかな分類群について得られているだけで，それも少数の生物地理区のハンミョウ属 *Cicindela*（広義）に大きく偏っている．現在，José Galián と彼の共同研究者たちによって，系統樹の根元付近に位置する分類群について，さらに広範な資料集めが進められている．その研究は，ハンミョウ類の核型の進化についての疑問を解く助けとなるに違いない．

ところで，現在得られている資料によれば，複X染色体システムをもっている種はすべて単一の祖先を共有している (Proença et al., 1999b). これはこの形質が単一の起源であることを意味している．現時点で複X染色体システムをもっていることが分かっているのはクビナガハンミョウ属 *Neocollyris*, メダカハンミョウ属 *Therates*, キヌツヤハンミョウ亜族 Prothymina, これまでに調べられた大部分のハンミョウ属 *Cicindela*（広義）である．系統樹の根元に位置する系統，つまりアメリカオオハンミョウ属 *Amblycheila*, エンマハンミョウ属 *Manticora*, オオズハンミョウ属 *Megacephala* はいずれも単純な性染色体システムしかもっていない．これを系統樹に重ねてみると（図5.2)，複X染色体システムが単一起源であるとする仮説と合致し，それはクビナガハンミョウ亜科 Collyrinae を含む子孫的な分類群の中の共通祖先に由来する．

しかし，これと相容れない観察事実もひとつある．モリハンミョウ属 *Odontocheila* の系統的な位置は明らかに複X染色体システムをもつグループの一員であるが，その性染色体システムはXO型である．この属の系統進化的な位置関係からす

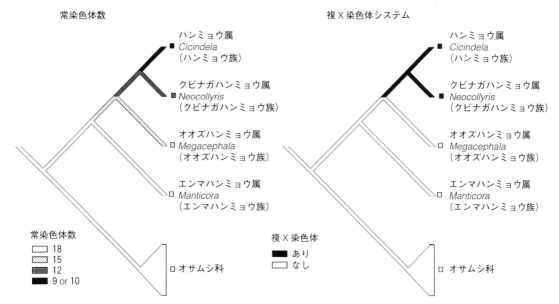

図5.2 ハンミョウの系統樹と対応させた各分類群の常染色体数と複X染色体システムの有無.

れば，複X染色体システムが単一起源であるとする仮説は怪しくなる．ところが，この属の減数分裂初期のようすは，ハンミョウ科の他の派生的なグループと同じ特徴を示す．ハンミョウ類の祖先的な系統の減数分裂初期のようすは，それらとははっきり異なっているのである．また，モリハンミョウ属の核型は，ハンミョウ科の派生的なグループが示す，常染色体の本数がしだいに少なくなるという傾向に合致している．すなわち，ハンミョウ科の常染色体数は，最も根元に位置するアメリカオオハンミョウ属 *Amblycheila* で一番多くて $n = 22$ であり，中間に位置する系統では数が減って，エンマハンミョウ属 *Manticora* で $n = 18$，オオズハンミョウ属 *Megacephala* では旧北区産の一種で $n = 12$（Galián et al., 1995），オーストラリア産の一種で $n = 15$（J. Galián，私信）であり，この科のさらに派生的な系統ではついに11本かそれ以下となっている．モリハンミョウ属の常染色体の本数は $n = 11$ なので，この属は派生的なグループの一員と考えられる．

もし，この仮説が正しいなら，複X染色体システムは，いったんそれが成立した後に，さらに多様化したように見える（Galián & Vogler, 2003; Proença & Galián, 2003）．従って，この仮説に従うなら，X染色体の数の変異，モリハンミョウ属 *Odontocheila* に見られる複X染色体システムの偶然的な消失，そしてヌマチホソハンミョウ *Cicindela (Cylindera) paludosa* に見られるY染色体の消失を理解できる可能性がある．しかし，そうした変化はどれくらい頻繁に生じたのだろうか．ハンミョウ属の核型の研究者たちの大部分は，その頻度は低いと考えている．その主な理由は，多くの生物地理区内でそうした核型の変異が見つかっていないからである．しかしながら，きわめて近縁な種の間でX染色体の本数が異なる場合が少なくとも一組ある．旧北区に広く分布するヨーロッパニワハンミョウ *Cicindela campestris* は3本のX染色体（3X）をもつが，その姉妹種でイベリア半島と北アフリカに分布するモロッコハンミョウ *C. (Cicindela) maroccana* ではそれがさらに1本多くなっている（雄はXXXX/Yで，雌はXXXX/XXXX）（Serrano, 1980）．この2種は系統的に近縁なので，そうした性染色体システムの変化を詳しく研究するにはうってつけの材料である．近縁種の間でもそうした劇的な変化が生じうるということで，過去の文献で報告されている核型のデータについての再検討も始まった．そして，実際にそうした最近の研究で明らかになったことは，古い文献で報告されていること，つまり新世界のハンミョウはXX型で，旧世界では主にXXX型

という違いは必ずしも正しくなく，2X，3X，4X型は互に頻繁に変化していた（J. Galián，私信）．従って，この仮説に従うなら，ゲルマンホソハンミョウとヌマチホソハンミョウで（分子分析によればこの2種はきわめて近縁であるが），それぞれがもっているXYとXOの性染色体システムは，その祖先の遺伝システムが進化過程でただ一度だけ逆転した結果かもしれない．

**複X染色体と性決定の染色体**

X染色体とY染色体は，個体が雌になるか雄になるかを決める．ヒトやショウジョウバエと同様に，ハンミョウでも雌は雄よりもX染色体を多くもっている．そして，この余分のX染色体こそ，雄と雌の違いを生みだすもととなる．ショウジョウバエでは，分子レベルで見ると，常染色体（非性染色体）のセットに対するX染色体の比が，その胚が雄になるか雌になるかを決める主たる信号として使われる．雌ではその比は1で，雄では0.5である．その差はタンパク質の相互作用によって感知され，遺伝子発現の差に置き換えられ，最終的にすべての性差を生みだすことになる．性決定のメカニズムに密接に関連した問題として，X染色体上にあるすべての遺伝子の発現の問題がある．ただし，X染色体上の遺伝子の多くは性とは無関係である．雌はコピーを2つ分もっているので，雄と比べて活性のレベルが倍になるはずである．しかし，もしX染色体上の遺伝子の活性自体が変化するならば，それはショウジョウバエで知られているように，雌雄の間で遺伝子の発現量が同じになるよう補正する機構として機能できることになる〔この機構は遺伝子量補正（dosage compensation）と呼ばれる〕．

もし，このショウジョウバエのメカニズムが実際に昆虫の性決定における共通のメカニズムであるなら，単X染色体システムから複X染色体システムへの変化，および複X染色体システムをもつ系統の中でのX染色体の数の変化は，性を決定するX染色体／常染色体比の臨界値に影響を及ぼすに違いない．従って，ハンミョウ科の進化においてX染色体数の変化は性決定と抵触することになり，その変化は制限されると考えられるかもしれない．ところが，単X染色体システムから複X染色体への切り替えは特異な進化的出来事であるが，複X染色体システムをもつ系統内ではX染色体の数は頻繁に変化している．そうした変異があるということは，いったん複X染色体システムが獲得されてしまえば，もはやX染色体の実際の数は性決定および遺伝子量補正には影響せず，X染色体の数の変化によって発生過程が乱されることはないのだろう．

現時点では，ハンミョウ類の性決定については何も分かっていないし，性決定にX染色体数の変化がどう影響しているのかも分かっていない．しかし，複X染色体システムの進化上の起源の研究とさまざまなX染色体の詳しい比較研究によって，根底にあるメカニズムについて何らかのヒントは得られるかもしれない．最初の段階としては，X染色体が担っている遺伝情報の実態をもっと深く知る必要がある．たとえば，X染色体が異なれば，それが担っている遺伝子も別物なのか．それぞれのX染色体は相対的にどのような序列で組織化されているのか．各ゲノム内のさまざまなX染色体の類似度はどの程度なのか．その類似度は，他のX染色体数がもっと多い種および少ない種のX染色体とどう関連するのか．そうした染色体の間で遺伝子の配置換えが生じることはあるのか．さらに，常染色体と性染色体の間での遺伝子の交換はあるのか．

現時点では，こうした問いには答えることができない．それでも，現在使える系統進化についての情報を活用することで，今後に向けて次のようないくつかの暫定的な判断は可能である．まず，X染色体数の変化は段階的に進むようであり（近縁種の間のX染色体数は多くても1本しか違わない），また，その変化は可逆的である（特定の系統内で，本数が増えることも減ることも起きている）．2つめとして，性染色体の構造と合計の大きさはその本数とは無関係である（その本数が多くなっても，一般的に個々の染色体は小さくなってはいない）．3つめとして，もし，祖先種でX染色体が複数に分裂したとすれば，それによってできる子孫のX染色体は2本の独特な形の，つまり非対称な〔専門用語では端部動原体型（acrocentric）の〕染色体になるだろう．ところが，ハンミョウでは非対称な性染色体は見つかってい

表5.1 ハンミョウの代表的な属の常染色体と性染色体の数.

| 属 | 核型 | リボソームDNA遺伝子座をもつ染色体対の数 |
| --- | --- | --- |
| アメリカオオハンミョウ属 Amblycheila | $n=22+XY$ | 4 |
| エンマハンミョウ属 Manticora | $n=18+XY$ | 3 |
| オオズハンミョウ属 Megacephala | $n=12+XY$ | 3 |
| カラカネハンミョウ属 Tetracha | $n=15+X$ | 3 |
| クビナガハンミョウ属 Neocollyris | $n=12+XXXY$ | 1 |
| ヒメモリハンミョウ亜属 Pentacomia | $n=11+X$ | 1 |
| メダカハンミョウ属 Therates | $n=10+XXY$ | 1 |
| キヌツヤハンミョウ属 Prothyma | $n=10+XXXY$ | 1 |
| ハンミョウ属 Cicindela（広義） | $n=9\sim11+XXXY$ | 1 |

ないので，X染色体数の変化が分裂（fission）や融合（fusion）によるものであるとしたら，それは，その結果生じる染色体の非対称性や大きさの違いを調整する何らかの機構が存在する場合に限られるはずである．

そうしたメカニズムとその進化についての精密な検証が可能であった遺伝子座はたったひとつ，リボソームDNAの遺伝子だけであった．たまたまこの遺伝子座はハンミョウの系統進化についての分析が盛んにおこなわれた遺伝子座のひとつでもあった（第3章）．この遺伝子座が存在する染色体上の位置は比較的簡単に特定できる．なぜなら，この遺伝子は複数のコピーの形で存在し，そのため作り出すシグナルも強いので，特殊な検出法（in situ ハイブリダイゼーション）によって簡単に視認できるからである．この方法を用いれば，その遺伝子座が存在する染色体上の場所は明るい黄白色のスポットとして現れる（口絵4）．その手法はX染色体の進化的動態の検証にはとても有用であった．まず，系統樹の根元に位置するアメリカオオハンミョウ属 Amblycheila，エンマハンミョウ属 Manticora，オオズハンミョウ属 Megacephala，カラカネハンミョウ属 Tetracha のグループは，常染色体の数が多く，リボソームDNAの遺伝子座をもつ染色体は4～3対である（表5.1）．どの属でもその黄白色のスポットは常染色体に位置する（その4属のそれぞれで，相同染色体上の同じ位置に2，3，4，4組として現れる）．対照的に，系統的にもっと新しく，複X染色体システムをもつ分類群では，リボソームDNAの遺伝子座は一貫して単一の対として現れる．すなわち，ハンミョウ科では，リボソームDNAの遺伝子座の数はしだいに減少する傾向を示し，それは常染色体の数の減少と軌を一にするのである．

リボソームDNAの染色から分かった2つめの重要な観察事実は，そのリボソームDNAの遺伝子座の位置である．系統樹の根元を占める単X染色体システムの系統では，その複数のリボソームDNAの遺伝子座は常染色体上にある．対照的に，複X染色体システムをもつ系統では，リボソームDNAの遺伝子座が1本のX染色体とY染色体の上にある分類群が多い．大きな例外はヒメモリハンミョウ亜属 Pentacomia で，本来この属は複X染色体システムの系統の一員であるが，X染色体は1本しかなく，リボソームDNAの遺伝子座は常染色体上にある（口絵4を参照）．その他の系統，たとえばヌマチホソハンミョウ C. paludosa では，それは一対の常染色体にある（Galián et al., 1995）．興味深いことに，北アメリカとインド産のハンミョウ属 Cicindela（広義）の多数の種で調べたところ，リボソームDNAの遺伝子座の位置は常染色体上から性染色体上へ，そして，その逆方向へと変化している系統が多い．上述のX染色体数の異なる姉妹種，ヨーロッパニワハンミョウ C. campestris とモロッコハンミョウ C. maroccana の間でさえも（X染色体数は前者で3本，後者で4本），リボソームDNAの遺伝子座の位置は異なり，前者では常染色体上に位置するが，後者では性染色体上に位置する．しかし，ハンミョウ属の他の近縁種の間で比較したところでは，たとえX染色体数が同じ種の間でも，リボソームDNAの遺伝子座の位置とX染色体数との間にはっきりとした相関は認められない（J.

GaliánとA.P. Vogler, 私信). むしろ, そのどちらの形質も進化的には不安定なようで, その変化は頻繁に起きており, わずか数個体の中でもその形質状態は異なっている.

こうした結果から言えることは, まず, 一般的に核型の構成は流動的であり, そのことがX染色体数の多様性に繋がっているように見える. しかしながら, 当のそれらの系統内で常染色体数がなぜそれほど安定しているかを説明することは難しい. おそらく, ハンミョウ科のX染色体のあり方は, 主として染色体の再編 (rearrangement) でもたらされるものではなく, むしろ, リボソームDNA遺伝子座を含む, 染色体の特定部分の転座 (translocation) あるいは転移 (transposition) によるものであり, その結果, 染色体間で特定のDNA領域の並び替えが起きているのだろう. リボソームDNA遺伝子座での観察から, この混ぜ合わせはもっぱら常染色体と性染色体の間で起きているようである. しかし, そうした遺伝子群が異なるX染色体の間でも混ぜ合わせを起こしているかどうかは分からない.

同じく重要と考えられる2つめの過程として, DNAの反復配列の蓄積がある. 高等生物の染色体に見られる長さの違いの大部分は, いわゆるミニサテライトDNAと呼ばれる, 数百塩基対の短い配列の反復によって生じたものである. そうした配列の蓄積によって, ゲノム内のDNAの総量は進化的には迅速に変化したかもしれない. また, ハンミョウ属 *Cicindela* (広義) の大部分の種で, X染色体の数は違っているにもかかわらず, その大きさと形がよく似ている理由も, 反復配列の蓄積によって説明できるかもしれない. もし, 染色体の数の変化の最初の段階が染色体の分裂と融合であるなら, 染色体のおおむね対称的な構造を維持するために, DNAの反復配列が蓄積するなり減少するなりして, 分裂あるいは融合の結果生じた新たな染色体の中の遺伝物質の量が調整されるのかもしれない.

こうした分子機構を分析する際の前提条件は, X染色体の分子的な構成と分化が詳しく研究されていることである. X染色体数が異なる分類群を比較することで, 系統樹上でX染色体数の変転 (turnover) を確認することができ, 姉妹群の適切な比較ができるようになる. X染色体ではDNAの反復配列が大勢を占めると予想されるものの, 遺伝的環境全体はもっと融通性に富むとする仮説からすれば, リボソームDNAクラスターのような必須のハウスキーピング遺伝子 [どの細胞でも発現する, 生命活動に不可欠な機能を果たす遺伝子の総称] もまたX染色体上へ配置換えされうることが示唆される. このことは複数のX染色体をもつシステムでは常染色体と性染色体の間の遺伝子の行き来が一般に高い率で生じることを意味する (Galián et al., 1995). この頻繁な遺伝子の再編成によって, 性決定の調節にかかわる遺伝子も影響を被り, X染色体数にかかわらず, 性が決定されるのかもしれない.

## 染色体の進化と種分化

遺伝的な変転の結果, 種分化の速度は影響を受けるだろうか. まず, 染色体の再編成と細胞の機能に重要な遺伝子の転座は, ゲノムの遺伝的不和合性を引き起こし, 交配を制限し, 新種の形成が促進されると考えられる. しかし, 起こりうる染色体の変化の範囲の中で, 種分化に結びつきそうな染色体再編成のタイプは, わずかである. そうしたものとしては, (相同染色体の対合の際にハイブリッド的な構造が形成されてしまう場合のように) 減数分裂時に染色体の分離が難しくなる再編, あるいは減数分裂を完全に阻害するような遺伝子の重複と欠失がある. 近縁種の間でX染色体数が変化することは, そうした減数分裂の破綻につながるかもしれない. 従って, X染色体数が異なる近縁種の存在は, その違いを生んだ染色体の再編によって種分化が促進されたことの証拠となるかもしれない. しかしながら, X染色体数の変異が減数分裂にどのような効果を及ぼすかは, ほとんど分かっていない. 交雑種においては, X染色体の絶対数は減数分裂がうまく進行するかどうかには重要ではないようなので, 結局のところ, 染色体数の違いは種分化には影響しないと思われる.

観察されるX染色体の変異についての2つめの側面は, リボソームDNAの位置の違いの方が, ゲノムの構造的な和合性に影響する可能性は高いだろうということである. リボソームDNAをX

染色体にもつゲノムと常染色体にもつゲノムとの間で生じる交雑の結果，交雑種では，必然的に，リボソーム DNA をまったくもたない配偶子と 2 つもつ配偶子が多数産み出されることになる．そのため，リボソーム DNA クラスター（そして同様に，常染色体または性染色体にある生存に必須の遺伝子群）の位置が異なっていると，交雑個体では遺伝的欠失が生じるだろう．それゆえ，リボソーム DNA の常染色体から性染色体への，またはその逆方向への転座が起きると，その遺伝子プールは 2 つに分かれることになろう．これが複 X 染色体システムをもつ系統で系統分岐が促進される主要な要因かどうかを明らかにすることは難しいが，これまでの観察結果はいずれもこの仮定と矛盾しない．たとえば，姉妹種の関係にある 2 種，ヨーロッパニワハンミョウ *C. campestris* とモロッコハンミョウ *C. moraccana*，ではリボソーム DNA の位置が異なり，また，この 2 種の分布が重なる場所では交雑はほとんど生じない．この 2 種が，リボソーム DNA の位置の違いによる不和合性からの淘汰を受けることで独自性を維持しているかどうかを知ることは重要であろう．その検証は，ヨーロッパニワハンミョウの X 染色体のリボソーム DNA と Y 染色体のリボソーム DNA の間の関係，およびそれらとモロッコハンミョウの常染色体上のリボソーム DNA との関係を分析することで達成できるかもしれない．

　要約すれば，ハンミョウ類の核型の変異は，進化的に保存されているパターンとともに，相当に不安定なパターンをも含んでおり（Serrano & Galián, 1999; Proença et al., 1999b），それらは新種の形成に影響している可能性がある．性染色体と常染色体のそれぞれに特異的な分子マーカーを開発することで，ゲノムの変転の分子的な過程が解析できるようになるだろう．別々の種の異なる X 染色体の間に類似性（相同性）を同定することで，ハンミョウ類の進化の過程で個々の染色体がどのような運命をたどったかを追跡できるようになるだろう．たとえば，リボソーム DNA は種間でも特定の X 染色体の相同的な部位に限定されているのか，あるいは，その位置は種間で自由に変化しており，そのこと自体が，おそらくは転移（transposition）のようなメカニズムを伴う活発な核型の変転を意味しているのかを検討することができるだろう（Zacaro et al., 2004; Proença et al., 2005b; Galián et al., 2007）．

# 第6章

# 生物地理

　カナダのブリティシュ・コロンビア州の沿岸域から合衆国のカリフォルニア州北部までの，高木で湿気の高い温帯雨林の林床には，10種以上のヤシャハンミョウ属 *Omus* のハンミョウが生息している．成虫は非飛翔性で，黒色でがっしりした体つきをしており，主に夜間または曇って暗い日中に，マツの落葉層の下で，獲物を獲ったり，交尾したりしている（付録Bを参照）．そこから南東に12,500km離れたチリ南部とアルゼンチンの，ナンヨウブナ（*Norhofagus*）からなる湿潤な温帯雨林の林床では，ヤシャハンミョウと驚くほどよく似た姿のスジグロヒラタハンミョウ属 *Picnochile* の成虫が落葉層の下を走り回っている（付録Bを参照）．カリフォルニア州とチリの間には，非飛翔性で黒いハンミョウは知られていない．この驚くほどの類似性は偶然の一致なのだろうか．この2つの属は近縁なのだろうか．もしそうなら，なぜこの2つの属はそれほど地理的に離れた場所に隔離されたのだろうか．しかも成虫は飛べないのに．ブリティシュ・コロンビア州とチリの間のどこかに，なぜ中間的な姿のハンミョウがいないのだろうか．ヤシャハンミョウ属は10種以上もいるのに，なぜスジグロヒラタハンミョウ属は1種だけなのだろうか．ハンミョウのそれぞれの種の分布と各系統の地理的な分布域は，どのようにして決まるのだろうか．

　これまでの章で，ハンミョウの進化について何か仮説を立てたり，それを検証するうえで，地理的分布がいかに重要となるかを見てきた．また，第2部でハンミョウの生態を調べたり，環境および群集中の共存種に対してどんな適応が生じるかを検討する場合にも，分布と他種との共存が重要となる．こうした地球上の生物の分布は生物地理（Biogeography）と呼ばれる．種や種群の分布様式を研究すること（Jeannel, 1942a）は，気候，地史，分散に対する障壁などの要因が，ハンミョウ類の進化の歴史にどのような効果を及ぼし，現在の生態と行動にどう影響したのかを探ることでもある（Darlington, 1957; Croizat, 1964）．逆に，ハンミョウ類など動植物の現在の生物地理のパターンは，最近の地史（Wickham, 1904）や古い時代の地史（Nelson & Platnick, 1981）の解明にも役立っている．どちらから調べるにしろ，地球の歴史はその上を旅した生物たちと分かちがたく結びついているのである（Sato et al., 2004; Zerm et al., 2007）．

## なぜ，ある地域では種数が多く，別の地域では少ないのか

### 分散と障壁

　ハンミョウ類は地球上に均等に分布しているわけではない（図6.1）（Jaskula, 2011, 2015; Rodríguez-Flores et al., 2016）．ハンミョウの種数が多いのは，他のほとんどの動植物と同様に，赤道周辺の地域である．しかし，ハンミョウの種数がめだって少ない地域が，赤道から遠く離れた地域はともかく，赤道近くにもいくつかある．たとえば，ハワイ諸島にはハンミョウは生息しない．それは，おそらくハワイ諸島が大陸とは離れた遠隔の地であるためであろう．一方，タスマニア島にハンミョウがまったく生息しないのは大きな謎である．現在のタスマニア島はオーストラリア大陸本体の南東部沿岸とは狭いバス海峡で隔てられているだけで，大陸側には多数のハンミョウ類が生息している．もしハンミョウ類が，タスマニア島よりももっとオーストラリア大陸から離れた，そして南極にも近いニュージーランドに到達できたのなら，なぜひと飛びで行けるはずのタスマニア島にはたどり着けなかったのだろうか．最近，タスマニア島北部沿岸の砂浜で，あるハンミョウが1匹撮影され

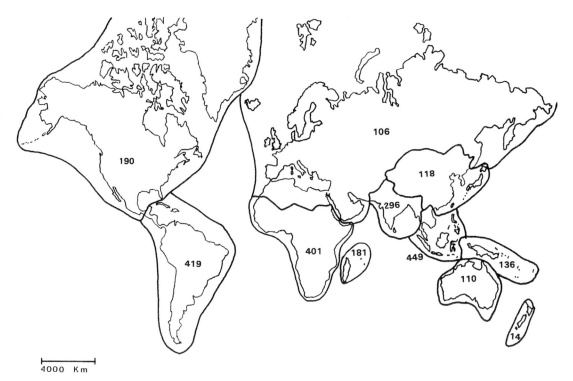

図6.1 世界の11の明瞭な生物地理区．各地理区のハンミョウの総種数も示す（Pearson & Cassola, 1992より）．

たことで（Ellingsen, 2012），この問題は少し進展した．それはオセアニアコハンミョウ *Cicindela (Myriochile) semicincta* という広域分布種で，その1匹はどうやら偶発的な分散個体のようだが，ハンミョウがタスマニアに到達できること，しかし個体群は確立には至らないことが示されたのである．

ハンミョウの長距離の移動（分散）についての証拠は，少数の逸話的な事例しかない．河川や砂浜といった多少とも連続的な生息場所に暮らすハンミョウの分散の経路ははっきりしている．しかし，不連続な生息場所に暮らす他のハンミョウでも移動することが知られている．南北アメリカ大陸に広く分布するミスジアメリカハンミョウ *Cicindela (Cicindelidia) trifasciata* などでは強い卓越風が関係しているようである．この種は泥質の干潟に生息するが，北アメリカ南部の沿岸，カリブ海の島嶼全域，南アメリカ西部の沿岸からチリにまでおよぶ広大な分布域をもつ．メキシコ湾の洋上にある海底油田基地の夜間の照明に，この種の成虫が複数飛来した記録があるが，その基地は一番近い陸地まで160kmも離れている（Graves, 1981）．またこの種は，北アメリカの内陸部のカンザス州でも秋の初め（8〜9月）に見つかることがあり，そこは一番近い海岸から1,200kmも離れている（Charlton & Kopper, 2000）（図6.2）．しかし，この種が北アメリカの内陸部で個体群を確立したことはない（Pearson et al., 1997）．さらにこの種は，1983年に突然，ガラパゴス諸島のサンタクルツ島に出現した．それ以来，この種はその島の潟湖の塩性湿地2ヶ所でふつうに見られるようになったが，諸島内の他の島には広がっていない（Desender et al., 1992）．この新たに出現した個体群の原産地として最も可能性の高い，一番近くの干潟は，960km東にあるエクアドルの海岸である．この分散が人為的なものかどうかは分からないが，もし，その距離を自力で移動できる種がいるとすれば，このミスジアメリカハンミョウこそ，そうした能力を備えたハンミョウである．それに加えて，このガラパゴス諸島への長距離移動にはエルニーニョ（El Niño）現象が関係しているかもしれない．つまり，通常ガラパゴス諸島周

第6章　生物地理

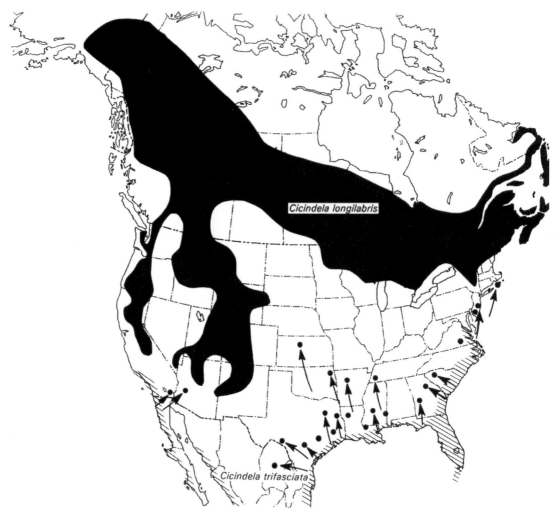

図6.2 北アメリカ産ハンミョウの2種，すなわち内陸の森林伐採地に出現するアメリカミヤマハンミョウ Cicindela (Cicindela) longilabris Say（黒塗りの部分）と，沿岸の泥質および砂質の干潟に出現するミスジアメリカハンミョウ Cicindela (Cicindelidia) trifasciata Fabricius（斜線部）の地理的分布．矢印と黒丸で示した地点は，ミスジアメリカハンミョウの，8〜9月の飛翔による分散後の内陸での採集地点の記録を示す．

辺を流れているのは冷たいペルー海流であるが，何年かごとに暖かい赤道海流が流れ込むことがあり（エルニーニョ現象），その年はガラパゴス諸島と南アメリカの西側の沿岸部で降雨量が異常に多くなる．それによって沿岸域の河川が増水し，多量の流木などの漂流物が沖合に送り出され，その上に乗った生物たちも運ばれるために，移住の機会が増えると考えられるのである．さらに，ガラパゴス諸島の降雨量が増えれば，到着する移住者たちにとって，通常なら乾期の続く厳しい生息場所の条件が緩和され，個体群を確立しやすくなるかもしれない（Desender et al., 1994）．

長距離の分散は北アメリカ産の他の何種かのハンミョウでも知られているが，新しい場所にうまく移住できた事例はほとんどない．北アメリカの塩性湿地性のシロブチハンミョウ Cicindela (Eunota) togata は，ニューメキシコ州とネブラスカ州の内陸部から南のテキサス州の沿岸部まで生息する．しかし，メキシコ湾沿岸全域からフロリダ州までのいくつかの飛び離れた場所でもこの種が採集されており，また，サウスカロライナ州の沿岸で数年間だけ定着集団がひとつ存在したことも確認されている（Knisley & Schultz, 1997）．短期間の定着集団としてはもうひとつ，ライムハン

ミョウ（アメリカアシダカハンミョウ亜属）*Cicindela (Opilidia) chlorocephala* で知られている．この種はメキシコ東部の沿岸部中央の砂浜に生息する．ところが，1900年代の初頭にこの種が何匹かテキサス州南部で採集された．しかしその後，丹念な探索にもかかわらず，その地域からは1匹の標本も得られていない．この種がその地域から姿を消したのは，生息場所がなくなったという可能性もあるが，おそらくは分散後の定着が失敗に終わったためだろう．キューバ産のオリーブハンミョウ（アメリカコハンミョウ亜属）*Cicindela (Microthylax) olivacea* は，岩のような造礁珊瑚がゴロゴロしている海岸に生息しているが，フロリダ州南部の珊瑚礁の小島の同様の生息場所にうまく定住できている（Woodruff & Graves, 1963）．そこへはおそらくハリケーンで運ばれたのだろう．

ハンミョウ類の分布を理解する鍵は，いつも分散なのだろうか（Kaulbars & Freitag, 1993b）．北アメリカのような広大な地域に生息するハンミョウ各種について，信頼できる分布図（Pearson et al., 1997）が使えるようになったのはつい最近のことである．その分布図を見ると，なぜ，それぞれの種のハンミョウがある場所に生息し，他の場所にはいないのかについて，さまざまな疑問が湧いてくる．北アメリカでは，そしておそらく世界のどの地域でも，ある2種がまったく同じ地理的分布示すということはない．それどころか，どの種もそれぞれ独自の明瞭な分布域を示す．分布域の範囲，境界の形，緯度と標高など，どれで見てもそう言える．分布図が使える北アメリカ産ハンミョウ類111種の中で，分布の形が一番よく似ているハンミョウ属の2種，コトブキハンミョウ *Cicindela (Cicindela) scutellaris* とオオサキュウハンミョウ *Cicindela (Cicindela) formosa* について，その分布域を比較してみた（図6.3）．2種ともその分布域内の大部分の地域では，乾燥した砂丘と風食による砂質の窪地（ブローアウト）に生息が制限されており，その点では2種は同じ生息地に出現し，同所的（sympatric）と言える．その同じ生息地の中でも，2種は同一の砂質地にいっしょに生活しており，同地性（syntopic）と言える．しかし，コトブキハンミョウは合衆国東部沿岸部の平野に広く見られる開けた森林中の砂地にも生息しているが，そこにオオサキュウハンミョウはまったく見られない．一方で，狭い地域ながらオオサキュウハンミョウだけが生息する場所も少数存在する．なぜ，こうした分布域の違いが生じるのかについては，地域的な微気候，他種との競争，それぞれの種に特化した捕食者，病気，寄生者についての研究から解明できるかもしれない．あるいは，地史的な偶然の出来事や特殊な分散の出来事があったということになるかもしれない．

大きな規模で見ると，南アメリカと中央アメリカ（生物地理学では新熱帯区と呼ばれる），およびサハラ砂漠以南のアフリカ（エチオピア区）のハンミョウ類の種数は，陸地の面積ではそれよりも狭い東南アジア（東洋区）と比べて，それぞれ20％少ない．東南アジアは地球上の陸地の2％以下の面積しかないにもかかわらず，世界のハンミョウ類の25％を擁している（図6.1）．どんな理由で，この地域に世界のどこよりも多くのハンミョウ類が分布するのだろうか（Darlington, 1957）．この地域の種分化の速度が他の地域よりも早いために多くの種が生まれたのだろうか．他の地域からハンミョウ類が流入しやすかったのだろうか．種の絶滅速度が，他の生物地理区よりも遅いために，ハンミョウ類が残りやすかったのだろうか．

こうした問いは，種間の共存を研究している生態学者，国立公園の設置場所を検討している保全生物学者，そして特定の行動学的，生理学的，形態学的な形質の起源を探究している進化生物学者にとって避けては通れない問いである．大きな生物地理学的傾向のうち，一番よく知られ，確実なものは，種多様度の緯度に沿った傾斜である（Pianka, 1966）．ほぼすべての動植物のグループで，種数は両極（高緯度）から赤道（低緯度）にかけて増大する．この一般的な傾向を示すと考えられる事例について詳しく検討したところ，さまざまな要因が浮かび上がっている（Currie et al., 1999; Gaston, 2000）．具体的には，高緯度から低緯度に向かって増大する太陽光エネルギーの蒸発散速度などの物理的環境要因（Currie, 1991），高緯度と低緯度のどちらに向かっても小さくなる陸地面積の配置〔「中緯度効果」と呼ばれる（Colwell & Lees, 2000）〕，そして局所的生息場所の複雑性と異質性で，これらは季節変化のないことと地史的

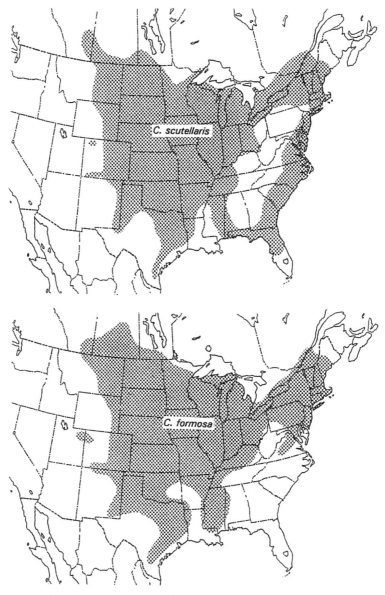

図6.3 北アメリカ産ハンミョウ属の2種,コトブキハンミョウ Cicindela (Cicindela) scutellaris Say(上)とオオサキュウハンミョウ Cicindela (Cicindela) formosa Say(下)の地理的分布.どちらも乾燥した砂丘と砂質のブローアウト(風食窪地)だけに生息する.この2種は分布範囲の重なる地域では同じ場所に生息する.

にも撹乱がなかったことのために,熱帯で高くなる(Rosenzwaig, 1995).現時点ではどの説明も完璧な説得力があるとは言いがたいが,今や生態学的にも分類学的にも多様な生物についてその分布様式が詳しく分かってきたので,近い将来,もっと厳密な検討が進むはずである.

緯度に沿った種数の傾斜は,一般的にはハンミョウ類にも当てはまる(Pearson & Cassola, 1992).種数が同程度の地域を地図上で等高線様の線(等値線)で結んだ北アメリカ(図6.4),オーストラリア(図6.5),インド亜大陸(図6.6)の各図で,低緯度の地域の種数は,平均的にいって高緯度の地域より多い.その傾向は特に北アメリカで明瞭である.しかしながら,そうした等値線のパターンは,細かい部分では入り組んでおり,またインド亜大陸では,その南北間の緯度に沿った傾斜は

図6.4 北アメリカ大陸中の緯度と経度各3度のメッシュ内の種数をもとに，ほぼ同じ種数の地域を結んだ等値線で示す種多様度（Pearson & Cassola, 1992より）．等値線上の数値が種数を示す．

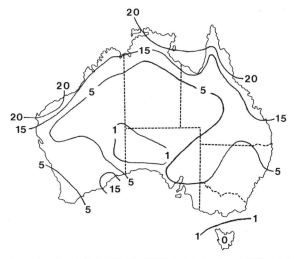

図6.5 オーストラリア大陸中の緯度と経度各3度のメッシュ内の種数をもとに，ほぼ同じ種数の地域を結んだ等値線で示す種多様度（Pearson & Cassola, 1992より）．

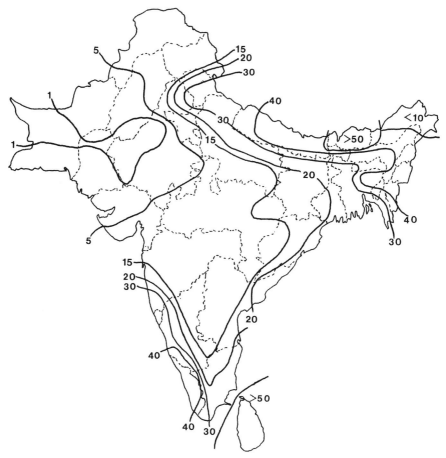

図6.6 インド亜大陸中の緯度と経度各3度のメッシュ内の種数をもとに，ほぼ同じ種数の地域を結んだ等値線で示す種多様度（Pearson & Cassola, 1992より）．

ほとんど認められない．東西に沿った傾斜も多く見られ，また種数がとても少ない地域に囲まれて，狭い面積ながら種数がとても多い地域も存在する．こうした傾斜と上記のいくつかの仮説とがどのように関係するのかはまだ不明のままである．成果の期待できる分析手法は，基本的に，種数と気候あるいは他の環境要因との関連を分析することである．この分析手法を用いて北アメリカのハンミョウ類について，地図上のマス目（メッシュ）ごとの種数は太陽光エネルギーと関連するという仮説を検証した研究がある．種数を実際および潜在的蒸発散速度（使えるエネルギー量の指標）に対してプロットすると，きわめて強い相関が得られた（Kerr & Currie, 1999）．従って，一般的にある地域のハンミョウ類の種数は，現在の環境条件によっておおむね決まっていると言えるかもしれない．オーストラリアとインドの大部分の熱帯地域においても，ハンミョウ類の種数は環境要因と関連していると考えられる．もっともこれらの地域では環境要因で主要な役割を果たすのは蒸発散ではなく雨量で，つまり種数は使える熱量と水分の組み合わせで決まってくると考えられる（Pearson & Juliano, 1993）．

こうした知見は現在の要因の圧倒的な影響を示しているように見えるが，この点についての最近の理解からすれば，種多様性のパターンはもっと入り組んでいるはずである．北アメリカとインドのハンミョウ相はその規模と一般的な特徴がよく似ているが，オーストラリアの種数は一般的にこれよりずっと少ない．それは種の多様性を局所的に見ても地域的に見ても，あるいは特定の生息場所の種数から推定した場合でもそう言える

(Pearson & Juliano, 1993). このことから，種の多様性には，環境要因に加えて，別の要因も影響していることが強く示唆される．オーストラリアのハンミョウ類の系統は，正味の多様化（種分化速度から絶滅速度を差し引いた値）の結果としての系統の規模という歴史的な過程によって，小さなものになっているようである．しかし，系統の各分枝の相対的な長さ（地史的年数）についての知見がないと，オーストラリアの系統で種数が少ないのは，他の大陸の系統よりも種分化が頻繁ではなかったためか，あるいは他地域からの移住が少なかったためなのかを知ることはできない．対照的に，どれほどの種数になるかについてのそうした進化史的な研究成果は，北アメリカのハンミョウ相には，少なくとも大陸内の分布パターンに関する限り，一般的には当てはまらない．メッシュで区切った大陸内の地域ごとに，その中のハンミョウ類の系統的な近さを計算したところ，相関は認められなかった．つまり，系統的に近縁な分類群が遠い分類群よりも地理的に近くに分布するといった傾向はなく，それは各系統が大陸内の広い範囲にわたって分布を変えてきたこと（そして特定の環境条件を追い求めてきたこと）を意味する（Kerr & Currie, 1999）．こうした分析はまだ予備的な試みにすぎないが，少なくとも大陸間の比較から言えることは，種多様性のパターンを深く理解するには，各系統の進化とその生物地理的な歴史が重要となるということである．

## 生物地理の研究の理論的基礎

従って，ある種がある特定の地域に生息するかどうかは，一般的に現在の要因と進化的な要因の組み合わせで決まるのである．ハンミョウ類のほとんどの種は，特定の種類の生息場所と環境条件にかぎって生息する．そして，それらの条件によってその種の分布域が厳密に決まってくる．特定の生息場所と結びついて生活するということは，その種の地理的な分布も，そうした生息場所が現時点で存在する生物地理学上の区域なり大陸の中に限定されるということである．ハンミョウ類ではほとんどの種の生息場所の好みはかなり厳密なので，それぞれの生息場所がどれくらいふつうで，どれくらい広く分布するかによって，各種の分布は決定的な影響を受ける．この生息場所への依存が強いという性質は，それぞれの種および系統の存続にとって重要となる次のような要因にも影響する．つまり，それぞれの種と系統の個体群の多さ，全体としての分布域，個体群の分裂しやすさと種分化の生じやすさ，さらに絶滅の生じやすさにも影響するのである（Ricklefs & Schluter, 1993）．

そうした要因に加えて，それぞれの種の分布は当然ながら地球の歴史，たとえば大陸移動，天変地異，大量絶滅，気候変動などの地史的出来事からの影響を受けてきた．そうした出来事は，おそらく大陸間および生物地理区の間のハンミョウ相の違いに影響しただろう．そして大陸なり地理区なりの大きな枠組みの中にどんな種が存在するかによって，局所的なハンミョウの種の組み合わせも影響を受けたはずである．

北アメリカでのいくつかの初期の研究（Leng, 1902; Wickham, 1904）を別にすれば，ハンミョウ類の生物地理の研究に先鞭をつけたのは Walther Horn（1915）である．彼のオオズハンミョウ属 *Megacephala* についての研究では，この世界的に広く分布する属がいつどこで進化したかについての仮説を提示している（図6.7）．その仮説の概要は，さまざまな生物の生物地理学で主張されている仮説の代表的なものである．そこでは2つの進化過程，つまり，ある系統群がある特定の地域（分化の中心地）で多様化することと，その地域から他の地域に分散することが仮定されている．従って，その進化過程の再構成には，その系統が生じた場所とその後の分散経路についての仮説が含まれる．初期の生物地理学の研究者の考えでは，そうした仮説はそのグループの進化と現在の分布パターンから再構成できるとされた．現代の生物地理学の分析においても，系統の再構築と分布のデータは何よりも重要な拠り所である．とはいえ，中心となる概念と分析手法は今ではずっと精錬され，分析に欠かせない分布データもさらに正確に整えられたものとなっている．

生物地理学の研究において重要となった新しいパラダイムは，大陸移動（プレートテクトニクス）が広く認められたことである．対照的に，W. Horn などの初期の研究者は，とてもよく似たハンミョウ類が大陸をまたいで，特に南半球でよく

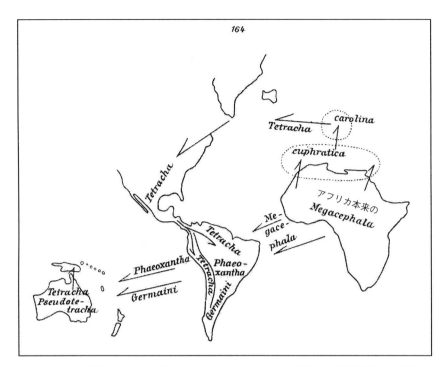

図6.7 W. Horn (1915) によるオオズハンミョウ属 Megacephala (広義) の系統の進化と大陸間の分散経路の推定. [訳注: Germaini は W. Horn が認めたキハダハンミョウ属 Phaeoxantha の種グループ. 当時は人名や地名由来の種名は頭文字を大文字で記していた].

見られることには気づいていたが，その原因としては，漂流物に乗った移動か，動くはずもない大陸の間をつなぐ陸橋を想定せざるをえなかった．しかし，大陸が移動することが認識されると，新たな仮説として，そうした分布は，地理的分断（vicariance）によって生じたと考えられるようになった．地理的分断とは，広く分布していた元の系統が，陸塊の分裂などで生じる障壁によって分離する過程である．大陸が移動するなら，生物の分散だけで説明しなければならない場合よりもはるかに多くの現象が説明できるようになる．なぜなら，分裂してゆく大陸の上で生活していた種の個体群も分離し，それぞれ分化していくからである．2つに分裂していく地域の間で個体の往来がなければ，個体群の分裂〔系統分岐（cladogenesis）〕と陸塊の分裂は相伴って進行する．その古典的な例は，古代の超大陸，ゴンドワナ大陸のジュラ紀以降の分裂で，南半球にあったその大陸は連続的に分裂していったが，それはいくつかの植物と動物のグループの系統関係に反映している．

しかし，地理的分断は大陸規模の陸塊に限った現象ではない．ある分類群，たとえばオーストラリア南西部に生息するオーストラリアハンミョウ亜属 Rivacindela の個体群（第4章）では，その分散が地理的障壁によって強く制約されていることが分布パターンより読み取れる．つまり，このハンミョウの場合，生存の難しい砂漠に囲まれた塩湖は，大洋中の生存に適した孤島に匹敵する環境である．中新世のもっと湿潤な気候条件（van de Graaff et al., 1977; Clarke, 1994）のもとでは湖も繋がっていて，その頃はおそらく広く分布していたはずの祖先の個体群は，この地域が乾燥していくにつれ，局所的に孤立した（地理的分断を受けた）個体群に分かれていったのである．同じく，すでに紹介したフロリダ半島の西側と東側に分かれて分布するアメリカイカリモンハンミョウ C. dorsalis の分布は，かつては連続的に分布していた個体群が2つに分かれた結果であるに違いない．従って，地理的分断による分布パターンは，さまざまな地理的および気候的な変動が原因となって生じうるし，その地理的および時間的な規模もさ

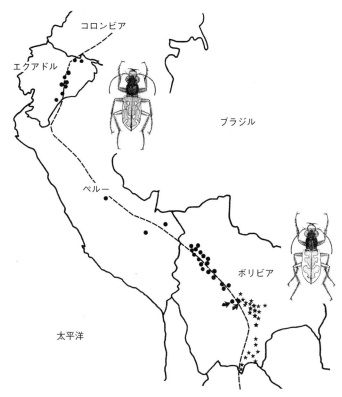

図6.8 ブラジルハンミョウ亜属の2種，Cicindela (Brasiella) balzani W. Horn（黒点）と C. (B.) rotundatodilatata W. Horn（星印）の採集記録を示す地図．矢印はこの2種がいっしょに採集されたボリビア中央部の2地点を示す．破線はアンデス山脈東麓の標高400mの等高線（Cassola & Pearson, 1999より）．

まざまである．そうした地理的分断の分布パターンから，広く分布していた祖先の個体群が，障壁の発達によって孤立した複数の子孫個体群に分かれ，最終的には別々の系統となっていくと考えられるのである．

しかしながら，地理的分断についてこのように考察したからといって，分散の重要性が否定されるわけではない．分散は地理的分布の形成に大きく影響するし，ときには地理的分断に代わる原因ともなりうる（Zink et al., 2000）．まずなにより，オーストラリアハンミョウ亜属で見たようなきわめて秩序だった分布様式を，地理的分断だけできちんと説明することはできない．その分布パターンは分散で生じた，つまりオーストラリアハンミョウが遠方の起源の中心地（center of origin）から分散によって関連性のない別々の地域に定着したと考えることも充分可能である．さらに，もし地理的分断が分布パターンの形成に関わる主要な過程であるなら，各系統は次々と小さな地理的領域に分かれていく傾向を示すはずである．しかし，オーストラリアハンミョウ亜属のような少数の例外を除いて，ハンミョウ類では一般にそうした傾向は認められない．従って，地理的分布パターンの形成に，地理的分断が本当に重要な役割を果たしているとしても，それは分散によって曖昧になる場合が多いに違いない．

現在の種の分布が地理的分断によって生じたと考えられる他の事例のひとつとして，ハンミョウ属ブラジルハンミョウ亜属の一種 Cicindela (Brasiella) balzani を見てみよう．アンデス山脈東麓に沿って南北に分布するハンミョウ類がいる（Freitag & Barnes, 1989）が，本種の系統も，アンデス山脈東麓の標高約400mの等高線に沿って，コロンビアからパラグアイまで南北に細長く連なる特定の生息場所に出現する（図6.8）．最近まで，この線上の北と南に分布する2種は地理的な亜種と考えられていた．しかし，Cassola & Pearson (1999) によれば，その2つの「亜種」が出会う

第6章 生物地理 89

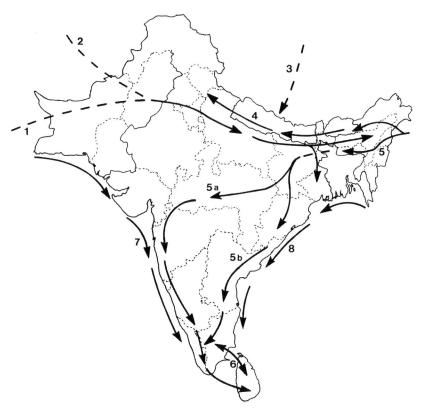

図6.9 インド亜大陸でのハンミョウ類の各系統の移動経路についての概念図.祖先的な系統が,アフリカから(経路1),西南アジアから(経路2),北アジアから(経路3),東南アジアから(経路4),それぞれ進入したと想定されている.さらにインド亜大陸の中では,山脈の森林伝いに(経路5aと経路5b),スリランカとインド南端にあった陸橋を介して(経路6),沿岸の砂浜伝いに(経路7と経路8),それぞれ分散した(Pearson & Ghorpade, 1989より).Blackwell Science社の許可を得て転載.

ボリビア中央部では,交雑は見られず,中間的な形質を示す個体も見つからず,微細な点ではあるがはっきりした生態的および行動的な差異によってそれぞれが区別できるので,この2つは独立の種と考えられる.地理学的な資料(Sylvestre et al., 1998)と花粉分析による資料(Behling et al., 1998)によれば,その帯状の生息場所は過去に何度かの気候変動によって分断された可能性がある.そして,その狭い帯状の地帯を横切る障壁が長期間存在し,遺伝子流動が妨げられることでそれぞれが孤立し,種分化が促された可能性がある(Patterson et al., 1998).その後,その地域ではそうした障壁が消滅し,2つの集団は狭い領域で再び接触することになった.南北でそれぞれ異なる微気候か生物的相互作用へ適応進化したことで,その狭い領域ではいっしょに生活しているにもかかわらず,それぞれの集団はもはや交雑しないのである.

このような仮説を検証するには,ハンミョウがいつどこで生まれ,どう移住したのかという歴史を検討することが一番よいのだが,化石記録がないので,生物地理的な歴史は現在の分布から推論するしかない.たとえば,Spanton(1988)の推論によると,北アメリカのハンミョウ類の多くは,現在の分布から考えて,アジアからベーリング海峡経由で北アメリカ大陸に進入し定着した祖先種から種分化で生じたものたちである.この北アメリカのハンミョウ類の由来についての仮説を拠り所にして,Freitagと彼の共同研究者たちは,新大陸の広義のハンミョウ属 Cicindela の歴史の再構成をめざし,それぞれ北アメリカ(Freitag, 1965),南アメリカ(Freitag & Barnes, 1989),西インド諸島(Freitag, 1992),オーストラリア(Freitag, 1979)について発表している.同じくPearson & Ghorpade(1989)もインド亜大陸のハンミョウ類の現在の分布を研究し,次のように推

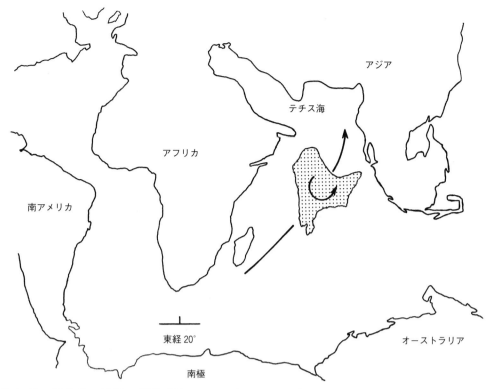

図6.10 約6,600万年前の暁新世に［訳注: 原文では2,200万年とあるが誤り］，旧ゴンドワナ大陸の他の大陸から分離してアジア陸塊に向けて移動する大インド・プレート（Pearson & Ghorpade, 1989より）．Blackwell Science社の許可を得て転載．

論した．すなわち，現在のインド亜大陸のハンミョウ相は，歴史的にみて次の３つ，つまりアジアの他の地域からの分散，インド亜大陸の中での移動と種分化（図6.9），および大陸移動（プレート・テクトニクス）によって運ばれてきたアフリカ大陸の系統と祖先を共有する系統（図6.10），の３つが組み合わさったものである．

## ハンミョウはどこから，どのようにして来たのか

Pearson & Ghorpade（1989）によれば，インド北東部に見られるハンミョウの種数がひときわ多い領域は，後で詳しく述べるように，おそらく生物地理上の分散のルートがそこで合流したためで，偶然による部分と多様な生息場所が存在したことの両方の理由で，局所的に多くの種が溜まる結果となったと考えられる．一方，インド最南部に見られる種数の多い領域は，少なくとも部分的には，そこが種分化の中心地の役割を果たしたようである．この２つのタイプの生物地理学的な仮説を検証するにはどうすればよいだろうか．

### 系統進化でのつながり

そうした地球規模での出来事に関する仮説を検証する手法のひとつは，再構成された系統関係を利用することである．これに関しては，北アメリカの広義のハンミョウ属 *Cicindela* の中の，狭義のハンミョウ亜属 *Cicindela* が注目に値する．それはこの亜属が北アメリカ大陸のハンミョウ相を代表とともに，大陸内に広く分布する種を何種か含むからである．きちんとした系統関係の分析がなされる以前は，通常この亜属の位置づけは，主に雄の交尾器の構造が単純で，それがおそらく原始的とみなされたために，広義のハンミョウ属の中では一番原始的な（系統樹の根元に位置する）グループ（Freitag, 1966）であった．この形態の解釈と，亜属の分布範囲，つまり北アメリカの主に温帯に分布し，そして北アメリカのハンミョウ類では一番高緯度に分布する種も含むという事実から，ほとんどの研究者はこの系統が旧北区に由

来すると考えていた．すなわち，新生代第三紀の終わりに海水面が何度か低下した時期に，ベーリング海峡を経由して進入し（Willis, 1967; Spanton, 1988），その後，北アメリカ大陸の中で適応放散したと考えられていたのである．適応放散は，この系統がさらに南下して中央アメリカと南アメリカに到達する間も続いたが，現在のこの系統の種の多様性は南にいくほど低くなっている．そこではこの亜属よりも身体が小さい別のグループが各地域で適応放散したと考えられている．たとえば，メキシコの高原地帯ではアメリカハンミョウ亜属 *Cicindelidia*，そして，南アメリカの南西部ではブラジルハンミョウ亜属 *Brasiella* が繁栄している（Freitag & Barnes, 1989）．

　余談ではあるが，この仮説からは北アメリカおよび全世界のハンミョウ属 *Cicindela*（広義）の系統の古さについての予測も導かれる．もし南北アメリカのすべての分類群が，過去約1,000万年の間に生じたアジアからベーリング海峡経由での1回あるいは数回の進入による移住者たちの子孫なら，当然ながら南北アメリカのすべての系統は約1,000万年より若いことになる．

　このアジアからの分散という仮説は，系統関係の分析によって検証できる．つまり，もし北アメリカ産のハンミョウ属 *Cicindela*（狭義）がベーリング海峡を越えてきたハンミョウ類の大本のグループなら，他のすべての北アメリカ産ハンミョウ類はこの属の祖先種に由来するはずである．しかし，現在利用できる一番整った系統解析であるDNA分析に基づいた系統樹（図3.5を参照）によれば，この仮説は強く否定される．系統の大本と考えられていたハンミョウ属（狭義）は，予想を大きく裏切って，一番派生的なグループだったのである．この分類群は，北アメリカ産の亜属の中では一番種数の多いアメリカハンミョウ亜属 *Cicindelidia* の姉妹群である．北アメリカ産の他の優勢な分類群であるマルバネハンミョウ亜属 *Ellipsoptera* とアメリカイカリモンハンミョウ亜属 *Habroscelimorpha* は，それぞれ別の2つの系統の祖先的な位置を占める．そして，さらにホソハンミョウ亜属 *Cylindera*（アヤモンハンミョウ亜属 *Plectographa* とブラジルハンミョウ亜属 *Brasiella* を含む）がそれ以外の北アメリカ産ハンミョウ類すべての祖先的な位置を占める．この分析結果が意味するところは次のことである．南北アメリカ大陸には旧北区のハンミョウ属 *Cicindela*（狭義）の子孫以外の系統が存在する．系統の古さという意味ではハンミョウ属（狭義）は，姉妹群で南北アメリカ大陸だけに広く分布するアメリカハンミョウ亜属 *Cicindelidia* とは（姉妹群という定義からして）同じ古さとなる．従って，ベーリング海峡経由で北アメリカ大陸に移住してきた旧大陸の系統であるハンミョウ属（狭義）とは共通の祖先はもっていないはずである．むしろ，次のように解釈するのが論理的である．つまり，ハンミョウ属（狭義）は全北区（旧北区と新北区）のハンミョウ類の中では最近出現した系統で，新北区と旧北区のいくつかの系統とは類縁が近いので，この亜属はベーリンジア［ベーリング海峡にあったと想定される陸橋］を何度か渡ったことだろう．しかし，その行き来は，ハンミョウ属（狭義）の共通祖先が出現したのちのことであり，また南北アメリカ大陸の主要な系統が多様化したのちの出来事のはずである．

　この分子データに基づいた系統関係の仮説は他の情報からの仮説とは相反する．では，本当の進化の道筋としてはどんな可能性を考えればよいのだろうか．新大陸への定着はどのようにして生じたのだろうか．そしてハンミョウの進化史の中で新大陸と旧大陸のグループはどのような関係にあるのだろうか．ホソハンミョウ亜属 *Cylindera* はやはり新大陸と旧大陸に分布するので，何かヒントが見つかるかもしれない．この亜属は，系統関係としては北アメリカのハンミョウ類の根元に位置するので，北アメリカ産の他の系統とは祖先を共有しており，おそらく世界の他の地域へ適応放散した系統とも祖先を共有しているだろう．もしこの考えを支持する証拠があるなら，この系統の分布パターンは論理的に南北アメリカにおける本当の進化の道筋を示唆しているだろう．ホソハンミョウ亜属の出現年代は，その古い起源と世界中に広がっている分布からみて，超大陸の分裂よりも前になると考えられる．（世界中に広がっているのはこのグループの分散能力がとても高いからだとする考えは，成り立たないだろう．なぜなら，このグループの成虫の多くは小型で，何種かは非

飛翔性であり，移動能力は他の広域分布するグループと比較して高くないからである．）もし古い起源とする考えが正しいなら，ホソハンミョウ亜属の祖先は，旧大陸と新大陸で別々に適応放散しただろう．この点はハンミョウ属 Cicindela（広義）でも同様で，この属の起源も以前考えられていたよりもずっと古く，この属の主な系統の起源もゴンドワナ大陸の分裂前にさかのぼるだろう．しかし，この仮説の検証には，世界中のホソハンミョウ亜属 Cylindela のさまざまな種群の系統関係を再構成するなど，慎重な検討が必要である．そうした研究はまだおこなわれていない［訳注：Sota et al.（2011）はこの亜属の主にアジアと日本産の種の分子系統樹を発表した］．

　本書の出版時点ではハンミョウ類の系統解析は，北アメリカ産のグループに限られているが，それによってハンミョウ科の進化と生物地理についての理解は大きく進んだ．それでもこのテーマを発展させるにはさらに多くの系統を研究する必要がある．たとえば，今後の研究として次の段階は，北アメリカと南アメリカの種群についての系統解析が進み，それを基にこの2つの地域の系統と生物地理を総合的に論じる仮説が重要となるだろう．仮にハンミョウ属 Cicindela（広義）が古い系統で，その分化が古代の南方のゴンドワナ大陸にさかのぼるとするなら，その後の各系統に生じた進化はよく似た生態的および地史的条件に曝されたことによる平行進化であると考えることもできる．しかし，まずなによりもアフリカ南部，オーストラリア，南アメリカ南部の各系統の関係を解明することが必要である．北アメリカ産のハンミョウの起源についての上述の新たな知見に照らし合わせることで，南半球の各大陸にいるハンミョウ類の系統関係に関する見方は大きく変化してきたのである．

## 地域のハンミョウ相の複数の起源

　こうした過去の地史的出来事と最近のハンミョウ類の移動とはどちらも重要であるとする研究事例の意味するところは，系統ごとの歴史と分散のパターンがいっしょになって地域のハンミョウ相が成立するということである．次の何章かでみるように，生物地理的な分布パターンは，生態に関する現象を理解し，仮説を検証する場合にも重要となる．生物地理的な分布パターンはさらに次の点でも重要である．つまり，種間の共存と競争のあり方，ある地域に共存できる種数，それぞれの種の生態的および行動的特性，種数の地理的パターン，地域ごとのハンミョウ相の保全上の相対的重要性などである．

　しかし，ハンミョウ相の分析がおこなわれた地域はまだほんのわずかである．たとえば，Freitagと彼の共同研究者たちは，西インド諸島のハンミョウ属 Cicindela（広義）の各グループの進化的道筋を想定している．彼らは各分類群（おおむね交尾器の分析から想定されたグループ）とそれが生息している地域の地史の知見との関係を考慮に入れた．彼らの想定では，適応放散は主に固有度の高い地域で生じ，そして，それが生じたのは（西インド諸島より古い）大陸本土であり，以後の分散はそこから生じた．こうした分析から Freitag（1992）は次のように結論した．すなわち，カリブ海諸島のハンミョウ相は，北アメリカと南アメリカの系統の混成で，諸島内での適応放散はほとんど生じていないと．この研究では，各島と大陸本土の系統の分岐の度合いに基づいて，移住が生じた相対的な年代についての大枠も論証されている．たとえば，キューバ島には，北アメリカ産のスナハママルバネハンミョウ Cicindela (Ellipsoptera) hamata の数亜種のうちの1亜種が分布する．キューバ島にはアメリカイカリモンハンミョウ亜属の一種 Cicindela (Habroscelimorpha) boops も分布し，この種はカリブ海東部の島々の固有種で，その姉妹種たちは中央アメリカと北アメリカに分布する．この現在の分類体系の階層構造が相対的な時間軸を表していると仮定するなら，その分布パターンから，アメリカイカリモンハンミョウ亜属はマルバネハンミョウ亜属よりも古い時代に西インド諸島に移住したと言える．

　こうした分析は歴史的洞察を含んではいるが，間違っている可能性も高い．特に，分析の手順として，生物の分散を地理的分断から区別していない．カリブ海東部に固有の種，アメリカイカリモンハンミョウ亜属の C. (H.) boops の場合がまさにこれに当たる．この種が大陸本土から移住し，その後，本土では絶滅したという可能性もあり，あ

るいはアメリカイカリモンハンミョウ亜属が地域的に適応放散した結果，カリブ海東部に固有の系統となった可能性もある．

　しかしながら，カリブ海で地域的な適応放散が生じたことの説得力のある証拠はない．なぜなら，その地域のハンミョウ相は系統的に多様な由来をもつ種から成り立っているからである．こうした結論は他の地域のハンミョウ相にも当てはまるようである．たとえば，日本のハンミョウ相はハンミョウ属 Cicindela（広義）の22種からなるが，どの種も日本の外に姉妹群がいる．その最も近縁な分類群の何種かは隣接する大陸であるシベリアに生息するが，それ以外のグループの近縁な分類群はインド，アフリカ，北アメリカに分布する．[訳注：「シベリア」は間違いで，朝鮮半島と中国東北部とすべき．また「インド」はナミハンミョウと同亜属の一種ヌバタマハンミョウ Cicindela (Sophyodela) cyanea がインドに分布することを指しているが，これは現在の分類体系の間違い（Tsuji et al., 2016）．また「アフリカ」はカワラハンミョウと同亜属の種がアフリカにいることを指しているが，それらが最も近縁とは言えない（近縁な分類群はユーラシアに広く分布する）．さらに「北アメリカ」はオガサワラハンミョウが北アメリカ～南アメリカに広く分布するミスジアメリカハンミョウ Cicindela (Cicindelidia) trifasciata に近いとする説（Darlington, 1957）に拠っているが，その説は外形の類似性だけに基づいており，最近の分子系統の研究（Sota et al., 2011）からは否定される（オガサワラハンミョウは日本本土のヒメハンミョウと近縁）．総じて，この部分の記述は不正確で，「それ以外のグループの近縁な分類群」は，中国南部と東南アジアに分布とするのが正確である]．こうした地域的ハンミョウ相の多系統的な起源という一般的傾向の明らかな例外は，ニュージーランドのハンミョウ相で，そこに生息する全14種は単一の系統（ただし，生態的には多様化している）のマオリハンミョウ亜属 Neocicindela に属している（Savill, 1999; Pons et al., 2011）[訳注：Larochelle & Larivière (2001) は Neocicindela を属として扱っているが，さらに最近の総説（Larochelle & Larivière, 2013）では外部形態の違いに基づいてマオリハンミョウ属 Neocicindela とニュージーランドハンミョウ属 Zecicindela に分けた]．

　さらに大きな空間的スケール，たとえばインド亜大陸では，適応放散の機会はもっと高いに違いない．ところが，現在得られている証拠によれば，大陸レベルでもハンミョウ相の起源をたどると複数の系統に行き着く．こうした証拠に基づいて，Pearson & Ghorpade（1989）は，分散経路と進化の中心という概念を組み合わせた秩序だった仮説を構築して，インドのハンミョウ相の複数の起源を説明した．インド産のハンミョウ類の構成は，一見したところ，熱帯アジア，アフリカ，旧北区からの古い時代の分散に大きく依存しているように見える．その移住がどのようなものであったかは，過去にインドプレートがどこにあったかによって変化しただろう．すなわち，インドプレートは，約1億3,500万年前に現在のアフリカから分裂し，北に移動して，アジアに衝突した（図6.9と図6.10）．従って，インド亜大陸における初期の適応放散の大部分は，必然的にアフリカ産の種群を含んでいたはずで，その後，しだいに共通祖先とアフリカ本土の姉妹群から異なっていった．その後，約2,000万年前の漸新世に，北上を続けたインドプレートがアジアプレートと接触したとき[訳注：インドプレートがアジアプレートに衝突したのは5,000万年～4,000万年の始新世中期]，アジア大陸の側から他のグループが大量に移住してきた．その比較的新しい移住者たちは，アフリカの系統とは類縁はなく，アジア大陸のハンミョウ相に由来する系統のはずである．Pearson & Ghorpade（1989）の分析結果はこの解釈を支持している．つまり，インド産ハンミョウの55％は旧北区産の系統と類縁があり，32％が熱帯アジアの系統と，9％がアフリカに広く分布する系統と類縁がある．従って，先に述べたように，インド東北部に種数の多い地域がポケット状に（周囲から孤立した狭い領域として）存在するが，そこは生物地理的な分散の経路の合流点のようで，たまたま多様な生息場所があり，結果的に流れ込む種群が局所的に溜まる地域となったと考えられる．

　一方，インド亜大陸南端に存在する種数の多いポケットは，この地域が，少なくとも部分的には，種分化の中心地，または「種の生産工場」（species factory）の役割を担っていたことによると考えられる．ハンミョウ属 Cicindela（広義）の特異な亜属，ヤンセンホソハンミョウ亜属 Jansenia は，インド半島とスリランカに多数の種が生息する．この亜属の種の大部分はそれぞれきわめて狭い地域に生息し，その生息場所も独特である．たとえば，この亜属の中では唯一インド北部に出現する種は，垂直な崖の壁面で生活する．この種以外でこの生息場所を利用するハンミョウは，インド南部に生息するこの亜属の3種を含め，世界でも5～6種だけである．このような特殊化の傾向をもっていれば，その分布は，そうした特異な生息場所が存在する地理的にきわめて狭い範囲に限定されるだろう．そのような特性は，古い系統に特徴的なもので，そうした系統は極度に特殊化した習性の進化を重ね，特異な生息場所に限って生息する多くの種を次々と生みだしている．Pearson & Ghorpade（1989）は，そうした観察結果に基づいて，次のような仮説を立てた．すなわち，ヤンセンホソハンミョウ亜属全種の共通祖先は，まだ特殊化していない他のハンミョウの系統が使った，北側からの通常の分散経路のひとつから最近進入したものではなく，もっと起源の古い系統で，おそらくアフリカと分かれてインド洋を渡ってきた大インドプレートに乗ってきたはずである．その後の，地史上の劇的な隆起と，アジアから大量に流入してきた特殊化していない系統との競争によって，インド北部ではヤンセンヒメハンミョウ亜属のほとんどの種が絶滅し，そのような非生物的および生物的要因がそれほど厳しくはなかったインド南部にだけ生き残ったのだろう．

　DNAによる系統解析の手法が発展したことで，大陸移動の仮説に基づいたヤンセンホソハンミョウ亜属 Jansenia の分布について，少なくとも2つの予想を検証することができる．まず最初の予想として，もしヤンセンホソハンミョウ亜属がアフリカの祖先に由来するなら，その祖先からの子孫はアフリカ本土またはマダガスカルでも見つかるに違いない．そして，そのアフリカの子孫とヤンセンホソハンミョウ亜属は，かつては広く分布し，後に大陸移動によって引き離された分類群の末裔として，同じ古さの姉妹群のはずである．しかしながら，もしその姉妹群もその後に適応放散したのなら，当然その系統が絶滅した可能性もあり，その場合は，系統の再構成は不可能である．しかし，その系統はアフリカに存在していた大きな系統のひとつであったはずで，その子孫はアフリカの多様なハンミョウ相の中にまだ残っている可能性が高い．従って，ヤンセンホソハンミョウ亜属と最も近縁な系統が，アジアまたは旧北区ではなく，アフリカ本土かマダガスカルで見つかるなら，この仮説は支持されることになる．近い将来，この仮説の検証がなされることを期待する［最近，Tsuji et al.（2016）は，主にアジア産のハンミョウ類の分子分析による系統関係を発表した．それによると，確かに Jansenia は Cylindera も含めてアジア産の系統とは類縁が遠い．アフリカ産のハンミョウを含めた網羅的な系統探索が望まれる］．

　次の予想として，ヤンセンホソハンミョウ亜属 Jansenia 以外のインド産のハンミョウ属 Cicindela（広義）の多様な系統の大部分は，隣接した地域から流入したものであるに違いない．そうした系統として，湿潤な熱帯林に生息する大型で色彩豊かなキボシハンミョウ亜属 Calochroa，砂質の川岸に生息するカワラハンミョウ亜属 Chaetodera とカラクサハンミョウ亜属 Lophyra，泥質の水辺に生息するシロヘリハンミョウ亜属 Callytron とコハンミョウ亜属 Myriochile，海岸の砂浜に生息するペルシアシロブチハンミョウ亜属 Salpingophora とハマベヒラタハンミョウ亜属 Hypaetha，アジアと旧北区の森林と砂質の川岸に生息する大きなグループのホソヒメハンミョウ亜属 Ifasina とヒメハンミョウ亜属 Cicindina［訳注：日本の図鑑などで使われている Eugrapha は Cicindina のシノニムとされている］などがある．こうしたグループがどこから来たかについては現在の分布から推し量るしかない．たとえば，キボシハンミョウ亜属は熱帯アジアから来たと考えられるが，それはこの亜属の大部分の種が現在，熱帯アジアの森林に生息しているからである．

**移動分散の分析における問題点**
　このインド産ハンミョウ類での議論から，分布が現在のようになった歴史的過程について説得力のある証拠を導き出すことの難しさが浮き彫り

なる．根本的な問題は，過去の分散経路と移動の時期を推定するための直接的な証拠が存在しないことである．従って，ある種がある場所の適切な生息場所にいることの説明として，分散がもち出されたことは理にかなっている．生物地理学で分散に依拠する仮説は，いくつかの大きな前提が成立することを当てにしなくてはならない．一番重要な前提は，それぞれの種は，特定の（小さな）場所で起源し，そこから分散する傾向をもつとすることである．もうひとつの重要な前提は，その特定の場所は問題とする種の現在の分布から再構成できるとすることである．その起源の中心地を見つけ出すために，ダーウィンとウォーレスに始まる生物地理学の研究者たちは，次のように考えた．すなわち，系統進化で一番根元に位置するグループは，地理上の分布地という点からも祖先的な位置を占めるはずであり，また，その祖先的な地理上の位置ではそのグループの種数も一番多いはずであると．

一方，最近の分岐分類学に基づく生物地理の研究（Nelson & Platnick, 1981; Humphries & Parenti, 1999）では，分散のあり方は基本的に重要視していない．それに代わって，地理的に特異な分類群の多い地域の分布パターンに重きをおいている．この研究分野では，そうした特異な分類群とそれが多い地域（固有性の高い地域）は，過去に周囲の地域から隔離されたために存在すると考える．長い間に，そうした隔離〔地理的分断（vicariance）〕は何度も生じただろうし，その地域が隔離された時間的経緯は，そこに閉じ込められた生物種の系統関係から読み解くことができるはずである．そこで，この研究分野の目標は，超大陸の分裂や山脈の形成などの地史的な出来事が，いつ，どこで，どのように生じたかを理解することである．しかし，そうした出来事の直接の証拠を探究する通常の地史的研究とは違って，分岐分類学に基づく生物地理の研究では，その情報は問題とする地域に生息する生物種の分布と系統関係から抽出される．すなわち，分岐分類学に基づく生物地理の研究では，扱う分類群はそれが生息する地域の代理なのである．

その研究において，最初の段階は固有性の高い地域，つまり特別の生物種が生息する局所的な場所なり特徴のある地域を選び出すことである．その特別の地域が似たような地史的な出来事，たとえば大陸塊の連続的な分裂などを被っている地域なら，そこに生息する生物種はどれも同じような影響を受けている可能性がある．もしそうなら，その生物群の系統進化での類縁関係は，生物地理上の一連の分裂を反映しているはずで，その出来事は系統関係を再構成することで見つけることができる．そこに生息する生物群はすべて同じ影響を受けているので，別々の系統の中に同じ地域にいたことによるよく似た分岐パターンが存在するはずである．さまざまな分類群で同じ分岐パターンが見られるなら，生物地理についての歴史を共有していることの裏づけとなり，問題とする地域の歴史について明確なことが言えるようになる．

北半球では，洪積世に繰り返された氷河作用とそれに対する生物たちの移住のために，分布パターンについての重要な情報は掻き消されている．それに対して南半球では地理的分断のパターンは簡単に読み取れる．分岐分類学に基づく生物地理の研究は，生物の系統よりもむしろ地理上の地域に注目するので，その理論の検証は主に南半球での事例を用いることで成功を収めてきた．その古典的な例をあげるなら，類縁のない分類群，たとえば南半球に分布する樹木のナンキョクブナ属 *Nothofagus* と昆虫のユスリカ類が，同じ生物地理的パターンを示すことでゴンドワナ大陸の分裂を再構成した研究がある．実際，地理的分断の理論によって，南アメリカ，南アフリカ，オーストラリア，ニュージーランドに生息する多くの分類群の類縁の近さがうまく説明できる．これらの地域は，現在では広大な大洋によって隔てられているが，それぞれが接している北半球側の地域よりも，互いに近縁な生物種を擁しているのである．

ハンミョウ類では，地史的な生物地理はまだそれほど研究されていない．しかし，研究に値する候補地はいくつかある．たとえば，北アメリカ産のアメリカイカリモンハンミョウ *Cicindela* (*Habroscelimorpha*) *dorsalis* では，大西洋沿岸とメキシコ湾沿岸の個体群には遺伝的な断絶があり，それは共存している多くの種でも見られた．インド産のハンミョウ類のいくつかのグループでは，その分布がインドの北部，中央部，南部の間で不

連続であり，その地理的境界が同じパターンを示す場合が多い．ハンミョウ属 Cicindela（広義）に限っても，この地理的パターンを示す事例は各亜属（ヒメハンミョウ亜属 Cicindina，ホソヒメハンミョウ亜属 Ifasina，ハラビロハンミョウ亜属 Lophyridia，キボシハンミョウ亜属 Calochroa，ヤツボシハンミョウ亜属 Cosmodela）で多く見つかる．固有性の高い地域が見つかる可能性も高く，それらの系統関係が再構成されたなら，同じ分岐パターンが示される地域の関係に基づいて，インド亜大陸における地理的分断のパターンが再構成できる可能性もある．この点に関しては，ヤンセンホソハンミョウ亜属 Jansenia は，分布の限られた（地域ごとに固有の）種を多く含むので，とりわけ役に立つに違いない．

地史的な生物地理の研究手法は，ハンミョウ類の多くのグループで現在の分布の形成に関与した特定の要因を調べることに役立つだろう．たとえば，ハンミョウ属 Cicindela（広義）のいくつかの亜属の間には，世界の別々の場所で，生態的および形態的特徴が驚くほど似ているものがある．一例をあげると，オーストラリア内陸部の季節的に水の溜まる塩性湖の周囲に生息するオーストラリアハンミョウ亜属 Rivacindela（図4.10）と，合衆国カリフォルニア州から同国の南部，そしてメキシコに分布するアメリカイカリモンハンミョウ亜属 Habroscelimorpha（例外的に C. dorsalis だけは大西洋沿岸に分布する）は形態的によく似ている．どの種も生息場所としては塩性の湿原に生息する．つまり，大部分の種は海岸近くに見られるが，何種か，たとえばアリゾナ州東南部にいるキラメキハンミョウ C. (H.) fulgoris は，大陸内陸部の，氷河の後退期に形成された湖沼の跡地を生息場所とする．この2つのグループの類似は，単に収斂進化のみごとな事例にすぎないのだろうか．あるいは，もともと類縁のあることの現れなのだろうか．もしそうなら，どんな理由でこの2つのグループの分布はそれほど飛び離れているのだろうか．ちなみに，他にも同様の分布を示す生物のグループがあり，その謎に満ちた分布パターンを説明するために，Croizat（1958）は北アメリカおよび南アメリカの西部とオーストラリアの間の移動を橋渡しする古代の大陸，パシフィカを想定した．これ以外にまだ未解決の分布パターンとして，マダガスカル特産の樹上性ハンミョウ，クチヒゲハンミョウ属 Pogonostoma と，この属と類縁のある南アメリカおよび中央アメリカに分布するクシヒゲハンミョウ属 Ctenostoma が示す分布がある．マダガスカルと中南米に分布するというパターンは，大型のヘビ，ボアコンストリクターの分布にも見られる．こうした飛び離れた分布パターンは，古代のゴンドワナ大陸に広く分布していた祖先系統の痕跡なのだろうか．

地球規模で見た場合，ハンミョウ類の地理的分布はきわめて秩序だったものである．しかし，個々の地域におけるハンミョウ相は，類縁のない別々の系統の混成である．グループによっては分散が重要となっているようである．たとえば，ハンミョウ属 Cicindela（広義）全体で，またカリブ海沿岸と日本の地域的ハンミョウ相，そして大陸規模ではインドのハンミョウ相と多少は北アメリカのハンミョウ相でもそう言える．しかしながら，こうしたハンミョウ相の分散パターンを再構成することはおそろしく困難で，未だはっきりとは分かっていない．しかし，系統によっては分散の影響はそれほど被っていない．それが一番明瞭なグループはインド産のヤンセンホソハンミョウ亜属 Jansenia で，地理的分断によるパターンとして地史的な生物地理学の分析にはうってつけの対象である．地球規模では，大陸の分裂からもハンミョウの主要な系統の初期の分岐に関する情報（および，おそらくその地史的年代）を引き出せるはずである．共存しているハンミョウの系統およびそれと類縁がなく世界に広く分布する分類群について，地理的分断に関連する分岐パターンが同じ形を示すものがないかを探るべきである．このような研究からの成果によって，現在なぜそこに生息するのかという問いに答えることができ，また生物地理上の歴史がそこの種数に及ぼす効果を評価することができる（López-López et al., 2012）．

# 第2部
## 生態的多様性―自然環境でのハンミョウ

# 第7章

# 自然を生き抜く

　合衆国アリゾナ州の南東部にある干上がったアルカリ性の湖の湖底は，その環境が以前の章で取りあげたオーストラリア中央部の干上がった湖底にとてもよく似ているが，ここにはウィリストンアメリカハンミョウ Cicindela (Cicindelidia) willistoni というハンミョウが生息している．このハンミョウはユニークな習性をもっている．その幼虫が高く細長い塔を地表面から突き出すように造り，もちあげられた巣孔の入口で獲物を待ちかまえるのである．その塔は，中世ヨーロッパの城の小塔にそっくりで，特徴的な先の尖った防壁を2つ備えている（図7.1）．

　このような構造物の構築は，多くのハンミョウ幼虫の行動とは大きく異なっている．ふつうのハンミョウの幼虫は，地表面に開いた巣孔の入口で待機するだけで，手の込んだ構造物を作り上げる必要はない．Knisley & Pearson（1981）はこの奇妙な構造物に興味をもち，この小塔の機能は物理的要因の改善にあると考えて，2つの対立仮説を立てた．最初の仮説は，その小塔のおかげで幼虫は夏の雨季に湖底に溜まる深さ数cmの水に溺れずにすむというものである．つまり，Knisley & Pearson の予想では，その小塔は巣穴の中に水が流れ込むのを防いでおり，従って幼虫は溺れることなく，湖底が冠水しているときでさえ小塔のてっぺんで採餌を続けることができている．城の喩えで言えば，その構造物はお堀の上にそびえる小塔の役割を果たすのである．この仮説を基にKnisley & Pearson は，ブリキ缶の上と底を切りとり，その筒を湖底の幼虫の巣孔を囲むように地面に差し込み，缶の中に慎重に水を注ぎ入れた．ところが，筒内の水位が上がるにつれ，小塔はすぐに崩れはじめ，いとも簡単に崩壊した．雨を真似てじょうろを使って小塔の上に水をかけても，同様の災難となった．この実験を100回以上繰り返したが，もち堪えた小塔はひとつもなかった．また一方で著者らが気付いたこととして，小塔はこれらの実験によって崩壊しても，1日以内に再建されていた．

　2番目の仮説として Knisley & Pearson（1981）が考えたのは，小塔が体温調節の機能をもっている可能性であり，幼虫は小塔の上部にいる方が地表面にいるより理想的な体温を維持することができると予想した．彼らは感度の高い微小電極を用いて，日陰での地表面と地表面から5 mm 間隔で区切った高さの気温を測定した．すでに彼らはそれ以前の研究で，一般的にハンミョウの幼虫，特に本種の幼虫は，温度が39.5℃に達すると自発的に巣孔の入口から奥へ引っ込む傾向があることを突きとめていた（Knisley, 1987）．Knisley & Pearson の測定では，朝の6時から9時までの間は，気温には地表面からの高さによる有意な違いはなかった．しかし，午前9時をすぎると，有意な違いが現れた．この違いは，地表面からの高さがわずかに違うだけで認められた．午前10時から午後4時までの間，地表面の温度は優に45℃に達していた（図7.2）．一方で，2 cm 以上の高さでは，気温の平均は38℃を超えなかった．実際，ほとんどの幼虫は一日を通して小塔の先端の入口で活発に採餌活動を続けていた．地表面がふつうの採餌活動の温度をはるかに超えていてもお構いなしである．地表面より上の気温が低くなるというこの現象は，境界層効果と呼ばれ，地表面のすぐ近くを吹く風は地表面の摩擦で弱められるが，地表面から離れるほど摩擦が少なくなるため，風はしだいに速くなり，気温が下がるのである．

　もし実験をこの段階で止めていたなら，この小塔の物語は，刺激的ではあるが自然淘汰がもたらす利益の大きさを示しただけの物語で終わっていたであろう．しかしながら，さらに敵に関する仮

図7.1 北米南西部にある塩生湿地でウィリストンアメリカハンミョウ Cicindela (Cicindelidia) willistoni Leconte の幼虫が地表から突き出すように造る小塔．アメリカ合衆国アリゾナ州，ウィルコックスにて D. Pearson 撮影．

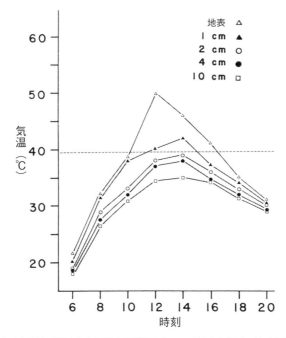

図7.2 地表面からの各高さで測定した気温の時間的変化．アメリカ合衆国アリゾナ州の南東部ウィルコックスのプラヤ（砂漠中の窪地）にて（Knisley & Pearson, 1981より）．Blackwell Science 社の許可を得て転載．点線は，幼虫が採餌活動を止めて巣孔の底に引きこもる臨界値の気温（39.5℃）を示す．

説，つまり小塔は敵に対する防御壁になるという仮説に基づいた研究によって，Knisley & Pearson は新しい発見をした．小塔を造る幼虫は，同じ生息場所にいる小塔を造らない他のハンミョウ幼虫と比べて，捕食寄生者のハチやツリアブに発見され殺される確率がきわめて高くなるのである．さらに，小塔をもつ幼虫が空間的に集まっていると，そうした集団からはずれて単独でいる場合よりも，捕食寄生者に発見され殺されやすいことも分かった（Knisley & Pearson, 1981）．従って，この小塔は温度調節によって幼虫の生存に利益をもたらすが，それと同時に，死亡率を高めるというコスト

も生じさせる．この小塔とそれが提供する利害の対立は，他の多くの複雑な形質の機能と進化を理解する手がかりとなる．形質がもたらす利益だけに注目するのではなく，さらに洗練された分析を工夫することで不利益な点についても明らかにできるだろう．これは費用便益分析（cost-benefit analysis）と呼ばれる（Lima, 1985）．市場分析と同じように，適応度に関わる正味の利益（正の効果から負の効果を引いたもの）は，形質の進化における淘汰の基盤を解析する際，避けては通れない論点となる．

## 物理的生息場所の中のハンミョウ

　他の多くのハンミョウも，幼虫が小塔を造るハンミョウと同様，過酷な生息場所に見られる．なぜハンミョウは，生活の場所としてそのような過酷な環境を選んだのだろう．どのように生き抜いているのだろうか．日々の，あるいは年ごとの天候の変化を切り抜けるのに，どのような形質を身につけているのか．それらの形質は適応的なのか，つまり，それらの形質をもつことで，その個体の適応度が上がることは示せるのだろうか（Alcock, 1998）．こうした疑問に答えるには，さまざまな身体のメカニズム，たとえば，身体の構造（形態学）や行動，内部機能（生理学）を調べる必要がある．このようなメカニズムによって，細胞や内部組織が最適な状態で働けるように内部環境が比較的一定に保たれ（ホメオスタシス），過酷な環境にうち勝って生活することが可能となる．これらのメカニズムを研究することで得られる知見は，それ自体興味を引くものであるが，それは進化的な疑問に答える際にも役立つ．進化的な疑問については，競争や捕食，群集構造を扱うのちの章で検討しよう．

　すでに述べたように，ほとんどのハンミョウは，生息場所選択に関して種特異的である（Dangalle & Pallewatta, 2012）．このような生息場所との対応は，容易に観察され，多くの種でよく知られている．生息場所は，物理的要因の総体に基づいて，明確なタイプ，たとえば，砂丘，開けた林床，干潟，水辺の砂地などに分けられる（Satoh et al., 2006a, b; Satoh & Hayaishi, 2007）．私たちは，北米のハンミョウ類の生息場所を17のタイプに区分

した（Pearson et al., 1997）．ほとんどのハンミョウは，どれかひとつの生息場所タイプだけに見いだされる．ほんの数種類のハンミョウ，たとえば北米のハスオビハンミョウ *Cicindela (Cicindela) tranquebarica* などだけが，カテゴリー化した中の最高で6タイプもの生息場所に見られる．これらの生息場所タイプはかなり簡単にカテゴリー化できたが，注意しなければならない点は，このカテゴリー化は多くの要素に基づいているということである．それは，たとえば土壌組成，湿気，温度，化学的性質，植生被度，季節性のような物理的，化学的，気候的特性である（Pearson, 1988）．さらに，各生息場所では，ハンミョウの生活環全体，つまり卵から幼虫，蛹，そして成虫期までが支えられなければならない．こうした考えをもとに，各種のハンミョウがそれぞれの生息場所で生存することを可能にしている生理的，行動的，形態的形質を追究してみよう．ハンミョウの種ごとに生息場所が異なるという事実は，こうした形質の種特異的な違いから説明されるだろう．本章では，ハンミョウに対する物理的環境の影響だけに注目するが，もっと大きな観点で考えれば，生息場所についてのハンミョウの生活上の要求は，成虫と幼虫の餌調達，交尾や産卵する場所，寄生者と捕食者からの避難場所をも含むものであるが，これらは後の章でさらに詳しく扱う．

　本章も含めてこれ以降では主に，自然淘汰と進化という文脈の中でハンミョウの形質の機能を立証する試み（Baum & Larson, 1991）に注目しよう．その際，ある形質で推定される適応的に有利な点を議論するだけでなく，進化的な側面からも環境とハンミョウの適応の関係について考えてみよう．系統関係を考慮すると，ある形質が進化の過程の中のどこで誕生し，また，どのような順序で獲得されたのかが分かる．どの系統もその進化史を反映しており，ある形質がその系統に固有であるということは，その歴史の中で獲得されたことを意味している．従って，形質の獲得に何が関わったのかという問いは，単にそれが適応の結果であるとするよりももっと複雑なものとなる．本書では，系統樹を用いることで，形質の歴史について分析している．野外と実験室から得られた形質の機能についての情報とともに，進化的な過程を考慮す

ることで，なぜある種はある形質をもつが他の種はもたないのかという問いに答えやすくなる．最終的には，歴史的な分析をすることで，なぜある種はある生息場所タイプで生存できるが他の種はできないのかという問いに対しても答えやすくなるに違いない．

本章では，生息場所（habitat）への特異性を決める形質，すなわちそれぞれの種が特定の生息場所で生活することに関わる形質について考えてみよう．なぜ種間に違いが存在するのか．生息場所が異なると種が直面する繁殖成功に対する障害が異なり，その異なる障害に対して進化的に応答したために種間に違いが生まれたのか．言いかえると，各種はそれぞれの生息場所に特異的な適応を進化させてきたのか．以下で述べるように，これらの問いには，データが不十分なために部分的にしか答えることができない．しかしながら，ある特定の生息場所で生存できるかどうかに関わるであろう生理的形質，あるいは行動的，形態的形質について，現在どのような情報が得られているのかをまとめることはできる．それにはまず，ハンミョウの生活環および発育と繁殖の実体を深く理解しなければならない．そのうえで，ハンミョウが生息環境の中で直面している難題や，その難題にハンミョウが生活環の各発育段階でどのように対処しているのかを考えてみよう．そして最後に，生活環の多様性の進化が，それぞれの生息環境に立ち向かうハンミョウにどのような影響を及ぼすのかを，さらに詳しく検討してみよう．

## 安定した体内環境の維持

ハンミョウの生息場所で作用する物理的要因のうち，温度は最も決定的で一般的な要因であり，また他の要因，たとえば水分の保持などとも密接に関わっている．ハンミョウは外温性である．つまり，主に外部からの熱源に依存して体内の温度を維持しており，それによって活動できる．ハンミョウの成虫はよく走ったり飛んだりするため，体温を致死限界である47〜49℃よりほんの少し下回る温度で維持している（Pearson & Lederhouse, 1987）．このような高い体温によって，最大限の速度や動きが可能となる（Dreisig, 1981; Morgan, 1985; Nachtigall, 1996a）．動きの鈍い成虫は，敵から身をかわせる可能性がその分低くなり，また交配したり，餌を捕ったりすることも劣るであろう．一方で，高すぎる体温は，水分バランスの乱れの原因となり（Hadley, 1994），配偶子の生産を低下させ（Irmler, 1985），一般的な代謝にも悪影響を及ぼす（May et al., 1986）．温度以外の物理的要因，たとえば氾濫，生息場所の安定性，土壌化学組成も重要となりうるが（Zerm & Adis, 2002），これらは，どの種のハンミョウにとっても重要な要因というわけではない．

## 生理

同じ地域に生息しているハンミョウでも，種が異なれば，活動できる，あるいは耐えうる最高気温と最低気温の範囲は異なる（Pearson & Lederhouse, 1987）．ハンミョウの体温調節についての研究の多くが，外部との熱の放出と吸収の調節に注目してきたが，通常夜間に活動するハンミョウでは，胸部の体温は外気温より1.2℃以上高くなっている．このことから，大部分のハンミョウは外温性であるが，中には太陽熱の輻射がなくても体温を外気温より高く維持できる生理的仕組みをもっている種もいて，それらは内温性と考えられる．

氾濫に対処する生理的な適応も重要である．幼虫は，ほとんど動かないため，冠水による影響を特に受けやすい．もっとも，種によっては，水びたしになった巣孔を放棄して，近くのもっと条件のよい場所にノソノソと這って移動するものもいる（Knisley & Schultz, 1997）．高地産の種，たとえば北米に広く分布するマキバハンミョウ *Cicindela (Cicindela) purpurea* の幼虫でさえ，3週間水没した後でも生きていた．アメリカイカリモンハンミョウ *Cicindela (Habroscelimorpha) dorsalis* およびシロブチハンミョウ *C. (Eunota) togata* のような海浜性ハンミョウの幼虫も，6〜12日間水没させても生存していた（Knisley & Schultz, 1997）．予備的な実験によると，幼虫は酸素消費を伴う細胞の生化学的反応を低下させ，代謝を90％以上抑えることができる（条件的嫌気生活）（Hoback et al., 1998; Hoback et al., 2000b; Zerm & Adis, 2003; Zerm, Zinkler & Adis, 2004; Zerm, Adis & Krumme, 2004; Zerm, Walenciak et al., 2004）．幼虫はまた，

巣孔の中に封じ込められた空気で呼吸することもできる（Wilson, 1974）．

Zerm & Adis（2001b）は，アマゾン川流域の川岸の砂地に生息する種を対象として，幼虫が封じ込められた空気で呼吸するという仮説の予備的な検証をおこなった．アマゾン川流域では，毎年起こる氾濫があまりにも長く続くため，大部分の種の幼虫は，これまで述べてきたどんな仕組みを使っても冠水からは生き残れない．その代わり，多くの種のハンミョウでは，幼虫が乾季にめざましく成長し（Irmler, 1981），氾濫が始まる前に成虫となって地表から離れる．ところが，キハダハンミョウ亜属 Phaeoxantha の2種の幼虫は，冠水した状態で最長3ヶ月まで生存する．この大型の2種は，成虫（口絵5）と幼虫のどちらも，黒い川と白い川［アマゾン川の大きな支流は，含まれる無機物や有機物によってそれぞれ特有の薄い黒色なり，黄褐色を示すので，こう呼ばれる］の中洲と川岸の砂地に生息している．河川が増水し，三齢幼虫の巣孔がある川岸が冠水すると，幼虫は入口を閉じ休眠状態になり，体表全体から酸素を取り入れるようになる．しかしながら，もしこれらの休眠幼虫を直接水に浸けると，3日しか生存できない．明らかに幼虫は，砂の間隙に溜まっている多量の酸素を使って長期間生存しているのである．

**形態**

昆虫の体温に影響する重要な要因のひとつは，体表面積に対する身体容積の割合である．個体の熱エネルギーの多くは体表面から吸収あるいは放出されるため，身体容積に対して体表面積が大きいほど，体温を上げたり下げたりすることが容易となる．身体容積は体長の3乗に比例して増加するが，体表面積は体長の2乗に比例するため，大型のハンミョウ種は小型の種よりも，容積に対する表面積の割合が小さくなる．そのため，他の要因がすべて同じなら，大型種よりも小型種の方が，体温調節が容易となる．しかしながら，その他の要因，たとえば，体表の色（Hadley et al., 1992）や周囲の基質（土壌や砂）の温度特性（湿っている，乾燥している，白い，黒い），熱エネルギーの反射や吸収についての違いなどが，身体の大きさの効果を相殺するかもしれない．

ハンミョウの体表の色に体温調節機能があることは，比較的詳しく調べられている．金属光沢で輝く体表（口絵6）は，色素で発色する体表あるいは黒い体表よりも，熱の流入を和らげる働きがあると考えられてきた（Van Natto & Freitag, 1986）．ハンミョウの中には，ひとつの個体群の中に2つあるいはそれ以上の色彩型が存在することがあり（色彩多型），そうした多型を示す種は，色彩の体温調節機能についての比較検証に適している．Schultz & Hadley（1987b）は，北米に生息する色彩多型を示すハンミョウでこの問題を検討した．砂漠地帯の南西部に生息するホーンアメリカハンミョウ Cicindela (Cicindelidia) hornii では，光沢のある黒色型と金属光沢をもつ緑色型が見られる．中央平原に生息するオオサキュウハンミョウ Cicindela (Cicindela) formosa では，背面が金属光沢のある赤と白の体色型とほとんど白の体色型の2型が見られる．熱の反射率と吸収をホーンアメリカハンミョウの2つの体色型で計測したところ，両タイプに有意な違いは見られなかった．一方，オオサキュウハンミョウの2つの体色型で計測したところ，両タイプに有意な違いが見られ，白色型の方が赤白型に比べて，輻射から得られる熱エネルギーの総量が15%少なかった．野外の同じ外気温の下では，白色型の方が，主に赤色である赤白型に比べて，よく日光浴をしており，日陰を探すことも少なかった．

体温調節にとって体色よりも重要なのは，胴体や頭部の腹面に剛毛が密生しているかどうかかもしれない．白い剛毛は，砂浜や塩原（salt flat）のように極端に暑くて開けた地表に見られる種ほど密な傾向がある．従って，剛毛が，地表で反射した熱エネルギー〔アルベド（albedo）と呼ぶ〕からの影響を軽減させている可能性はあるが，そうしたエネルギー放射や体温調節における剛毛の機能はまだ検証されていない．

体温調節としばしば関連しているもうひとつの形質は，ハンミョウの体表を被うクチクラの種類と厚さである．クチクラは蝋質の化合物である脂肪酸からできているが，その厚さや組成はどの種でも同じというわけではない．厚さと組成の違いは，体表からの水分損失の割合に影響する（透過性）．ユーラシア大陸に生息するヒブリダハンミ

図7.3 ブラジルのアマゾン川流域で潜水中のナミカラカネハンミョウ *Tetracha sobrina*. この種は腹部先端を使って水面上から空気の泡を鞘翅の下の空洞に取り込む. J. Adis 撮影.

ョウ *Cicindela* (*Cicindela*) *hybrida* は, 自然条件下では, 毎日体重の最大10%もの水分を失っている (Dreisig, 1980). 種間でのクチクラの組成の違いは, 各種の成虫 (Hadley & Schultz, 1987; Hadley & Savill, 1989) と幼虫 (Hadley et al., 1990) が同じ場所で異なる温度耐性を示すことへの説明のひとつになるだろう.

クチクラ構造のような形態学的構造は種間で異なるので, その違いは, 各種に固有の地理的分布を説明する助けとなるかもしれない. たとえば, アメリカミヤマハンミョウ *Cicindela* (*Cicindela*) *longilabris* は北米の北部亜寒帯の, 森林地帯の中の裸地に生息するが, 南はアリゾナ州とカリフォルニア州中央まで続くロッキー山脈とシエラネバダ山脈の山頂にも生息する (図6.2を参照). 北米の気候が現在よりも涼しく湿度が高かった時代には, アメリカミヤマハンミョウは北米全体に広く, そして南はメキシコまで分布していたに違いない. その後, 気候が急速に温暖化し乾燥してくると, 亜寒帯の生息場所は北方や山頂に後退した (Spanton, 1988). このハンミョウは, クチクラの水分の透過性が低いことも含めて, 寒冷での乾燥

した条件に適応しており, そうした生息場所の後退に伴って, 気候が今なお生息に適している大陸北部や南方では山頂に分布を後退させた (Schultz et al., 1992). このアメリカミヤマハンミョウのように, 水辺から離れた高地や乾燥した微生息場所に見られるハンミョウは, 水辺や湿度の極端に高い環境だけに見られるハンミョウよりも, 水分損失を45%抑えることができる (Hadley, 1994).

ここまでの文脈では淡水や汽水の近くに見られるハンミョウに注目して氾濫からの影響 (Brust et al., 2005) を強調してきたが, 高地に生息する種類でも, 強い暴風雨や鉄砲水の際は同じように水没の危険に脅かされる. 成虫は移動能力があるので, ふつうは走ったり飛んだりして安全な場所を探せる. しかしながら, 広範囲に長期間氾濫する地域では, 避難自体もそう容易ではない. アマゾン川流域に生息する森林性のハンミョウの成虫は, 氾濫の期間をやりすごすため, ふつうは高い土地に移動したり木の幹に登ったりもする (Adis, 1982) (口絵12). しかしながら, たとえ冠水してしまっても, それが短い期間なら成虫は水没したままでも生きのびることができる. 新熱帯区に生

息する森林性のモリハンミョウ属 *Odontocheila*, ヒメモリハンミョウ亜属 *Pentacomia*, ツツモリハンミョウ属 *Cenothyla* などのハンミョウは，実験室でエアレーションしていない水槽の水の中に沈められたまま2〜18時間生存した．しかし，成虫が最も長く生存したチャンピオンは，河川性で中南米に広く分布するナミカラカネハンミョウ *Tetracha sobrina* で，このハンミョウはごくふつうに24〜30時間の水没に耐えることができる．

　ふつうは，この属のハンミョウは完全に陸生であり，夜間に砂質や泥質の岸辺を走り回る．ところが，アマゾン川流域のナミカラカネハンミョウとブラジルのパンタナール湿原のブラジルカラカネハンミョウ *T. brasiliensis* は，毎年の氾濫季には半水生となり（口絵7），成虫は定期的に水に潜るようになる（Adis et al., 2001）．成虫は水中で，新鮮な空気を取り入れるために，まず流木や堆積物に掴まり腹部の先端を水面から出す（図7.3）．そして，腹部の体節をへこませることで，閉じた鞘翅の下に空気を取り込む．つまり，そこを空気の貯蔵室として使うのである．鞘翅の下の空洞に蓄えられた新鮮な空気泡は，ハンミョウが再び水に潜って活動するとき，天然の鰓として機能する（Adis & Messner, 1997）．この鞘翅の下の気泡による呼吸の効率をさらに高める形質として，次のようなものがある．腹部上面に開く呼吸孔（気門），後翅に密生する細い剛毛（気泡の保持や，気門の保護に役立つ），そして，腹部の縁が盛り上がっていること（鞘翅の下の気泡の捕捉と保持に役立つ）である．

　他に半水生生活をおくるハンミョウとして知られるのは，新熱帯区のトゲグチハンミョウ属 *Oxycheila* の種だけである．その成虫は，山間の「白い水」の川と低地の砂洲のある急流に生息している．成虫は夜間に活動し，ふつう身体の大部分を水中に沈めながら，部分的に水に浸かっている岩や堆積物の上で餌を探す．危険を感じると，自分から水の中に身を投じて流されるままとなる．そして下流の方で水から飛び立つ（Cummins, 1992）．

## 行動

　ハンミョウにとって行動とは，ホメオスタシスを維持するための重要な形質のひとつと言える．たとえば，成虫は，毎日の活動時間の56%をも，体温調節を目的とした行動に当てている（Pearson & Lederhouse, 1987）．体温が活動するには低すぎる場合には，温かい地面に身体の腹面を押しつけながら日光浴することで熱を得ていることが観察されている（口絵9）．逆に，最も暑い季節には日中の活動時間を極端に減らす種類もいる．

　ハンミョウの成虫は，日中，高くなった体温を調節するため，まずその長い脚を伸ばし，地表面に接した暖かい境界層よりも上に，まるで竹馬のように，体をもちあげる〔背伸び行動（stilting）〕（Morgan, 1985; Dreisig, 1990）（図7.4）．日中の熱によって境界層が厚くなってくると，成虫は，脚を伸ばすとともに，体を太陽に向けて傾ける．これは「向陽姿勢」（sun facing）と呼ばれ（図7.5），この姿勢により，太陽放射に曝されるのは頭部の前面だけとなる（Pearson & Lederhouse, 1987）．周囲の気温が上がって，こうした行動によっても体温調節が難しくなると，成虫は湿った地面を探したり（Guppy et al., 1983），涼しそうな地面に穴を掘ったり（Dreisig, 1980）（図7.6），陰のある場所に入って活動を止めたり（quiescence）する（Remmert, 1960）（図7.7）．また，陰のある場所に出たり入ったりする行動，「出はいり行動」（shuttling）も，よく見られる体温調節の行動である（Dreisig, 1984, 1985）（口絵8）．長い飛翔は筋収縮による熱を発生させるだろうが，短い飛翔を繰り返す場合は対流により体の熱負荷を減らすことができる（Morgan, 1985）．加えて，体温が高くなりすぎた成虫は，飛翔によって気温の高い微生息場所から涼しい所へと速やかに移動できる．ハンミョウの中には夜行性の種類もいて，これは，少なくとも部分的には，日中の高い温度に対する反応であろう（Pearson & Lederhouse, 1987）．しかしながら，体温調節の仕組みはまだ詳しくは研究されておらず，各行動のエネルギー的なコストと利益（エネルギー収支）についてもまだ分かっていない（May et al., 1986）．

　ここまで，高温がハンミョウの活動に与える影響について注目してきたが，低温もまたハンミョウにとっては問題となる．涼しい朝には，身体の腹面を暖かい土表面に接触させるために腹這いに

図7.4 極端に長い脚を使って砂浜の暑い境界層よりも体を高くもち上げるアシナガイカリモンハンミョウ Cicindela (Abroscelis) tenuipes Dejean の成虫．マレーシアのボルネオ島サバ州にて，芦田 久撮影．

図7.5 体温を下げるため「向陽姿勢」をとるヒブリダハンミョウ Cicindela (Cicindela) hybrida の成虫．フランスのシャラント県にて，F. Cassola 撮影．

図7.6 砂地に休息のための穴を掘るサキュウハンミョウ Cicindela (Cicindela) limbata の成虫．カナダのアルバータ州にて，J. Acorn 撮影．

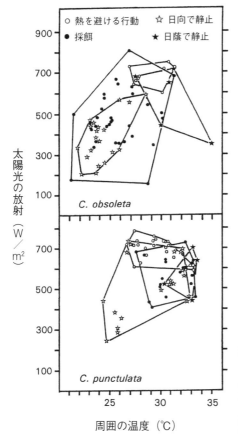

図7.7 アメリカ合衆国アリゾナ州のウィルコックスで見られるハンミョウ2種の採餌や体温調節をおこなっているときの，日射と周囲の温度の組合せ．ソウゲンアメリカハンミョウ Cicindela (Cicindelidia) obsoleta Say（上）は草原に生息し，テンコクアメリカハンミョウ Cicindela (Cicindelidia) punctulata Olivier（下）は止水域の湿った地表だけに生活する．

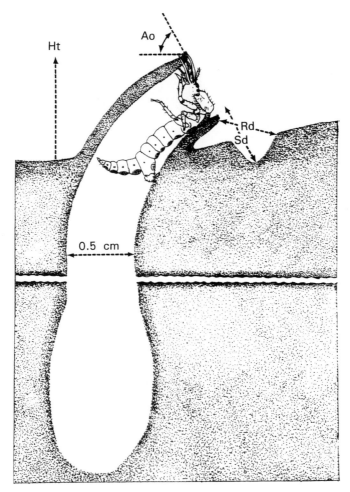

図7.8 インド半島部の開けた森林の林床に見られるキンスジハンミョウ *Cicindela* (*Pancallia*) *aurofasciata* の湾曲した幼虫の小塔. Ao: 巣孔入口の水平からの角度, Ht: 幼虫の小塔の高さ, Rd: 幼虫の獲物への射程距離, Sd: 幼虫が掘った窪みの深さ（Shivashankar et al., 1988より）.

なる種類もいる（口絵9）．低温は幼虫にも影響を及ぼす．南インドに生息するキンスジハンミョウ *Cicindela* (*Pancallia*) *aurofasciata* の幼虫は，巣孔の入口に奇妙な湾曲した小塔を作るが，その機能は長い間謎であった．Shivashankar et al.（1988）は，巣孔に見られるこの奇妙な延長部分の機能について，いくつかの可能性を検証して，体温調節との結論を得た．ほとんどの巣孔の入口は南を向いており，冬の太陽光を最大限浴びることができる．その結果，幼虫は一年のうちの冷涼な季節でも活動を続けることができる（図7.8）．北極地方の高緯度地帯では，ハンミョウの北限を決める最も重要な要因は土の凍結であろう．寒帯に生息するアメリカミヤマハンミョウ *Cicindela longilabris* は，北米産ハンミョウの中で最も北に分布する種であり（図6.2を参照），その南限は蝋質のクチクラが示す水分透過性によって規定されていると考えられる．一方，本種の分布北限は，地表面が永久凍土となる南限とほぼ重なっている．永久凍土では，幼虫はどの季節であろうとも巣孔を造ることができない（Pearson & Juliano, 1993）．

多くのハンミョウの成虫は昼行性であるが，砂漠や熱帯地方に生息するハンミョウの多くは夜間に活動する．少なくともその理由の一端は，日中の高温を避ける意味があるだろう．しかしながら，たとえばヤシャハンミョウ属 *Omus* のように，日中の気温が比較的低い温帯雨林に生息していて主に夜行性である種類もいる．また，日中に活発に

第7章 自然を生き抜く

採餌するが，夜間に交尾（Serrano, 1985）や産卵（Knisley & Pearson, 1984）をする種類もいる．ふつうは日中に活動するハンミョウも，夜間，燈火に誘引されることが世界中で広く見られる（Larochelle, 1977）．この行動は，夜間の分散と関係しているだろう．ハンミョウ幼虫の多くは，成虫よりも長い時間，昼夜にわたって活動している（Kniskey, 1987）．

## 長期的な環境変化に対する応答

上で論じた，環境の日々の変化に対応する幼虫や成虫の戦略が，数日やさらに長い期間での生息場所の劇的変化にも対処できるようになっているとはかぎらない．そうした生息場所の変化が比較的短期間で終わるのなら，ハンミョウは活動を止め，代謝率をほんの少し抑えるだけの短期間の休止（quiescence）に入るであろう．この応答は，ハンミョウが環境条件に直接反応して起きるものであり，それによって寒かったり，暑かったり，乾燥したり，餌が欠乏したりする期間を耐えることができる．たとえば，半砂漠の草原に生息するハンミョウは，採餌や交尾，産卵場所として湿った土に強く依存している．このような生息場所に見られる水はけのよい土は，雨季の嵐の後でも，数日のうちに乾燥してしまう．そうなると，成虫は穴の中（図7.6）や植物の下で数日から一週間ほど休止に入らざるを得なくなる．ハンミョウは，次の嵐で雨が降るとほとんどすぐに活動を再開する．幼虫の巣孔は，地表よりも安定した環境を提供するため，幼虫がそうした短期間の休止に入るのは，成虫の場合よりも厳しい悪条件のときだけである．

比較的短期間の環境条件の悪化に対するもうひとつの解決策は，短距離の分散である（これは，長距離の生物地理的分散とは異なる）．ハンミョウの分散能力は通常，比較的短い飛翔と走ることだけである（Chua, 1978; Hori, 1982; Horgan & Chávec, 2004）．たとえば，オレゴンハンミョウの一亜種 *Cicindela oregona maricopa* は，北米の南西部で発見された亜種であるが，その主な生息場所は，植生の乏しい山地を流れる小川や渓流の周辺に限定されている．この種は，体温調節や配偶者の探索，採餌，さらには産卵も河床の湿った砂地に依存している．たった一回の夏の嵐でも，鉄砲水が発生し，ある場所ではハンミョウの生息する川岸の砂を根こそぎ洗い流してしまうかもしれない．洗い流された砂は，下流のどこか別の場所に厚く堆積して新しい砂洲を造るだろう．ある場所で数年間繁栄していた個体群が，局所的な生息場所もろとも一日で消失してしまうこともありうる．一方で，どこか他の場所に，好適な生息場所が突然出現したりするのである．生き残ったハンミョウ成虫は，当然，川辺を飛んだり走り回ったりすることで，新しい生息場所をすばやく見つけ出す．このオレゴンハンミョウの場合，生息場所が完全に破壊されるので，分散の原因は明白である．一方，他のハンミョウや生息場所で見られる分散の原因は，それほど明白ではない．しかし，多くの場合，やはり生息場所の変化と関連していると考えられる．このような分散も，十分な時間があれば，生物地理学的な分布域の変化につながる可能性がある（第6章を参照）．

一方で，もっと長期的な環境変化を生き抜くには，さらに複雑な戦略が必要となる．温帯の乾燥地帯や熱帯の生息場所では，降雨のパターンによって（温帯の気温変化のパターンとともに），成虫と幼虫の活動時期は一年のうちの特定の季節にはっきりと制限される（Zerm & Adis, 2004）．活動に適さない季節には，休眠状態で過ごさなければならない．休眠状態になることで，乾燥や極端な気温に対して抵抗力が増す．しかしながら，その休眠の時期は，活動に適さない季節と一致するように注意深く調節されなければならない．従って，生活環の季節的なタイミング〔フェノロジー（phenology）〕は，生存と繁殖にとってきわめて重要である．

ハンミョウは，そうした季節的で比較的予測可能な出来事に対して，休眠（diapause）と呼ばれる秩序だった一連の複雑な行動と生理的な変化によって対応する．それは厳密に決められた過程で進む．休眠するハンミョウは，成長がしだいに遅くなり，代謝率が極端に落ちる前に安全な隠れ場所を探し出すよう行動する（Tauber et al., 1986; Danks, 1987）．休眠は，生理学的なスイッチも制御する．そのスイッチは，神経ホルモンによって調節されており，ハンミョウの生理や生化学にお

ける精緻な変化を始動させる．それによってハンミョウは狭義の休眠（dormancy）に入って仮死状態となり，低温や他の極端な気候に耐えることができる．

　このような反応の多くは，環境変化そのものによって直接引き起こされるのではなく，来るべき自然の脅威と関連する日長や気温の変化などを手がかり（cue）として，環境の変化を予測することで生じる．ハンミョウの休眠（diapause）についての詳しい研究はないが，他の昆虫を対象とした研究を参考にして一般的なことは推測できる．休眠は，通常，昆虫の生活環の中の特定の発育段階に，かつ特定の季節に起きる．そして，多くの昆虫では，一生のうちに一度だけ休眠する．温帯では，休眠のほとんどは，日長がある臨界値を超えることで誘導される．そうした手がかりは，種特異性が強く，また鋭敏に反応する．日長が約1時間違うだけでも感知され，昆虫は一週間程度，その臨界値となる日長に曝されるだけで休眠に入る．いったんスイッチが入ると，休眠の進行は不可逆的であり，たとえその後に好適な環境条件が回復しても撤回できない．日長がある長さ以上に長くなること，また種によっては気温の上昇を経験することによってのみ，ホルモンで伝達される情報が変化し，休眠から覚める．

　当然ながら休眠は，その個体が長期の環境ストレスから身を守るためにきわめて重要であるだけでなく，自分の生活環をうまく遂行するためにも重要である．ある発育段階で休眠する間，寒さや乾燥から身を守れることは，生存率を高めることにつながる．ただし，それには休眠によってそれ以降の発育段階に不都合が生じないことが前提となる．従って，休眠は，季節のサイクルに対してハンミョウの生活環のすべての発育段階をうまく調整する機能もある．たとえば，オーストラリア内陸部の南東側では，多くの種が，ほとんど，あるいはまったく雨の降らない年月に耐える生活を強いられている．雨は降ったとしても短期間で止んでしまうため，ハンミョウは速やかに反応しなければならない．さもなければ，採餌や配偶，産卵の機会を逸してしまうだろう．ハンミョウにとって，三齢幼虫で休眠するのは，おそらく有効ではないだろう．なぜなら，蛹化してさらに成虫に羽化するには時間がかかりすぎて，その間に地面の湿気は失われてしまうからである．しかしながら，蛹で休眠すれば，降雨に反応して，速やかに変態を終え成虫に羽化できる．実際，その地の干上がった湖底に生息するハンミョウ類は，蛹の段階で休眠することが分かっている（W. D. Sumlin, 私信）．その地で成虫での休眠が見られないのは，たとえ休眠しても成虫ではエネルギー消費が高いので，長期間の休眠は不利となるためと考えられるが，この点については検証が必要である．他の生息場所では，ハンミョウは一般的に成虫（Blaisdell, 1912; Hori, 1982），あるいは幼虫（Willis, 1967; Knisley & Pearson, 1984）で休眠する［訳注：ナミハンミョウ Cicindela japonica は幼虫と成虫でそれぞれ休眠する（Hori, 1982）］．他の昆虫では卵休眠も見られるが，ハンミョウでは知られていない．ハンミョウの卵は地表からほんの1 cmほどの深さに産下されるため，そのような無防備な場所で活動休止期間を延長すれば，捕食（Schultz, 1994）や凍結，高熱，乾燥によって死亡率は高くなってしまうだろう．

　環境の変化への時間的な応答についてさらに深く理解したければ，テンコクアメリカハンミョウ *Cicindela (Cicindelidia) punctulata* のような広く北米を縦断して分布する種を詳しく調べればよい．北の高緯度地方の個体群では，暖かい春や夏の気温が，日長が長くなっていくことで確実に予測できるため，休眠（diapause）するのがよいだろう．対照的に，メキシコやアメリカ南西部の個体群では，夏の雨が始まる日やその長さが年によって大きく変動するので，休眠より休止（quiescence）の方がよいだろう．そして，中緯度地方の個体群を調べることができるなら，局所的な天候の予測可能性あるいは予測の困難さの程度によって，休眠か休止のどちらの時間的応答が用いられるのか，また，どの発育段階で用いられるのかが分かるだろう．

## ハンミョウの季節周期

　ハンミョウの季節周期（seasonal cycle）のパターンを明らかにするため，異なる気候条件下で生活する種間の違い，あるいは個体群間での違いを比較してみよう（Mawdsley, 2007; Mawdsley &

Sithole, 2008).ハンミョウ属 Cicindela のうち北米産のものは，世界で一番多く研究されており，生活環に関する多くのデータが利用できる．最も詳細なデータは Shelford（1907, 1908）による初期の研究による．彼は，ミシガン湖の湖畔の砂丘でハンミョウ属 Cicindela（広義）の複数種を丹念に観察した．年間を通じて幼虫期の季節的変化と成虫の越冬期間について直接観察した結果，成虫が夏にだけ活動する種がいることが初めて示された．これに加えて，他の種では，成虫の活動期が春と秋に分かれていることも示された．この初期の研究以来，多くの種が，成虫の主な活動期を基準にして2つのグループに分けられてきた．つまり，夏に成虫の活動のピークがあり繁殖をおこなう夏型ハンミョウと，成虫の活動期が春と秋の2回あり，成虫休眠で越冬し，翌年の春に繁殖する春—秋型ハンミョウである（Pearson, 1988）．この2つのグループの季節周期で大きく異なる点は，越冬時の発育段階である．夏型ハンミョウの越冬は幼虫期だけであるのに対し，春—秋型ハンミョウは成虫で越冬する．ただし，春—秋型ハンミョウで，発育に1年以上かかる種では，最初の冬は幼虫で越冬する．

幼虫も1年に1回あるいは2回の活動期をもつことは可能であるが，地中の巣孔が厳しい条件を緩和してくれるので，無防備な成虫よりも一年を通じて長い期間活動できると考えられる．しかしながら，高緯度地方の冬季には地面の凍結といった要因があるので，致死的な凍結ゾーンよりも下で冬眠できるよう，幼虫が十分深い巣孔を掘る種もいる（口絵11）［訳注：この口絵ではナミハンミョウ Cicindela japonica が示されているが，この種が地面の凍結する地域に生息するというわけではない］．Criddle（1910）によると，砂丘に生息するオオサキュウハンミョウ Cicindela (Cicindela) formosa の幼虫は，カナダ中央の南部では地表から2m以上深い場所で休眠する．本来なら，気温や湿度の上昇は，休眠から覚めるのを促進し，春に活動を再開させるための手がかりとなる環境変化であるが，そうした環境変化は，地表面からそれほど深い場所では，かなり遅れて伝わると予想される．もし地表の環境変化に遅れて反応するとなれば，夏に採餌し成長するための時間が削られるので，生活環自体をかなり延長しなければならなくなる．本種はそうせずに，あらかじめ休眠する期間を設定することで，好適な条件のときに活動を再開できている可能性がある．そして，このやり方はオオサキュウハンミョウがカナダ南部からニューメキシコ州までの砂地の地域に広く生息できている理由かもしれない．というのも，その広大な分布範囲の中では，物理的環境の厳しさの程度と季節変化の予測可能性の程度は地域によって大きく異なるので，地域ごとに異なる反応が必要となってくるからである．

ハンミョウ成虫の季節周期についての初期の研究は，対象種が限られており，多くは調査地も単一地点に限られていた．その後，対象種はヨーロッパ（Lehmann, 1978; Serrano, 1990）や日本（Hori, 1982）の分類群まで広がった．北米産ハンミョウに関しては，季節周期の研究の大部分は，間接的なデータを頼りにしている．間接的なデータとは，たとえば，季節を通しての成虫のセンサス（Willis, 1967; Acorn, 1992），共存しているハンミョウ種の活動パターンの比較（Schultz, 1989），鞘翅の柔らかさや色から判断した新成虫（teneral）の出現割合（Knisley, 1984），ある季節での各発育段階の観察（Knisley, 1979），博物館の所蔵標本の採集日の集計（Carter, 1989）などを指す．北米産ハンミョウの季節的な活動パターンについては，合計400編あまりの記録が発表されている．

同一地点で共存種の成虫の活動期間を比較した複数の研究によると，活動時期のピークは種間で異なっていた．また，活動期間について調べたこれらのデータからは，同一種でも地域ごとに活動時期が異なることが見てとれた．広い地理的分布域をもつ種の多くで，分布域の北の地方に生息する成虫の方が，南の地方のものよりも遅い季節に出現する（Schincariol & Freitag, 1991）．同様に，成虫の出現期は，山地の方が低地よりも遅れる（Kippenhan, 1994）．このような地域間の変異は見られるものの，これらの研究から得られた成虫の活動パターンは明瞭で，北米産のほとんどの種は，成虫活動の2つの季節型のうちのどちらかに分類できる．例外はほとんどなく，あってもその理由が明らかなものばかりである．たとえば，北米の草原に生息するアカネハンミョウ Cicindela

(*Cicindela*) *pulchra*（口絵6）とアルカリ平地に生息するウィリストンアメリカハンミョウ *Cicindela* (*Cicindelidia*) *willistoni*（口絵3）では，分布域の北の地方では春—秋型の季節周期を示し，南では夏型を示した．森林でよく見られるアメリカムツボシハンミョウ *Cicindela* (*Cicindela*) *sexguttata*（口絵10）は，北米東部に広く分布するが，どの地域でも成虫の活動は，ほぼ春と初夏だけに限られている（Schultz, 1998a, b）．一方，近縁種のキタアレチハンミョウ *Cicindela* (*Cicindela*) *patruela* では，分布域の南部に当たるインディアナ州では春—秋型であり，分布域の北部に当たるウィスコンシン州では主に春だけ活動する（Knisley et al., 1990）．北米の南東部に生息するセグロハンミョウ *Cicindela* (*Cicindela*) *nigrior* では，成虫は秋だけ活動する（Vick & Roman, 1985）．アマゾン川流域などの熱帯域では，成虫の活動期は増水期と乾期によって律せられる（Zerm & Adis, 2001b; Zerm, 2002）．

なぜ生活環の季節的な調節が種間で異なるのだろうか．特に，なぜ同じ生息場所で生活する種の間でも異なるのだろうか．季節的に変化する気候を生き抜くには，生活環の調節がきわめて重要なので，そこには自然淘汰が関わっているだろう．生活環が正しいタイミングで回ることに対する強い淘汰圧と，その結果として昆虫が示す季節性は，地域ごとの環境に最適化されるという形質の適応進化の好例だろう（Tauber et al., 1986; Danks, 1994）．この自然淘汰の仮説は，分布域の異なる種間で，そして広域分布する種のうちの異なる地域に生息する個体群の間で，季節周期に変異があることを説明するに違いない．しかし，それぞれの地域の環境条件によって，成虫と幼虫の間の活動の違いもうまく説明できるだろうか．言い換えると，各種が示す季節周期は，その種が分布する生息場所や気候条件に適応しているのだろうか．

生活環におけるタイミングの調節は，いくつかの要素を微調整することで達成できる．そのような要素としては，休眠する発育段階，休眠の開始や終了，繁殖に向けて成熟するタイミング，脱皮や変態のタイミングを指令する各ホルモン，そして，それらの指令を感知できる生理的な状態などがある．従って，これらの要素が単独あるいは組み合わされて調整されるなら，原理的には，生活環を最大限効率的に循環させることが可能である．季節周期に対して淘汰が働いた証拠を検証する目的で，地理的に広く分布し，地域毎に大きく異なる気候条件下で生活する昆虫を比較する研究がおこなわれてきた．そうした研究により，気候の違いと対応して特定の活動期の開始時期が地域によって異なることが明らかになった（Tauber et al., 1986）．つまり，好適な気候条件にある個体群ほど早く活動を開始するようになり，発育期間は短くなり，活動の季節性はやや不明瞭になる．この気候条件との対応は，ハンミョウ成虫の羽化期について南北の個体群の間や，低地と高地の個体群の間にも見られる（Kippenhan, 1994）．多くの分類群で，成虫の総活動期間は，分布域の南部で長くなっている．たとえば，アメリカイカリモンハンミョウ *C. dorsalis* の北部の個体群の成虫は，毎年決まって6月下旬から7月上旬に羽化し，6〜8週間しか活動しない．一方，メキシコ湾沿いの個体群では，成虫はもっと早い時期に羽化し，3〜4ヶ月も活動する．その活動期間は長くばらついており，この緯度での気候条件下では，季節性の調節はあまり正確ではないことが示されている．しかしながら，それは成虫の寿命が延びた結果なのか，あるいは個体間で羽化が同調していない結果なのかは分かっていない．

気候条件に部分的にでも影響される他の要素として，生活環の長さがある．ハンミョウ属 *Cicindela*（広義）の生活環の完了には最低でも1年（一化性），多くは2年を必要とし（二年化性：二年一化性），場合によっては3，4年を必要とすることもある．当然ながら，多くの分類群では，南の個体群の方が北のものよりも早く発育を完了する．これはたぶん，寒い季節に休眠して過ごす期間が短いためであろう．しかしながら，この傾向がどの種にも例外なく当てはまるわけではない．たとえばテンコクアメリカハンミョウ *C. punctulata* は，北はカナダから南はメキシコまで分布するが，どの個体群でも一化性である．その他の北米の広域分布種の何種かでは，分布域の南部の地域では2年を必要とし，北部の地域ではたぶん3，4年を必要としている．従って，生活環の長さは，緯度や高度からは部分的にしか影響を受けないようである．

ハンミョウでは，生活環の調節のメカニズムはほとんど解明されていないが，近縁のオサムシ類では相当詳しく研究されてきた（Thiele, 1977）．それらの研究によると，そのメカニズムの多くは遺伝的な支配を受けているが，ある程度の柔軟性はあり，それが気候条件や緯度，標高と関連して地域個体群の間の違いをもたらしている（Sota, 1994）．しかしながら，これらの要素を組み込んだモデルでも，夏型と春―秋型の間に横たわる決定的な違いは説明できない．明らかにこの違いは，ただ単に重要な要素の値を調整した結果ではなく，休眠する発育段階を変えることでもたらされたものである．

### 季節周期の進化的な変化

春―秋型と夏型は，ハンミョウの季節周期の基本的な違いであり，この結論は，進化的観点からも示唆される．北米産のハンミョウ属 *Cicindela*（広義）の系統樹（Vogler & Goldstein, 1997）の中では，春―秋型の活動周期は単一の分岐群，つまりハンミョウ亜属 *Cicindela*（狭義）を中心とする分岐群だけに見られる（図7.9）．春―秋型の活動周期が限られた分岐群にしか見られないということは，この形質が夏型の祖先種からただ一回だけ進化した結果であると考えられる．つまり，この形質が出現して以来，その分岐群の子孫はそれをずっと保持してきたのである．もっとも，この分岐群に属する種の中には，主に夏に活動するものもいる．これらの夏に活動する例外種は，主にウミベハンミョウ *C. maritima* に代表される種群に属し［訳注：ウミベハンミョウはヨーロッパからカムチャッカ半島まで広く分布する旧北区の種で，北米には分布せず，図7.9にも示されていない．ここでは北米とユーラシアにまたがるこの種群の代表名として述べられている］，この種群の北米産9種のうち4種が主に夏に活動する（Vogler et al., 1998）．これが真の祖先状態への回帰，つまり祖先種のもつ幼虫越冬への逆戻りなのかどうかは，まだ明らかではない．しかしながら，そのうちの2～3種については，さらに詳しいデータが利用可能で，それによると，その種たちが夏に活動するのは祖先状態への回帰の結果ではないことは明らかである．たとえば，よく研究されているシラゲハンミョウ *Cicindela* (*Cicindela*) *hirticollis* は，真夏に活動のピークがある．Shelford（1907）の観察によると，この種は成虫で越冬するが，他の成虫越冬の種と比較して休眠期間がとても長いため，越冬したコホート（cohort：同一年齢群）は初夏に出現する．このパターンは，この種の広大な分布域の中の他の地域でも確認されている．ニューメキシコ州では，越冬した古い成虫が，次のコホートとなる新羽化成虫といっしょになって真夏に出現する（Knisley, 1984）．このように古い成虫と新羽化成虫の2つの年齢群が同時に見られるので，成虫たちは実際には2つの世代（biphasic）であるが［訳注：この2つは親と子の世代ではない．この種は二年化性（二年一化性）なので，いわば偶数年と奇数年に繁殖している別々の個体群．従って，biphasic という語は使えず，著者たちの誤解と考えられる］，その2つの世代は大きく重なり合ってあたかも単一の成虫世代に見えるということである．この種の別の分布域，マサチューセッツ州の沿岸部では，冬眠期間は短めで，2つの世代の成虫の出現期はもっと明瞭に分かれている．ウミベハンミョウ種群のうち夏に活動する他の種においても，同じく2つの成虫世代が大きく重なった出現パターンである可能性が高いが，まだ詳しくは研究されていない．それらの種は標高の高い地域に分布しており，そこでは寒い天候によって春の出現が遅れやすいのである．

成虫の活動期間だけに注目していては，季節周期の根本にある進化的な保守性のことがぼやけてしまう．系統樹は，これらのパターンを明瞭に示してくれる．つまり，ある特定の季節周期の進化は，休眠する発育段階に関わる至近的な生理メカニズムから強い制約を受けており，そのため成虫の越冬自体は変更できなくなっている．そこで，成虫で越冬する種群のハンミョウが，夏に成虫で活動するには，成虫の冬の休眠を初夏まで延ばさねばならないのである．その結果実現される活動期間と，それによって他種との競争が軽減されるだろうという意味合いは，幼虫で越冬する種たちと同じであるが，その起源は進化的に異なっている．そして，長い休眠期間を考えると，シラゲハンミョウ *C. hirticollis* がたった1年間で発育を完了させることはできなくなったはずである．対照

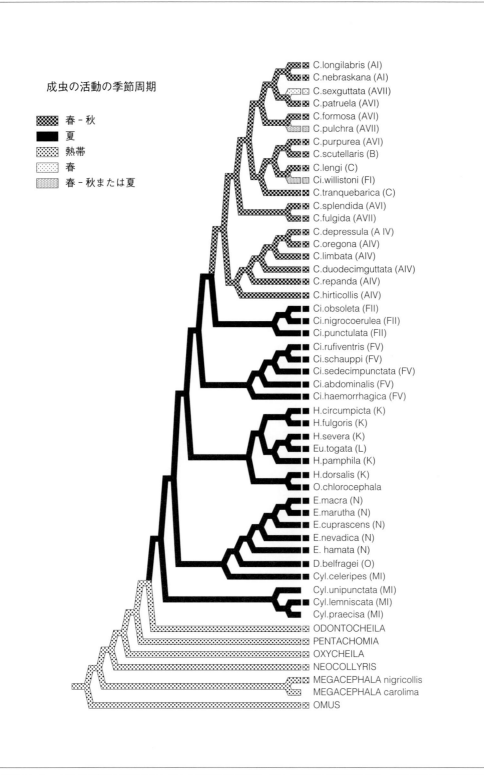

図7.9 北米産ハンミョウ類の系統樹と対応させた成虫の活動の季節周期.成虫の活動の季節周期が春―秋型の種と夏型の種が区分できる (Vogler & Goldstein, 1997より).[訳注:種名の後の括弧内の略語は,Pearson et al. (1988) で付けられた暫定的な系統分類についてのコード.グループAのサブグループⅣの6種がウミベハンミョウ maritima 種群のうちの北米産の種].

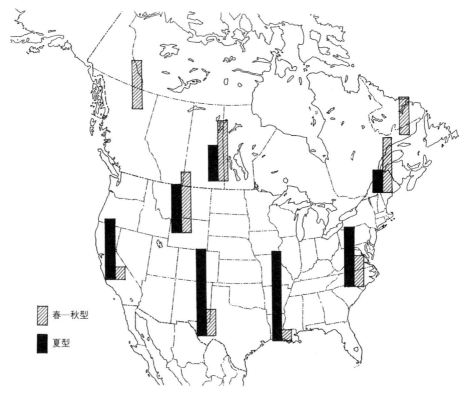

図7.10 北米の9地点における春—秋型と夏型のハンミョウの相対的な種数.

的に，シラゲハンミョウと同じ地域に生息する夏型ハンミョウで，幼虫越冬するテンコクアメリカハンミョウ C. punctulata などの種たちは，通常1年で発育を完了するのである．

**季節性と生息場所**

オサムシ類を対象とした広範な研究により，休眠は生息場所の特性，たとえば湿度，緯度，気候の厳しさなどと関連することが明らかになっている（Thiele, 1977）．ハンミョウの季節消長はその分布に大きな影響を与えていると考えられるが，その影響は，気候条件だけでなく生息場所の物理的条件とも関連しているだろう．

まず，夏型か春—秋型のどちらかの活動周期をもつハンミョウの地理的分布の一般的なパターンを見てみよう．北米大陸の地図上にその2つの活動タイプの出現種数を重ねてみると（図7.10），春—秋型のハンミョウは大陸の北の方に多く出現しており，北限の地域では春—秋型だけが見られる．夏型のハンミョウは南の方に多く見られる．

次に，生息場所のタイプと成虫の活動タイプの関係を見てみよう．Pearson et al.（1997）が作成した生息場所の区分を使って見てみると，どちらの活動タイプも17の生息場所タイプのほとんどを利用しているが，生息場所タイプによっては利用種数に大きな偏りがあることが分かった．たとえば，沿岸域の干潟と泥質の生息場所では，合計12種の夏型のハンミョウが見られるが，春—秋型は1種しか見られない．同様に，山岳地帯から報告された4種のハンミョウはすべて春—秋型であった（これらのハンミョウ成虫の活動期間は夏に移っているようであるが，成虫で越冬するので春—秋型と考えられる）．また，内陸部の泥質の生息場所と砂浜では，夏型のハンミョウが優占していた．

これらの発見から示唆されるのは，ある特定の環境にはそれに適した生活環があるということである．上に述べた特定の生息場所タイプと生活環との関連はどれも興味深いが，中でも最も一貫性があり説得力のある関連は，春—秋型の生活環と高緯度との関連である．この関連から示唆される

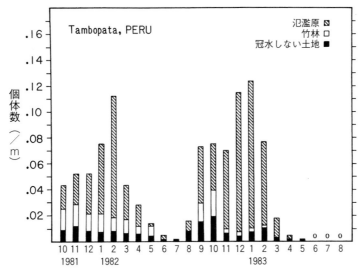

図7.11 モリハンミョウ属 *Odontocheila* とヒメモリハンミョウ亜属 *Pentacomia* の地表性ハンミョウ類8種について，月毎の成虫のセンサスの結果（毎月2回のセンサスの平均値）．3つの森林タイプ毎の観察経路上での目視による．ペルー南東部のタンボパタ自然保護区にて（Pearson & Derr, 1986より）．

のは，春―秋型の生活環は過酷な気候条件に対して何らかの利点をもっているということである．この可能性は，高山の生息場所では活動が夏から秋に制限されるという点からも支持される．このような高緯度と二山型の活動タイプとの関連は，ほぼすべての生息場所タイプに認められるので，この関連においては，生息場所タイプ自体の違いは重要ではないと言える．

まとめると，休眠は，ハンミョウの2つの主要な季節周期の違いおよびその個体群間での変異をもたらす主要なメカニズムである．同じ個体群内の個体は，休眠を終了させるためのメカニズムを共有し同じ手がかりに反応するので，成虫の出現は同調しており，その結果，効率よく交配できる．これらの季節型の調整には，休眠の各要素が関与している．しかしながら，春―秋型と夏型の間の違いは乗り越えられないもののようである．その枠組みは，それぞれの種の分布域全体で保持されているだけでなく，もっと大きな分岐群全体でも保持されている．春―秋型の生活環は，北米大陸においては1回だけ獲得された性質で，明らかにそれ以降失われていない．この分岐群の活動パターンについての少数の例外，つまりウミベハンミョウ *C. maritima* 種群における夏型の種と，分布域の一部でだけ夏型を示すウィリストンアメリカハンミョウ *C. willistoni* とアカネハンミョウ *C. pulchra* の生活環の多型は，おそらく休眠する発育段階の変更ではなく休眠の調整によって説明できるだろう．一般的に昆虫では，休眠する発育段階が，人為的な淘汰，あるいは新しい生息場所や気候帯への種の導入によって変化したという報告はなく（Tauber et al., 1986），どの発育段階で休眠するかは種特異的であり，進化的に保守的なようである．

### 熱帯での季節周期

熱帯では，季節周期が温帯ほど明瞭でないハンミョウが見られる．緯度方向に広い分布域をもつハンミョウのうち，たとえばミスジアメリカハンミョウ *C. trifasciata* などは，分布域の北部では明瞭な夏型を示すが，カリブ諸島では通年で活動する（Freitag, 1992）．しかしながら，熱帯だけに分布するハンミョウの中にも，明瞭な繁殖周期を示すものもいる（図7.11）．Stork & Paarmann（1992）は，スラウェシ島の孤立した低地熱帯林で，ハンミョウの生殖巣の季節的な発達状況を解剖によって追跡した．雄では，繁殖段階に達するまでは，付属腺（図2.16を参照）は小さく，分泌は見られない．雌では，繁殖段階より前は，卵母細胞は小さく，卵巣（図2.18を参照）には成熟卵はない．

また，彼らは，黄体（卵巣小管の基部に出現する小さな黒い細胞塊）の存在からも繁殖休眠のタイミングを推測している．黄体の存在は，過去に繁殖活動がおこなわれ卵の再吸収があったことを示している［訳注: 卵の再吸収ではなく，卵放出後にナース細胞が退縮したもの］．その熱帯林に見られる多くの種類のハンミョウについて解剖をおこなった結果，約6ヶ月離れた2つの繁殖活動のピークを認めることができた．また，熱帯林の中でも異なる生息場所に見られるハンミョウ類の間で，繁殖の季節性に違いが見られた．熱帯に見られる季節的活動パターンの進化に気候条件がどう影響しているのかを解明する次の段階は，近縁種の間および類縁が遠い種の間で活動パターンを比較することである．この比較は，熱帯地方どうし，および高緯度地方との間の両方でおこなう．祖先種の活動パターンにどんな変化が起きれば，熱帯における季節周期の違いが生まれるのだろうか．温帯と熱帯における季節的な活動パターンの進化は，系統関係からどのように辿れるのだろうか．

熱帯産のハンミョウの調査に伴って，南半球での季節周期を理解するための知見もいくつか得られている．一般に，南半球の温帯域の種は，北半球のものとよく似た季節周期を示す．ただし，季節が逆転しているので，南半球での主な活動期は，南半球の夏になる．アマゾン川流域の南部（南半球）だけに分布する種は，主に10月から4月にかけて活動し，流域の北部（北半球）だけに分布する種は，主に5月から10月にかけて活動する（Freitag & Barnes, 1989）．興味深いことに，流域全体に分布する種類は，湿度と温度さえ好適なら，一年のどの時期でも活動可能である．Freitag & Barnes（1989）は，こうした現象を「活動の季節性に対する半球の制約」と呼んだ．この表現の意味は，季節周期というものが，実は厳格な制約を受けており，地方毎の気候条件にたやすく微調整されるものではないということである．広く分布する熱帯産ハンミョウに見られる融通の利く生活環と考えられるものは，休眠メカニズムが手がかりを受け取れなくなったことの結果かもしれない．あるいは，通常は季節周期を調節している体内時計（同調因子）が，赤道の北と南で個体群が受け取る信号が正反対なために，混乱してしまっているのかもしれない．上に述べた観察結果は確かに興味深いものではあるが，季節周期に関する研究，特に繁殖のタイミングについての研究は，まだ揺籃期にある．しかも，北半球の温帯域で見られる生活環が，系統を強く反映していることを考えると，こうした休眠メカニズムについての解釈の妥当性は，系統樹の異なる分岐群から種を選び，注意深く比較することによって検証されるべきだろう．

現在利用できる系統関係のデータをもとに，新熱帯区のハンミョウ属 *Cicindela*（広義）についていくつかの控え目な推測をすることができる．熱帯産のグループは，ハンミョウ属の系統樹のおおむね根元に位置しており，また北に生息する夏型種と同じ系統に含まれる．従って，熱帯から温帯への移動，あるいはその逆の移動も，これらのグループの間では進化の過程でそれほど難しいものではないと考えられる．熱帯の生活環から温帯の生活環への変化の方が，その逆より簡単だっただろう．生理学的には，高緯度において必要となる越冬という形質は，気候の不適な期間，たとえば渇水や氾濫の期間を生き延びるために熱帯ですでに獲得されている形質を改良する程度で獲得できるだろう．しかしながら，旧世界では，熱帯の東南アジアやインドに分布するナミハンミョウ亜属 *Sophiodela* やハラビロハンミョウ亜属 *Lophyridia* のようないくつかの熱帯産グループは，高緯度地方の春—秋型のグループと近縁である．このようなアジアでのパターンから示唆されることは，これらのハンミョウ類は二次的に熱帯に進出したということである．その理由として，これらのハンミョウ類の季節周期は，もっと寒い温帯域においても，それほど厳格には調節されていないことがあげられる．［訳注: 訳者らの分子系統的解析（Tsuji et al., 2016）によれば，この2つの亜属は熱帯起源で，二次的に温帯へ進出しており，北方のグループとの類縁は遠い．またその生活環が寒い温帯域で厳格に調節されていないとは言い難い（Hori, 1982）］．これらのハンミョウ類の生活環と，夏型の系統から派生した熱帯産の生活環を比較してみればおもしろいだろう．しかし，そのような比較研究はまだなされていない．季節周期について現在利用できる情報は，主に成虫の活動パターンを調べて得られたものであるが，そう

した比較研究では単に成虫の活動パターンを調べるだけでは不十分だろう．成虫の活動パターンは，短期的かつ予測しにくい要因，たとえば，降雨のあり方やその他の変わりやすい気候要因から大きな影響を受けているだろう．しかしながら，温帯域のハンミョウに広く見られる生活環の典型的な調節の仕組み，たとえばホルモンを介した休眠の調節が，熱帯においても重要な要因である可能性は排除できない．ただ単に成虫の活動パターンを記録するよりも，雌雄の生殖巣の状態を調べることによって，熱帯産のハンミョウがこれらの至近的な調節要因からどの程度影響を受けているのかを効果的に検証できるに違いない．もし，大きな影響を受けているとしたら，次の問いはこれらの活動パターンがどの程度系統的制約を受けているかである．さらに，その系統的制約によって，亜熱帯から温帯へあるいはその逆へと分布域を変えていく方向性が影響を受けたかどうかも検討できるだろう．

## その他の進化上の問題

### 生息場所への特殊化

季節的な活動パターンは，温帯域においてもある程度の順応性を示す場合がある．この点は，これまで強調してこなかった．季節的な活動に見られるさまざまなパターンについて，その適応的意義を検証しようとした研究はほんの少ししかなく，そしてそれらの研究が問題としているのは主に成虫の体温調節である．ハンミョウは行動による体温調節に大きく依存しているので，熱を体内に取り込んだり体外に逃がしたりするのに適した微気候の分布が，きわめて重要である（Guppy et al., 1983; Schultz & Hadley, 1987a）．ハンミョウの生息場所の中での，このような体温調節に適した微気候の分布は，生息場所の熱特性と呼ばれる．多くのハンミョウは，温度に明らかな勾配のあるような，比較的均質で開けた生息場所でだけ活動できる．そうした場所では，涼しい水辺，あるいはまばらな植生の陰に移動すること（出入り行動）は，簡便かつ効果的な体温調節のやり方である．

どうやら細胞内の化学反応が，ハンミョウの活動できる体温の上限と下限を決めており，従って各種のハンミョウが最も効率よく採餌できる種特異的な温度環境を決めているようである（Dreisig, 1980; Schultz & Hadley, 1987a; Schultz et al., 1992）．ドイツではヒブリダハンミョウ *Cicindela* (*Cicindela*) *hybrida*（図7.5）は，植林が散在する地域の裸地，特に砂丘地帯に生息している．開けた場所というものは，常に動いている．というのも，森林の遷移によってある場所が覆われると同時に，別の場所が新たに開けていくからである．ヒブリダハンミョウは，開けた場所の狭いコリドー（回廊）が利用できれば，すぐに新たに開けた裸地へ移住できる．しかしながら，完全に森林に囲まれた裸地には，このハンミョウは見られない（Simon-Reising et al., 1996）．植物が繁茂し日陰の部分が増えると，生息場所の熱特性の質は低下する．そしてハンミョウは，体温維持の代謝能力と行動が役に立たなくなれば，もはや理想的な体温は維持できなくなり，もっと開けた場所に移動することを強いられる．

では，森林内に生息するハンミョウはどのようにして生き抜いているのだろうか．これらのハンミョウは，開けた場所に見られる種よりも有意に低い気温で活動できる代謝の仕組みをもっているようである（Schultz, 1998b）．さらにこれらのハンミョウは，活発に絶え間なく獲物を追いかけるのではなく，身を低くして待つという待ち伏せをおこない，また最も活動的になるのは木洩れ日の射す林床であり，そこで日光浴をすることで体温を上げることができる（Schultz, 1998b）．熱帯と亜熱帯の森林では，下層の気温はほぼ一年中高く（Pearson & Derr, 1986），そうした戦略は，モリハンミョウ属 *Odontocheila* やメダカハンミョウ属 *Therates*，ハンミョウ属 *Cicindela*（広義）の中のアフリカとアジアの熱帯産の亜属のハンミョウ類に一般的なようである．しかしながら，温帯林では，上に述べた戦略だけではやっていけないだろう．北米やヨーロッパ，北アジアでは深い森林に生息するハンミョウはほとんどいない．注目すべき例外のひとつが，アメリカムツボシハンミョウ *C. sexguttata*（口絵10）である．この種は，北米東部の落葉針葉樹林および落葉と常緑の混合針葉樹林の林床だけに生息する（Pearson et al., 1997）．林床まで届く木洩れ日は，初春にはよく射し込むが，葉が展開し林冠が閉じてくる夏にかけては少

なくなる．成虫は，4月と5月には森林内に分散しているが，6月までにはわずかに点在する木洩れ日の射し込む場所に集まるようになる．密集した状態になると捕食者に見つかりやすくなり，また餌をめぐる競争は耐えられないほど厳しくなるかもしれない（Schultz, 1998b）．近くの開けた場所への分散は，細胞の生化学的観点から許されないだろう．このような不都合な夏の気候条件は毎年のことで，また長期間続くので，この熱特性の質の低下という問題は，秋休眠の獲得という独自のやり方で解決されている．アメリカムツボシハンミョウと近縁種のキタアレチハンミョウ C. patruela の北方の個体群を除けば，春と初夏だけ活動する北米産ハンミョウは他にいない．この点は，系統進化的観点から興味深い．なぜならアメリカムツボシハンミョウは，成虫で越冬する種類が圧倒的に多い系統に含まれており，そこに何らかの系統的制約の存在が示唆されるからである．

### 活動の季節性と同所的種分化

独自の季節的活動パターンが進化することで，別の問題が生じるかもしれない．ほとんどのハンミョウ個体は，生涯に一度だけ繁殖する〔一回繁殖（semelparity）〕と考えられる．そうなると，理論上，二年化性（二年一化性）のハンミョウは，時間的に分断された2つの個体群をもちうることになる．ひとつは偶数年に繁殖する個体群であり，もうひとつは奇数年に繁殖する個体群である．この時間的な分断により，2つの個体群の間で異なる淘汰圧がかかり，互いに異なった遺伝的構造が生まれるかもしれない．もし2つの個体群に分断された時間が十分長くなれば，たとえ2つの個体群が同じ場所に見られるとしても，別種と言っていいほど2つの遺伝子プールは異なってくるかもしれない（同所的種分化）．北米の南東地方には，広域分布種であるコトブキハンミョウ Cicindela scutellaris（口絵2）とこの地方だけに生息するセグロハンミョウ C. nigrior が，同一の砂地の生息場所に見られる．この2種は，外見，交尾器の形，生態がとてもよく似ているため，最近まで同一種の亜種の関係にあると考えられていた（Vick & Roman, 1985）．この2種の識別は，上唇の中央の突起，下唇肢の末端前節，背面の色の明るさと

いうわずかな差異に基づいてなされる．しかしながら，この2種の最も大きな違いは，この地域のコトブキハンミョウが二年化性（二年一化性）の春―秋型であるのに対し，セグロハンミョウの成虫は秋だけに活動することである．たぶんこの2種は，かつては同じ種であり，時間的に分断されることによって生まれたのだろう．以前の章（第4章）で論じた異所的種分化に代わりうるものとして，時間的な分断が同所的な種分化過程を導く可能性がある．[訳注: ハンミョウの幼虫は餌が少ない場合には簡単に発育期間を1年以上延長できるので，同一場所に生息する2つの個体群の遺伝的交流は高く，従って，この同所的種分化は考えにくい．例示の2種も異所的種分化で充分に解釈できる]．

この時間的分断が同所的種分化につがなるという異論の多い考え方からは，さらに進化と季節周期の相互作用のもうひとつの重要な側面にも注意が向けられる．それは，配偶者に出会うために成虫の出現が同調するという現象である．同じ生息場所にいる種の間に見られる成虫活動の季節性の違いや，同一種の地域による季節性の違いは，適切な時期に配偶者を見つける機会を最大化するようにも働くだろう．これらの可能性については，次の第8章で，交配の進化に関わる他の淘汰圧といっしょに論じることにしよう．

# 第8章

# 交配相手の探索と求愛

野外でハンミョウの成虫を観察してみよう．あるいは，飼育容器の中の成虫でもいい．数分も観察していれば，ある活動が他のすべての活動よりも圧倒的に多いことに気づくに違いない．それは配偶行動である．雄は，雌と交尾するチャンスがあれば，貴重な食事時間を中断し，真昼でも涼んでいた場所から飛び出し，あるいは近くに潜んでいるかもしれないトカゲの危険も無視するだろう．配偶行動では，雄はまず，獲物を追いかけるときと同じように，断続的に短く走りながら雌に近づく．十分に近づくと，雄は雌の背中に飛び乗り，大顎で雌の胸部を，そして前脚と中脚で雌の鞘翅を掴む〔この行動をマウント（mount）と呼ぶ〕（図8.1）．

ほとんどの種のハンミョウで，雄は自分が交配相手と見なしたものと全力でとっ組み合いをすることになる．なぜなら，雌は雄を背中から振り落とそうとするからである．雄は，雌を抑え込み自分の交尾器を伸ばして雌に挿入できて初めて，精子を雌の受精嚢（精子を貯めておく器官）に送り込むチャンスを得る．それでも，その雄の精子が雌の卵子を受精させるべく受精嚢から放出されるのは，その雄が雌と最後に交尾した雄であった場合だけのようである（Thornhill & Alcock, 1983）．このような精子競争（sperm competition）があるからこそ，多くの雄は，雌に精子を送り込んだ後も長く雌を抱え込み続けるのではないだろうか．

なぜ雄が長時間雌の上に乗っているのかを明らかにするために，私たちは2つの仮説を立てて検討した．最初の仮説は，雄は捕食者に対し雌の盾となることで，次世代への自分の遺伝的投資を守っているというものである．私たちは，背中に雄が乗っている雌の方が，単独でいる雌より捕食者に捕まりにくいと予想した．捕虫網を持った私たち自身を捕食者に見立てて，アリゾナ州南東部の泥質の池のほとりで，アレチマルバネハンミョウ *Cicindela (Ellipsoptera) marutha* の単独雌50匹（雌は雄よりかなり大きいので，少し練習すればたやすく見分けられる）と，雄が背中に乗っている雌50匹に忍び寄って捕獲を試みた．その結果，雄がマウントしたペアには，2匹が離れて飛び去ろうとするまでに，平均して約1.2mの距離まで近づくことができ，結局，39匹の雌と48匹の雄を捕獲できた．単独雌には，飛び去るまでに平均して約3.1mしか近づけず（統計的な有意差あり，$p<0.01$），22匹しか捕獲できなかった．このことから，雄が雌にマウントする行動は，少なくとも捕虫網を持った鳥やトカゲから雌を守るために進化した行動ではないと結論づけた．この結果によって私たちは最初の仮説を棄却することができ，同時に，雄のマウント行動にかかる雌雄両方のコストも明らかにすることができたのである．もし，この行動が適応的なものであるなら，自分の遺伝子を残すことについての利益は，捕食される可能性の上昇を上回るものでなければならない（Pearson, 1985）．

この雌へのマウント行動の利益を明らかにするために，私たちはもうひとつの仮説，配偶者防衛（mate-guard）について検証を試みた．その仮説では，交尾の後，雌が他の雄と交尾しないように，そして卵子の受精の競争において最初に交尾した雄の精子を自分の精子と取り代えるために，雄は雌へのマウントを続けるべきだと考える．つまり精子競争を想定し，最後に交尾した雄が，受精させる卵子の数という点で有利であると考えるのである．Shivashankar & Pearson（1994）は，インド半島部の開けた森に生息する複数種のハンミョウの成虫を実験室で観察した．飼育容器の中で，ペアが単独でいるときに雄がマウントを続ける平均時間を計り，2匹目の雄を入れた後にマウントを

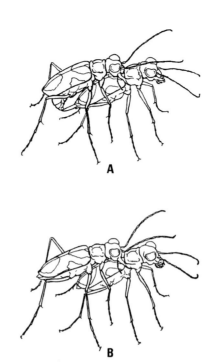

図8.1 インド産のキンスジハンミョウ Cicindela (Pancallia) aurofasciata の雌雄の交尾中（A）と，交配後のマウント行動（B）の略図（Shivashankar & Pearson, 1994より）．

続ける平均時間と比較した．ほとんどの種で，マウントしている雄は2匹目の雄がいた方が有意に長く雌へのマウントを続けた．そこで，配偶者防衛が，この行動の主要な機能であると結論することができた．アリゾナ州とインドでおこなわれた野外観察では，マウントしている雄はマウントしていない雄から頻繁にからまれており，これも配偶者防衛が関わっていることの証拠となる．

## 性淘汰と雌の選り好みの論理

ハンミョウの雄は，配偶者防衛をすることで，捕食者からの危険がかなり高まることになるが，それは配偶への衝動があたかも自分の生存を顧みなくなるほど強いことを示している．Darwin（1859）によれば，この衝動は，彼が（自然淘汰と区別するために）性淘汰（sexual selection）と呼んだ進化過程の結果である．現在の理解では，自然淘汰と性淘汰のどちらも，個体間で遺伝子を伝える能力に変異がある場合に作用する．たとえ性淘汰が自然淘汰のひとつの形であっても，この過程を理解することは，ハンミョウも含め有性生殖をする生物の進化の理解には必要不可欠である．

配偶者防衛をするハンミョウの雄の性淘汰には，卵子を受精させられるかどうかが関わっているとして，雄にマウントされるときに雌が示す非協力的な行動には，どのような性淘汰が関わっているのだろうか．なぜ雌は雄に対して，そのような争いをしかけるのだろうか．この疑問に答えるには，次のことを認識する必要がある．つまり，繁殖において雌は，雄よりも多くのエネルギーを投資する傾向がある．雌の大きな卵子を生産するには，雄の小さな精子よりも多くのエネルギーを必要とする．また，雌は，卵をひとつ産むたびに慎重に産みつける場所を探すので，産卵に多大な時間を要する．そして，雌は苦労して穴を掘り，地中に卵を産みつける．その間，雄は餌を食べ，他の雌と交尾もできる．雌は雄と比べて子への投資がとても大きいので，雌にとって交配の失敗は非常に大きなコストとなる．雌にとっての失敗とは，たとえば，質の劣る遺伝子をもつ雄を受け入れることだろう．それによって，その雌の子の生存確率は低下してしまうだろう．一方，雄にとって交配の失敗は，それほど深刻ではない．雄は精子をたくさんもっているし，子に対して何かをしなけれ

ばならないということもない．子には遺伝子を伝えるだけである．従って，雄はどんな雌ともまず交尾しようとするべきであるし，雌は自分の卵子を受精させる相手として受け入れる前に，雄の遺伝的優秀さを試す必要がある．ハンミョウについての実験的データはまだないが，雄がマウントしようとする時に雌が示す攻撃的な反応についてのひとつの説明は，雌は雄の肉体的な耐久力を試しているというものである．雌に精子を渡すことができる雄は，荒々しく暴れる雌を抱え込むのに十分な屈強さと粘り強さという形質と，おそらくはそれらの形質を伝える遺伝子をもつ雄だけだろう．もちろん，別種の雄が子のために優れた遺伝子を提供してくれる可能性はさらに低い．従って，交雑の防止という要素も，雌による選り好みのもうひとつの機能として考えられることが多い．

## 交配と繁殖

### 繁殖サイクル

ハンミョウにおける性淘汰をさらに理解するための基礎となるのは，ハンミョウの繁殖のための形態と行動に関する知識である．ハンミョウの中には，成虫が羽化してすぐに繁殖を始める種もいれば，羽化しても翌年の春まで繁殖活動を遅らせる種もいる（Willis, 1967）．ある種のハンミョウでは，雄が雌よりも早く羽化することを示唆する観察もある．この羽化の順序は，少なくとも部分的には，交配の可能性を最大化するための適応であろう．早く羽化する雄は，遅れて羽化する雄よりも雌との交尾に成功する可能性が高いだろう．時期が遅いと，かなりの雌あるいは大部分の雌がすでに交尾を終えているからである．ブラジルのアマゾン河流域では，ヒメモリハンミョウ亜属の一種 *Odontocheila (Pentacomia) egregia*（口絵12）の雄の生殖腺は，雌よりも早く成熟する．雄は未成熟の雌と交尾して，精包を受精嚢に送り込み，それは雌の卵子が成熟し排卵されるまで保持される．雄は，雌が林床に産卵する何週間も前に死んでしまう（Amorim et al., 1997）．

### 繁殖のための形態と行動

ハンミョウのほぼすべての種の雄には，前脚の複数の跗節の腹面に剛毛が密に生えている（図2.10を参照）．それは雌を掴んで抑えこむのに役立つようである（Stork, 1980）．そのとき雄の後脚は地面についており，後脚を使って雌が動くのに合わせて歩き回ることができる．多くの種の雌には，胸部側面の後方部に交尾溝（coupling sulcus）と呼ばれる特別な溝または窪みがある（図8.2）．ここは，交尾のときに雄の大顎がはまり込むことで，雄が大顎で雌を掴みやすくなっている（図8.3）．

生殖器を別にすれば，雌雄の最もよく見られる形質の違い（性的二型）は体の大きさで，雌の方が雄よりも大きい．この体の大きさの違いを生み出した淘汰圧としては，雄を背負ったときのエネルギー上のコストと動きやすさが関係したであろうが，大きな雌ほど体内に大きな卵をたくさん保持できるという点も関わっているだろう．それ以外の一般的な性的二型を示す形質は，大顎と上唇である．それらは雄と雌で長さと形が異なる場合が多いが，それは交尾のときの使い方が違うことと関連しているようである（Kritsky & Simon, 1995）．ある種の雄では，大顎の中央歯が雌よりも短く，それによって交尾のとき雌の胸部を掴みやすくなっている．大顎の形の性的二型が顕著な種もいる（図8.4）．また，雄の上唇が雌よりも有意に短い種もいるが，それにより大顎を雌の胸部側面に深く差し込むことができるようである．

ハンミョウでは交尾前シグナルや求愛行動は，ほとんどないか，あるいは不明瞭で，記録された例も簡単なものである．ハンミョウの中には，雌が雄を振り落とすのに乱暴な行動にでない種類もある（Kritsky & Reidel, 1996）．たぶんそれらの雌は，雄の遺伝的な優秀さに関する情報を他の交尾前シグナルから得ているのであろう．薄暗い熱帯林の林床では，雄が雌にマウントできる距離まで近づく前に交尾前シグナルを使っていると思われる種類もある．メキシコの海岸沿いの熱帯雨林の林床では，モリハンミョウ属の一種 *Odontocheila mexicana* の雄は，交配相手になりそうな雌から3〜5 cmの距離で，前脚の跗節を波うつように振わせて，下面にある白い剛毛を見せる（Palmer, 1981）（口絵43）．赤道直下のガボンの低地林では，林床に生息するクラカケハンミョウ亜属の一種 *Cicindela (Hipparidium) xanthophila* の雄は，雌と

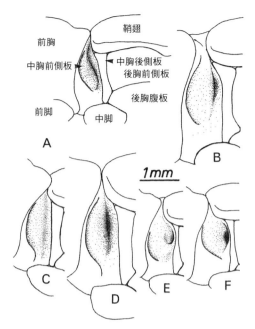

図8.2 ハンミョウ属（広義）6種の雌の胸部側面（中胸前側板）に見られる交尾溝．A: ドウイロハンミョウ *Cicindela* (*Cicindela*) *repanda* Dejean，溝状．B: ソウゲンアメリカハンミョウ *C.* (*Cicindelidia*) *obsolete* Say，短い溝状．C: アメリカムツボシハンミョウ *C.* (*Cicindela*) *sexguttata* Fabricius，幅の広い溝状．D: オオサキュウハンミョウ *C.* (*Cicindela*) *formosa* Say，深い溝状．E: ヒガタハンミョウ *C.* (*Cicindela*) *fulgida* Say，浅い窪み．F: ドウイロマルバネハンミョウ *C.* (*Ellipsoptera*) *cuprascens* Leconte，深い窪み（Freitag, 1974より）．

図8.3 北米産のグンジョウアメリカハンミョウ *Cicindela* (*Cicindelidia*) *nigrocoerulea* Leconte の雌の交尾溝と噛み合った雄の大顎（Kritsky & Simon, 1995より）．

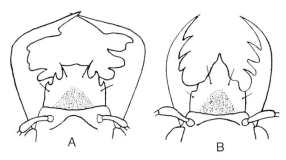

図8.4 南米の中南部に生息するモリハンミョウ属の一種 *Odontocheila curvidens* Dejean に見られる大顎と上唇の形の極端な性的二型．（A）雄，（B）雌．

は異なる白い大顎をもっており，それをすばやく開閉させながら雌に近づく（Pearson, 1988）．開けた生息場所にいるハンミョウの中には，雄が触角の下面に羽毛状の特異な剛毛（penicillium）をもつものがいる．その剛毛は，雌を探したり誘引したりするのに使われるようだが，野外や実験室でその機能を調べた研究はない（Cassola, 1980）［訳注：その研究によれば，その特異な剛毛はカラクサハンミョウ属 *Lophyra*（Cassola は細分化した属名を使っている）やハラビロハンミョウ属 *Lophyridia* などの8属28種で見られる．日本産のカワラハンミョウ *Cicindela* (*Chaetodera*) *laetescripta* にも見られる．さらに，マダガスカル産のキララハンミョウ属 *Physodeutera* の一亜属 *Axinomera* の雄は，触角の一部がヘラ状に膨らむが，これにも同様の機能があると推測される］．

なわばり制（territoriality）（特定の場所から同種の他の雄を排除して防衛すること）は，脊椎動物の雄やトンボのような昆虫類において配偶相手を獲得するための一般的な戦術であるが，ハンミョウではこれまで観察されたことがほとんどない．しかしながら，防衛しない行動圏（home range）はヨーロッパ産のヒブリダハンミョウ *Cicindela hybrida* で観察されており，雄の行動圏は雌よりも有意に広い（Simon-Reising et al., 1996）．さらに，最近の研究によれば，あるハンミョウ（中米産のツマビロフタモンハンミョウ *Pseudoxycheila tarsalis*）の雄は，他の雄に対して自分の行動圏，またはなわばりとも呼べる場所を防衛する（Shepard et al., 2008）．

前述のように，種間交雑の回避もまた，交配のための形態や行動の進化における強い淘汰の要因

になると考えられる（Brust et al., 2012a）．ハンミョウの雄は，自分とよく似た大きさのハンミョウなら，どんな種の雌や雄とでもマウントしようとしがちである（Fielding & Knisley, 1995）．しかしながら，どの種の個体も，次世代に遺伝子を伝える可能性を高めるには，自分と同じ種の個体と交配しなければならない．ハンミョウでは，交配中や交配後の生殖隔離を維持する多くのメカニズムが知られている（第4章を参照）．それらさまざまな隔離のメカニズムの中で，交配相手の最初の認識に関するものが最も弱いようである．複数のハンミョウ種からなる群集において，近縁でない種同士の交配（あるいは，少なくともマウントしている）ペアが，かなり頻繁に観察される（Schultz, 1982; Nordin, 1985）．そのような異種間のペアの中には，形態的な差が大きな種の組み合わせが見られることも多い．しかし，そのような「交配」によって子孫をどれだけ残せるかは分かっていない．ほとんどの場合，そのような交尾は形態上の不適合のために成功しないと考えられる．一般的に雌は，雄を振り払おうと，転がったり，体を大きくゆすったり，跳ねて振り落とそうとしたり，強い日差しの中で走り回ったりする．雄の大顎と雌の交尾溝のかみ合わせは種特異的であろうから（Freitag, 1974），マウントしている同種のペアは，割り込もうとする他種の雄から容易に身をかわすことができるだろう．希ではあるが，種間交雑の結果と思われる個体の標本も得られている（Freitag, 1965）．

種間交雑を避けるのに役立つであろう種間の違いは，生殖器（genitalia）にも見られる．多くの論争がなされているが（Eberhard, 1985; Mikkola,

第8章 交配相手の探索と求愛 125

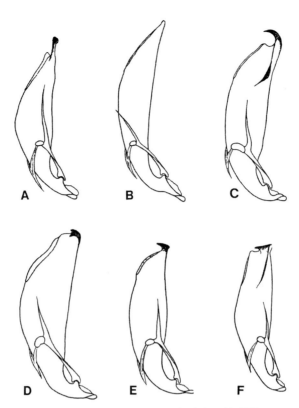

図8.5 南米産の近縁な6種の森林性ハンミョウにおける雄の生殖器（交尾器）．A: モリハンミョウ属の *Odontocheila margineguttata* Dejean, B: ツツモリハンミョウ属の *Cenothyla consobrina* Lucas, C: モリハンミョウ属の *O. luridipes* Dejean, D: モリハンミョウ属の *O. nodicornis* Dejean, E: モリハンミョウ属の *O. nitidicollis* Dejean, F: モリハンミョウ属の *O. chrysis* Fabricius.

1992)．雄の交尾器（aedeagus）の形，特に先端部の形（図8.5）の種特異的な違いは，錠と鍵の関係を示唆する．ほとんどのハンミョウでは，効果的な交尾前シグナルをもっていないと思われるので，錠と鍵の仕組みが存在することで，他種の雌との交尾の成功率は大きく低下するだろう（Scudder, 1971）．他の昆虫，たとえば日本のオサムシ属（オオオサムシ亜属）*Carabus* (*Ohomopterus*)では，少数の種で雄の生殖器が非常に大きくなっており，近縁種とはまったく交配することができない．実際，種間交雑によって雄の交尾器が折れたり，雌の膣が破れたりしており，そうした個体は死ぬ場合も多い（Sota & Kubota, 1998）．それは種間交雑に対して強い淘汰圧となるはずである．

あるいは，ハンミョウの交尾器に見られるさまざまな鉤や尖った部分は，雌が雄を振り落とそうとする際にも交尾器を挿入したままマウント姿勢を保持するのに役立つのかもしれない．もしそうであるなら，最も発達した鉤をもつ種は，雌が雄を激しく振り落とそうとする種であり，交尾器の先端部が最も地味な種は，雌が穏やかな種であろう．

昆虫における精子の送達の原始的なかたちは，雄が精子を入れたカプセル〔精包（spermatophore）〕を作ることから始まった．すなわち，精子はひとつの包みとして雌の受精嚢（spermatheca）に送られる．しかし，ハンミョウで精包の形成が知られているのは2～3種だけで（Freitag, 1966; Freitag et al., 1980; Paarmann et al., 1982; Schincariol & Freitag, 1986），他の種は，雌の受精嚢に直接精子を送り込む．雄の交尾器の中に長細い鞭状のキチン片（鞭状片）が見られる種もあり，それも受精へのもうひとつの関門の突破に関わっているだろう．その鞭状片は受精嚢を開けるのに役立つようであり，それによって精子を受精嚢に収めることができるが，その鞭状片をそれ以前の交尾で受精嚢に貯められた精子を掻き出すことにも使ってい

るだろう．しかしながら，マウントや交尾に成功しても，雌の受精嚢に精子を収めることが保証されているわけではない（Freitag, 1966; Freitag et al., 1980; Knisley & Schultz, 1977）．コスタリカやコロンビアの山地に生息するフタモンハンミョウ属 *Pseudoxycheila* の雌は，交配の最中や後に，ひとつか2つの精包を排出できることが知られている（Rodríguez, 1998, 2000; Tigreros & Kattan, 2008）．この行動は，現在知られているよりも多くのハンミョウ類で見られると考えられ，雌による交配後の選択，いわゆる隠蔽された雌の好み（criptic female choice）が存在することを示唆する（Eberhard, 1994）．これは，同種の雄からの質の劣る精子や，他種からの精包を撥ねつけるのに役立つだろう．

鞭状片の有無や精包を形成するかどうかに加えて，種間交雑を避けるためのメカニズムとして，交尾行動の順番やタイミングの種間差がある（Fielding & Knisley, 1995）．中南米に生息するフタモンハンミョウ属 *Pseudoxycheila* の2種を対象とした研究で，Rodríguez（1998）は両種の間で交配や求愛行動に小さいながらも有意な違いを見出した．雄が脚で擦る雌の体の部位だけでなく，交尾器を挿入するタイミングや挿入時間の長さにも違いが見られた．

## 精子競争と配偶者防衛

昆虫では，一般的に，雌は多数の雄と交配する（Thornhill & Alcock, 1983）．複数回交配するということは，異なる雄からの精子同士が，雌の卵子に首尾よく到達して受精するために競争するに違いないということを意味する．雄は，そのような状況下で卵子を受精させる可能性を高めるメカニズムを進化させてきた．精包は，受精嚢に栓をすることで，後でその雌と交尾するライバルの雄の受精を妨げるのだろう．雄は交尾器を複数回出し入れすることが多いが，この行動は，以前に交尾した雄の精子を掻き出すのに役立つだろう（Knisley & Schultz, 1997）．あるいは，その行動は，雌にその雄の精子を入れたばかりの受精嚢から放出するよう促し，それによって受精嚢のそばを通過する卵子の受精を促進するのかもしれない（Eberhard, 1988）．有性生殖する動物の多くは，最後に交尾した雄の精子が，最も高い確率で受精する〔最後の雄の精子優先度（sperm precedence）が高い〕．このことによって，最後に交尾するためのさまざまな競争が生じている．そして，父性を確実にするための雄の効果的な戦術として，交配後の配偶者防衛が一般的となる（Parker, 1970; Alcock, 1994）．ハンミョウでは，その長いマウント（口絵13, 34），つまり，雄が比較的短時間の精子の送達の後も雌の背中に乗り続けるのは，他の雄との交尾を防ぐ意味があり，それによって精子競争を最小限に抑えるための一般的な行動であろう（Willis, 1967; Kraus & Lederhouse, 1983）．マウントの時間は，ヤシャハンミョウ属の一種 *Omus dejeani* では最長で16時間続く（Pratt, 1939）が，多くの種では10分未満である（Shivashankar & Pearson, 1994）．対照的に，実際の交尾時間は，北米やインドに生息するハンミョウ属 *Cicindela* のほとんどの種で，雄がマウントしている時間のうちの3％にも満たない（Kraus & Lederhouse, 1983; Shivashankar & Pearson, 1994）（図8.1）．

配偶者防衛の継続時間は，雄の繁殖成功度に影響を与えうる．もし，雄が特定の雌の防衛に時間をかけすぎてしまえば，他の雌に精子を渡せるかもしれない時間を失うことになる（Parker, 1974）．一方で，雌を解放する時間が早すぎれば，その後で他の雄がその雌と交尾することができ，自分の精子が置き換えられてしまうかもしれない．配偶者防衛にかける時間の長さは，繁殖成功度が最大になるように自然淘汰によって調節されるが，その防衛時間の長さがどうなるかは，さまざまな要因，たとえば，潜在的な雄間競争の強さや，相対的な雌の多さ，交尾可能な雌の割合，捕食圧，その場所での体温調節の容易さ（Kraus & Lederhouse, 1983）などの間のバランスによって決まるはずである（Alcock, 1994）．

熱心な配偶者防衛が進化するのは次の場合であろう．（1）実効性比（実際に交配可能な雄と雌の割合）が雄に大きく偏っている（Kirkendall, 1984），（2）マウントしている雄が，マウントしていない雄から激しく攻撃される（Nomaguchi et al., 1984），（3）マウントしている雄に対して他の雄が力ずくで取って代わることができる

図8.6 イカリモンハンミョウ Cicindela (Abroscelis) anchoralis Chevrolat のペア．雌が砂の中に産卵している間，雄は雌を掴んだままである．日本の種子島にて，芦田 久撮影．

（Cordero, 1990），（4）交尾した雌が交配場所にしばらく留まる（McLain, 1989），（5）産卵場所が交尾場所の中か近くにある（Alcock & Forsyth, 1988）．

これらの予測のうちハンミョウで検証されたものは2つか3つであるが，それらの結果からでも，長時間の配偶者防衛が見られる理由は種によってさまざまであることが示唆される．インド半島部の低木林では，雄による配偶者防衛の長さは5種のハンミョウ，つまり，キンスジハンミョウ Cicindela (Pancallia) aurofasciata，フタイロキボシハンミョウ Cicindela (Calochroa) bicolor，ヤハズハンミョウ亜属の一種 Cicindela (Ancylia) calligramma，カラクサハンミョウ亜属の一種 Cicindela (Lophyra) catena，コハンミョウ亜属の一種 Cicindela (Myriochile) fastidiosa の間で有意に異なっていた．これらのハンミョウの配偶者防衛の長さは，交尾後に雌が交配場所に留まる長さと関連しており，実効性比も多少関連していた．交配場所と産卵場所がきわめて近接していることと配偶者防衛の長さは，2種で関連していた．マウントしているペアが単独の雄によって邪魔される可能性とマウント中の雄が取って代わられる頻度は，配偶者防衛の長さとはまったく関連していなかった（Shivashankar & Pearson, 1994）．

### 精子競争に代わるもの

今後，配偶者防衛の進化をさらに深く理解するには，他の要因も考慮に入れた検討が必要であろう．もし，配偶者防衛が，雄と雌とで異なるコストと利益をもたらしているなら，雄の精子競争という観点からだけでは，配偶者防衛の程度についての予測は正確なものにはならないだろう（Wolf et al., 1989）．たとえば，他の昆虫類では，マウントというかたちで雄を背負っている雌，あるいは実験的に雄と同じ重さの金属片を背負うよう強いられた雌は，何も背負っていない雌と比べて最大64％も多くエネルギーを使う．ハラスメントの程度が大きい時に雄から逃れようともがくエネルギー的コストが高すぎるせいで，雌は抵抗することなく余分な交尾を受け入れているのかもしれない（Watson et al., 1998）．その可能性は，もし（前述のように）精包を後で排出する能力（Rodríguez, 1998）がハンミョウの雌の間に広く見られるのであれば，さらに高くなるだろう．

しかしながら，マウントは本当は配偶者防衛ではなく，精子競争以外の他の要因で生じている可能性はないだろうか（Alcock, 1994）．たとえば，

ハンミョウの雄が雌にマウントするのは，なによりも雌を暑さから守るための手段なのかもしれない．雄が雌の日よけになることで，雌はうまく体温調節ができ，採餌時間を長くとれるかもしれない（Kraus & Lederhouse, 1983）．しかしこの場合，雄がどのような利益を得ているのかが明確ではない．あるいは，マウント中の行動（交尾，求愛）によって，雌はその雄の精子を受精に使うか否かを判断するための主な手がかりか刺激を得ているのかもしれない（Eberhard, 1988）．同じ雌と何度も交尾する種類のハンミョウの雄では，他の説明も可能である．つまりその状況下では，マウント行動は本当は，受精に最適な時間まで続く独自の交尾前配偶者防衛のあり方なのかもしれない（Parker & Smith, 1975）．ある事例報告によると，雌が産卵した後まで雄がマウントし続ける種類もあり〔ヒブリダハンミョウ C. (Cicindela) hybrida とヨーロッパニワハンミョウ C. (Cicindela) campestris〕，それは雌か産卵場所そのものを守っているとされた（Faasch, 1968）（図8.6も参照）．ハンミョウの交配行動について書かれた論文は10篇もなく，この分類群の性淘汰がまだよく理解できていないことは明らかである．私たちは今後，交尾器の形や交尾溝，雌雄の体の大きさの違い，鞭状片の役割などの形態の機能だけでなく，マウント行動の機能についての相反する仮説についても検証する必要がある．これに加えて，交尾前シグナルや，交配のタイミング，交配行動の種内変異についての実験と観察をおこなうことで，ハンミョウの進化における交配という重要な要因をさらに深く理解することができるだろう．

　観察結果をまとめ，進化という観点から交配行動や形態を検証するためのひとつの方法は，系統樹上にこれらを重ね合せてみることである．交配戦略と形態の中で，どの要素が進化的に保存され，どれが変わりやすいだろうか．近縁種間，あるいは系統的に離れている種間での違いは何か．精子競争や配偶者防衛のような要素のうち，いっしょに変化するものはあるのか．形質の変化した道筋を知ることは，祖先の状態を再構成することを助け，自然淘汰や性淘汰が働いた要因をさらに深く理解する助けになるであろう．

　これらの目標に向かって奮闘した最初の研究者は Freitag（1974）で，北米産のハンミョウ属 Cicindela（広義）を対象に雌の交尾溝の形態についての解析を試みた人物でもある．しかしながら，彼の利用できた資料と再構成した系統樹は，かなり限界のあるものであった．今では，もっと優れていると考えられる別の系統樹が発表されているが，ハンミョウの交配に関する形態と行動についての資料は，まだ十分なものとは言えない．対照的に，他の生態学的な相互作用に関する知見は，かなり充実している．捕食や競争のような相互作用についての生態学的資料の蓄積のおかげで，さまざまな生態学的な疑問を進化的な観点から検証することができる．これ以降の章ではそうした検証を活用していくが，将来的にはハンミョウの交配システムについても適用できるだろう．

# 第9章
# 敵からの逃避と回避

　あなたは野外でハンミョウを捕まえようとしたことがあるだろうか．その経験があるのなら，ハンミョウが敵からの逃避にかけてはずば抜けた能力をもっていることはすぐに分かったはずである．ハンミョウはすばやく走れるだけではなく，まるであなたの動きを読んでいるかのようで，採集ネットを持ったあなたが間合いを詰めて，最後の一歩を踏み出そうとするその瞬間に飛び去るだろう．地面に降りると，大きな眼をこちらに向けて，あたかももう一度やるかいと挑発しているかのようである．危険な相手からすばやく走り去ったり飛び去ったりするこのハンミョウの能力はすばらしいものであるが，自然界では人間の採集者とは比べものにならない狡猾な敵としのぎを削っており，そうした敵に対しては，走ったり飛んだりするだけではなく，対捕食者戦略のさらに多くのレパートリーが必要となっている．たとえば，ハンミョウの中には，明るいオレンジ色の腹部をもつ種が何種かおり，それは飛翔中に鞘翅が広がって腹部が露わになったときだけパッと目を引く．これは，潜在的な捕食者に対する警告なのだろうか．また，採集者たちが昔から気づいていたことであるが，多くのハンミョウでは捕まえると特有の甘ったるい匂いがする．生化学者たちの分析（Blum et al., 1981）によると，その甘ったるい匂いはベンズアルデヒドで，それはシアン化物といっしょに放出される．シアン化物は有毒物質で，これを生成する他の動物はヤスデなど数種類の無脊椎動物だけである．もし，こうした形質が敵に対する防衛であるなら，ハンミョウはこれまで考えられてきたよりも多くの敵がいて，また，それに対抗する防衛手段をもっていることになる．捕食者から逃避や回避を可能にする形質として，どのようなものが進化してきたのか．なぜハンミョウは，それほど多くの対捕食者形質をもつのだろうか．

　捕食への防衛に関するこうした疑問や他の疑問は，野外での観察や操作実験によって検証されてきた．ハンミョウの成虫や幼虫では，捕食者に関しては直接観察もできないわけではないが，それには大変な忍耐力と運が必要となる．もっと実際的な方法は，鳥やトカゲが吐き戻した，未消化の餌生物の一部が含まれるペレットの分析，あるいは吐き戻させるなり解剖するなりで捕食者の胃内容物を検査することである．ときには，捕食者がよく使う止まり木の下で餌生物の体の一部が見つかるかもしれない．野外そして実験室でも可能な操作実験もたくさんある．ムシヒキアブ類やトカゲ類は，竿に糸をつけて，その糸の端に餌となりそうな昆虫を結びつけた仕掛で捕食行動を誘発できる．モズなどの鳥は，止まり木の近くに置いたボードに昆虫を貼りつけ，それを食べるよう簡単に訓練できる．あるいは，そうした捕食者を実験室や野外ケージで慣らしたあと，餌生物を提示して捕食するかどうかを観察することもできる．

　Pearson（1985）はアリゾナ州で，これらの手法のいくつかを使って，ある仮説を検証することができた．その仮説とは，毒となる化学物質の放出とオレンジ色の腹部という形質を合わせもつハンミョウについて，それが捕食者に攻撃を思いとどまらせる機能を果たしているという仮説である．オレンジ色の腹部が露わになるのは飛翔中だけなので，Pearsonは飛翔中のハンミョウを襲う捕食者に焦点を当てた．飛翔中のハンミョウを襲うことが多い敵は，ムシヒキアブ科の数種である．この捕食性のアブは，地表や見通しのよい止まり木などに止まって獲物が飛んで近づいてくるのを待っている．獲物を見つけると，止まり木からすばやく飛び立って，獲物を追いかけ，空中で長い肢を使って捕まえる．そして，吻針からすばやくタンパク質分解酵素を注入して，もがく獲物を殺す．

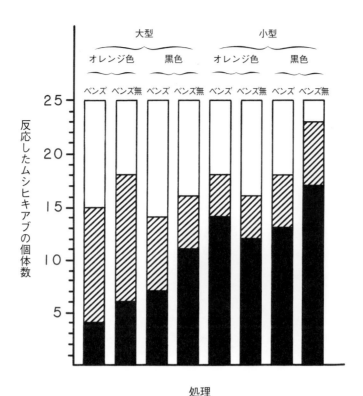

図9.1 小型種〔シラホシアメリカハンミョウ Cicindela (Cicindelidia) ocellata Klug；平均体長＝10.33mm〕と大型種〔アレチマルバネハンミョウ Cicindela (Ellipsoptera) marutha Dow；平均体長＝12.36mm〕のハンミョウ乾燥標本を提示したときの野外におけるムシヒキアブ Efferia tricella の反応．乾燥標本の腹部は，黒またはオレンジ色に塗られており，ベンズアルデヒドを体に塗布したもの（ベンズ）としなかったもの（ベンズ無）が提示された．棒グラフの黒い部分は，標本を実際に攻撃したムシヒキアブの数を示し，斜線部分は接近したが標本には触れなかった数を，空白の部分は反応しなかった数を示す（Pearson, 1985より）．Blackwell Science 社の許可を得て転載．

Pearson の行動研究はこのムシヒキアブの習性を利用したものであるが，それはちょっとわくわくする実験であった．ムシヒキアブは，近くを飛ぶものなら何でも，たとえば小石，ウサギの糞，竿に結んだ長い糸の端につけたハンミョウの模型（乾燥標本）でも攻撃する．Pearson の予測では，ハンミョウと同じ大きさの模型で，腹端を明るいオレンジ色に塗り，直前に一滴のベンズアルデヒドを塗布したものは，腹部全体を黒く塗りベンズアルデヒドも塗布していないものと比べると，野外でムシヒキアブを誘引しないはずである．そして実際，腹部がオレンジ色でベンズアルデヒドを塗られた模型は，ムシヒキアブからの攻撃が有意に少なかった．

Pearson は模型の大きさを変えながらこのテストを繰り返した．研究をおこなった地域で見られる小型から大型までのハンミョウ類と同じ大きさの模型を使い，腹部の色と化学物質も変えてみた．腹部がオレンジ色で化学物質を塗られた大型の模型では，攻撃率はさらに低くなった（図9.1）．これらの形質（腹部の色，化学物質の放出，また多少とも身体の大きさ）は単独でもムシヒキアブに対して効果的な防衛となると Pearson は結論づけている．しかしながら，これらの形質を合わせもつ場合，効果はさらに大きくなる．それでは，なぜすべてのハンミョウが防衛のための化学物質を生成しないのか，なぜすべてのハンミョウが大型ではないのか，なぜすべてのハンミョウの腹部がオレンジ色ではないのか．ほとんどのハンミョウは，大型とは言えず，腹部がオレンジ色の種類は10％以下であり，化学物質を生成する種類は40％以下である（Pearson et al., 1988）．そして，この3つの形質をすべてもつハンミョウは，世界でも3か4種だけである．Pearson（1985）が，モズ

図9.2 造網性のクモ（オニグモ属 Araneus の一種）の網にかかり食べられている成虫のアレチマルバネハンミョウ Cicindela (Ellipsoptera) marutha. アメリカ合衆国のアリゾナ州ウィルコックスにて，J. Cicero 撮影.

やヒタキのような鳥の捕食者を使って餌の大きさの好みを検討したところ，これらの鳥は大型のハンミョウを好み，小型のハンミョウは無視することが分かった．トカゲと鳥は防御化学物質（Pearson, 1985）やオレンジ色の腹部によって攻撃を控えることはなかった．従って，なぜすべてのハンミョウが大きくなく，腹部がオレンジ色でもなく，化学物質も分泌しないのかという疑問に対する答えのひとつは，たとえ，これらの形質がある類の捕食者からの逃避に役立つとしても，同じ形質が他の類の捕食者を誘引するかもしれないということである．よく見られる捕食者が鳥やトカゲという生息場所では，これら3つの対捕食者形質を合わせもつハンミョウは，それらの捕食者からの危険が相対的に高くなるために，進化できなかったに違いない．

### 天敵はどんな動物か

#### 成虫

ハンミョウ成虫にはさまざまな捕食者，中には魚などの思わぬ敵もいる（Brust et al., 2004）．しかし，前述のように，最も重要なものは，ムシヒキアブ，トカゲ，鳥である（Pearson, 1985）．ある種の鳥（チョウゲンボウとヒタキ）とムシヒキアブは，通常，飛翔中にハンミョウ成虫を空中で捕える．トカゲとモズなどの鳥の捕食者は，地表でハンミョウ成虫が飛び立つ前に捕まえる．食虫性トカゲ類などの捕食者は，その身体が小さいために大型のハンミョウは捕獲できず，一方，食虫性鳥類などの捕食者は，その身体が大きいために小型のハンミョウは捕獲しにくく，それだけを獲物とするわけにはいかない．通常は大型のハンミョウだけを捕食するヒタキなどの鳥は，小型か中型のハンミョウが集中して密度が高くなったときだけ，それを食べるようになる（Schultz, 1983）．

地域によっては，クモ（図9.2），サソリ，その他の蛛形類，捕食性の昆虫（口絵14）もハンミョウ成虫にとって重要な捕食者となりうる（Hori, 1982; Knisley & Schultz, 1997）．ハンミョウ成虫の脚や触角にアリの頭がついていることがよくあるが（図9.3），このことからある種のアリは頻繁に群れでハンミョウを攻撃し，ときには取り押さえ殺してしまうことがあるのかもしれない．［訳注：これは考えにくく，また，そのような現象が報告されたこともない．脚や触角にアリの頭がついていることが多いのは事実であるが，単にハンミョウ成虫がアリを襲い，もがくアリに噛みつかれて，そのアリの頭が残っただけと考えられる．］

図9.3　シロブチハンミョウ Cicindela (Eunota) togata Laferte 成虫の触角に大顎で噛みついた状態で残っているアリ（サムライアリ属 Polyergus の一種）の頭部．アメリカ合衆国のネブラスカ州にて，L. Higley 撮影．

## 幼虫

　ハンミョウ幼虫の敵としては，地表で採餌するキツツキ（Mury Meyer, 1981），アリ，（地中に単独で巣孔を造る）貯食性のハチ（Knisley, 1985）もいるが，死亡率を一番高めているのは寄生蜂と寄生バエである（Knisley, 1987）．捕食者が餌動物を捕まえ，殺し，食べてしまうのに対し，寄生蜂や寄生バエなどの捕食寄生者は餌動物の身体の上あるいはその近くに産卵し，その卵から孵化した幼虫が寄主を食べる．世界中に広く見られる，アリに似たツヤアリバチ類の3属 Methocha, Karlissa, Pterombus（いずれもコツチバチ科 Tiphiidae）は，地面に巣孔を造るハンミョウや樹上で枝に巣孔を造るハンミョウ幼虫を探し出すことに特殊化している．ツヤアリバチの雌は小さくて飛べないが，ハンミョウ幼虫に毒針を刺し，麻痺させる．そして，動けなくなった幼虫の体表に卵をひとつ産みつけ，巣孔の空隙を土で埋めて，入口も土で閉じる．ツヤアリバチの幼虫は4，5日で孵化し，ハンミョウ幼虫を食べ，有翅の雄か無翅の雌として羽化してくる（Burdick & Wasbauer, 1959; Krombein, 1979）．

　それぞれの種のツヤアリバチが，1種か2種のハンミョウしか攻撃しないのか，あるいは，同じ地域に見られるさまざまな種のハンミョウを探し出して，攻撃することができるのかどうかは分かっていない．しかしながら，ツヤアリバチが攻撃するかどうかは明らかにハンミョウ幼虫の大きさが関わっている．小型種のハンミョウと中・大型種でも一齢幼虫が攻撃されることはめったになく，たとえ攻撃されても，ツヤアリバチがこれらの幼虫に産卵することはない．またツヤアリバチは，大型種のハンミョウの幼虫と，小型種の三齢幼虫を避ける（Knisley & Schultz, 1997）．これはたぶん，ハンミョウの生活環の中の遅い発育段階では，ハンミョウが蛹化する前に捕食寄生蜂が育つのに十分な時間が取れないからであろう．［訳注: この推測は正しくないだろう．ツヤアリバチの活動期は初夏で，その幼虫の発育期間は20日前後である（Hori, 1982）．大型種の三齢幼虫を攻撃しないのは，ツヤアリバチの攻撃がハンミョウ幼虫の身体の大きさと厳密に対応しているからだと考えられる．ツヤアリバチは自分の胸部をハンミョウ幼虫に噛みつかせ，その状態で幼虫の胸の神経節を毒針で刺して麻痺させる．大型種の三齢幼虫の場合，ツヤアリバチの毒針が胸の神経節に届かない．詳しくは，岩田久二雄（1971）『本能の進化　蜂の比較習性学的研究』を参照］．

第9章　敵からの逃避と回避　　133

図9.4 寄生バエ幼虫（ツリアブ科の一属 *Anthrax*）2匹を背中につけた三齢のハンミョウ幼虫（ハンミョウ属 *Cicindela* の一種）．アメリカ合衆国，ネブラスカ州のアーバー湖野生生物管理区にて，S. Spomer 撮影．

　ハンミョウ幼虫にとってのもうひとつの主要な捕食寄生者は，ツリアブ科（Bombyliidae）の一属 *Anthrax* である（Bram & Knisley, 1982; Arndt & Costa, 2010）．その雌は，巣孔の入口の上をホバリングするか，巣孔の近く，幼虫の大顎の射程距離のすぐ外の地表に止まる．そして腹部を下に向け，巣孔の入口に卵をはじき飛ばす．巣孔の中に落ちた卵は，底まで転がり落ち，そこでツリアブの幼虫が孵化する．この捕食寄生者は，ハンミョウ幼虫の体に這い登り，その腹部か胸部の背面に身体を張りつける（図9.4）．そして，ハンミョウが蛹になるまでそこに留まる．蛹の間，ハンミョウは無防備となり，ツリアブの幼虫はハンミョウを食べてしまう（Palmer, 1982）．ハンミョウ幼虫は，ツリアブの幼虫を胸部に張りつけたまま活動するので，この寄生者による死亡率の推定は，幼虫を麻痺させた後で巣孔を塞いで隠すツヤアリバチ類による死亡率の推定と比べるとかなり容易である．

　これまで研究された少数のハンミョウ個体群において，熱帯および温帯の捕食寄生による死亡率は，6～80％と幅がある．しかしながら，北米の北東部では，ハンミョウ属 *Cicindela*（広義）の夏に活動する種では，幼虫死亡率が20～80％であるのに対し，春・秋に活動する種ではわずか6～16％である．従って，春・秋に幼虫が活動することは，夏の高い捕食寄生を避けることにつながると考えられる（Mury Meyer, 1987）．しかし，この点についてはさらなる研究が必要である．いくつかの科に属するダニ類も，ハンミョウの幼虫や成虫の体表に見られるが，これらのダニ類が真の寄生者なのか，ある場所から別の場所への移動にハンミョウを利用している〔便乗（phoretic）〕だけなのかは明らかでない．アマゾン川流域の林床では，ふつうは見つけにくいモリハンミョウ属 *Odontocheila* の成虫に，明るい赤橙色のダニ〔ナミケダニ科（Trombidiidae）〕がたくさんとり着いているために，見つけやすい場合も多い．アマゾン川流域などの熱帯地方では，特殊化した菌類が特定の季節にハンミョウ幼虫に寄生する（Arndt et al., 2003; Zerm & Adis, 2004）．〔訳注：いわゆる冬虫夏草の仲間．日本のナミハンミョウ *Cicindela japonica* でも観察されている（堀，未発表）〕．

## 対捕食者形質

### 成虫

　ハンミョウ成虫では，獲物の位置を確かめたり

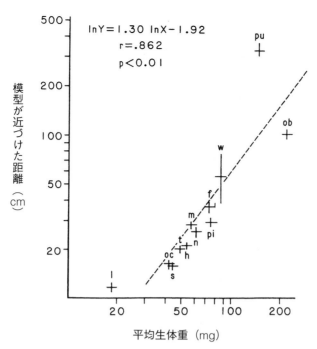

図9.5 アリゾナ州産のハンミョウ属 Cicindela（広義）12種の平均生体重と，捕食者の模型（10×15cmのメゾナイト板）がハンミョウに近づけた距離（ハンミョウが飛び立って逃げた位置と模型との距離）（$n>35$）との回帰．破線が回帰直線を示し，横線が各種の平均反応距離を，縦線が標準偏差を示す．（和名の「ハンミョウ」は省略）f: キラメキ C. fulgoris, h: アカハラアメリカ C. haemorrhagica, l: リボンヒメ C. lemniscata, m: アレチマルバネ C. marutha, n: グンジョウアメリカ C. nigrocoerulea, ob: ソウゲンアメリカ C. obsoleta, oc: シラホシアメリカ C. ocellata, pi: コチース C. pimeriana, pu: アカネ C. pulchra, s: ジュウロクテンアメリカ C. sedecimpunctata, t: ホソモンアメリカ C. tenuisignata, w: ウィリストンアメリカ C. willistoni (Pearson, 1985より). Blackwell Science社の許可を得て転載.

追いかけたりするときには眼が重要な役割を担っており（Gilbert, 1997），ハンミョウの眼の構造と神経生理についての研究の多くは捕食との関連でなされてきた（Gilbert, 1997）．危険の察知もきわめて重要であることは疑いないが，成虫の視覚が捕食者の察知という観点から研究されることはめったになく，捕食者回避の観点から調べた研究はほんのわずかである（McGovern et al., 1986; Lovari et al., 1992）．Pearson（1985）は次のような仮説を立てた．他のすべての条件が同じなら，大型のハンミョウは小型の種よりも捕食者に見つかりやすいので，大型のハンミョウほど，小型の種と比べて，近づいてくる捕食者に対して遠い距離で反応すべきである．それなら，捕食者の模型をハンミョウに近づけていった場合，ハンミョウが飛び去るまでに近づける距離は，ハンミョウの身体の大きさに比例するはずである．Pearsonは，長い竿の先に小さな黒いプレート（10×15cm）を付け，晴れた日の午前8時から10時の時間帯に，それを比較的一定の速さで，地表に対し低く平行に，さまざまな大きさのハンミョウに向かって近づけた．ハンミョウが飛び去るまでにプレートをどれくらい近づけることができたかは，ハンミョウの大きさとよく相関した（図9.5）．ハンミョウが，この捕食者の模型の察知に使った刺激は音や匂いではなく視覚刺激のはずで，Pearsonは，眼こそがこの危険を察知し反応するのに重要であると考えた．裏付けはないが，回避は，視覚的にしだいに大きくなる物を認知すること（見かけ上の大きさの増大，または，ぶつかるまでの時間の推定）で引き起こされると考えられるが，実際のメカニズムとして，しだいに大きくなる像のどのような要素が利いているのかは明らかでない（C. Gilbert, 私信）．そのような状況の具体例として，たとえば野外で採集する際，見つけたハンミョウに慌てて近づけば，そのハンミョウはすぐに飛び去ってしまうだろう．しかし，しゃがみながら徐々に近づくなら，もっと近寄れるだろう．

捕食者に対するその他の潜在的な適応も，いくつかの記載的な自然史の観察によって示唆されている．ハンミョウはあるタイプの捕食者からはすばやく走ることで逃げ去り，別の捕食者からは短い距離を飛ぶことで逃げることができる（Valenti, 1995）．合衆国東部の海岸に広く生息するヘリジロマルバネハンミョウ Cicindela (Ellipsoptera) marginata は，捕食者から逃げるときには海に向かって数 m ほど飛んで海面に落ち，しばらく間をおいてから飛び立って浜に戻る（Purrington, 2003）．樹上性のキノボリハンミョウ属 Tricondyla とクシヒゲハンミョウ属 Ctenostoma の何種かは，危険が迫ると，脚を縮めて林床に落ちて，死に真似をすることが知られている．また，池の縁にハンミョウが多数集まっていることが多いが，たくさんの個体がばらばらに動けば空中や地表の捕食者が特定の個体に狙いを付けにくくなり，攻撃を思い止まらせる効果があるのだろう．南米のモリハンミョウ属 Odontocheila の中には，共同で使う夜間の休息場所〔集団ねぐら（communal roost）と呼ばれる〕をもつものもあり（口絵16），林内の下生えの1本の低木に最大70匹の個体が見られる．それによって，敵の接近への警戒能力だけでなく化学防御の効果も高まることで捕食の危険性が下がると考えられる（Pearson & Anderson, 1985; Knisley & Hoback, 1994）．アジアでは，雨期の始めと終わり頃，水辺の灌木に5,000個体以上のハンミョウが昼夜にわたって集まり，集団ねぐらを維持することが報告されている（Sites, 2000; Bhargav & Uniyal, 2008）．〔訳注: この報告はタイと西北インドでの観察であるが，訳者のネパール東部での観察でも，雨期の最中の8月上旬に，渓谷の川底に孤立して生えた3mほどのシクンシ科の灌木に，2種のハンミョウ，カドハンミョウ Cicindela (Lophyridia) plumigera とハラビロハンミョウ Cicindela (Lophyridia) angulata，が混じり合って，おそらく1万個体以上，枝葉に集まって休んでいた（口絵17）〕．ほとんどの昼行性のハンミョウの成虫は，穴の中やゴミ溜まりや植生の根元に潜り込んで夜を過ごす．一方，ほとんどの夜行性の種類は，同じようなタイプの隠れ場所で日中を過ごす（Willis, 1967）．日々の活動時間も，捕食圧の影響を受けているだろう．たとえば，アリゾナ州のムシヒキアブは，明瞭な1日2回の二山型の採餌活動を示す（Shelly & Pearson, 1982）．この1日2回の時間帯の前か後に活動するハンミョウは，そうした捕食者の活動時間帯を避けているのかもしれない（Pearson & Lederhouse, 1987）．他の研究によると，多くのハンミョウが翅を擦り合わせることで音を出すが，それは捕食者に対する威嚇として使われているのだろう（Freitag & Lee, 1972; Bauer, 1976）．そして，追いかける側の捕食者が出す音も，ハンミョウの敏感な耳によって感知されており，回避の役に立っているだろう（Yager & Spangler, 1997）．

カモフラージュは，最も広く観察される対捕食者メカニズムのひとつである．ほとんどのハンミョウの成虫の色彩パターンは，その種が一番ふつうに見られる基質の土の質感や色合いとよく調和している（Schultz, 1986）（口絵15）．ニュージーランド産のニュージーランドハンミョウ亜属の一種 Cicindela (Zecicindela) perhispida は砂浜に生息するが，その砂の色は白色，茶色，黒色とさまざまである．本種の地域個体群は，各地域の砂の色に調和して地域毎に大きく異なる色彩を示す（Hadley et al., 1988）．また，種によっては，同じ場所に生活する個体群の中に色彩パターンの多型が見られる．第4章で紹介したように，アメリカ合衆国中央部に分布するアメリカカワラハンミョウ Cicindela (Habroscelimorpha) circumpicta には，赤色か緑色の色彩型がある．ある地域個体群では，60％の個体が赤色であったが，アメリカチョウゲンボウ（Falco sparverius）の吐き戻したペレットを調べたところ，ペレットの中に食べ滓として残っているこのハンミョウのすべてが緑色の色彩型であった（Willis, 1967）．これは緑色の個体の方が赤みがかった基質の上では簡単に見つかるからだと思われる．

本章の冒頭で紹介したように，飛翔中に明るいオレンジ色の腹部を見せるハンミョウは，空中の捕食者の攻撃を抑止できる（Pearson, 1985）．種によっては身体全体で警告色（warning color, aposematic color）を示すものもいる．その多くは，同じ地域に生息する有毒な昆虫に似ている（Acorn, 1988; Cassola & Tagliauti, 1988）．ハンミョウと有毒な昆虫（モデル）をまだ経験のない捕食

者に提示する操作実験はこれまでおこなわれたことはないが，多くの逸話的な証拠によると，ハンミョウの多くの属で擬態（mimicry）が広く進化してきたことが示唆される．北米，南米，インドのハンミョウには，明るい体色や明瞭な縞模様をもつアリバチ科（Mutillidae）の雌によく似たものがいる．アリバチは強力な毒針をもち，地表をハンミョウのように敏速に走り回る．これらのアリバチの中には，ハンミョウのように摩擦音を出し，防御化学物質を放出するものもいる（Schmidt & Blum, 1977）．マダガスカル産のハチモドキハンミョウ属 *Peridexia* のハンミョウ（口絵41と図B.21）と地域毎のベッコウバチ科（Pompilidae）のハチとの間の類似性は見事である．そのハンミョウとベッコウバチはともに明るい黄色と黒色の色彩パターンをもっており，ハンミョウの方は，走ったり飛んだりする行動が，ふつうのハンミョウのあの凛とした立ち振る舞いではなく，ベッコウバチの採餌活動時の行動にとてもよく似ている．同じく，熱帯の樹上性のキノボリハンミョウ属 *Tricondyla* とクチヒゲハンミョウ属 *Pogonostoma*（口絵36）は，同じ地域のアリと見た目や行動が似ていることが昔から知られている．南米のアマゾン川流域では，樹上性のクシヒゲハンミョウ属の一種 *Ctenostoma regium*（口絵18）の身体の大きさと体形が，攻撃的で単独で行動するサシハリアリ *Paraponera clavata*（口絵19）ととてもよく似ている．そのうえ，両種は同じ振動数の摩擦音を出す（P. DeVries, 私信）．ボルネオ産のあるキリギリス（口絵26）は，大きさの異なる若虫が，それぞれ樹上性のキノボリハンミョウ属 *Tricondyla*（口絵25）とクビナガハンミョウ属 *Neocollyris* の異なる種によく似ている（Shelford, 1902）．つまり，ハンミョウは自分より危険な種類に擬態するだけでなく，時にはハンミョウ自身が，もっと弱い種類にとってのモデルとなりうる．現在のところ，ハンミョウがからんだ擬態とされるすべての事例は，ベーツ型擬態（Batesian mimicry）と思われる（つまり，美味しい擬態種と不味いモデル）．しかしながら，ミュラー型擬態（Müllerian mimicry）の集合である可能性（この場合，擬態種もモデルも不味い）も，探ってみるべきである．ソマリアの砂漠に生息する化学物質を放出するオサムシ科のゴミムシの仲間とそれとよく似たスダレハンミョウ亜属の一種 *Cicindela (Elliptica) flavovestita*（口絵20）との間の関係は，おそらくミュラー型擬態であろうと予想される．

## 幼虫

ハンミョウの幼虫が，敵からの逃避または回避の反応として用いる主な行動はわずか数種類である．一番ふつうのものは，危険を察知すると巣孔の入口から底へとすばやく引っ込む行動である．そのうえで，もし捕食者が巣孔の中の幼虫を掴むことができる場合は，幼虫は背中にある鉤（図2.3と2.19を参照）を立てて巣孔の壁面に喰い込ませ，捕食者が幼虫を引き出すことを物理的に難しくする．深い巣孔，巣孔の曲がり，硬い粘土質や砂質，石混じりの土も，捕食者が巣孔を暴くことを妨げるだろう．最後の手として，幼虫は敵から逃れるために巣孔を捨てて，短い脚を使い身体をうねらせながら地面を一目散に這って，新しい場所で急いで巣孔を掘るだろう（Wilson & Farish, 1973; Brust et al., 2006）．合衆国の大西洋岸中部の砂浜に生息するアメリカイカリモンハンミョウ *Cicindela (Habroscelimorpha) dorsalis* の一亜種 *media* の幼虫は，捕食者に遭遇すると，その長い身体を輪っか状に丸めて，風に乗って60m かそれ以上の距離を転がって逃げることができる（Harvey & Zukoff, 2011）（図9.6）．

幼虫は，主に視覚で危険を察知する．ハンミョウ幼虫の視覚系についての詳細な研究（Mizutani & Toh, 1995; Toh & Okamura, 2001; Okamura & Toh, 2001）により，幼虫が精度の高い視力をもつことが明らかになっている．幼虫の眼は，獲物になりそうなものの位置の探知と，正確な危険の察知の両方にとって重要である（Gilbert, 1989）．幼虫は，危険を察知する場合に，振動も利用するかもしれないが，この可能性について言及した研究はない．[訳注: Hori（1982）は音叉を地面に当てることで，振動も手がかりとなっていることを示唆している]．

## 複合的な対捕食者防衛

生物のさまざまな形質に働く自然淘汰のうち，

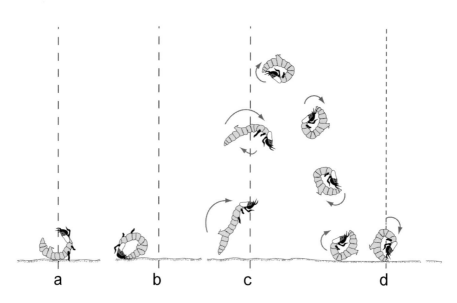

図9.6 アメリカイカリモンハンミョウの一亜種 C. (Habrocelimorpha) dorsalis media の幼虫が滑らかな砂浜でみせる回転移動（wheel locomotion）．a）仰向けに身体を大きく反らせる．b）勢いをつけて砂を蹴りながら身体を伸ばし，空中に跳ね上がる．c）そのまま身体を丸めて前回りに回転する．d）回りながら着地して，風を受けて砂浜を転がっていく．イラストは W. Harvey による．

適応度と直接に結びつくのは，一般的に言って，競争や配偶者選択などの相互作用に関連したものよりも，捕食に関連したものであると考えられている．その形質しだいで，生物は捕食者からうまく逃れるか，そうでなければ死ぬことになるからである．この原因と結果は単純明快なので，その生物の防御機構がなぜそのようになっているのかという問いに対する検証は，比較的あいまいさのないものになるはずである．しかし，現在の費用便益分析（cost-benefit analysis）によれば，それがいつもはっきりしたものになるとはかぎらない．

捕食者がもたらす自然淘汰は，とても複雑で多様となりうる．しかしながら，捕食者―被食者の相互作用が進化的にどのようになっていくのかについての一般的なパターンをさらによく理解するには，その複雑さを組み込むことで理論となる仮説をさらに洗練させなければならない．その複雑性の一例としては，敵を察知し逃避するためにハンミョウが示す形態的，行動的，生理的なメカニズムの広いレパートリーをあげることができる．しかしながら，ある一個体のある発育段階の中でさえも，ハンミョウは多様な捕食者としのぎを削っており，たいていは複数の対捕食者形質を同時に使っている．複数の捕食者に曝されることは，ほとんどではないにしても多くの餌生物が直面することである（Endler, 1988）．しかし，それを考慮に入れると捕食者―被食者の相互作用の一般的なモデルや数理理論はとても複雑になるので，大部分のモデルではそれは無視されている（Pearson, 1985）．捕食者に対する複数の対捕食者の形質がどのように進化するのかについてのさまざまな仮説を検証するには，ハンミョウはうってつけの研究対象である（Pearson, 1990）．そうした仮説のうちのいくつかを，以下に紹介する．これらの仮説は，1種類の捕食者だけを扱い単純な回避のメカニズムについて説明するかなり単純なものから，もっと複雑な相互作用と多層的な防衛戦術について説明するものへと順に並んでいる．

## 仮説1

敵に対して効果を発揮するには，いくつかの形質がいっしょに機能しなければならない．これが，複合的な防衛に対する最も直接的な説明である．ハンミョウにおける例としては，先に紹介したムシヒキアブに対する身体の大きさと飛翔時に現れるオレンジ色の腹部，そして防御化学物質の相乗的な作用があげられる．ムシヒキアブでハンミョウを避ける可能性が最大となるのは，ハンミョウ

が大きく，オレンジ色の腹部をもち，防御化学物質を放出する場合である（Pearson, 1985）．

## 仮説2

それぞれの対捕食者形質は，捕食者の捕食行動の異なる段階に的を絞っている．そうした捕食行動の比較的区別しやすい段階として，探索，追跡，捕獲，処理がある（Holling, 1966）．ハンミョウは，探索の段階に対してはカモフラージュを使い，追跡に対しては敏捷な飛翔や疾走をおこない，捕獲に対しては防御化学物質を使い，処理の段階に対しては鋭い大顎や硬い外骨格で対抗する．

## 仮説3

ハンミョウの側に何重かの防衛ラインがあるとして，捕食者がそれらの防衛ラインを突破するたびに，だんだんと強力な防衛ラインが使われるようになる．最初の防衛ラインは，捕食者が餌生物を認知したかどうかにかかわらず働くもので，そのエネルギー的なコストはそれほどかからない．たとえば，ハンミョウではカモフラージュがこれに当たる．その次の防衛ラインは，捕食者が餌生物に遭遇したときに発揮されるもので，その生産や操作にはもう少しエネルギー的なコストが必要となる．たとえば，ハンミョウの防衛化学物質は，最初の防衛が破られたときにだけ放出される．

## 仮説4

餌生物は，いくつかの異なるタイプの捕食者に直面するだろう．そして各捕食者に対してはそれぞれ別の対捕食者防衛が必要となる．ほとんどの種類のハンミョウ成虫は，トカゲのような地表の捕食者から逃れるために飛翔を利用する．しかし，ある捕食者から逃れるために飛びあがったとたん，ムシヒキアブのように飛翔中の餌生物だけを捕獲する別の捕食者に探知されるかもしれない．ハンミョウが放出する防御化学物質のベンズアルデヒドとシアン化物は，トカゲに対しては効果がないが，飛翔中のムシヒキアブには効く．大型のハンミョウは，ムシヒキアブなど小型で視覚を使う捕食者から攻撃される可能性は低いが，鳥は小型のハンミョウよりも大型のハンミョウに引きつけられるようである（Pearson, 1985）．

ハンミョウの中には，ムシヒキアブや鳥のように日中に狩りをする捕食者を避けるためと考えられるが，夜間に飛翔して分散する種類もいる．その場合，ハンミョウは食虫性のコウモリの脅威に曝されることになる．コウモリは暗闇で餌の居場所を突き止めるためにソナー（音響探知）として超音波を発するが，ハンミョウはそれを聞いて対処することができる．ハンミョウは，超音波を感知すると腹部の筋肉を縮める．そうすると直ちに飛翔が中断され，安全な地表に急降下する（Yager & Spangler, 1997）．多くの場合，複数の捕食者がいるだけでなく，ある捕食者を抑止する対捕食者戦略は，実は別の捕食者に有利に働いたり引きつけたりする．その第二の捕食者に対処するために，今度はさらにまた別の対捕食者戦略が必要となるのである．

## 仮説5

対捕食者戦略は，別々の要因による逆方向の淘汰圧の影響を受けている．ハンミョウ成虫の身体の大きさは，体温調節能力に直接的な効果を発揮しており，大きな個体ほど身体を冷やしたり温めたりする速度が遅くなる（体表面積に対する体積の比が大きくなるため）．もし小型のハンミョウが，効率的な体温調節行動によって体温をうまく維持できるなら，そのハンミョウは一日のほとんどの時間，あるいは一日中活動できるだろう．同じ生息地に暮らす大型のハンミョウは，身体を冷やしたり温めたりするのにもっと時間がかかるはずで，小型のハンミョウが途切れなく活動できるのに対し，大型のハンミョウは長い時間活動できずにいるだろう．長い時間活動できなかったり，体温調節行動の効率が悪かったりすれば，採餌や産卵，配偶者探索の時間がその分短くなる．一方で，小型のハンミョウほど多くの潜在的な捕食者に狙われているようであり，大型のハンミョウはその身体が大きいこと自体が捕食者からの防御となっている．さらに，餌などの限りある資源をめぐる競争も，身体の大きさと関連しているだろう．大型のハンミョウは，代謝系を働かせるためだけにも小型のハンミョウより多くの餌を必要とする（図9.7）が，にもかかわらず，大型のハンミョウほど十分な餌を見つけるのが小型のハンミョウよ

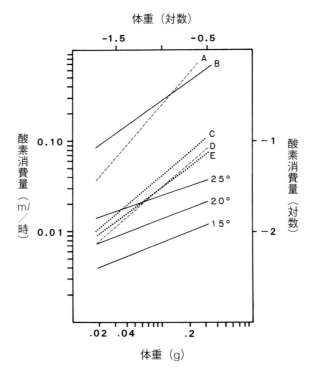

図9.7 甲虫類の体重に対する活動時と休息時の代謝の関係．体重は便宜上0.02から0.30gの範囲にあるとした．実線は，ハンミョウの活動時の代謝（線B）と3通りの気温での休息時の代謝（25℃，20℃，15℃）．点線は，先行研究のデータから計算した全甲虫類の休息時の代謝（線C）とオサムシ科だけの休息時の代謝（線E）．破線は，別の先行研究のデータから計算した熱帯産の甲虫類の休息時の代謝（線D）と活動時の代謝（線A）（May et al., 1986より）．Blackwell Science社の許可を得て転載．

りも下手のようである（Pearson & Knisley, 1985）．このように自然淘汰は競合しながら逆方向に作用することがあるので，ひとつの淘汰圧しか考えずに検証に臨んだ場合，データを誤って解釈することになりかねない．淘汰圧が互いに相容れないものである場合には，特に注意が必要である．

## 仮説6

生活環のある発育段階に働く自然淘汰の利益とコストは，その発育段階で完結するのではなく，他の発育段階にもち越されると考えられる．たとえば，ハンミョウ幼虫には，ハンミョウに特化した捕食寄生者がいる．身体の大きな幼虫が，3つの齢期と蛹から成虫までの成長に十分な餌とエネルギーを得るには，小さな幼虫よりも多くの日数を必要とする（Pearson & Knisley, 1985）．従って，大きな幼虫ほど，その特化した捕食寄生者に長い期間曝されることになり，この点では小さい幼虫の方が有利である．一方で，大きな幼虫は大きな成虫となり，大きな成虫は成虫期に出会う捕食者の多くから逃れる可能性が高くなる．

## 仮説7

淘汰圧が弱まることで，すでに存在している形質が消失してしまう可能性は，形質によって異なるだろう．たとえばハンミョウでは，カモフラージュや警告色，擬態に使われる体色といった形質は，比較的早く変化することができる（Schultz, 1986）が，化学防衛の進化速度は遅い（Pearson et al., 1988）．これらの進化速度の違いによって，対捕食者形質だけが残ってしまうこともありうる．中には，痕跡的になったり退化したりする形質もあるかもしれない．また，偶然にも，新しく出現した捕食者に有効といった形質もあるかもしれない．

これらの仮説すべてに言えることであるが，あるハンミョウがなぜある形質をもち，他の形質はもっていないのかという問いを検証するには，系統的なデータが必要となる．たとえば，Yager et al.（2000）は，ハンミョウの異なる系統間で，超

音波に対応した聴覚の有無を検証した．一般的には，生息場所のタイプと超音波への反応性には，ほとんど関連は認められなかった．ハンミョウ属 Cicindela（広義）のほとんどすべての亜属において，超音波の聴覚行動の閾値が低い（超音波の感度が高い）種が見いだされている．しかしながら，大きな亜属であるハンミョウ亜属 Cicindela の種はすべて，超音波にまったく反応しない．このデータを北米産ハンミョウの系統樹に重ねあわせると，聴覚行動（と聴覚）は，共有される原始的な形質であり，さまざまな系統で少なくとも独立に5回この形質が失われていることが示唆される．

## 防御化学物質—局所的な適応か，歴史的な成り行きか

ベンズアルデヒドは何種かのハンミョウが生産する化学物質であるが，すべての種が生産するわけではない（Pearson et al., 1988）．この化学物質は，捕食者に対して効果があることが知られているが，では，なぜすべてのハンミョウが生産しないのだろうか．ひとつの単純な仮説は，あるグループはただ単にこの物質を合成して貯蔵する性質をもっていない，つまり，このタイプの化学的防御は，この形質が誕生したある特定の系統に限って見られるというものである（歴史的な制約仮説）．しかしながら，有機化合物の利用とその尾節腺（pygidial gland）での貯蔵は，すべてのオサムシ亜目（Adephaga）（ハンミョウ科も含む鞘翅目の一亜目）の甲虫に共通の形質であることが知られている．どの化学物質が使われるかは亜目内でも異なるが，防御化学物質を生産する能力自体は，オサムシ亜目全体にとっての祖先形質（plesiomorphic）と考えられる（Moore & Wallbank, 1968; Dettner, 1985）．従って，もし，この化学的防御がすべての種にとって利用可能であるなら，なぜ限られたハンミョウ種だけがこの進化的な遺産を使っているのだろうか．それを使うかどうかは，ある特定のタイプの捕食者が存在するかどうかなど，ある特定の環境要因に依存するのだろうか（生態学的仮説）．

ある環境にどのような捕食者がどれだけ存在するのかを調べることは難しい．なぜなら，捕食者は多数おり，その数は（一日の中で，あるいは季節によって，また地史的な時間で）変動し，また地域によっても異なる．しかしながら，ハンミョウのほとんどの種は特定の生息場所タイプに限って生息するので，ある特定の生息場所との関連を，ハンミョウが向き合う捕食者相の象徴あるいは代理として利用できる．砂漠や海浜，塩生湿地，森林，干潟や高山草原などの生息場所にそれぞれ特徴的なハンミョウが生息する．これらの生息場所は，日射の特性，植生の被度，捕食者相などの要因について，互いにはっきりと異なる．そうした要因は，捕食者がハンミョウを探索し，発見し，追跡する方法に影響する．このように区別されるそれぞれの生息場所タイプでは，地理的な位置にかかわらず多くの物理的要因が似ているために，どこでも同じ淘汰の枠組みが形成されると考えられる．

生息場所と化学的防御の相関関係が最初に調べられたのは，北米産，南米産，インド産のハンミョウについてで，主要な防御化学物質であるベンズアルデヒドの有無の情報が集められた（Pearson et al., 1988）．この調査では，質量分析法とガスクロマトグラフィーを用いて，ベンズアルデヒド濃度を次の4つのレベルに区分した．つまり，「ベンズアルデヒドなし」，「微量」，「中程度」，「多い」である．調査したハンミョウ83種のうち，39種がこの化合物をもっており（量は，中程度か多い），44種はもっていないか，もっていても微量であった．これらのハンミョウはすべて，はっきりと異なる9つの生息場所タイプに振り分けられた．その生息場所の中には，ベンズアルデヒドをもつ種を多く含む傾向を示すタイプもあったが，いずれの生息場所も，ベンズアルデヒドをもつ種ともたない種がランダムに分布した場合との間で有意な違いは見られなかった．[訳注: この部分の論述は本章の最後の節での論述と矛盾する．元の論文では水辺の砂地だけはベンズアルデヒドをもつ種がランダムな分布よりも多いとされている]．この結果から，生息場所タイプは単一の要因としては，ベンズアルデヒドの有無を説明する要因ではないと判断された（Pearson et al., 1988）．

では，問題とするハンミョウの系統的な類縁関係が，ベンズアルデヒドによる防御をおこなうかどうかのよい指標となるのだろうか（Pearson et al., 1988).北米産についてのベンズアルデヒドのデータが，前述したDNAに基づく系統樹（第7章を参照）に重ね合された．そして，ベンズアルデヒドの有無に関する4つのカテゴリー（形質状態）の系統樹上での変化が検討された（Vogler & Kelley, 1998）．ハンミョウと近縁で共通祖先をもつ分類群（系統樹の根元に位置する外群）は，ベンズアルデヒドを生産する．この物質を微量にしか生産しないという変化は，ハンミョウ属 *Cicindela*（広義）の中の祖先的なグループで生じ，それはこのハンミョウの系統樹全体でも支配的な状態である．全体として見ると，51種中で12回の変化が見られ，この形質は進化的にたやすく失われることが示唆される．しかし，ベンズアルデヒドのレベルは頻繁に変化しているものの，その変化はいずれも小さなステップとして生じている．たとえば，「ベンズアルデヒドなし」のハンミョウから「微量」へ，また，その逆の変化は見られるが，「なし」のハンミョウから「多い」ハンミョウへ一足跳びの変化は生じていない．すなわち，ベンズアルデヒドのレベルの進化的な変化は，小さく漸進的であることが示唆される．そして，このベンズアルデヒドに関する変化は，頻繁に生じているとはいえ，系統樹上の分岐の回数よりはずっと少ない．従って，いったん「中程度」へと変化したなら，そして，どの形質状態でもその後の両方向への変化率が同程度とするなら，直ちに逆方向の「なし」の状態へ変化することは考えにくい．

そのため，近縁種のハンミョウがその系統全体でベンズアルデヒドを生産する傾向を示すとしても驚くには当たらない．北米産の中で，そのような系統が2つ認められる．それはウミベハンミョウ *C. maritima* 種群とアメリカハンミョウ亜属 *Cicindelidia* の2つの種群のうちのひとつで，その系統内では，低いレベルへの変化はそれぞれ1回だけで1種しか見られない．ベンズアルデヒドを中程度か多量にもつことは，少なくとも部分的には，系統樹上での各種の位置によって説明できるのである．ベンズアルデヒドを生産する系統と生産しない系統を比較することで，異なる防御形質は，他の防御形質，たとえば体色と歩調を合わせて変化するのかどうかも検証できる．北米産ハンミョウ属 *Cicindela*（広義）には体色に関して次の3つのタイプが認められる．（1）土壌に合った隠蔽色，（2）明るい（緑色か銅色の）金属光沢を帯びた体色で，これは明るい日差しの中では体の輪郭を分断すると考えられる，（3）明るいオレンジ色の腹部（警告色）．この体色のタイプの変化を系統樹上に当てはめてみると（図9.8），3つのおおまかな関係が見えてくる．まず，土壌に合った隠蔽色が優勢であり，北米産ハンミョウ属の祖先形質と推測される．次に，オレンジ色の腹部は，（アメリカハンミョウ亜属の中の）単一の系統に限定され，この獲得は，ベンズアルデヒドの高い，あるいは，とても高いレベルへの変化と一致している．3番目に，明るい金属光沢の体色は最も変化しやすく，獲得されても続く種分化で保持されることはほとんどないが，多型種のひとつの型として存在することはある．

隠蔽色が祖先的であることから示唆される点は，捕食者から隠れることが原始的な戦略であり，それ以外の防御は後で分岐した，そして，色彩豊かな系統で加えられていったということである（Woodcock & Knisley, 2009; Tsuji et al., 2016）．ベンズアルデヒドは，5回独立に獲得されたと考えられ（さらに「多い」へは2回変化），うちひとつの系統では，その獲得は，腹部のオレンジ色の警告色の獲得（1回だけ）と一致していた．この場合，ムシヒキアブの撃退に最も効果的なこの2つの形質（オレンジ色の腹部とベンズアルデヒド）は同時に獲得されたが，それ以外の系統のベンズアルデヒドによる防御は，捕食者に対して明確な視覚刺激を伴わずに使われている．最後に，明るい金属光沢の体色は，複数回独立に獲得された派生形質である．金属光沢の体色から隠蔽色へと戻った例はなく（図9.8），体色が簡単に戻ること（不安定性）を考えると，これは注目に値する．さらに驚くべきは，金属光沢の体色とベンズアルデヒドによる防御の間に見られる負の関連である．ベンズアルデヒドを生産する種類で金属光沢の体色をもつものはなく，金属光沢の体色の獲得がベンズアルデヒド分泌の消失直前あるいは直後に起こったことが系統樹上で3回（図9.8の※印をつけた分枝）確認できる．この負の関連は，ベンズアルデヒドを生産しなくなった系統において隠蔽

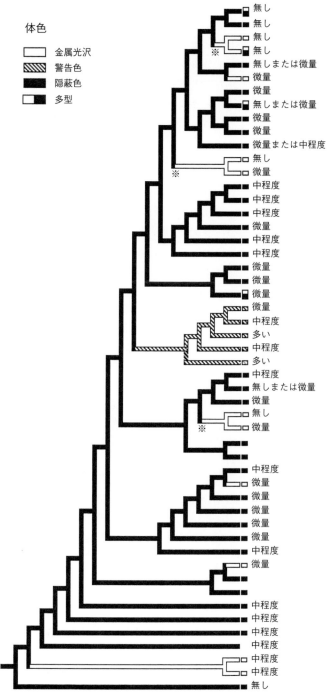

図9.8 北米産ハンミョウの系統樹と対応させた体色の変化とベンズアルデヒドの生産（Vogler & Kelley, 1998より）．それぞれの種名は図7.9に示す．

色から金属光沢の体色へと自然淘汰が作用したことを意味するか，あるいは，金属光沢の体色はベンズアルデヒドの分泌の必要性をなくしてしまうことを意味するのだろう．ハンミョウに化学物質の助けを必要としない防御形質，たとえば金属光沢の体色が進化すると，ベンズアルデヒドを生産する利益が低くなって，生産や貯蔵のコストが賄えなくなるのだろう．

そのような対捕食者形質が獲得されてきた複雑な自然淘汰の環境を考えると，防御形質自体に関わる複雑さもそう驚くほどのものではない．そして，その複雑さにもかかわらず，北米産ハンミョウ属全体に一貫した傾向が見られる．オレンジ色の腹部が単一の系統だけに限られ，かつベンズアルデヒドを生産しない（祖先的な）系統においてそれが見られないので，この形質が実際に防御の視覚信号として使われていることが示唆される．ベンズアルデヒドの生産と金属光沢の体色の両方をもつ種がいないことは驚くべきことである．ただし，最近発見された例外として，Kelley & Schilling（1998）は，アメリカムツボシハンミョウ C. sexguttata の金属光沢の体色をもつ個体群が著しい量のベンズアルデヒドを生産することを確認している．それでも，ベンズアルデヒドと金属光沢の体色の間には一般的に負の関連が見られるので，これら2つの形質は相互に排他的かそれに近い関係であることが示唆される．おそらく，この2つの形質は，捕食行動の異なる段階に対応しているのであろう．つまり，金属光沢の体色は気づかれないようにするのに効果的であるが，ベンズアルデヒドは捕食者が実際に近づいてきたときだけ効果的なのだろう．捕食者からの認知をすばやい飛翔で避けることが主な戦略である種類では，ベンズアルデヒドの生産と貯蔵を止めることで大切なエネルギーを節約できているだろう．非飛翔性と擬態も，一般的にベンズアルデヒドの存在と排他的な関係にある（Pearson et al., 1988）．ムシヒキアブは，ベンズアルデヒドがとりわけ効果的な捕食者であるが，飛んでいるハンミョウだけを捕獲するので，飛ばないハンミョウはベンズアルデヒドを生産する必要性はほとんどない．明るい体色のアリバチ科に似ているハンミョウにとっても，防御物質の生産にはほとんど利益はないだろ

う．化学物質の生産と貯蔵がエネルギー的に高くつく場合は特に，化学防御の利益は相殺され，自然淘汰の働きによって，その生産に寄与する遺伝子の流布や維持は抑えられるだろう．

分子系統解析によって，変化が生じたはずの分類学的レベルの範囲を絞ることができる．ベンズアルデヒドを生産する種のほとんどで，その含有量には有意な地域変異が見られる（Kelley & Schilling, 1998）．体色に関する形質の中にも，特に金属光沢の体色において，地理的な変異が見られるものがあり，多型を示すものもある（図9.8）．こうした複雑さからは，自然淘汰が地域毎にモザイク状に作用する傾向が明らかにされ，防衛戦略を解析する際には地域個体群に焦点を当てた方がよいことが示唆される．一方，その対極の傾向として，特定の形質，特にオレンジ色の腹部とベンズアルデヒドを多く生産する性質がクレード（系統）全体で保存されていることも事実である．また，昔から存在している形質のいくつかは，他の形質のように淘汰圧がなくなったからといって簡単に消失するわけではないようである〔系統的慣性（phylogenetic inertia）〕．他の多くの昆虫と同様にハンミョウにおいても，複雑で重層的な防御には，形質における偶然性，慣性，さまざまなレベルの不安定さが関わっているようである．

最後に，ハンミョウにおける防御形質は，比較生物学のモデルとなる点に注意しよう．ハンミョウ属の調査は，生態学的現象の説明に歴史的要因を組み込むという興味深い研究を生み出しただけでなく（Pearson et al., 1988），その研究は比較分析に関するある論争において争点のひとつとなった（Mooi et al., 1989; Altaba, 1991; Vogler & Kelley, 1996）．その争点とは，ある形質と環境要因の間に相関関係が見られる場合，そのことから，その形質の生態的役割について何か役立つ情報が引き出せるかどうかであった．たとえば，乾燥した生息場所よりも湿った生息場所に見られるハンミョウで，ベンズアルデヒドの生産がめだつ（Altaba, 1991）ので，化学的防御が淘汰上有利となるのは，おそらく湿った生息場所と考えられる．系統比較法（Harvey & Pagel, 1991; Brooks & Mclennan, 1991）は，そのような相関関係の解析をさらに精密なものにしており，それによるとベンズアルデ

ヒドをもつ種がすべて近縁種で，相関関係の前提となる独立性が失われている場合，この相関関係は正しくないかもしれない．すなわち，この化学防御を共有しているのは，特定の淘汰圧の働きというよりは歴史的な要因によるだろう．しかしながら，系統的慣性と現在の適応上の意義は，簡単には分離できないことを肝に銘じておく必要がある．系統樹からは形質の歴史に関連する情報が提供されるだけで，それ以上でもそれ以下でもない．系統樹からは，形質の歴史についての情報は得られるが，その生物学的な機能についての情報は得られない．その情報を得るには，野外や実験室でハンミョウをじっくり研究するしかないのである．

# 第10章

# 競争者に立ち向かう

　アリゾナ州の南東部の,ある人気(ひとけ)のない池の縁では,毎年7月頃,夏の季節風が吹きはじめると,11種ものの飢えたハンミョウの成虫が何千匹も集まってきて,湿った砂や泥の上を走り回るようになる.その夥しい数とせわしない動きから,ハンミョウたちが水辺に引き寄せられるたくさんのハエやアリ,その他の小さな節足動物を絶え間なく追いかけていることが分かる.ときには,ハンミョウが別のハンミョウのくわえている獲物を奪い取ろうと縄引きのように引っ張り合いをしていることもある.どのようにして,それほど多くの種のたくさんのハンミョウがいっしょに暮らしていけるのだろうか.特に,餌をめぐって争うような場所でいっしょに暮らせるのだろうか.他の個体より先に獲物を捕まえたり,あるいは自分の獲物を横取りされないようにするために,どんな形質を備えているのだろうか.ハンミョウが競争する対象は獲物だけだろうか.ハンミョウがいっしょに見られるところでは,どこでも競争による軋轢が一般的な問題となるのだろうか.

　競争が生じるのは,ある個体が重要な資源を使ったがために,別の個体が本来なら使えた量よりも少ない量しか使えなかった場合である.重要な,あるいは限りある資源になりうるのは,空間,営巣場所,水,餌,交配相手で,その他にもいくつかある.競争している個体が,同種の場合は種内競争となり,異種の場合は種間競争となる.競争には,直接的な対峙の場合もあるし,時間的あるいは空間的な使い分けといった間接的な相互作用の形をとる場合もある.競争を定義するのは比較的簡単であるが,野外で競争を実測することはとても難しい.そのため,多くの研究者たちは,競争を捕食や気温のような他の要因と比べてあまり重要でない生物学的要因として簡単に片づけてしまってきた(Dunson & Travis, 1991; Peters, 1991).

しかしながら,競争が生じると,競争による影響をできるだけ少なくするような強い淘汰圧が生じるはずで,それによって異なる資源を利用するように行動や形態が急速に進化するだろう.あるいは,ある個体群が遠い過去のある時点で他の個体群を急速に駆逐してしまった(競争排除)かもしれない.これは「過去の競争の亡霊」と呼ばれる(Connell, 1980; Vitt et al., 1999).こうした要因のいずれか,あるいはすべてから影響を受けるために,現在の競争を研究することがきわめて難しくなっているのかもしれない.直接観察が比較的簡単な捕食や体温調節行動とは異なり,2個体が一片の餌をめぐって闘うといった競争に伴う行動は,めったに見られない.そのため,競争を検証するには,2つの重要な手順を踏まなければならない.まず,限りある資源をなんとか利用することでその形質が進化し維持されていると仮定するなら,少なくとも研究対象の種にとって何が限りある資源なのかを特定しなければならない.次に,競争に応じて進化したはずの,そして限りある資源をめぐる相互作用を緩和しているはずの形質そのものを実証しなければならない.

　Pearson & Knisley(1985)は,ハンミョウ類で競争が見られるかどうかを立証するという困難な課題に取り組んだ初期の研究のひとつである.その研究では,まず,交配ペアを入れた飼育ケースをたくさん用意し,餌の量を充分な量から最小限の量までのいくつかのレベルに設定した.各飼育ケースの底の土に現われた幼虫の数は,各ペアに与えられた餌量と有意に相関していた(図10.1).その後,Pearson & Knisleyは複数の生息場所において,ハンミョウ成虫が捕食している餌の数と大きさを計測した.高地の草原のように,昆虫の発生量が降水量によってほぼ決まってくる生息場所において,7年間,夏に調査したところ,実験室

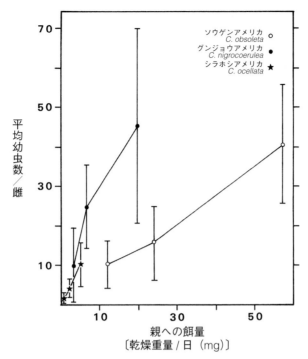

図10.1　アリゾナ州南東部に生息するハンミョウ属 Cicindela（広義）3種について，飼育容器中の土に現れた幼虫の巣孔の数と飼育成虫ペアに与えた餌量の関係．縦線は標準誤差（SE）を示す（Pearson & Knisley, 1985より）．

での充分な餌量に匹敵するような量の餌を生みだすほどの降水量があったのはたった1年だけであった．それ以外の年は，可能な最大レベルの産卵数は達成できなかった．それ以外の生息場所，たとえば，いつも水を湛えた池の縁などでは，餌量はそれほど変化しなかった．こうしたデータから，ある環境では餌は限りある資源であり，従って競争は，ある年には他の年より強くなり，ある生息場所では他の生息場所より強くなると結論づけられた．

## 食物と採餌行動

その後の研究と観察によると，ハンミョウ類では，競争は一般的に重要であると考えられる（Niemelä, 1993; Bhargav et al., 2009）．ハンミョウの限りある資源として最もふつうのものは餌と考えられる（Palmer, 1978; Palmer & Gorick, 1979; Hori, 1982; Kinsley, 1987; Kinsley & Juliano, 1988）．そこで，まずハンミョウの採餌行動の自然史について見て行こう．

## 幼虫

ハンミョウ幼虫は巣孔の入口で，餌となる節足動物が射程内に入り込むのを待ち伏せしている．餌を捕獲するとき，幼虫は身体の上半分を巣穴の外に乗り出して後方に反り返り，大顎で餌を捕らえる（図10.2）．ハンミョウ幼虫は，その範囲内なら餌が捕獲できる特有のゾーンをもっていて，巣孔の後方から近づいてくる餌は前方あるいは上からの餌と較べて捕獲しやすい（Hori, 1982）．この捕獲ゾーンの形と大きさは，地面の勾配や植生，土質によって変わってくる．種類によっては，幼虫が捕獲ゾーンに円錐形の窪みを掘るものがいる．これは，獲物がその窪みに落ちてうろうろすることで幼虫がそれを捕獲しやすくなる仕掛けのようである．他のハンミョウでは，幼虫が巣孔の入口の上に小塔を作るものがいるが，それは多少とも，捕獲できる餌を増やすことに役立っている（Schremmer, 1979; Knisley & Pearson, 1984; Shivashankar et al., 1988）．幼虫の餌捕獲行動の引き金を引くのは，明るい背景の中に暗い物体が急に現れることである（Faasch, 1968）．餌がうまく

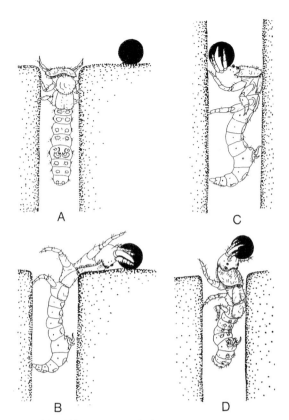

図10.2 巣孔内でのハンミョウ幼虫の採餌のようす．A）巣孔の入口で待ち伏せしているところへ獲物が近づく．B）獲物が幼虫の捕獲ゾーンに入ったとたん，後方に半身を乗り出して捕獲する．C）巣孔の中に引きずり込んで，獲物の消化できる部分を食べる．D）消化できない食べ滓を巣孔の入口から放り投げる（Faasch, 1968より）．

捕獲できた場合，幼虫はそれを巣孔の底まで引きずり込んで，消化できる部分を食べる．幼虫は，ほとんどどんなタイプの餌動物も攻撃し食べるが，例外は有害な化学物質をもつ餌動物や，すばやく抑え込んで巣孔の底まで引きずり込むには大きすぎる餌動物である（Willis, 1967; Mury Meyer, 1987）．幼虫は，餌動物の消化できる部分を食べた後，消化できない残りの部分を食べ滓として巣孔の入口まで運び，入口から後方に放り出す．

熱帯地方と温帯地方の両方で，どの齢の幼虫にも，次の発育段階へ脱皮するには，採餌で増さなければならない体重に関して，特定の閾値が存在する（Palmer & Gorruck, 1979）．ただし，餌が通常より少ない場合，季節が進むに従って，この閾値は下がってくる（Hori, 1982）．また，この閾値は通常，熱帯地方よりも温帯地方の方が低い（Palmer, 1978）．北米の北東部に生息する何種かのハンミョウでは，餌が少ないことが原因で幼虫の75％が死んでいる（Mury Meyer, 1987）．日本のナミハンミョウ *Cicindela (Sophiodela) japonica* では，幼虫の死亡率は三齢幼虫が最も低い（Hori, 1982; Takeuchi & Hori, 2007）．同様の結果は，合衆国ミシシッピー州産のカロライナカラカネハンミョウ *Tetracha carolina* でも報告されている（Young, 2015a）．北米の南西部に生息するハンミョウで，野外の幼虫に餌を補足してやると，同じ場所の補足しなかった幼虫と比べて，生存率が有意に上昇した（Knisley & Juliano, 1988）．幼虫が餌をどれくらい食べたかによって，その齢期間と次の発育段階での身体の大きさが決まってくる．また，それは成虫の身体の大きさにも影響し，その結果，産卵数にも影響しうる（図10.3）（Hori, 1982; Pearson & Knisley, 1985）．

## 成虫

成虫も，幼虫と同様に，さまざまな種類の生き

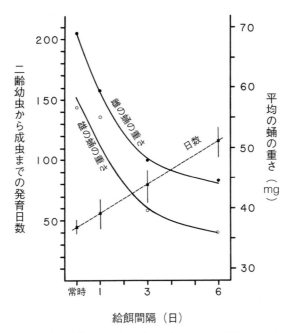

図10.3 餌として飛べない系統のショウジョウバエを，4通りの間隔でシラホシアメリカハンミョウ Cicindela (Cicindelidia) ocellata の二齢幼虫に与えた場合の成長速度（羽化までの日数）と雌雄の蛹の重さ（Pearson & Knisley, 1985より）．「常時」では途切れなく給餌．

た節足動物を餌とする．通常，成虫は生きた餌を視覚で追いかけ，活発に走っては立ち止まってようすを見る行動を繰り返す（Gilbert, 1987, 1997）．あるいは，成虫は陰になる場所で近づく獲物を待ち伏せする（Kaulbars & Freitag, 1993a）．最近の実験室での研究によると，ハンミョウの成虫は暗い条件下でも動いている獲物をうまく捕まえることができる（Riggins & Hoback, 2005）．しかし，視覚を使わずにどのように獲物を探知しているかはまだ分かっていない．明るい場所で視覚を使っている場合，ハンミョウ成虫は，遠くの大きな獲物と近くの小さな獲物を見分けるために獲物の形状と出現場所を記憶しているようである（Swiecimski, 1956）．成虫は，うまく獲物に遭遇したなら，大顎でそれを掴まえる．そして獲物を食べる前に，その大きさや固さ，有毒物質の有無を確かめる．もし，獲物が大きすぎたり有毒物質を放出したりすれば，すぐに放り出す（Pearson & Knisley, 1985）．種によっては，ふだん食べない餌動物を特別な環境の下で日和見的に利用するものもいる．たとえば，合衆国南西部の砂漠地帯に生息するジュウロクテンアメリカハンミョウ

Cicindela (Cicindelidia) sedecimpunctata は，砂漠の浅い池が干上がると，そこに何百匹もの成虫が集まり，泥の上に取り残されたスキアシガエル Scaphiopus sp. のオタマジャクシを襲撃する．同じく，ブラジル南部ではブラジルカラカネハンミョウ Tetracha brasilensis の成虫が，水辺で変態したばかりのカエルを襲うことが観察されている（Oda et al., 2014）．他のハンミョウの成虫では，死んだ生物（図10.4）（Pearson & Mury, 1979; Schultz, 1981; Hori, 1982）や落ちた果実（Hill & Knisley, 1992; Hori, 1982）や種子（Jaskula, 2013）を食べることが観察されている．動かない，あるいは死んだ餌動物は，触角や口器肢（小顎肢と下唇肢）の触覚で探し当てている（Baker & Monroe, 1995）．近い将来，ハンミョウの消化管の内容物からDNA断片を抽出する手法によって，ハンミョウの餌生物の種類と量をさらに正確に評価できるようになるだろう（Pons, 2006）．

こうした行動様式も，地表以外の基質で採餌するハンミョウ類の成虫では，さまざまなバリエーションが見られる．クビナガハンミョウ属 Neocollyris のような樹上性の種類では，成虫は葉

図10.4 死んだ蛾を食べるドウイロハンミョウ Cicindela (Cicindela) repanda の成虫．カナダのアルバータ州，エドモントンにて，J. Acorn 撮影．

から葉へと頻繁に飛び回り，走り回るのはほぼ葉の表面だけである（Pearson, 1980）．しかし，キノボリハンミョウ属 Tricondyla やクチヒゲハンミョウ属 Pogonostoma，ニジイロハンミョウ属 Iresia，キマダラハンミョウ属 Distipsidera，クシヒゲハンミョウ属 Ctenostoma などの他の樹上性の種類は，地表性のハンミョウとよく似た動き方で，幹や枝の表面で獲物を追いかける．アマゾン川流域に生息するウキフネハンミョウ Cheiloxya binotata は，大きな川の漂流物の上で獲物を追いかけ，水面を「滑走」することさえできるようである（Pearson, 1984）．新熱帯区のトゲクチハンミョウ属 Oxcheila では，夜間に山地の急流の中の大きな岩の下流側で採餌する種が多い．その水際で，頭と胸を水に浸けながら，水面または水面直下の水生昆虫の幼虫を採餌している（Cummins, 1992）．ナミカラカネハンミョウ Tetracha sobrina のアマゾン河流域の個体群は，1年の大半は，夜間に河川の砂洲で採餌する．しかし，流域が氾濫原となる半年間は，水中に潜って，水没した植物性の有機堆積物の間を泳いだり歩き回って水生昆虫を狩る．このハンミョウは，鞘翅の下の空洞に溜めた空気泡を交換するためときどき水面に上がってくるが，個体によっては，数時間潜ったまま

のものもいた（Adis & Messner, 1997）．池の縁や干潟，砂浜に生息する種類では，湿った土の中に潜っている獲物を探る目的で頻繁に長い大顎を使うものもいる．

すでに述べたように，成虫の雌が食べた餌量は，その個体の産卵数と死亡率に直接影響する（Pearson & Knisley, 1985）．卵の大きさと質，および孵化率は，雌がどれくらい食べてきたかには影響されないようだが，産卵数は影響を受ける．たとえば日本のナミハンミョウ Cicindela (Sophiodela) japonica の局所個体群では，ほとんどの年で個体数は安定していた．しかし，成虫が特に多く羽化した年には，高密度のために生息場所の周縁に押しやられた雌は，死亡率が高く，産卵数は少なかった．そして次世代の幼虫の個体数は少なかった．これは，成虫と幼虫の間の餌をめぐる競争だけでなく，母親の産卵数が減少していたことによる（Hori, 1982）．

合衆国北東部に生息するドウイロハンミョウ Cicindela (Cicindela) repanda を対象とした，成虫と幼虫の間の競争の緩和を主張した Wilson の研究（1978）には異論が多い．Wilson は，成虫が自分の捕る餌の量を抑え，それによって同じ生息場所に生活する幼虫が十分な餌を利用できている

と主張した．成虫によるそのような「分別のある採餌行動」が本当なら，つまり，もし成虫が本来捕れる餌量を幼虫のために抑えているのであれば，この行動には利他性が含まれる．その成虫の行動は，自分自身の子の生存率だけでなく，他の親から生まれた子の生存率も高めることになる．成虫は集団全体の利益を高めるよう行動するはずだというこの考え方は，もっと広く受け入れられている考え方，つまり個体あるいは血縁淘汰の考え方と対立する．個体あるいは血縁淘汰では，適応度を高めるのは個体や近縁者に直接利益となる行動だけである．

## ハンミョウはどのように競争に立ち向かっているのか

　もし餌が，少なくとも一部のハンミョウにとって，年によっては限りある資源となるなら，競争はハンミョウの生存や適応度に影響する潜在的な要因になると考えられる．もし，ハンミョウが競争から影響を受けて進化してきたのなら，競争の効果を受けないように，または，それをできるだけ弱めるような形質をもっていると考えられる．直接的な競争がめったに生じないように働く形態や行動が，競争のあったことの証拠になるに違いない．潜在的に競争関係にある種たちの間で，そうした進化が生じたはずという予測は，空間の使い方，異なる活動時間，互いに異なる形態上の特徴の進化などの要因を研究することによって検証される．

### 競争排除

　S. Berglind（私信）は，ハンミョウの競争排除の証拠となる観察をスウェーデンでおこなった．そうした証拠が得られることは希である．その観察では，あるハンミョウが，他のハンミョウを直接的に排除しているように見え，その行動はしばしばギルド内捕食（Polis & Meyers, 1989; Polis & Holt, 1992）と呼ばれるものである［ギルド（guild）とは同じ資源を同じような採餌様式で利用する種のグループ］．ユーラシアに広く分布するヒブリダハンミョウ *Cicindela hybrida* は，砂質の開けた草原に生息する（Thiele, 1977）．しかし，分布域の北限となるスウェーデンの中央部では，ヒブリダハンミョウが見られるのは小川沿いの砂地の川岸だけにほぼ限られているが，ときたま開けたマツ林の中の砂質の道に出てくる（Berglind et al., 1977）．そこでは，本種より少し大きいユーラシアミヤマハンミョウ *Cicindela sylvatica* が生息している．この2種の分布域の南部では，開けた森林の縁の乾いた砂地でこの2種の生息場所はつながってしまうが，両種は相互作用することなく共存している．しかし，このスウェーデン中央部では，開けたマツ林で両種が出会うとユーラシアミヤマハンミョウがヒブリダハンミョウを捕えて殺すことを Berglind は頻繁に観察している．この行動はふつうではない．というのも，ハンミョウが捕える獲物は最大でも，自分の体長の10分の1にも満たない場合が多い（Pearson, 1988）からである．ユーラシアミヤマハンミョウが大きな（自身の体長の85%となる）餌を攻撃して食べるからには，そこには危険な相手を攻撃するコストを上回る積極的な見返りがあるにちがいない．この行動がいつも見られるものなのか，また，この行動がユーラシアミヤマハンミョウの採餌場所からヒブリダハンミョウを排除するための適応的なメカニズムなのかどうかも立証するには，対照を備えた野外観察と飼育下でのハンミョウの操作実験が必要である．このスウェーデン中央部でユーラシアミヤマハンミョウが他種のハンミョウを食べる行動が競争排除で確かに説明されるには，入手できる餌量が北部地域で有意に少なくなっていることが前提となるので，北部と南部で餌の生物体重（バイオマス）の測定も必要である．なお，ハンミョウでのギルド内捕食は，合衆国中央部の塩性湿地のハンミョウ類でも見つかっている（Hoback et al., 2001）．

### 空間的なすみわけ

　他の研究者たちは，空間と生息場所のすみわけの観察から競争の影響を論じてきた（Romey & Knisley, 2002; Satoh et al., 2006b）．Shelford（1907）によると，合衆国中西部に位置するミシガン湖の周辺では，異なる種類のハンミョウ成虫が水辺からブナ林の林床までの異なる微生息場所を占有しており，2種がいっしょにいることはめったにない．Knisley（1984）は，合衆国南西部ニューメ

キシコ州の山地でハンミョウの微生息場所を調査し，草原性のハンミョウ各種が異なる標高に見られると報告している．Hori（1976）も，日本の長野県根子岳でミヤマハンミョウ Cicindela (Cicindela) sachalinensis とニワハンミョウ Cicindela (Cicindela) japana の生息場所を調査し，同様の結果を得ている．Cassola（1972）によると，ギリシャとイタリアのサルデーニャ島に生息するほとんどのハンミョウは，それぞれ異なる生息場所で見られ，いっしょに見つかることはめったにない．Ganeshaiah & Belavadi（1986）はインド南部で，また Schultz & Hadley（1987a）は合衆国南西部で，それぞれ砂地の川岸に沿ったハンミョウの空間的なすみわけについて観察している．Willis（1967）もまた，合衆国中西部の塩性湿地において多くの種が空間的にすみわけていることを報告し，それは主に種ごとに pH と塩分に対する耐性が異なるためだと考えた．スリランカの海浜性のハンミョウ類でも，pH と塩分に基づいた種間の空間的なすみわけが観察されている（Dangalle, 2013; Dangalle et al., 2013）．一方，イタリアの海浜性ハンミョウ類では，空間的な分離は主に土壌水分の違いに基づいているとされている（Mazzei et al., 2014）．ペルーのアマゾン河流域（Pearson, 1984）とブラジル（Adis et al., 1998）での調査によると，空間的なすみわけはさらに鮮明で，各種のハンミョウは，季節的に氾濫する土地から高地の乾いた土地までの微細な違いをみせる林床タイプのそれぞれに特異的に出現する．幼虫まで含めたハンミョウのすみわけの研究は少ないが，それによると微生息場所による空間的なすみわけは成虫よりも幼虫の方が明瞭である（Knisley & Pearson, 1984; Knisley & Juliano, 1988; Hori, 1982）．幼虫期の明瞭な空間的なすみわけは，成虫よりも幼虫の間で競争が潜在的に重要であることを示唆していると考えられる（Willis, 1967; Satoh & Hori, 2005）．

　これらの結果は，競争を避けようと，あるいは少なくとも緩和しようとした結果生じたものであると広く捉えられてきた．別々の微生息場所で生活している2種が，貴重で限りある同じ資源をめぐって直接に競争することはない．しかしながら，これらの空間的なすみわけの事例は，その点を説明するために特に選ばれたものなのか，あるいは，ごく一般的なパターンを代表しているものなのだろうか．限りある資源についての初期の検討は，そうした生息場所ではほとんどおこなわれていない．そこに限りある資源が存在し，それが何かを示唆する証拠がないかぎり，競争を避けるためにすみわけが生じたという主張は納得しがたい．さらに，微生息場所の中には，多くの種のハンミョウが共存している場所もある．それは，その場所で競争がないことを意味するのだろうか．この問いへの答えは難しいが，多種の共存がすぐに競争の可能性を否定するわけではない．空間的なすみわけはわずかなもので，活動時期や依存する餌の違いなど他の生活の軸で生息場所を使い分けているのかもしれない．

　微生息場所をわずかな違いで使い分けるメカニズムのひとつとして，多様な微生息場所の熱特性の差を種毎に使い分けている場合がある（Brosius & Higley, 2013）．合衆国南西部のアリゾナ州ウィルコックスにおいて，複数種のハンミョウで採餌と体温調節に関わるさまざまな行動を調べたところ，太陽放射と地表付近の気温との組み合わせが，種毎に異なっていた．ソウゲンアメリカハンミョウ Cicindela (Cicindelidia) obsoleta のような草原性の種は，放射と気温の幅広い組合せで採餌していたが，同じくハンミョウ属のテンコクアメリカハンミョウ C. (Cicindelidia) punctulata のような水辺で生活する種では，もっと狭い組合せで採餌していた（図7.7を参照）．

### 時間的なすみわけ

　微生息場所のすみわけを説明する生理学的なメカニズムには，時間的なすみわけと関連するものもある（Zerm & Adis, 2001a）．同じ餌資源を利用し同じ微生息場所に見られるハンミョウの多くは，異なる時期に活動する．温帯域では，春―秋型のハンミョウの成虫は同じ微生息場所の夏型のハンミョウの成虫とは異なる季節に出現する（Willis, 1967; Cassola, 1972; Knisley, 1984）．同じ地域の異なる種の幼虫も，活動する季節を違えており，おそらくそれによって競争は緩和されているだろう（Mury Meyer, 1987）．熱帯域といえども，ハンミョウの餌の量は季節的に変化しているので，ハン

ミョウたちは潜在的には競争関係にある（Pearson & Derr, 1986; Stork & Paarmann, 1992）．1日の活動時間帯も異なるだろう．夜行性の種類は，同じ生息場所の昼行性の種類とは競争を回避できる可能性がある（Pearson & Anderson, 1985）．

さらに細かいすみわけとして，同じ微生息場所で同じ季節に活動する種の間でも，体温調節能力が異なると1日のうちの異なる時間に活動することになる（Schultz & Hadley, 1987a）．合衆国アリゾナ州の乾いた渓谷では，一時的にできた水溜りの周辺に3～4種のハンミョウが日中いっしょに見られる．実験室の測定では，どの種でも生存可能な胸部体温の最大値はよく似ていた（表10.1）．これはおそらく，どの種にも共通の生化学的性質による制約のセットが存在することを示しているのだろう．ところが，それらのハンミョウの，胸部体温の活動可能な最低値は種間で大きく異なる．そのため，1日を通してみると，低温に対する耐性の違いによって，同じ微生息場所を利用する複数の種は互いに活動時間帯を使い分けている（Pearson & Lederhouse, 1987）．競争の緩和に加えて，あるいは代わりの説明として，一日の早い時間帯と遅い時間帯に活動するハンミョウは，通常昼間に活動する捕食者を避けることもできる（Shelley & Pearson, 1982）．

**資源の分割**

空間と時間的なすみわけは，ハンミョウ種群の競争の低減に役立っている可能性は否定できないだろう．しかしながら，空間や時間ですみわけしていないように見える種群も多く知られている．それでは，それらの種群では，資源が豊富で競争が生じていないのだろうか．アリゾナ州南東部のいつも水を湛えている池の畔などの，いくつかの微生息場所では，餌となる動物が豊富に集まってくるので，複数種のハンミョウの多数の個体が，同じ池の泥質の畔に同時に生活できる．ここではすべての個体が十分な餌を得ている（Pearson & Mury, 1979）．しかしながら，アリゾナ州の同じ盆地でも，近くの草原では複数のハンミョウ種が同時に見られるが，そこでの時間当たりに獲れる餌量を，産卵数が最大となる餌量と比較すると，餌資源は限られているようである（Pearson & Mury, 1979）．世界中の熱帯域の森林では，餌が限られているように思われるときでさえも，3～5種のハンミョウが同じ森林タイプの林床に同時に見られる（Pearson, 1980）．私たちは，競争はいずれにせよ何らかの方法で最小化されているはずと考え，おそらく，それらのハンミョウ種では身体の造りが互いに異なる方向に進化したことで共存できていると仮説を立てた．特に問題となるのは，限りある餌資源の処理と捕獲に直接関わる身体の部位の進化であろう．もし，そうした重要な部位が十分に分化し，それぞれの種が利用可能な餌種のうち効率よく食べることのできる種類が異なるならば，複数のハンミョウ種が同じ時に同じ微生息場所で生活しても，その形質の分化によって競争はほとんど生じないかもしれない．

各種のハンミョウの成虫の大顎の長さ（根元から先端までの弦の長さ）は，これまで調べられたどの場所でも，それぞれの種が捕獲して食べた餌の大きさと強く相関する（Pearson & Mury, 1979; Pearson, 1980; Roer, 1984; Ganeshaiah & Belavadi, 1986）．小さい大顎は，大きい餌種を捕獲したり処理するには向いていない．一方，大きな大顎は大きな餌種を扱うことはもちろん，小さい餌種も同様に処理できる．しかしながら，大顎の大きなハンミョウの種は，小さい餌よりも大きいものを好む．これはおそらく，エネルギーを多く得られるからであり，大きな大顎，すなわち大きな身体は多くのエネルギーを必要とするからである（Pearson & Stemberger, 1980）．実験室で調べたところ，この大きい餌を好む傾向は，成虫を2日間絶食させ，空腹のせいで選り好みをしないであろうと思われる条件下でも維持された（Pearson & Knisley, 1985）．従って，もし大顎の大きさが異なるハンミョウの種が，それと対応した餌の好みを示すなら，そのハンミョウたちが，1年のうちの同じ時期，そして，1日のうちの同じ時刻に同じ微生息場所にいっしょに出現したとしても，餌をめぐる競争の影響は少ないかもしれない．

## 群集内の共存種の組合せに規則性はあるのか

同じ場所にいっしょに見られる種は，生物群集（ecological community）と呼ばれるひとつの単位

表10.1 ハンミョウ属 Cicindela（広義）13種の各状況下での胸部体温とその種が通常見られる生息場所．アメリカ合衆国アリゾナ州のウィルコックス近くにて［和名の「ハンミョウ」は省略］．

| 種（体重，mg） | $T_b$ (℃) | | | | $LT_{50\,max}$ (℃) ($n=12$) | $T_{b\,min}$ (℃) ($n=12$) | 生息場所 |
|---|---|---|---|---|---|---|---|
| | 日光浴 ($n>10$) | 採餌 ($n>20$) | 背伸び行動 ($n>10$) | 出入り行動 ($n>5$) | | | |
| ジュウロクテンアメリカ sedecimpunctata (44.5) | 32.3 (1.5) | 35.8 (1.5) | 38.8 (1.1) | —[a] | 48.3 (0.1) | —[a] | 水辺 |
| シラホシアメリカ ocellata (42.5) | 32.0 (1.8) | 35.9 (1.2) | 37.8 (1.2) | —[a] | 48.6 (0.1) | 20.1 (1.8) | 水辺 |
| アカハラアメリカ haemorrhagica (54.6) | 33.0 (2.3) | 37.2 (1.1) | 37.7 (0.9) | 37.3 (1.4) | 48.0 (0.1) | 21.2 (1.7) | 水辺 |
| キラメキ fulgoris (73.6) | —[a] | 30.2 (1.2) | 37.9 (1.4) | —[a] | 48.7 (0.1) | 16.5 (1.0) | 一時的な水辺 |
| アレチマルバネ marutha (57.3) | —[a] | 31.1 (2.4) | 37.0 (0.6) | 37.2 (1.3) | 47.2 (0.1) | 14.4 (1.2) | 一時的な水辺 |
| テンコウアメリカ punctulata (48.2) | 33.4 (1.3) | 37.1 (2.0) | 37.2 (1.1) | 37.7 (1.9) | 47.8 (0.1) | 17.2 (0.8) | 水辺 |
| コナーズ pimeriana (75.6) | 30.9 (0.8) | 33.2 (3.1) | 38.8 (0.9) | 39.1 (1.2) | 48.9 (0.1) | 17.5 (0.7) | 水辺 |
| ゲンジョウアメリカ nigrocoerulea (61.7) | 29.1 (2.1) | 35.6 (2.1) | 38.4 (0.8) | 36.4 (2.1) | 48.5 (0.1) | 17.8 (0.9) | 草原／水辺 |
| ホーンアメリカ hornii (93.5) | 34.9 (1.2) | 36.1 (1.9) | 37.6 (1.0) | 36.4 (1.6) | 48.5 (0.1) | —[a] | 草原 |
| クサナセメ debilis (21.5) | —[a] | 30.2 (1.5) | —[a] | 32.3 (2.8) | 47.5 (0.1) | —[a] | 草原 |
| リボンセメ lemniscata (18.7) | 30.5 (0.6) | 34.8 (2.7) | 37.1 (0.3) | 37.0 (0.7) | 48.0 (0.1) | —[a] | 草原 |
| アカネ pulchra (145.4) | 32.2 (2.3) | 36.4 (1.9) | 37.0 (1.4) | 39.0 (1.2) | 47.7 (0.1) | 17.8 (1.0) | 草原 |
| ソウゲンアメリカ obsoleta (216.1) | 31.7 (2.5) | 36.4 (2.2) | 38.1 (1.8) | 38.6 (1.4) | 48.1 (0.1) | 15.6 (1.4) | 草原 |

出典：Pearson & Lederhouse, 1987.

$T_b$：野外でそれぞれ4つの行動をしている時の平均胸部体温（SD），$LT_{50\,max}$：致死最高胸部体温，$T_{b\,min}$：実験室で正常な歩行時の平均最低胸部体温．
[a] 野外または実験室で観察されなかった．

として研究することができる．群集は，何らかの形で相互作用する種とすべての物理的特性の集合として定義される．これらの相互作用がどのように組み合わさって群集が組織化あるいは構築されるのだろうか．たとえば，どのくらい多くの種類が共存できるのか（多様性），そして共存種は形態，行動，生理機能に関してどのくらい類似できるのか，といった問題は過去45年間，生態学の全分野での焦点であった．すべての科学的営みがそうであるように，群集構造に関するこうした研究の包括的な目標は，規則性とその原因を明らかにすることである．たとえば，事実上どの分類群も，低緯度ほど種数が増えるという規則性を示す（種多様性の緯度勾配）．ただし第6章で見たように，この規則性を認めるにはどういう空間スケールで見るかが重要となる．

　Hutchinson（1959）は，群集における別の一般的な規則性を提唱した．彼は次のような仮説を立てた．もしある2種が限りある資源をめぐって競争しているなら，その資源の採集や獲得と密接に関連した形質はそれほど類似したものとはなりえないはず，さもなければ2種は共存することはなかっただろう．この最小限の違い，言い換えれば類似性の限界は，2種の共存種の間で適切な計測値を比較し，その比率を計算することで算定できる．彼は，たとえば，共存している鳥の嘴の長さを計測し，1.3という比率が最小限の違いであると主張した．この研究ののち，すぐに他の生物について多くの研究がなされたが，Hutchinsonの結果を追認できた研究はほとんどなかった．しかしながら，これらの後続の研究で，対象動物にとって限りある資源が存在することを実証したものもほとんどなかった．従って，比率の計算に使われた形質が，種の共存に直接に関わったきたものかどうかは分からないのである．ハンミョウでは，限りある資源の候補（餌生物）があり，その資源の弁別に深く関わっている形質（大顎）がある．Pearson & Mury（1979）と Pearson（1980）は，餌資源の少なさが産卵数に影響しているアリゾナ州の乾燥した草原（図10.5），インドの低木林の林床，およびニューギニアとボルネオと中南米の熱帯林の林床で，共存しているハンミョウ類の大顎の長さを計測した．共存しているハンミョウが3種以下の場合，大顎の長さの比率は，一般的に1.3より大きかった．この最小限の比率よりも小さくなる例外は，主に餌が豊富な生息場所か，ハンミョウが4種以上共存する場所のどちらか，または両方の要件を満たす場所で見られた（Pearson & Juliano, 1990）．おそらくこの2つの要件は互いに無関係ではないだろう（Ganeshaiah et al., 1999）．この規則性は，生息場所の違いや地理的分布域の違いにかかわらず認められるので，広く成立する規則性と考えられ，そのこと自体，群集の一般的な構造の理解に役立つかもしれない（Satoh et al., 2003; Satoh & Hori, 2004）．

　この大顎の比率の一般的な規則性に当てはまる生息場所もあるが，生息場所や地理的分布域によってはこの規則性の立証が難しい場合もある（Pearson & Juliano, 1993）．アリゾナ州に見られる一時的な池の縁でも，共存しているハンミョウの大顎の長さは互いに似ており，その長さの比は偶然から期待されるよりも似かよった値になっている．これは隣接する草原で観察される規則性とは逆である．さまざまな生息場所タイプのハンミョウ種群を世界規模で比較すると，池の縁，そして，また開けた森林に見られる共存種でも，大顎の長さは概して似かよっている（Pearson & Juliano, 1991）．それらの生息場所では餌が限りある資源とはなっていないか，または大顎の長さではなく，あるいは大顎の長さとともに，他の微妙な行動や形態形質が，共存種がどれだけ類似できるのかを決めているのかもしれない．

　たとえ群集の中で最も似通った種どうしが形質値の比率で1.3を示さないとしても，その種どうしは競争していないと結論できるだろうか．この問いに答えるには，群集の定義について慎重に検討する必要がある．群集はさまざまに定義されてきたが，相互作用をする可能性のある生物種のほとんど，またはすべてを含むとするものは少ない（Pearson, 1986, 1991）．この群集という通常複雑な状況に対応する態度として，また群集を理解する最初の段階として，共存種についての研究はひとつの生息場所または分類群（一般的にはある属，科，または目）に焦点を当てるものが多い．たとえば，熱帯低地林の鳥類が，たとえ昆虫，哺乳類，植物のいずれとも相互作用しているとしても，鳥

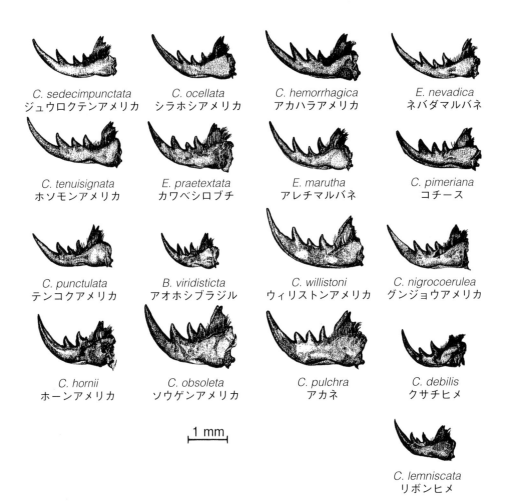

図10.5 アメリカ合衆国アリゾナ州南東部のサルファー・スプリングス渓谷にみられるハンミョウ属 *Cicindela*（広義）各種の典型的な右大顎の腹側面（頭部から取り外して示す）（Pearson & Mury, 1979より）[和名の「ハンミョウ」は省略．巻末の学名索引を参照のこと]．

類だけでひとつの群集と定義される（Pearson, 1982）[訳注：ある分類群だけを取りあげる場合は，「群集」ではなく「集団」（assemblage）という用語を使う場合も多い]．この相互作用する可能性をもつ膨大な生物種に加えて，渡り鳥の多くは，数千km離れた温帯の生息場所で一生の半分を過ごすが，そこには当然別の相互作用する一群の種が存在するはずである．

その熱帯産鳥類が生息する生息場所と比べれば，多くの（大部分ではないにしても）ハンミョウ類が利用する生息場所は，物理的および構造的に単純である．そこでは相互作用する他の分類群の生物も，比較的はっきりしている．そのため，仮説とその検証をこうした付随的な生物種も含めたものに広げることが可能となる．さらに，その単純な生息場所に見られるハンミョウ以外の生物種は比較的少数なので，研究者が相互作用している種類の大部分を認識できる可能性は高い．こうして，たとえばアリゾナ州の乾燥した草原に見られるハンミョウ種群の研究では，トカゲ，昆虫食の鳥類，ムシヒキアブ，クモ，ホソクビゴミムシ，ミギワバエを相互作用する群集の一部としてすぐに含めることができた（Pearson, 1988）．

しかしながら，相互作用していると思われる分類群の多くを含めても，それだけでは群集レベルの仮説の検証には適切ではないかもしれない．群集研究は伝統的に，一番めだつ，あるいは簡単に研究できる生活環の発育段階に集中しており，そのうちの多くの研究はその発育段階だけを扱っている．たとえば，潮間帯の群集では外洋性である

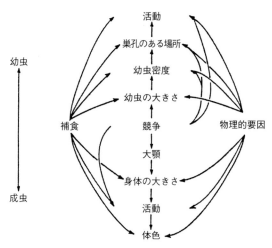

図10.6 ハンミョウに対して捕食，競争，物理的（非生物的）要因が与える複合的な影響．ここでは，これらの要因は，比較的単純な形態的形質と行動上の形質に影響するとされている．また，ある発育段階に生じる影響のなかには，生活環の別の発育段階で顕在化するものもある．

無脊椎動物の幼虫が無視され，鳥類の研究では卵や雛鳥の発育段階と繁殖しない成鳥が考慮されることはめったにないし，樹洞の群集では研究の中心は幼虫となっている．多くの群集にとって，幼虫と成虫の両方を含めたり，渡りをする種類では越冬地と繁殖地の両方を含めることは，とても難しい．しかしながら，異なる発育段階を組み込んだ数少ない研究によると，ある発育段階を中心に働く要因のなかには，しばしば他の発育段階に有意な影響を与えるものもある．従って，たったひとつの発育段階だけを扱った検証は，あいまいな，あるいは間違った結論を導く可能性もある．

ハンミョウの研究ですべての発育段階を扱わねばならない理由は，いくつかの飼育実験で示されている（Taboada et al., 2013）．前述のように，ハンミョウ幼虫の餌量を変えた飼育（Pearson & Knisley, 1985; Knisley & Juliano, 1988）では，蛹と成虫の身体の大きさは幼虫期に食べた餌量と相関していた．雌成虫の産卵数も身体の大きさと直接関連するが（Hori, 1982），成虫の適応度は，それ以前の生活環の発育段階がどうであったのかまで遡って影響を受ける可能性がある．成虫だけの研究では，そうした重要な影響は解明できなかったはずである．同様の問題として，雌成虫は産卵場所を選択するが，その場所は幼虫が巣孔を造り数週間から数年を過ごす場所となる．もし雌の産卵する微生息場所が，乾燥しやすく，そのため餌生物が少なかったり，捕食寄生者にさらされるような場所であったなら，幼虫が生き残る可能性は低くなる．幼虫の生存は，幼虫自身ではなく成虫の活動と関連する部分が大きいのである．

これらの結果を考慮に入れて，現在ほとんどの生態学者が同意している点として，物理的（非生物的）要因，捕食，競争は，すべての生物群集において，多かれ少なかれ実際に働く淘汰の要因である．他の潜在的に重要な要因，たとえば寄生，病気，性淘汰なども，研究によっては検討されている．群集構造の初期の研究のほとんどは，これらの要因のうちのどれかひとつだけに焦点を当てており，すべてまたは複数の要因が同時に働くとすると複雑になってしまう実験計画を避けていた（Jeager & Walls, 1989; Dunson & Travis, 1991; Wilbur, 1997）（図10.6）．しかし，要因は複数考慮されるべきである．なぜなら，それらの要因は相互作用したり干渉し合うかもしれないからである（Abrams & Matsuda, 1996）．群集構造の研究では，単一要因の解析が標準的な手法であったが，そうした研究から出される結果は，ある特定の生息場所や分類群だけにしか当てはまらなかったり，あるいは間違った生態学的一般化を導いてしまう場合も多かったようである（Hilborn & Strearns, 1982）．たとえばハンミョウでは，幼虫期として過ごす時間の長さは，餌の採餌速度と量によって決まるが，それは生息場所の降雨量や土の湿り具

合に依存する場合が多い．一方で，餌を待つ時間が増えれば，捕食寄生者による死亡の可能性が有意に高くなる（Pearson & Knisley, 1985）．

これとよく似た要因のからみ合いは，ハンミョウ成虫でも働いている．たとえば，アリゾナ州南東部の一時的な池の縁に見られるハンミョウたちは，大顎の長さがどれも中程度で，その長さの比は偶然から期待されるよりも似によった値になるが，それはなぜか．この難問は，複数の要因を分析することでうまく説明できる（Pearson & Mury, 1979）．餌量と採餌速度について分析したところ，その生息場所の値は同じ地域の他の生息場所よりも低く，共存するハンミョウにとって餌資源は限られていることを示唆していた．一方で，そこに共存するハンミョウたちの大顎の長さはよく似ているのである．それは，そのハンミョウたちがよく似た餌を食べねばならないことを意味し，それは種間競争の可能性を高める．ここでも，競争というひとつの要因だけを見るならば，その種群のハンミョウ類は適応していないということになってしまう．しかし，その池の縁には，この生息場所に迷い込む小型のハンミョウ類を好んで捕まえるトカゲやクモのような捕食者も多く集まる．同様に，もし大型のハンミョウ類がいれば，それを好む食虫性鳥類もこの池の縁に引き寄せられるだろう．従って，中間の大きさのハンミョウたちだけが，餌をめぐる競争が高まるという問題にもかかわらず，捕食者に食べられる可能性が低くなるかたちで集まっているのである．

大顎自体のことを深く考えてみると，相互作用する他の淘汰圧についてたくさんの疑問が湧いてくる．たとえば，雌雄どちらも餌の捕獲と処理を大顎に頼っているが，前述のように，雄は交尾や配偶者防衛の際，雌の胸部を掴むときにも大顎を使う．ほとんどの種類では，大顎の形状の性的二型はわずかであるが（Kritsky & Simon, 1995），中には大顎の長さと形に驚くほど大きな性的二型を示す種類もある（Oberprieler & Arndt, 2000）．そうした種類では，雄の大顎は，大きく曲がったり長くなっており，それは雌をうまく捕まえて抑え込むためだと考えられる（図8.4を参照）．データはないが，そうした極端な形をした雄の大顎は餌を捕まえる能力や効率に影響を与えているだろう．

このタイプの性的二型は，おそらく雄の成虫としての寿命が短い種類か，餌が豊富で極端に変形した大顎でも簡単に捕獲できる場所でだけ見られるだろう．あるいは，雌の形質か交尾のときの行動によって，交尾後の配偶者防衛が必要不可欠でかつ難しいのかもしれない．たとえば，雌の数が少なかったり，見つけにくかったり，抑え込むのが難しいがために，雄は他の雄の交尾をじゃまするうことに，とりわけ攻撃的になるのかもしれない．雄と雌とでは大顎の摩耗と破損の程度が異なるが，これもおそらく大顎の性的二型とその使い方の違いを反映しているのだろう（Young, 2015b）．いずれにしても，雄は，餌を捕まえることと交配相手を掴むことという2つの役割を，大顎の大きさと形から定まる特定の効率（使い勝手）として折衷させているようである（図10.7と口絵37）．同様に，上唇も餌の捕獲に関わっているようで，上唇の長さの性的二型もまた餌の捕獲能力に影響を与えているだろう．雄の上唇が短い種類では，マウントの際に雌の胸部を掴みやすいだろうが，抵抗して暴れる餌を捕まえて抑え込むことにかけては失敗する危険性も高いだろう．

こうした複数の機能についての事例は，競争と群集構造の説明を混乱させる可能性があるが，もし，こうした事例がハンミョウの共存の実態をむしろ正確に反映しているのであれば（Pearson & Juliano, 1991; Niemelä & Ranta, 1993），新たな疑問が湧いてくる．ある形質は何度も進化してくるのか．形質は競争仮説に従う形で進化的に形づくられるのか．時間的なすみわけと空間的なすみわけに関わる形質のいくつかは関連しているのか．そうした形質は種分化の原因となるのか．これらの疑問を検証するには，次の4つが必要となる．(1) 完成度の高い詳細な系統樹．(2) 地域的多様性と局所的多様性の両方を量的に比較できる世界規模の調査．(3) さらに多くの生息場所での局所的多様性と地域的多様性の比較．(4) 歴史的に古い系統と比較的新しい系統について，さらに広範な種と種群の比較．こうした情報があれば，ハンミョウの形質の多様化について，捕食に関する研究で用いた手法（第9章）とよく似た手法で調べることができる．しかし，本章での興味の焦点は，ひとつの生物の系統での生態学的形質と種

図10.7 リビングストンエンマハンミョウ *Manticora livingstoni* Castelnau の雄．大きくて湾曲した（左右非対称の）大顎をもっており，配偶者防衛の際，雌を抑え込むための形状と考えられる．南アフリカ，トランスバール地方，ニルスフレイにて，K. Wismann 撮影．

数に関する放散，つまり多様化である．なぜこのような多様性が生まれたのか，そして，この多様化の過程の中で競争がどのような役割を果たしたのかを知りたいのである．

## ハンミョウの適応放散―何が多様性を促進したのか

### 種間相互作用と，競争での種間の違いの進化

　種間の資源分割を導いたかもしれない生態的な違いの多くを認めることができても，そもそも，なぜそうした違いが生じたのかは依然として不明である．共存種の間の形質の違いは，競争による直接の結果なのか，あるいは本来他の要因で生じる多様化の過程の，単なる副産物なのであろうか．ほとんどの生物学者は，異所的種分化の圧倒的な重要性を認めている．すなわち，個体群と遺伝子プールの分割が，新種の形成に必須の前提条件であると考えている．しかし，その過程で競争での相互作用を最小限にするのに必要な種間の違いが自動的に産みだされるわけではない．この観点に立てば，種間の生態的な違いを説明する2つの主要な，互いに相容れない仮説がある．まず最初の仮説として，たとえば，離れた地域に生息する2

つの種が，それぞれの場所での適応によって異なる資源を利用するような形質を獲得できたとする．この2つの個体群がその後出会っていっしょに生活する場合，形質と資源利用の違いによって，競争はあったとしてもわずかで，共存し続けることになる（Vitt et al., 1999）．これとは対立する2番目の仮説では，種間の生態的な違いは，群集内の競争での相互作用によって直接生みだされたとする．似た形質をもち，似た資源を利用する2つの個体群が出会うと，一方の個体群が他の個体群を排除する傾向がある．しかしながら，競争による淘汰圧によって，両個体群の生態的な分岐がもたらされる可能性があり，その場合，その2種は直接的な競争関係ではなくなるだろう〔形質置換（character displacement）と呼ばれる〕（Lack, 1947; Grant, 1994）．

　後者の可能性は，近縁種の分岐を説明するのによく用いられるシナリオである．この考え方を遡っていくと，結局，チャールズ・ダーウィンによるガラパゴス諸島での動物と植物の研究に行きつく．その後の研究者たち（Lack, 1947; Grant, 1986）が，この仮説を発展させた．この考えによると，何種かの捕食者の個体群が餌をめぐって競

争すると，それぞれの種の個体に自然淘汰が働き，その結果，遅かれ早かれ，それぞれの種が異なる資源の利用に適応するようにその捕食者のギルドが改変される．ダーウィンフィンチでは，この過程により嘴の大きさと形，身体の大きさとプロポーション，および餌利用にとって適応的と考えられる他の形質に大きな形態的な変化がもたらされる．この考え方のもとでは，種分化を促進する主要な要因は，種間の競争によってもたらされる資源利用の多様化である（競争介在の種分化）．もし，これが複数回起これば，その系は適応放散を経験するだろうし，その結果，近縁であるが形態的および生態的に分岐した多数の種が誕生するだろう．

### 種レベルの系統進化と生態的な多様化

たとえ生態的な要因が種分化を促進しうることを示せたとしても，生態的な多様化が種間の競争の結果として生じるという証拠はあるのだろうか（Hughes, 1989）．その可能性を検証する有効な方法のひとつは，私たちが種レベルで再構築した系統樹と呼ぶものを使って，近縁種のグループ内での生態的な変化のパターンを検討することである．それは問題とする系統のすべての現生種の代表を含み，種間の形質の違いの進化を再構築するために可能なかぎりの高い精度をもつ系統樹である．種レベルでの違いと個体群レベルで進む過程との間のつながりは，間接的なものであるはずである．つまり，種間に見られる違いは，最初は分離したばかりの個体群間の違いとして存在し，その後，その違いは分岐してゆく各系統内に広がっていったはずである．従って，種レベルの系統樹は，系統が放散するときに作用した過程を明らかにできると期待され，多様化のプロセスそのものの解析に対して大きく役立つだろう．この系統樹はさまざまな要因の研究に利用できるが，ここでは2つのテーマで利用しよう．それは，次に論じる生態的な違いについての分析と，この章の後の方で扱うが，種分化が生じている地理的マトリックスの研究である．

まず，生態的な多様性と，競争関係が種分化の過程に及ぼすであろう効果について考えてみよう．予測としては，複数の種は別々の限りある資源を使い分け，それは資源利用のあり方を規定する形質の違いに反映されている．これまでに見てきたように，ハンミョウでは，その資源の分割はさまざまな形質に反映されており，それには餌資源の直接的な分割につながる大顎長と身体の大きさの違いも含まれる．同じく重要なものは，生息場所のタイプ，その気候条件，地理的な分布，活動するタイミング（一日の中の，および季節的な）といった空間的・時間的な分布に影響を及ぼす要因である．それぞれの種がどこで，いつ，どんな条件の下で生活し，活動するのかを決めるのは，それぞれの種の形態的，生理的，生化学的な形質の複雑なセットである．一言でいえば，これらの特性値によって，ある場所にどの種が存在できるかが決まる．従って，共存するハンミョウの地域的な種群は，その地方のすべての種の中で，その場所の環境条件の特定の組み合わせの中で生存できる種によって構成されているに違いない（もちろん，それらの種はその場所に到達するための手段をもつという条件で）．

しかしながら，その種たちはその地域で，競争関係に陥る可能性のある種とも出会う．そうした種に対しては，資源利用に関わるいくつかの形質を違えなければ，長期的な共存は望めないだろう．従って，種間で資源が分割できるように淘汰圧がかかる．ここで重要な論点が2つある．ひとつは，そうした淘汰圧は一般的には，種間で物理的な接触があるときのみ働き，そしてこの接触は，進化的な時間スケールで維持され，2種（あるいはそれ以上）が互いの環境の持続的な構成要素であり続ける必要があるということである．もうひとつは，そうした相互作用が種分化の過程そのものに及ぼす影響についてである．もし，そうした相互作用が大きな影響を及ぼすなら，ハンミョウ種群に見られる相互作用によって，共存種の間で生息場所利用の違いを生じるような形質が分化してくるに違いない．

### 種分化における生態的分化の検証

適応放散の古典的なシナリオでは，生態とは無関係な最初の違い，特に個体群の地理的な分離が必要となる．その少し分化した2つの個体群が二次的に接触することになったときにだけ，両個体

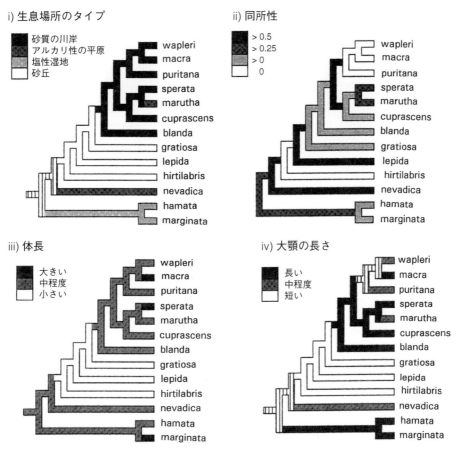

図10.8 マルバネハンミョウ亜属 Cicinela (Ellipsoptera) における生息場所のタイプ（ⅰ），体長（ⅲ），大顎の長さ（ⅳ）の変化を同所性の程度を示した系統樹（ⅱ）と比較［訳注：この比較により種間の相互作用が生態的分化を促進するのかどうかを検証できる．本文に詳細］（Barraclough et al., 1999より）．

群間の競争が生態的分化を引き起こすのである．しかし，この仮説の一般性を評価するのは難しい．直接観察から分かることにかぎって言えば，分離した個体群が二次的に接触した結果，資源利用の切り替えが起こったという報告はガラパゴス諸島のダーウィンフィンチについての一例しかない（Grant & Grant, 1995）．

一般的にいって，そのような分化の過程が，人間の観察できる時間スケールで生じると期待することはもちろんできない．しかしながら，種レベルの系統樹なら，そうした長い時間スケールで何がどのように生じたのかの検証に役立つに違いない．系統の分化に直接関わった形質は，近縁種の間で大きな変異を示すに違いない．たとえば，生息場所タイプ，大顎の長さ，身体の大きさといった形質を系統樹の上に重ねてみると，これらの形質が実際に種分化に関わったかどうかが分かるに違いない．もし，形質の変化が系統樹の中でも新しい分岐点に集中していたなら，はっきりとそう結論できるだろう．しかしながら，ハンミョウを対象とした研究，少なくともマルバネハンミョウ亜属 Ellipsoptera の種レベルの系統樹を用いた研究（Barraclough et al., 1999）からは，この仮説を支持する証拠は得られていない．系統樹上にこれらの形質を重ねてみたかぎりでは（図10.8），近縁種間で変化しているように見えるものもあるが，それらの形質が変化せず保持されているように見える大きなグループがある．これらの進化的な変化を，（与えられた）系統樹上でランダム化するというコンピュータシミュレーションから得られるものとこれらの系統樹を比較することで，形質変化の系統樹上での実際の分布について，その有

意水準を調べることができる．その分析の結果，どの系統樹も，偶然から期待されるものとの間に有意な違いは示さなかった．つまり，生息場所，大顎の長さ，身体の大きさの変化は，系統樹先端の近縁種間に集中しているとは言えなかったのである．もし，そこに集中していたとしたら，種分化と資源利用の変化の一致が示唆されたと言えるのであるが．

　形質変化についての系統樹を用いたこうした比較は，種の空間分布についての予測の検証にも使える．限りある資源の分割と関連する形質が互いに異なる種はいっしょに見られ（同所性），そうした形質が分化していない種は別々に見られる（異所性）と予測される．ところが，マルバネハンミョウ亜属 Ellipsoptera の系統樹では，大顎の長さ，身体の大きさ，生息場所のタイプの変化は，同じ地理的分布をもつ種の共存とは関連していなかった．加えて，大顎の長さと身体の大きさのどちらも，同じ生息場所での共存とは関連していなかった．もし，種間の相互作用が実際に生態的分化を促進することに関わっていたのなら，それらの間には強い負の相関が見られるはずである．つまり，もし共存するなら，共存種どうしは，別の地域や生息場所に見られる種よりも，もっと異なっているはずである．しかし，データはそれどころか反対のことを示唆している．共存種ほど形質は似ていそうなのである．

　前にも述べたように，同じ生息場所に見られる多くの種は，偶然から期待されるよりも互いによく似ている．たとえば，アリゾナ州南東部の安定した水辺では，複数の系統から成る11種のハンミョウがいっしょに見られるが，これらの種の大顎の長さは偶然から期待されるよりもよく似ていた（Pearson & Mury, 1979）．川岸に見られるハンミョウ種群について世界規模で比較したところ（Pearson & Juliano, 1991），やはり成虫の大顎の長さは偶然から期待されるよりも似ていた．Barraclough et al. (1999) の研究では，マルバネハンミョウ亜属 Ellipsoptera の砂丘性のハンミョウ3種は，その系統内の他のどの種よりも似た身体の大きさと大顎の長さを示した．このような共存種の類似の事例が示唆するのは，重要な形態的要素が決まるうえで，生息場所を共有すると特別

な淘汰の枠組み（収斂）が働くらしいことである．もし，それが確かなら，そうした生息場所で見られる大顎の長さの収斂は，各生息場所のタイプで利用できる餌生物の大きさの分布が似ているか，あるいはそれが狭いことの結果なのであろう（Pearson & Mury, 1979）．身体の大きさは，生息場所のタイプ毎の熱特性に最も合うように体温調節のバランスをとるためにも重要で，それは生息場所の地理的な位置とは無関係である．しかしながら，砂丘性のマルバネハンミョウ亜属 Ellipsoptera の形質にみられる相関は，ただ単に系統的慣性の事例のひとつかもしれない．なぜなら，3種ともきわめて近縁だからである（単系統ではないが）．

　要するに，資源利用と対応する形質の差異が，きわめて近縁な種（姉妹種）の間で必ず見られるわけではないので，そうした形質の分化が種分化に直接関与しているという仮説は支持されない．それでもなお，大顎の長さに関する事例（Pearson & Mury, 1979）のような，生態的形質の全体的な変異幅の中での共存種の間の差異は，印象的である．そこで，そうした形質の差異は種群の変異幅の増大に関与していることが示唆される．今後は，近縁種どうしの小さな系統を超えて，異なる系統や種群でそうした形質の変異幅を評価し，また多様化の進化的傾向を比較することで，この仮説が検証されていくかもしれない（Vogler & Barraclough, 1998）．

## 系統と群集の進化の傾向

　系統の多様化にみられる一般的な傾向と，それが地域群集の構成に及ぼす影響は，特にハンミョウを対象にして盛んに検討されている分野である．ハンミョウは，すべての主要な大陸に生息し，よく似た生物的，非生物的環境に見られる場合が多い．そのため，実験計画に組み込む場合，少ない変数ですむ．地域的なハンミョウ相は，独立した進化的な実験と見なすことができ，その系統の進化が，ある出発点（たとえば，祖先的な形態や生息場所のタイプ）からどのように進んでゆくのかという問いに答えるのに役立つ．まず最初の問いとして，系統の進化自体に，生態形態学的（eco-morphological）な変化や生息場所との対応の変化，

およびその頻度に，繰り返されるパターンはあるだろうか．この問いは，いわゆる自然の偶然性と「命のテープの再生」(Gould, 1989) に関連する問題である．もう一度進化が繰り返された場合，最後には実際に出現した系統とほとんど同じ系統が現れるのだろうか．あるいは，系統進化の結末は，主に偶然の出来事によってもたらされ，まったく異なる道筋をたどるのだろうか．2つめの問いは，そうした系統によって構成される種群に関連した問題である．局所的な種群の種構成は，その地域の種のプールがもつ系統的な背景に依存しているのか．異なる系統が，別々の種群において同じ役割を担うことができるのか．種の共存は，その構成種の生態から何らかのかたちで制約を受けているのか．どの種が共存可能でどの種ができないのかという，種の組合せに規則性はあるのだろうか．

1950年代と60年代の研究者たちは，適応放散の過程について一般化できるパターンを見つけようとしていた．Wilson (1959) が提唱するタクソン・サイクル (taxon cycle) は，新種の誕生について，生息場所の集合体の中で，繰り返し生じるニッチ（生息場所）幅の方向性のある変転を提案している．この仮説では，ジェネラリストの種は次善の（ぎりぎりの）生息場所あるいは一時的な生息場所に侵入し，そこからもっと安定した生息場所に広がっていき，最終的にはそこの優占種になっていく．この過程で，その生息場所をもともと占有していた種を追い払い，結局は絶滅させる．この生息場所の集合体の中での変転は，種分化と対応しており，その種分化は生息場所のタイプと生息場所利用の幅の両方に関する生態的特性の変化と軌を一にする．その意味は次のような考え方である．その変転の最初の段階で，周縁の生息場所に出現するのは，なによりも適応的なジェネラリストの種で，その種は系統が進化する過程で生息場所を変更するとともに，スペシャリストに変わっていく．つまり，タクソン・サイクル仮説は，系統の進化について特定の予測を立てる．一番重要な予測は，もし環境条件と利用できる生息場所のタイプが似ているならば，よく似た経過の生息場所の変転が生じる．言い換えると，（系統学的な）出発点がどのような系統であろうと，それぞれの系統は，おおまかには似たような生息場所の変更を経て，最後には絶滅に至る．その結果，生息場所の変転の方向性と頻度について予測可能なパターンが生じるのである．

この予測を検証するには，北米産ハンミョウ属 Cicindela (広義) の系統樹に生息場所の変化を重ねてみればよい（図10.8）．タクソン・サイクルの予測とは対照的に，少なくとも現在得られている種群の系統樹の解析からは，生息場所との対応の進化に規則性は認められない．いくつかのサブグループ，たとえば海浜性のアメリカアシダカハンミョウ亜属 Opilidia，近縁のアメリカイカリモンハンミョウ Habroscelimorpha dorsalis，この種と同亜属で内陸の塩性湿地に生息する種では生息場所のタイプは保守的に維持されているようだが，マルバネハンミョウ亜属 Ellipsoptera やハンミョウ亜属 Cicindela (狭義) のようなグループでは，主要な生息場所のタイプである「水辺の砂地」と「開けた林床」からの変化がよくみられる．全体でみると3分の1の分岐点で，合計9つの明確な生息場所のタイプで生息場所の変化がみられた．その9つの状態の間では，変化はどちらの方向にも生じており (Vogler & Goldstein, 1997)，特定の変化のパターンは確認できなかった．この解析は予備的なものであり，統計的に支持される結論を得るにはもっとたくさんの資料が必要であるが，現時点では，生息場所の集合体の中での変転に，変化の頻度と方向性の両方で規則性はほとんど認められないのである．

ハンミョウでの分析結果はタクソン・サイクル仮説の予測を実証しなかったが，西カリブ海のアノールトカゲ属 Anolis についての最近の系統解析は，生息場所の利用の進化についていくつかの規則性を示唆しており，また，そうしたパターンには個体群間の競争が介在しているようである．カリブ海の主要な各島にはそれぞれ4〜5種のトカゲの固有種が生息し，それらのトカゲ類は明確に生息場所を違えており，それぞれの生息場所に適応しているように見える．つまり，地表性，そして樹上性では幹で生活するもの，枝で生活するもの，樹冠で生活するもの，幹と地表の両方で生活するものに分かれる (Losos et al., 1998)．そして，それぞれの生息場所には各島につき1種しか生息していないのであるが，推測される進化の過

程は島毎に異なる．たとえば，枝で生活するトカゲは，ジャマイカとプエルトリコでは系統樹の根元から分岐した系統であるが，キューバでは派生的な系統であり，ヒスパニオラ島では中間の系統である．こうした研究結果によって，島のような限られた場所では，明瞭に区別できるよく似た生息場所のタイプがあり，生態のタイプの多様性には上限があることが示唆されるが，これらの生態的な場所が占有されていく具体的な過程は，偶然に大きく依存することが示された．従って，生態的な多様化の過程は，種分化や種の多様性を促進する重要な要因と考えられる．ただし，その多様化の過程は，タクソン・サイクル仮説とは異なり，当初考えられていたほど方向性をもつものではない．

ハンミョウについてそうした過程を評価する場合，適応放散に関する仮説は島の生物相を対象とした研究に大きく影響を受けてきた点を考慮する必要がある．大陸の動物相では，海洋島の少数の入植者を祖先とする分岐群よりも多くの系統が存在しており，分化の過程はもっと複雑であるに違いない．ある分類群が利用できる大陸の生態的な空間は，島に見られるものとよく似ているだろうが，大陸では種が簡単に移動できるので，相互作用はもっと多様になり，短期間に変化するだろう．大陸の動物相に見られる生態的形質の多様化は，島における適応放散と同様に共存種に対して反応したものだろうが，そうした形質を局所的な群集レベルで相互作用が働く前にすでに身につけていたという可能性も同じくある．すなわち，形質の進化は，単一の系統内での相互作用を反映したものではなく，近縁の程度が異なる複数の系統間での相互作用の結果と考えられる．そうした形質に見られる変異は，ハンミョウ類の種構成が決まるうえで非常に重要なことは確かであるが，近縁な個体群間の相互作用による直接的な結果であるとはかぎらない．大陸のハンミョウ属 *Cicindela*（広義）にみられる適応放散を，島での適応放散，たとえばニュージーランドの単系統のマオリハンミョウ亜属 *Neocicindela* 14種（Savill, 1999; Pons et al., 2011）や，ニューカレドニア特産のカレドニアハンミョウ属 *Caledonica* 10種，ガラパゴス諸島に固有のガラパゴスハンミョウ *Cicindela* (*Habroscelimorpha*) *galapagoensis* にみられる複数の品種（あるいは種）の適応放散と比較すればおもしろいだろう．

競争が介在した多様化を検証する際のもうひとつの注意点は，そうした検証が，単一の形質，特に生息場所との対応についての多様化のパターンだけに注目しすぎていることであろう．資源分割には，さまざまな要因が介在しうるので，そうした要因をいっしょに検証すべきである．そうした研究手法は，ヒマラヤで同所的に生息し，身体の大きさ，採餌方法，生息場所が異なるヒタキ類の研究ですでに用いられている（Richman & Price, 1992）．その研究は，多様化を分析する基礎として分子系統樹を使用した最初の研究と考えられるが，形質の変異は，段階的に集積してゆくことを明らかにしている．身体の大きさや他の身体の部位に見られる違いのかなりの部分は，系統樹の中の単一の深い分岐でもたらされたものであるが，生息場所の選択は変異しやすく，種間の主要な違いとして生じるようである．おそらく多様化が生じるのはほんの時まで，それ以外の長い期間は生態的あるいは形態的な変化はほとんど生じないようであるが，その多様化は，同所性の種間で観察される生態的すみわけを説明する複数の要因のうちのひとつだけに影響を与えていた．マルバネハンミョウ亜属 *Ellipsoptera* の形質の変異性の研究（図10.8）は，同じ結論を示唆しており，生息場所のタイプ，身体の大きさ，大顎の長さの違いは，各系統内で独立に生じ，多様性が高まったと考えられる．

### 種レベルの系統樹から推論される分布範囲の変化

種間の相互作用が形質の進化と種分化にどう影響するのかを検証するには，共存するハンミョウの種群がどれくらい安定しているのか，また，安定した種群として進化的に十分な時間存在しているのかどうかを明確にしなければならない（Dangalle et al., 2014）．北米産のハンミョウ属 *Cicindela*（広義）のいくつかの種群は，広い地理的分布域でいつも共存している．そのうち，一番研究されてきたものは，北米大陸の東部のマツ林に生息する5～6種の種群であろう．そのハンミョウ類は，ニューヨーク州（ロングアイランド）

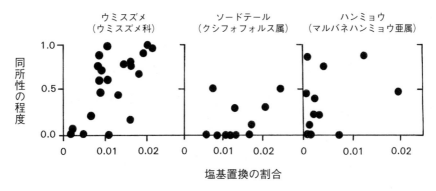

図10.9 同所性の程度と分岐点の深さの関係．現生の鳥類（ウミスズメ類），魚類（ソードテール類），昆虫類（マルバネハンミョウ亜属 *Ellipsoptera*）の各クレードについて求めた．縦軸が同所性の程度，横軸が相対的な分岐年代（系統樹で使われた分子マーカーの違いにより年代の単位は分類群ごとに異なる）（Barraclough & Vogler, 2000より）．版権はシカゴ大学（2000）．

からテキサス州に広がる古代の氷河期の氾濫原跡に発達する開けたマツ林の砂地に生息する（Schultz, 1989）．世界の他の地域でも，場所によっては種群の一部の種が入れ替わるものの，いつもいっしょに見られる複数種の組が存在する．たとえば，ヒメモリハンミョウ亜属の *Odontocheila* (*Pentacomia*) *egregia* とモリハンミョウ属の *Odontocheila confusa* は，アマゾン川流域のほとんどの地域の氾濫林でいっしょに見られる．また北米のコトブキハンミョウ *Cicindela scutellaris* とオオサキュウハンミョウ *Cicindela formosa* は，ほとんどの地域で高地の砂質地で共存する．さらに，ハマベヒラタハンミョウ亜属のヨツスジハマベヒラタハンミョウ *Cicindela* (*Hypaetha*) *quadrilineata* とフタスジハマベヒラタハンミョウ *Cicindela* (*H.*) *biramosa* は，西南アジアから東南アジアにかけての沿岸の砂浜で共存する．こうした事例および他の多くの事例から，種間の相互作用は，構成種の形質の進化に影響を及ぼすのに十分な期間，維持されうることが示唆される．

しかし，いくつかのハンミョウ種群が，どの場所でも必ずいっしょに見られることを実証できたとしても，それが直ちに，その種群が長い間維持されてきたことを意味するわけではない．系統進化における分布範囲の変化は，化石記録がないため，現在の分布範囲から推測するしかない．Barraclough & Vogler（2000）は，マルバネハンミョウ亜属 *Ellipsoptera* について構築された系統樹を使って，この推測を試みた．この研究によって，ハンミョウの分布範囲はたやすく変化するもので

あることが，脊椎動物，たとえば渡り鳥の分布域（繁殖地）との比較で分かった（図10.9）．図10.9に示した検証は，次のような考え方に基づいている．もし種分化が異所的に生じるなら，種分化の直後には，姉妹種の分布範囲は重ならないだろう．種分化によって生じた2つの独立した系統は，分布範囲を違える可能性もあるが，違えない可能性もある．もし，種分化の時点で完全に異所的であり，その後に分布範囲が変わらなければ，2つの系統は，異所的なままである．しかし，種分化の後に分布範囲が変化するなら，分布範囲は部分的に重なる可能性がある．種分化の後，時間が経つほど，分布域は厳密な異所的な分布パターン（あるいは，2種の分布域が安定している場合は2種が隣接した側所的な分布パターン）から変化していき，引き続いて生じる種分化でも，初期の異所的な状態が維持されるはずである．この安定性は，系統樹の異なるレベルで，地理的分布の重なりを調べることで検証できる．地理的分布範囲が変化する場合，系統樹での分岐点が深いほど，姉妹系統は，厳密な異所的あるいは側所的な分布パターンからかけ離れてゆくと考えられる．さまざまな生物を対象にした地理的分布パターンの解析は，おおむねこの考え方を支持する．近縁種間では分布範囲は重ならず，分岐点が深い系統間ほど，分布域の同所性が高くなる（図10.9）．しかしながら，マルバネハンミョウ亜属では，地理的分布は系統進化とほぼ無関係である．すなわち姉妹群は，近縁であっても分布域は広い範囲で重なる．このことから，マルバネハンミョウ亜属の種では分布域

がよく変わることが示唆されるのである (Barraclough & Vogler, 2000).

　分布域が頻繁に変わるということは, 種間の相互作用が進化的な時間スケールで安定したものである可能性はきわめて低い. 従って, ハンミョウでは他種の存在によって分岐を強いる淘汰圧が働くとしても, それは短期間であり, その淘汰圧も絶えず変化するものであると考えられる. 加えて, 分布域は種毎に大きく異なるので (第6章), ハンミョウ属 *Cicindela* (広義) の各種は, 分布域内の場所ごとに異なる種間競争の相互作用にさらされているだろう. 特に, 広域分布種ほど, そうした他種との場所毎に異なる相互作用にさらされる度合いは大きいかもしれない. 従って, そうした種は, 相互作用に関して地理的にモザイク的な状況の中で生活しており, ある個体群ではある形質に淘汰圧が働くが, 別の個体群で働かないことが生じるかもしれない. もし, 種間の相互作用によって, 資源分割に関連した形質に強い淘汰圧が働くのなら, そうした形質は必然的に場所毎に異なってくるだろう.

　この理解は, 集団遺伝学と個体群生態学を統合する研究分野を急速に発展させてきた (Thompson, 1994, 1998). 群集中のハンミョウの集団 (assemblage) の研究にもっと注意を向ける必要があることも, また明らかである. たとえば, 大顎の長さの違いのように競争によってもたらされたと考えられる形質の差を, その種の分布範囲全体の中において個体群レベルで比較する必要がある (Niemelä, 1993). 地理的な構造を示すそのような群集内の相互作用の違いも, 明らかに種分化を促進しうる要因である. 従って, こうした地理的なモザイクの効果についても, 適応放散の研究においてもっと注目されてしかるべきである.

# 第11章

# 経済と保全

　人々が昆虫と経済の問題をいっしょに語る場合，昆虫の大発生，農作物被害，その他の災厄に話が及ぶことがふつうで，どの国の文化でもよく見られる昆虫すべてに対するネガティブな反応を改めて思い知らされる．そして私たちが昆虫と保全について語る場合は，皆からあっけにとられた顔をされ，まるで昆虫がそうした関心に値するはずがないと信じているかのようである．しかしながら，ハンミョウは経済的な影響はささやか（その多くはプラスの影響）であるが，保全の対象としては，環境の将来をめぐる紛争において重要な役割を担うようになってきている．

　次に示すインドのハンミョウの事例が，経済に対するプラスの影響と，保全対象としての可能性を物語っている．二人のインド人学生，T. Shivashankar と A. Kumar は，バンガロール近くの水田によく見られるニセムツボシハンミョウ Cicindela (Calochroa) flavomaculata の自然史を研究していた（口絵21）．この種は湿った草地を好み，雨季に入る前（プレモンスーン季，5月と6月）には，灌漑された水田が，唯一とは言わないまでも，インドの多くの地域で利用できる理想的な生息場所となる．野外と実験室での観察から，二人の学生は，雌が産卵場所として約45度傾いた泥地を好むことを発見した．この角度は，おそらく幼虫の巣穴の水没は避けることができ，しかも巣孔の入口を通りかかる餌動物の数が減るほど急勾配ではないということなのだろう．

　このインドの学生たちが得たデータは予備的なものであるが，こうした自然史的な観察データが経済と保全の役に立つ可能性は高い．壁面がほぼ垂直な泥の畦に囲まれた小さな水田が広がる広い圃場（15ha）で，学生たちは成虫数を調査し，$1m^2$当たり0.1〜0.3個体と推定した．その後，彼らは農家の人に半数の水田で畦の壁面の角度を45度に するよう頼みこみ，1週間後に個体数を再調査した．その結果，ニセムツボシハンミョウの密度はほぼ10倍に増えていた．好適な産卵場所に誘引されて雌が増加し，それが交尾したがっている雄も呼び込むことで，このような成虫密度の大幅な上昇がもたらされたのだろう．ハンミョウは産卵や配偶者防衛をしていないときは小さな昆虫を捕食するため，ニカメイガのような稲の害虫（Sastry & Appanna, 1958）を含む餌となる昆虫の数は，ハンミョウによる捕食の増大とともに減少しているはずである．もちろん，この予想を検証するには，餌昆虫の密度を対照区の圃場と操作した圃場の間で同じ時期に比較する必要があるだろう（Sinu et al., 2006）．もし畦の壁の角度を変えるだけで多くのハンミョウを誘引できるのなら，そしてハンミョウが捕食する餌種が主に害虫なら，最終的には，稲の収量が増加し，殺虫剤よりも安価で安全な代替物となるはずである．このハンミョウは広大な地域に生息するため，その生物防除の効果は予想外に大きいだろう．近縁種のムツボシハンミョウ Cicindela (Calochroa) sexpunctata とともに，このハンミョウ2種は西アフリカからフィリピンまで分布し，どこでも水田のような湿った草地を好む．ペルーのアマゾン川流域でも，川岸の氾濫原において，作物とその害虫，そして害虫を制御するために周囲のハンミョウ類を誘引して密度を高められるかどうかの研究が進められている．

## 経済的な利用価値

　ハンミョウの経済的な利用価値についてはそれほど研究されてきたわけではないが，大きな価値をもつ可能性のあるハンミョウは何種かいる（Nachappa et al., 2006a, b; Young, 2011）．ハンミョウは節足動物の捕食者なので，一番はっきりした価値は，さまざまな作物害虫の制御である．たと

えば，合衆国南東部に持ち込まれたケラの仲間（*Scapteriscus*）は，芝や牧草の主要な害虫になっている．原産地の南米では，カラカネハンミョウ属 *Tetracha* のハンミョウがケラを捕食する（Fowler, 1987; Guido & Fowler, 1988）．合衆国南東部の草地には，同属のバージニアカラカネハンミョウ *Tetracha virginica* が自然分布しているので，その持ち込まれたケラ個体群の制御要因となりうるかについての研究が始まっている（Hudson et al., 1988）．合衆国南東部の他のハンミョウ類は，芝生の中で，マメコガネやヨトウガの一種などの害虫を含む昆虫類の卵を多量に捕食する（Terry et al., 1993）．別のハンミョウ類は，ジャガイモの主要害虫であるコロラドハムシの天敵と考えられている（Houghgoldstein et al., 1993）．害虫以外の動物の制御要因となる事例もある．オオヒキガエル *Rhinella marina* は，原産地の南アメリカからオーストラリアに持ち込まれ，オーストラリアの小動物の捕食者として動物相に多大な影響を与えるようになった．しかし，土着のハンミョウ，オセアニアコハンミョウ *Cicindela* (*Myriochile*) *semicincta* は，この帰化したヒキガエルのオタマジャクシを常食にしており，生物防除の担い手のひとつとなっている（Hawkeswood, 2011）．ハンミョウは害虫だけでなく，病気の媒介者の制御にも一役買っているだろう．たとえば，西アフリカ産のホソヒメハンミョウ亜属の一種 *Cicindela* (*Ifasina*) *octoguttata* の成虫は，雨水による水たまりの縁でよく採餌し，浅い水辺にいる複数種の蚊の幼虫を捕食している（Macfie, 1922）．

　しかしながら，何種類かのハンミョウは，負の経済効果をもたらすかもしれない．たとえば，東南アジアに見られる樹上性のクビナガハンミョウ属 *Neocollyris* の幼虫は，生きている立木の枝に巣孔を穿つ習性があり，コーヒーの樹に被害を与える（Dammerman, 1929）．もっとも，その幼虫は，その植物を食べにくる害虫も捕食してくれるという面もあるにはある．また，ハンミョウ成虫は，養蜂業のミツバチなどの益虫を捕食することで経済的被害を与えるかもしれない（Frick, 1957）．しかし，そうした負の影響の報告はほとんどない．

## バイオミメティクス（生物模倣）

　バイオミメティクスまたは生物模倣（biomimetics または biomimicry）［自然界の生物がもつ構造や機能を模倣し，新しい技術を開発すること］は，人間社会の複雑な問題や挑戦をまったく新しい見方で解決すべく，自然界のパターンや適応を利用する．その目標は，持続可能で，できれば利益も生みだすような新しい製品，方法，政策を作り出すことである．よく知られている例として，鳥の飛翔と空気力学の観察から飛行機が開発されたり，やたらと衣服に付着する植物種子の「ひっつきむし」の微小な鉤の構造の研究からナイロン製の面ファスナー［Ⓡマジックテープなど］が開発された例があげられる．

　工学から薬学，混雑の解消，ナノ粒子など，ますます増えている革新的な製品やシステムの拠り所は自然界の生物から提供されたもので，それらの多くは，今ではあって当たり前と思われている．ハンミョウは，生物模倣のいくつかの分野ですでに利用されている．たとえば，ハンミョウの餌の捕獲における視覚と触覚の研究（Van Dooren & Matthysen, 2004; Zurek et al., 2014）から人間の神経経路のモデル化（Ache & Dürr, 2015），高速で走り回りながら障害物をよけるメカニズムの研究（Zurek et al., 2014）から無人飛行機での衝突回避のソフトウェアの開発（Xin et al., 2015），外骨格表面に見られる点描画法のような反射による色彩の研究（Schultz & Bernard, 1989）からメタリック塗装（Lenau & Barfoed, 2008），および見る角度によって違った色になる反射板（Yabu et al., 2014）の開発，さらにはハンミョウのようなスベスベして流線形の昆虫の体形と触角の機能（Zurek & Gilbert, 2014）を取り入れて，障害物の多い雑然とした場所をうまくすり抜けて移動できるロボットの作製（Li et al., 2015）といった例があげられる．

　今後，ハンミョウが生物模倣に貢献できる可能性を秘めたテーマはまだたくさんあるが，わずかばかり例をあげれば，ハンミョウ成虫（Layne et al., 2006; Haselsteiner et al., 2014），あるいは幼虫（Toh et al., 2003）における視覚と複眼の特性，体温調節（Edirisinghe et al., 2014），活動パターン（Young, 2015a），季節的氾濫とそれに伴う酸素欠

乏を耐えぬく能力（Hoback et al., 2000b）などについての研究がある．

## 保全

ハンミョウの経済的効果についての研究は少ないが，対照的にハンミョウの保全についての研究はここ10年間でずいぶんと増え，よく目にするようになった．南米，北米，アフリカの国々の政府は，国の自然保護政策を決める際にはハンミョウを考慮に入れるようになり，世界中の非政府組織（NGO）や民間の保全活動のグループも，さまざまな保全の問題を考える上で，ハンミョウが役に立つことに気づき始めた．多くの保全活動においてハンミョウがうってつけの対象で，注目に値する点をまとめてみよう．

### 希少種と絶滅危惧種

2016年現在，合衆国の絶滅危惧種保護法のリストに載せられている甲虫類は18種だけである．合衆国とカナダで記載されているハンミョウのうち，現在，少なくとも36（15％）の種と亜種で個体数が大きく減少していると推定されており，それらは希少種なり絶滅危惧種の取り扱いをすべきだと考えられるが，公式に絶滅危惧種として指定されているのはわずか4種で，残りのうち3種が指定の審査中である（Knisley et al., 2014; Pearson et al., 2015）．シラゲハンミョウ Cicindela hirticollis の一亜種 abrupta と，ライムハンミョウ Opilidia chlorocephala の一亜種 smythi はすでに絶滅したと考えられる．絶滅危惧種のピューリタンマルバネハンミョウ Cicindela (Ellipsoptera) puritana は，バーモント州とニューハンプシャー州のコネチカット川沿いと，メリーランド州のチェサピーク湾の東部と西部だけに生息する．ノースイースタン・ビーチに生息する絶滅危惧種のアメリカイカリモンハンミョウ原亜種 Cicindela (Habroscelimorpha) dorsalis dorsalis は（図4.6を参照），かつてはマサチューセッツ州南部からメリーランド州，ヴァージニア州北部までの砂浜の海岸に見られた．現在この亜種の分布は，マサチューセッツ州のマーサズ・ヴィニヤード島の中の1ヶ所と，メリーランド州とヴァージニア州のチェサピーク湾沿岸の数ヶ所だけに限られる（Fenster et al., 2006）．カリフォルニア州沿岸域で最近記載されたばかりのオーロニハンミョウ Cicindela (Cicindela) ohlone（Freitag et al., 1993）の分布域はさらに限られたもので，しかも，その地域では乱開発が進行している（Cornelisse, 2013; Cornelisse, Vasey et al., 2013; Cornelisse & Duane, 2013; Kinsley & Arnold, 2013）．ネバダマルバネハンミョウの一亜種 lincolniana も絶滅危惧種に指定されている（Spomer et al., 2015）．現在，合衆国で絶滅危惧種への指定が審査されているハンミョウは，次の3種である．ユタ州南部の中央に位置する長さ13 km，幅1.5 km の砂丘（コーラルピンク砂丘；口絵23）だけに生息するコーラルピンクサキュウハンミョウ Cicindela (Cicindela) albissima（口絵22）（Knisley & Hill, 2001; Gowan & Knisley, 2014），コウゲンアメリカハンミョウ Cicindelidia highlandensis，そして，最近になって再発見されたマイアミアメリカハンミョウ Cicindelidia floridana である（Brzoska et al., 2011）．この最後の種は，マイアミ南部の，3つの隣接する岩だらけのマツの疎林という生息場所に小さな個体群として存続していた．その生息地の面積は全部合わせても4 ha 以下である．このきわめて限られた分布と，その生息地も外来植物の繁茂から大きな影響を被っている状況なので，このマイアミアメリカハンミョウは，北アメリカのハンミョウの中ではまず間違いなく一番希少で絶滅の危惧される種と言える．他の絶滅が危惧されながらもまだよく状況の分かっていないハンミョウについても，多くの専門家と昆虫愛好家が調査を続けている．こうした絶滅が危惧されるハンミョウ類は，レジャー用のオフロード車の進入，牛の放牧，環境汚染などに曝されて個体数が大きく減少しているのである．そうした事例は世界中で報告され始めており，たとえば，北アメリカ（Beer, 1971; Nagano, 1980; Shook, 1981; Knisley & Hill, 1992; Spomer & Higley, 1993; Stanton & Kurczewski, 1999; Schlesinger & Novak, 2011; Ward & Mays, 2014, 2015），アフリカ（Rivers-Moore & Samways, 1996; Mawdsley & Sithole, 2012），ヨーロッパ（Cassola, 2002; Aydin, 2011a; Arndt et al., 2005），日本（Satoh, 2008），そしてスリランカ（Dangalle et al., 2011）などである．

他の昆虫では，こうしたタイプの個体群減少を詳細に記録できるほど観察されたものはほとんどない．しかしハンミョウでは，研究に使える標本が豊富に保存されているので，分布域の一部から消失していれば，それを実証できる．また，その年代の記録から，環境の長期にわたる変化も導き出せる（Desender & Turin, 1989; Desender et al., 1994; Yarbrough & Knisley, 1994; Kamoun, 1996; Trautner, 1996; Mawdsley, 2005b; Dangalle et al., 2011）．従ってハンミョウ類は，昔の状態がどうであったかについての情報を提供してくれるし，保全が必要な地域はどこなのかも教えてくれる．たとえば，ユーラシア産のウミベハンミョウ Cicindela (Cicindela) maritima を考えてみよう．本種は，分布域の北西部にあたるスウェーデンでは，国の絶滅危惧種のリストに載っている．もともと本種は，小川の砂洲や礫の川岸にふつうに見られたが，ここ10年でスウェーデン各地で少なくなったり見かけなくなってきた．水力発電ダムの数が増えるにつれ，川の季節的な増水が少なくなり，砂や礫の堆積が減り，大水による洗い流し作用がなくなることで，川岸が植生で被われるようになった．砂地の川岸という生息場所が消失するにつれて，それに依存するウミベハンミョウも消えていった（Berglind et al., 1997）．同じく，スペイン南東部の塩性草原に固有のニセサバクハンミョウ Cicindela (Cephalota) deserticoloides も絶滅しかかっている．人間による生息場所の破壊のために，もはや4つのコロニーしか残っていないようである（Diogo et al., 1999）．

鳥類や哺乳類と同様に昆虫も保護の対象になりうると認める自然保護の活動家，そして政治家，行政の責任者，教育者もしだいに増えてきた．ハンミョウは多くのアマチュアやプロの科学者にも人気があるので，ハンミョウを守ることは，自然保護の活動そのものだけでなく，一般の人々の教育にも役立つ．たとえば，合衆国でハンミョウが最初に国の絶滅危惧リストに載せられたとき，野生生物の生息場所の保護と適正な利用に係わっている人たちがすぐに気づいたことは，ハンミョウの生息場所およびそこにいっしょに見られる動植物もすべて，保護の恩恵を受けるということである．

## 生物指標

自然保護にとって，ハンミョウは昔の状態を知るための情報を与えてくれ，また，アンブレラ種（umbrella species）［食物連鎖の頂点を占める種で，その保全の施策が結果的に下位の動植物の保全につながるとされる種］として役立つだけでなく，別のかたちでも有用である．保全政策とそのための調査は，政治的，社会的，経済的な課題から早急な結果を求める大きな圧力を受け続けている．この圧力はとても強く，また使える時間，資金，人手がとても限られているため，保全生物学では，リスク分析が主要な柱となってきており，この分野は今や危機管理の学問と呼ばれている（Maguire, 1991）．そうした問題を解決する一般的な方法は，複雑な環境の中で他の分類群の代表とされる生物を，指標の分類群として検証の対象に用いることである．生息場所あるいは生態系を小さいながらも代表する生物のサブセットを対象として，そこに調査の焦点を合わせることで，生息場所の劣化と個体群消失のパターンを迅速かつ明確に読み取れるようになるのである（Noss, 1990）．

残念なことに，指標として提案された分類群の多くは，それがどれほど大衆に受けるかを規準に選ばれてきた（Pearson, 1994）．その結果，保全の政策決定のうえで，生物指標（bioindicator）としてどれだけ一般的に使えるか，また，正確な指標となるのかが問題視されることになった．たとえば，指標として動物を用いた調査のほとんどは，脊椎動物，中でも「世間の関心が高い種」に頼ってきた（USDI, 1980）．しかし，脊椎動物は相対的に長生きで，個体数増加率は低く，世代時間は長く，生息場所の特異性は比較的低い（Murphy et al., 1990）．それは，正確な調査に必要な時間と資金が大きくなることを意味する．そのため最近では，適切な指標の分類群として脊椎動物の代わりに，あるいは，それに加えて，節足動物，特に昆虫を利用する動きも高まっている（Pyle et al., 1981; Kremen, 1992; Samways, 1994; McGeoch, 1998）．

生物指標の選択と利用について厳密な手順に従うことで，研究者が正確な指標を見つける可能性は高くなる．その手順は，まず，たとえばハンミョウなどの種なり種群が理想的な生物指標である

との提案がなされ，次に，その提案された分類群が，理想的な生物指標としての理論的および生物学的な，広く支持されている基準を満たしているかどうかが検討される．生物指標として有用な分類群は次の基準を満たしている（Brown, 1991）．
（1）分類がよく分かっていて安定しており，そのため個体群が確実に定義され識別できる．（2）その生物学と生活史がよく理解されており，制限要因となる資源，天敵，物理的な許容範囲，生活環のすべての発育段階を，仮説や実験計画に組み込むことができる．（3）その生物の個体は野外で容易に観察でき，分かりやすい観察と操作によって調査を進めることができる．従って，素人を調査の補助要員として養成することが難しくない．
（4）上位の分類群で見ると，その分類群は広い地理的分布を示し，さまざまな生息場所タイプに見られるため，調査結果が幅広く応用できる．
（5）下位の分類群では，各個体群あるいは種は特定の生息場所に特化している傾向があり，従って生息場所の劣化と再生に敏感である．（6）指標となる分類群で観察された種数の多さと個体数の多さなどの空間的あるいは時間的パターンが，他の近縁種および近縁でない分類群にも表れる．
（7）いくつかの個体群で潜在的な経済的重要性が明らかであり，従って科学者と政治家，特に，基礎科学が贅沢とみなされることの多い発展途上国の科学者や政治家に対して，この分類群の調査が地方の人員と予算を投入する価値があると納得させることができる．

ハンミョウは，これまで生物指標として提案されてきた他の多くの分類群よりも，これらの基準によく合っている（Tanner, 1988; Pearson & Cassola, 1992; Aydin et al., 2005; Bhardwaj et al., 2008; Aydin, 2011b; Edirisinghe et al., 2014）．しかし，この7つの基準の重要度の順位は，固定したものではない．問題となる状況はいつも同じではなく，各基準の重要度はその都度変わってくるが，生物指標に関するすべての調査は，実質的には2つの互いに関連するカテゴリーのうちのどちらかに位置づけられる．その2つのカテゴリーでは，調査の目標が異なっており，それゆえ，その指標と目される分類群に適用される基準の優先順位は一般的に違ったものになる（Kremen et al., 1993）．そのカテゴリーのひとつは，モニタリングを中心とする調査で，それは生息場所の衰退のような経時的な変化を問題とする（Noss, 1990; Spellerberg, 1991; Kremen, 1992; Murphy & Noon, 1992; Stein & Chipley, 1996; Greenberg & McGrane, 1996）．この場合，生物指標として重要となる基準は，環境変化に対する感度である．もうひとつのカテゴリーは，生物目録（インベントリー）の作成を重視する調査で，それは通常，保全地域を設定するためにおこなわれ，分類群または生態学的な単位の地理的な分布パターンを記録する（McKenzie et al., 1989; Kremen, 1994; Kelley, 1997; Mittermeier & Mittermeier, 1997; Reid, 1998; Kemen et al., 1999; Lees et al., 1999; Andriamampianina et al., 2000; Dangalle et al., 2012）．この場合，生物指標として重要となる基準は，系統と生物地理上の特別な歴史，たとえば固有性，共存の歴史，進化の中心地となる場所などがはっきりしていることである（Erwin, 1991）．他の基準の重要度は，それぞれの状況との関係に応じて決まってくる．ハンミョウは，これまで生物目録の生物指標としてよく調査されており（Pearson & Cassola, 1992; Kitching, 1996），おおむね上述の基準と優先度によく合っている．しかし，生息場所の衰退をモニタリングする生物指標としての有用性に注目した調査は少なく（Holeski & Graves, 1978; Bauer, 1991; Rivers-Moore & Samways, 1996; Rodríguez et al., 1998），有用な生物指標としての可能性は高いように思えるが，まだ，予備的なデータしかないのが現状である．

しかしながら，ハンミョウ類だけを選ぶなら，生物指標として充分とは言えないだろう．なぜなら，どのハンミョウ類であろうと，ひとつの分類群だけでは生息場所全体あるいは生態系の代表とはなりえないからである（Ricketts et al., 1999）．問題とする地域内の複数の栄養段階あるいはタイプの違う生息場所から指標となる生物をセットで選べば，生物学的および政策上の決定の基礎として使える合理的で納得のいくデータを入手できるだろう．

**占有モデルと在・不在データ**

　占有モデルは，生物のセンサス調査における低

い発見率からくる問題を解決するために開発された．ある個体群なり種が，ある地点にまったくいないのか，希なのか，あるいは普通種であるが発見が難しいだけなのかは，区別が難しいだろう．たとえば，毎回の調査に必ず発見されるほどめだつ動物はまずいないので，どれくらい長く発見されなければ絶滅したと想定できるのか決めることは難しい．これはけっして小さな技術的な問題ではなく，絶滅の危険度の判定など保全調査のさまざまな問題に大きく影響する（Richoux, 2014）．占有モデルを適用することで，各地点での反復調査から得られる単純な存在したか否かのデータから平均の発見率を推定することができるのである．

　目視による記録から絶滅確率を推定する目的で練り上げられた多くのパラメトリックとノンパラメトリックな統計手法（Solow, 2005）とは異なり，占有モデルは複数回の調査の間で発見率が等しいとは想定しない．そうした想定は，個人的に集められた生物調査の種のリストではまず当てはまらない．MacKenzie et al.（2006）は，発見率が1未満の場合に，そこに存在している確率を求めるための数理モデルと最尤法に基づく推定法を提案している．これを使えば，複数の季節にまたがる反復調査をもとに，最初にそこに存在していた確率，移動と定着率，局所的な絶滅率，発見率などが推定できる．

　こうした占有モデルは，ハンミョウにも使われ始めている（Hudgins et al., 2012）．これらは，保全および生態学的研究でいつも問題となる課題を解決するだけでなく，個人的に集められた生物の観察記録と種のリストを，とても価値があり，定量的な扱いもできる資料に変える．従って，きちんとした手法で集められたデータだけに頼る必要はなくなる．市民科学者が自分のできる範囲で一ヶ所から集めた記録も貢献できる．そして占有モデルは，明らかな同定間違いを見つけ出す手立てさえ確保できれば，広い地域の調査に適用できる信頼性のあるパターンを生み出せるのである．

## 分類群間の比較と統計上の自己相関の問題

　保全政策でのハンミョウの役割の可能性を語るとき，地域や国をまたいで種の分布パターンを比較する際の問題が伴う．Pearson & Cassola（1992）の主張によれば，ハンミョウが理想的な生物指標として認められる特性のひとつは，ハンミョウの種数と他の生物の種数との間に高い相関が存在することである．従って，もし種多様性が最も高くなる保全地域を設定することが目標であるなら，ハンミョウはとても有用と考えられる．なぜなら，ハンミョウの種数が多い場所では，鳥類やチョウなど他の生物の種数も多いからである（図11.1）．鳥類を調査するには数年かかるが，同じ地域のハンミョウを調査するのは数週間ですむだろう．加えて，学生や地域住民を訓練してハンミョウを観察し標本を採集できるようにするのは難しいことではないが，同じ人々が鳥やチョウを観察できるように訓練するには膨大な時間を要するだろう．従って，ハンミョウは生物の目録作成において生息場所全体あるいは生態系の代表として事業遂行上有用であり，生物学的に適切な候補と言えるだろう．

　しかしながら，大きな問題は，こうした議論が依拠する統計的な仮定がすべて確実とはかぎらないことである（Carroll & Pearson, 1998a）．多くの生物学者によって使われるさまざまな種類の伝統的な統計的検定で，数学的には簡略化されているが絶対に必要な要素は，解析に使うデータが互いに独立という前提である．つまり，ある地点または時点から得られたデータは，他の地点または時点から得られたデータに左右される，あるいは影響を被ることはないという前提である．予測の検証時にこの簡略化した仮定を無視し，独立でなく空間的または時間的に依存する（自己相関と呼ばれることが多い）データを用いることは，不適切なはずである．この前提を無視すれば，存在する関係を発見しそこねたり，研究上の仮説の評価を間違えたり，存在しない関係を認めてしまったり，誤った予測を導くなどするかもしれない（Carroll & Pearson, 2000）．

　私たちの生物圏を構造化する主な力は，海流や風，気候パターン，地球規模のエネルギーの流れなどの大きなスケールの物理的過程であり，それらによって時間や空間軸の中で生物と非生物的な要因の分布が形づくられる（Rohde, 1992; Shukowsky & Mantovani, 1999）．これと関連するがもっと小さなスケールとして，生物の長期にわ

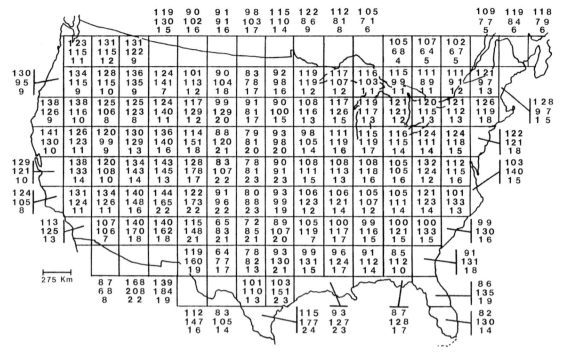

図11.1 各区画に出現するチョウ（上段の数字），鳥類（中段の数字），ハンミョウ（下段の数字）の種数．北アメリカ大陸南部をメッシュ（格子状）に区切った（各区画は275km²）（Pearson & Cassola, 1992より）．Blackwell Science 社の許可を得て転載.

たる分散と短期の移動によってもまた，時間的および空間的な依存関係のパターンが生じる傾向がある．系統樹における進化的な結びつきでさえ，その名が示すとおり，近縁な分類群間の時間的な依存関係を反映する．配偶相手，種あるいは生息場所がある時にある場所に存在すること自体，偶然の産物ではない場合も多いだろう．従って，そうした過程から集められたデータは，時間的または空間的な依存関係を示しやすい．Legendre (1993) が主張するように，通常の研究ではデータが互いに独立であるとする仮定は非現実的な想定であるのにもかかわらず，これまで生物学者は，各データは独立と仮定する統計モデルに頼ってきた．彼の主張では，生物学の理論とモデルを，データ間の依存関係が通常の状態として組み込まれたかたちに改める必要がある．

しかしながら，空間的または時間的に依存関係にあるデータが，独立したデータ用に開発された統計的手法によっていまだに解析されており，データが独立かどうかの検討にはほとんど関心が払われてこなかった．生物学者の多くは，この問題に解決方法はないと決め込んでいたが，地質学者は，30年も前に地球統計学（geostatistics）を発展させることでこの自己相関の問題を解決している (Cressie, 1991)．その統計学では，独立であるという仮定を取り払うだけでなく，空間的な依存関係にあるデータは，特にまだデータのない中間地点に対して，大きな予測力をもつという事実を利用している．たとえば，金または石油が地図上の複数の地点で発見されたとして，地質学者は金または石油をさらに探索するに当たって，中間地点のうちどこが最適かを予測することができる．なぜなら，鉱物は鉱脈上に見られるのであり，それは空間的に独立ではないからである．種の多様性のパターンも同様であることは明らかである．地球統計学的手法によって，ハンミョウ類と鳥類（図11.2）のような分類群間の相関について有効な検証が可能となる．またそれだけでなく，データのない中間地点の種数の推測値も得られる．

そうした手法は，特にアマゾン川流域やアフリカ中央部のような地域の動物相を研究するには優れた道具である．そうした地域では，データはあ

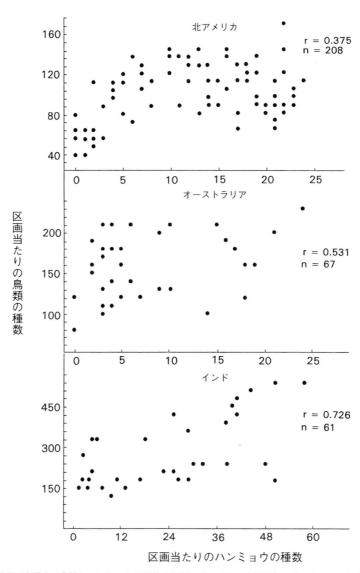

図11.2 各区画に出現する鳥類とハンミョウの種数の相関．北アメリカ大陸南部，オーストラリア大陸，インド亜大陸をそれぞれメッシュに区切った（Pearson & Cassola, 1992より）．Blackwell Science 社の許可を得て転載．

ってもまばらである．地球統計学を適用することで，データの足りない部分の穴埋めができる．あるいは少なくとも調査を必要とする優先度の高い地域なのか，多様性が低く優先度は低いと予想される地域なのかが分かる（Carroll, 1998; Carroll & Pearson, 1998b; Pearson & Carroll, 1998）．それによって，植物相と動物相の調査をおこなうのに，限られた時間，資金，人手を有効に使うことができる．アマチュア蒐集家のおかげで，ハンミョウは世界のほとんどの場所で他のどの分類群よりもよく調査されており，そのハンミョウから得られた

データを用いて，Pearson & Carroll（1999）は，大陸間の比較に地球統計学が有効かどうかを検討することができた．彼らはまた，比較に一番適した空間的なスケール（面積）を調べたり，指標の生物と他の分類群との間の意味のある相関を立証する方法を調べることもできた．

実際のデータが得られている地域でのハンミョウの多様性のモデルに空間的な統計学を適用した経験にもとづいて，Pearson & Carroll（2001）は次に，データが揃っていない地域に注目した．それまで彼らが研究してきたどの地域でも，種の多

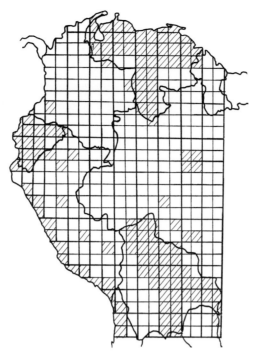

図11.3 南アメリカ大陸北西部の7,694,844km²にわたる407区画（各137.5km²）の領域．この領域からは264種のハンミョウが記録されているが，信頼できる種数のデータが得られているのは149区画（斜線で示した区画）だけである（Pearson & Carroll, 2001より）．

様性のパターンは空間的な依存関係を含んでいたので，とびとびの地点でしかデータが得られていない南米北西部のような地域でも適用できる自信があった（図11.3）．彼らは，データが得られていない中間地点の種数の予測に，ある空間予測モデルを適用した．そのモデルには，各区画内の緯度と経度，土地の起伏，生物地理的な影響についての変数が組み込まれた．北米とインド亜大陸の研究（Pearson & Carroll, 1998）と同様に，平均年間降水量は，予測値にほとんど貢献していなかった．これはたぶん，多様性に対する平均年間降水量の影響は，モデルの他の変数にすでに組み込まれているためであろう．そのモデルを観察データのある区画に適用して予測能力を検証したところ，その精度（実際の数と予測値の差）は4.6種以内であった．種数の予測値が最も高かった区画は，アンデス山脈の東斜面に沿ったアマゾン川流域の南西部と西部であった（口絵24）．種数の予測値が最も低かった区画は，ベネズエラのオリノコ川盆地とブラジル北部であった．

その種数の予測値が将来の野外調査および保全策に優先順位をつけるのに役立つことは明らかで

あり，このモデルは将来の野外調査に貢献するだろう．そして野外調査は，モデルが理にかなっているかどうかの検証であり，最終的には，モデルの精度と選択した変数がどれほど妥当かを確認するだろう．しかしながら，最も重要な点は，実測値と予測値を揃えることによって，この大陸での欠損のない種数のパターンを手に入れたことである．以前のようにとびとびの観察データしか手に入らなかったときには，難しいかまず不可能であった観察，原因への設問，仮説の立案が可能となったのである．その事例のいくつかを紹介しよう．

### 観察1

南アメリカの調査地域の中で種数が最も高いのは，アンデス山脈の東斜面であった．その高い種数の原因は標高の違いで変化する湿度と温度の組合せだろう（Holdridge, 1967）．その組み合わせごとに，異なる山地生息場所が生じるのである．それぞれの生息場所は，アンデス山脈の斜面の同じ標高の位置に何千ではないにしろ何百kmにもわたってきわめて細い帯状に延びる（Terborgh, 1977）．ハンミョウ個体群は，隣接した標高の異

なる生息場所の帯へ別々に適応することで，2つの個体群として互いに隔離され，遺伝的に異なる別種となるかもしれない．しかし，これとは別の機構として，そうしたアンデス山脈の全長に平行に延びる生息場所の帯の幅がとても狭いために，個体群の分布は，通常なら簡単に乗り越えられる程度の障害でも，きわめて大きな障壁となって分断を受けやすくなっている（Fjeldsa et al., 1999）．そうした障壁は，生息場所の帯に沿って個体群を寸断し，それがひいては種分化につながる．それによって，南北に延びる個々の生息場所の帯の中の異なる地域に，それぞれ固有の近縁種が生まれる（Poulsen & Krabbe, 1997）（図6.8を参照）．

### 観察2

種数の高い地域が，ブラジルのマナウス，ボリビアのサンタクルスの低地の生息場所のように連続した生息場所の中に局在する．その種数の高さは，おそらくその局所的な地域が生物地理的に異なる地域の境界に位置するためであり，2つの供給源からの種がそこに留まった結果であろう．いくつかの局所的な地域では，もうひとつ別の原因として，大きな河川の存在が考えられ，その場合は大きな河川が両岸での種分化をもたらす障壁となるのだろう（Da Silva & Patton, 1998; Patton et al., 2000）．

### 観察3

種数の顕著なパターンのひとつとして，東エクアドルとペルーの低地の高い種数が中央ブラジルの西部とボリビア北部に向けて，放射状に減少するという同心円を描くパターンが見られる．この形が意味するのは，その中心部で種分化が頻発し，そこから種が拡散することでそのパターンが生じたということだろうか（Haffer, 1969; Brumfield & Capparella, 1996; Colinvaux et al., 1996; De Oliveira & Daly, 1999; Van der Hammen & Hooghiemstra, 2000; Seltzer et al., 2000; Willis & Whittaker, 2000）．あるいは，その地域は一般的にいつも年平均雨量が高い場所なのだろうか．もしそうなら，その中心部では周辺部より餌が多く，競争が緩やかであることが，他の生態学的要因とともに，種数を高めているのかもしれない．

### 観察4

ハンミョウの種数が最も低い地域は，アンデス山脈，南エクアドルの南部から太平洋沿岸に沿った地域，ベネズエラとギアナにまたがるギアナ高地の中の標高がきわめて高い地帯である．おそらく，ハンミョウには適応できる限界があり，物理的に極端な生息場所に入っていくことは一般的には難しく，それによって生理的な境界線が生じ，そのことが種数に影響しているのだろう（Cardillo, 1999; Colwell & Lees, 2000）．これに加えて，あるいは単独の要因としても，生産性が低く資源が乏しい生息場所では，種数は低くなる（Currie et al., 1999; Iriondo, 1999; Molina et al., 1999; Borges & Carvalhaes, 2000）．

このような洗練された統計や空間モデルをどうすれば最もうまく活用できるかは，注意深く検討しなければならない．種数についての情報にはどれほど価値があるのか．それは保全の政策決定と実施計画の拠り所として一番頼りになる要素だろうか．もし，このモデルを不完全な空間データしかない他の分類群に使えるように改変できたとして，複数の分類群にまたがって種数の高さが一致した場合には，野外調査の優先地域がずっと明確になるかもしれない．どのようにすれば，そうした比較対象となる種類をうまく見つけることができるだろうか．保全の主要な政策決定の拠り所となるようなさらに確実な資料を用意しようとすれば，固有性，進化の中心地と目される地域，種の回転率といった要素を，どのように活用すればよいのだろうか（Williams, 1996）．これらの統計的手法は，もっと複雑な実際のデータに適用できるように改変した方がよいのだろうか．

これは，まだ充分には掘り下げられていない重要な問題であり，大きな注意を向けるべきである．ある地域の保全上の価値は，単純に総種数に比例するわけではない．それぞれの種は，個体数，分布する範囲，特殊化の度合いが異なる．生息場所の幅が狭いスペシャリスト，あるいは地理的分布域が限られる固有種の数が多い地域は，広域分布種の数が多い地域よりも保全にとって重要となるだろう．実際，ハンミョウも何種か含まれる多くの保全上重要な種とは，その種自身がその生息場

所の優占種であるとともに，その種が存在しなければ貧弱な動物相となる地域が，その種の存在によって種数の高い地域となっている，そのような種のことである．そうした局所的な分布地域あるいは特殊化した地域が消失すれば，（近縁種もそうでない種も含めた）その動物相全体も消失してしまうだろう．従って，多くの絶滅危惧種の分布は地理的に重なっているが（Dobson et al., 1997），その重なっている地域と種数が最も多い地域とは必ずしも一致しない．

さらに，第6章で議論したように，種の分布域は，地球上のそれぞれの地点での種の存否のパターンを作り出す歴史的な生物地理的過程によっておおむね決まってしまう．そうした過程は，明らかにある地域の総種数に影響するが，その地域にどの進化的な系統が存在するのかということにも影響する．そのことが，ある地域のすべての種が同等の価値をもつわけではないという議論にもつながる．もし，ある地域に系統的に類縁の遠いグループが多数見られるのであれば，それらの種に代表される進化史を異にする系統が複数存在するという観点から，その地域はそれと同数の近縁種が見られる地域よりも価値があるに違いない（Williams & Humphries, 1994）．従って，生物指標のデータに基づいて保全地域を選定する場合，系統進化的な情報も併せて考慮するべきであるという議論（Faith, 1992; Williams & Humphries, 1994）が出てきたのである．さらに，生物地理的な歴史それ自体によって，ある地理的範囲に入る種が制限され，地域の生物相のパターンが大きな影響を受ける場合がある．そのような固有性の高い地域には，共通の生物地理的な歴史をもつ独特の種や個体群が見られる．従って，地域の保全は，そうした地域の代表種を保全することに焦点を当てるべきである．しかしながら，動物相が歴史的に定義されるとして，各系統のどこに主要な境界線を求めればよいのだろうか．そして，最終的にどうすれば，保全計画の中でそれらの地域を最も有効に選ぶことができるのだろうか．

歴史的観点からみた種の豊富さのパターンは，まだ少ししか分かっていない．たとえば北米大陸で，そうしたパターンが分かっている地域は数ヶ所である（Remington, 1968）．それらの地域どうしが接触するところ，いわゆる縫合帯（suture zone）では，別々の動物相が混ざり合う場合が多く，その境界線は，異なるグループの存在か，あるいは近縁種間の交雑から画定できるだろう．もし，そうした境界線が実際に歴史的な事象の結果であるなら，類縁のない複数の分類群の間でよく似た種の分布パターンと，その結果生じる境界線が一貫して見られるはずである．年代がもっと新しい分岐の多くは，メキシコ湾と大西洋の系統がフロリダ半島を境に分けられた場合（第4章）のように，分子マーカーでしか検出できない．しかしながら，複数の分類群で境界線の一方に見られる種が，もう一方に見られる種と明確に異なるという事実は，保全にとってきわめて重要である．形態学的には単一の分類群と考えられる個体群の間でも分岐が生じるには，一般的には長い進化的時間が必要である．この進化的な時間軸を認識することによって，保全計画に含めるべきひとつの重要な要素を手にするとともに，保全のために選ばれた地域は，次の10年，20年，あるいは100年を見越した管理目標だけでなく，さらに先の未来を見通した管理目標も必要であることにも気づかされる．

## 分子レベルの研究と保全

分子レベルの研究は，過去の探求だけでなく，未来についても予測する方法のひとつである．保全において，そうした研究は，空間的な計画を練るうえで重要となるだけでなく，種の違いについても重要なデータが得られるので，必要不可欠となる．たとえば，希少種や絶滅危惧種を扱っている現代の保全生物学者の多くは，種間や種内の個体群を区別する手法として分子マーカーに大きな信頼をおいている（Avise, 1994）．種内変異を保全する重要性は，アメリカ合衆国の絶滅危惧種保護法にも示されており，この法律では，「独立した個体群単位」（independent population segments）の保全を呼びかけている．この法律では，少なくとも脊椎動物については，種内でも他とはっきりと区別できる個体群を保全することが定められている．従って，どの個体群を保全すべきかの決定には保全遺伝学が役立つ．それには政治的な判断が伴う部分もある．つまり，同種内に見られる遺

伝的に区別できる個体群のうち，どれくらいを管理し，保全できるのかの判断である．しかしながら，それよりも重要なのは，この問いが問題としている点，つまり自然界の生物集団はどのような秩序で存在しているのか，そして，その秩序はどのように保全するのが最善なのか，である．独立した名前をもつ種として認識されている集団は，本当にそれ以上分割できない明確で基本的な集団であろうか．そうした集団は，進化的過程が作用する単位と見なすべきだろうか．そうだとすれば，その集団は，もし保全されたならば，これまでの進化を一番確実に体現する保全の単位として扱われるべきだろうか．

　分子を扱う手法は，種内の変異を検出できるだけでなく，その変異が地理的な秩序をもっているかどうかも示すことができる．分子解析は第4章で見たように，アメリカイカリモンハンミョウ C. dorsalis などにみられる，他の手法では捉えにくい種内変異のパターンを解明できる．種内の個体群の間に変異がある場合，それら全部が等しく保全を必要としているとは考えにくい．しかしながら，現存する遺伝的多様性の代表となるサンプルを保持するには，たとえば，アメリカイカリモンハンミョウの多くの個体群のうちどれを保全するべきなのだろうか．自然保護活動家たちは，過去10年この問題で意見の一致にこぎつけようと苦労してきた．この問題の原因の一部は，変異を解析する適切な方法がなかったことに起因するが，一方で，自分たちが保護の対象としている集団が進化的な過程と関連しているはずとの自然保護活動家の信念にも起因する．厄介な用語，「進化的に重要な単位」(evolutionarily significant unit; ESU) は，もともとは自然保護活動家の会議で造りだされたものであるが (Ryder, 1986)，激しい議論の的となってきた．ESU は，互いに分岐している絶滅危惧個体群（保全単位）の保護とそれらの進化との間に関連性を見出すことに役立ってきた．標準的な分子解析の手法ではミトコンドリア DNA にみられる分岐のうちのほんの数％が解析されるにすぎず，それによって認識できる種内変異のほとんどは，数千年から数百万年以内の進化的な時間枠に対応するにすぎない．従って，個体群の保全上の地位の決定は，主として量的な問題

となり異論の多い論争に発展してしまう (Moritz, 1994; Dizon et al., 1992)．つまり，どのくらいの変異が進化的に重要なのか，そして，もし重要ならその相違は進化的にどのようなものとして説明されるのかといった論争である (Vogler, 1998)．たとえば，ミトコンドリア DNA の一塩基の違いは，重要な相違だろうか，あるいは，ある個体群の保全を検討するにはもっと多くの塩基置換が必要なのだろうか．

### 絶滅の役割

　進化的な重要性についての議論は，保全生物学の中の応用研究で問題となるだけでなく，基礎分野での理解，つまりどのように種は進化するのか，そして保護との関連では特に，どのように種は絶滅するのかの理解にも直接関連する (Hussein, 2002; Mawdsley, 2005a, 2007; Knisley & Fenster, 2005; Fenster & Knisley, 2006)．いやむしろ，種分化と絶滅という2つの過程自体が，密接に関連しているといった方がよい．ほとんどの種は，生存や繁殖に不適な地域の中に散在する小さなパッチ状の生息場所に別個の個体群として存在する．これらのパッチ間の距離とパッチの大きさ，生息している個体の移動能力と数により，これらのパッチを占めるそれぞれの個体群は，多少ともさらに細かく分かれている．そうした細かく分かれた個々の個体群は，ある確率で絶滅するものであり，また，何種かのチョウでの事例 (Hanski, 1998) からすると，局所的なパッチでの絶滅は，かなり頻繁に生じている．そのような局所個体群のネットワーク（メタ個体群）の中で種が持続するには，空いている生息場所パッチには，いずれ新たに個体が定着する必要があるとともに，局所個体群の遺伝子プールが，多少ともさらに細かく分かれていることも必要である．

　ハンミョウはこのようなネットワーク状の生息場所利用の好例である．ハンミョウ類の多くは，絶えず変化し続ける生息場所，つまり近年の撹乱から影響を受けていたり，あるいは遷移の初期段階にある生息場所に見られる (Kritsky et al., 1999; Richoux, 2001; Hudgins et al., 2011)．たとえば，絶滅危惧種のアメリカイカリモンハンミョウ C. dorsalis は，もっぱら外洋に面した沿岸洲の砂浜

に見られ，そうした砂浜は，少なくとも大西洋沿岸では，毎年冬には浸食に曝されるとともに，時々やってくる大型ハリケーンによっても大きく浸食される．そうした気象現象によって個体群はほとんど壊滅状態となることがある．従って，このハンミョウでは局所個体群の絶滅は，よくある出来事と考えられる．それにもかかわらず，20世紀半ばまで，このハンミョウは合衆国北東部のほとんどの砂浜に高密度で見られた．レクリエーションとしての砂浜の利用が高まり，特に砂浜への車の乗り入れが増え（Knisley & Hill, 1992），絶滅と再定着の循環が妨げられてしまった．

一般的に，個体群の大きさが縮小していくにつれ，絶滅しやすくなる．また，残っている個体群の間の地理的な距離が延びるほど，空いた生息場所パッチへの再定着の可能性は低くなる．これら2つの要因が重なると，メタ個体群全体の持続の可能性が低くなる（Warren & Büttner, 2008; Knisley, 2011）．

そうした局所的な絶滅のパターンは，残っている個体群の遺伝的構造について重大な意味をもつ．個体群間の距離が大きくなると，それまで（ゆるく）繋がっていた遺伝子プールが離ればなれとなり，それらの遺伝子プールは進化的にしだいに孤立していく．この状況は，すでに検討した異所的種分化のモデル（図4.1を参照）と少し似ている．異所的種分化のモデルでは，種分化過程の最初の段階は，それまで隣接していた個体群の分裂であると想定している．局所個体群の絶滅は，結果的に古典的な種分化モデルにおける地理的障壁の成立と同等の効果をもつかもしれない．従って，局所的な絶滅の影響のひとつは，直観には反するが，それが種分化に繋がるかもしれないということである．

この仮説が成立するかどうかを検討するには，アメリカイカリモンハンミョウ C. dorsalis の分子研究が役に立つ．この種では大西洋沿岸に沿って南北の方向にハプロタイプの分布が連続的に移り変わっているが，ミトコンドリアDNAの標徴からはそれ以上細かい集団に分けることはできなかった（第4章）．しかし，ひとつ例外があり，それは，分布域の北限となるマサチューセッツ州沖のマーサズ・ヴィニヤード島に分布する個体群である．この個体群のすべての個体が，固有のDNA多型，つまり，シトクロムオキシダーゼ3遺伝子中の特定の塩基が変異した固有のA32という突然変異をもつ．一方，そこ以外の分布域のすべての個体は，G32という突然変異をもつ．従って，マーサズ・ヴィニヤード島の個体は，識別可能な個体群を構成し，系統学的な種概念の観点からいえば，それらの個体はひとつの種を構成する．もし，この個体群を別種とすることに違和感を覚えるなら，そして，多くの人はそう感じるだろうが，それでも次の点は認めなければならない．つまり，この個体群は他の個体群から（地理的距離によって）充分に隔離された（おそらく繁殖の不和合性は成立していないだろうが，ここでは検証されていない）独立した遺伝子プールを構成しているという点である．もしこの個体群が，まだ他の個体群と繁殖上の和合性を保っているなら（今のところ事実は分からないが），将来的に個体群の大きさと数が増加すれば，この個体群が南の近縁な個体群と繋がることになるかもしれない．もしそうなら，この生まれたばかりの種の境界は急速に崩壊するだろう．しかし，そのパターンはどのように検証できるだろうか．

現在みられる形質の分布パターンを導いた過去の過程は，近年のDNAの分析技術によって調べることができる．すなわち，絶滅モデルがアメリカイカリモンハンミョウのマーサズ・ヴィニヤード島の個体群に適用できるか，そして，近隣の個体群が絶滅して初めてこの個体群が識別可能となったのかどうかを調べることができる．特に，この個体群に固有のA32突然変異が，以前はもっと広い地域に存在していた可能性がある．博物館所蔵の個体から抽出できる微量のDNAから始まった解析によって，A32突然変異は，ニューイングランドとロングアイランドの沿岸に沿った地域の標本のほとんどから見い出された（R. DeSalle, 私信）．結局，A32がG32に取って代わられていたのはずっと南の地域であった（現存する最も近い個体群は，マーサズ・ヴィニヤード島から約200マイル南のアトランティックシティーに存在する）．注目すべきは，ニューヨーク市のジョーンズ・ビーチの個体群はG32をもつが，近くのロックウェイ・ビーチの個体群はA32をもつことで

ある．それによって，この２つのハプロタイプが実際に単一の個体群で共存していたことが示唆される．さらに，マーサズ・ヴィニヤード島の個体群を他の個体群から区別する形質は，中間の個体群が近年絶滅した結果生じたものであることも示唆される．

## 進化過程への意味合い

絶滅過程についての知見に基づくなら，保全すべき最も重要な単位をどのように決めることができるだろうか．絶滅による効果は次の２つである．まず，個体群が絶滅すると，それらの個体群に固有の遺伝子型が失われてしまう．それは進化過程に影響を与えるかもしれない．なぜなら，どんなハプロタイプも多くの子孫へとつながる系統の出発点になりうるからである．しかしながらハプロタイプの消失は，（撹乱を受けていようがいまいが）どんな系統でも絶えず生じうる突然変異と絶滅の過程の一部であり，新しく出現したどんな遺伝子型も絶滅による影響を受ける可能性が高い．従って，遺伝子型の消失は，おそらく保全の観点からは特に問題とする必要はない．それよりも重要なのは，個体群の絶滅がもたらすもうひとつの効果，すなわち，残った個体群の間の構造が変化することである．アメリカイカリモンハンミョウ C. dorsalis のように，個体群の消失によって，他の近隣個体群の間の遺伝子交流が妨げられ，各個体群は飛び石のように離ればなれになるかもしれない．それによって，隣接していた遺伝子プールは切り離され，極端な場合には永続的な分離へとつながり，進化的な時間軸でみると，おそらく進化過程の中の重要な事象，種分化へと繋がっていくだろう．

飛び石の途中の個体群とその遺伝子が消失するような場合，どの地域を保全すべきかの選定も影響を受けるだろう．新しい種になる可能性が高い個体群ほど優先順位を高くすべきだとの意見もあるかもしれない．マーサズ・ヴィニヤード島の個体群は，よく似た遺伝子型をもつ個体群の大きな集団の唯一の生き残りになったために，たまたまそのような個体群となってしまった．この個体群の集団が他の遺伝子プールから多少なりとも分離しており，それがアメリカイカリモンハンミョウの示す連続的な変異の中の最も端に位置するため，本土から離れた島で幸運にも生き残った個体群が，今や重要な位置を占めるようになった．その個体群の集団の大部分が絶滅して，マーサズ・ヴィニヤード島の個体群が，かつて大きかった集団の唯一の生き残りとなったのである．ちなみにこの島は，そこ以外の分布域では絶滅してしまった生物の宝庫となっている．マーサズ・ヴィニヤード島には，準絶滅危惧種のアメリカヨツモンシデムシ *Nicrophorus americanus* も生息しており，この種はかつて北米のほとんどの地域に分布していたが，今やこの島とオクラホマ州，ネブラスカ州，アーカンソー州の局所的な地域だけに見られる（Ratcliffe & Jameson, 1992; Kozol et al., 1994）．また，マーサズ・ヴィニヤード島では，蛾の種構成が特異で，この島が分布域の北限あるいは南限となる種類が何種か含まれる．この島は今や，北米大陸の古代の氾濫原に生息していた生物相をどこよりも忠実に反映した昆虫相を擁している（P. Goldstein，私信）．

マーサズ・ヴィニヤード島の昆虫相はさておき，北米の大西洋沿岸に見られる他の昆虫の個体群の中で，遺伝的潜在能力に基づいて判断すれば，どの個体群で保全の優先順位が高いだろうか．アメリカイカリモンハンミョウについては，大西洋沿岸の局所的および地域的なスケールで個体群の絶滅をシミュレーションすることで，ある個体群の絶滅が大西洋の集団全体にどのような影響を与えるのかを見ることができる．どのくらいの遺伝子型が消失するだろうか．そして，新たに識別可能な標徴をもつ集団が存在することになるのだろうか（Vogler, 1998）．個々の個体群の絶滅は固有のハプロタイプの消失につながる可能性があるが，実際にそれが生じるのはマーサズ・ヴィニヤード島の個体群だけであることが，表11.1に示されている．他のすべての地域では，局所個体群が隣接する個体群といっしょに，もっと広い地域で絶滅しなければ，ハプロタイプは消失しない．そのもっと広い地域的な絶滅によって，新しい識別可能な標徴をもつ集団が出現する．チェサピーク湾周辺および分布域南部の個体群の集団がそれに当たり，そこには固有のハプロタイプをもつ集団が集まっている．従って，マーサズ・ヴィニヤード島

表11.1 アメリカイカリモンハンミョウ C. dorsalis における個体群絶滅の影響と個体群の連結度合いの検討（Vogler, 1998 より）．個体群 HNB あるいは HSP が絶滅（両側の隣接個体群 2 つを含む）すると，ハプロタイプ多様性全体に対する損失は小さいが，2 つの識別可能な単位の誕生に結びつく（個体群 MV に加えて）．

| 個体群[注] | 調べた個体数 | 対立遺伝子の数 | 消失する対立遺伝子数 | | | 識別可能か | 隣接個体群が2つ絶滅した場合に新しい識別可能な単位となるか |
| --- | --- | --- | --- | --- | --- | --- | --- |
| | | | 絶滅した場合 | 隣接個体群がひとつ絶滅した場合 | 隣接個体群が2つ絶滅した場合 | | |
| MV | 22 | 3 | 3 | 4 | 6 | ○ | × |
| ChBWest | 89 | 3 | 1 | 6 | 6 | × | × |
| ChBEast | 74 | 5 | 1 | 3 | 6 | × | × |
| ChBSouth | 21 | 3 | 0 | 1 | 4 | × | × |
| CH | 21 | 1 | 0 | 0 | 2 | × | × |
| FI | 29 | 2 | 1 | 1 | 1 | × | × |
| FS | 3 | 2 | 0 | 1 | 1 | × | × |
| LB | 23 | 3 | 0 | 0 | 1 | × | × |
| HNB | 16 | 3 | 0 | 1 | 1 | × | ○ |
| HSP | 26 | 6 | 1 | 1 | 1 | × | ○ |
| PI | 26 | 3 | 0 | 1 | 1 | × | ○ |
| FB | 3 | 1 | 0 | 0 | 1 | × | × |
| EB | 4 | 1 | 0 | 0 | 0 | × | × |
| TI | 18 | 2 | 0 | 0 | 0 | × | × |
| LTI | 22 | 2 | 0 | 0 | 0 | × | × |

注）個体群の略号は，図4.9で示したものと同じ．

の集団も加えれば，保全努力を傾けるべき進化的に重要な単位（ESU）となる優先順位の高い集団が3つ存在すると結論できる．

最後に，優先的に保全すべき地域の決定についてのここまでの議論は，進化的に中立な DNA マーカーに基づいていることは確認しておく必要がある．つまり，調査対象の遺伝子は，その遺伝子をもっている生物の生存率と繁殖率には無関係で，単にその生物の進化的な過去を（そして，おそらく将来も）推測する助けとして，標識として使っているだけある．それよりも保全に直接関係するのは，その生物の適応にとって意味のある形質である．すでに何度も論じたハンミョウ類の生息場所への特化は特に保全との関係が深い．なぜなら，長い年月の間の生息場所の変化は，おそらくその生物の分布域を制限し，種形成にも関わる場合が多いと考えられるからである．しかし，中立的なマーカーで定義される「保全の単位集団」（conservation unit）の間に，生息場所の好みに関しての違いが存在するだろうか．アメリカイカリモンハンミョウでは，マーサズ・ヴィニヤード島の個体群とそれよりももっと南のチェサピーク湾の個体群の生息場所は，物理的性状が相当異なる．マーサズ・ヴィニヤード島の外洋に面した海岸には砂浜が広がり，その後背地には砂丘も発達している．一方，チェサピーク湾の海岸はとても狭く，後背地には森林が迫っている所が多い．チェサピーク湾の海岸の方が安定しており，マーサズ・ヴィニヤード島の海岸は，波による浸食に曝され，不安定である．成虫の生態は，どちらの海岸でもよく似ており，盛夏だけに出現して波打ち際のすぐ近くで採餌し，逃げるときには海面上を飛翔することも多く，ときには海面を走ることもある．しかし，幼虫の行動と生態は，この2つの生息場所で大きく異なる．チェサピーク湾では，幼虫は波打ち際から数 m 以内の場所で越冬する．一方，マーサズ・ヴィニヤード島の外洋に面した砂浜では，幼虫の巣孔は後背地の砂丘に造られ，冬に波の浸食によって砂浜が大きく削り取られること（夏には逆に砂が堆積する）の影響は比較的小さくなっている（P. Nothnagle, 私信）．何がそうした行動に違いを生じさせたのだろうか．それは，遺伝的に制御され，その2つの個体群の間で異なるような，生得的な反応なのだろうか．明らかに，そうした行動の違いは，どちらのタイプの砂浜においてもハンミョウの生存に関わる重要な違いである．特に，保全活動での移植計画で，（個体数がはるかに多い）チェサピーク湾の個体

群を，大西洋に面した海岸にハンミョウを移植するときの供給源として活用する場合には問題となる．

同様の問題は他のハンミョウ類でも生じる．そして保全の単位を確定するときに，そうした生態的な形質がいつも使えるとはかぎらない（Cardoso et al., 2003）．絶滅危惧種のピューリタンマルバネハンミョウ *C. (Ellipsoptera) puritana* が見られるのは，今では北米北東部の3ヶ所，つまりコネティカット川，およびチェサピーク湾の東岸と西岸だけである．そのチェサピーク湾周辺では，この種はアメリカイカリモンハンミョウ *C. dorsalis* のすぐ近くで見られるが，生息場所は異なる．つまり，ピューリタンマルバネハンミョウの成虫は，背後に高さ20〜30mの，化石を多く含む中新世起源の崖がそびえる狭い砂浜に見られる．幼虫は，その崖の高い位置にある1枚の堆積層の土壌表面と，その堆積層が侵食されて，その土壌が崖の根元に積もった場所だけに巣孔を造る．しかし，そこから約500km離れたコネティカット川の岸辺に生息するピューリタンマルバネハンミョウでは，幼虫の生息場所は大きく異なり，そこでは河の蛇行部の砂浜に巣孔を造る．この形質の違いに基づけば，この2つの個体群は保全の単位集団としては別のものと考えるべきだろうか．分子解析（Vogler et al., 1993）ではコネティカット川の標本とチェサピーク湾の標本には一貫した違いが見つかっているので，この2つの個体群が分離したものであることの証拠は，すでに独立に存在している．にもかかわらず，幼虫の生息場所が違うとの発見は，保全の単位を決めるに当たって，その根拠を選ぶ際の問題点を浮き彫りにしている．中立のはずのミトコンドリアDNAマーカーは，もしそれが生存に関係するどんな形質にも影響を及ぼしていないのなら，保全の単位の選定に役立つだろうか．逆に，生態上の違いは，もしそれが遺伝形質であるかどうかが分からない場合，あるいは，もしその違いが各生息場所での生存率などの生活の質の違いと関連する可能性がある場合，保全の単位の選定に役立つだろうか．さらに，もし保全の単位と目される個体群と他の個体群との違いが，あるチョウと蛾で知られている（Legge et al., 1996）ように，生態的な形質だけで遺伝的には差異のない場合はどうだろうか．

まとめると，絶滅危惧個体群の進化について推論するために使えるものは，現存している個体群のもつ遺伝的マーカーだけである．私たちの目標は，発見した多様性のパターンを，それがどのように出現したのかにかかわらず，とにかく保存することになるかもしれない．また，観察された変異を進化的に意義のあるものと考えることになる可能性がある．しかしその場合，どれくらいの違いが，また，どのような違いが実際に意義あるものかという問いは置き去りにされたままになる．自然界には種が実在すること，そして，種がまとまりをもって生活する基本的な実体として存在する証拠には事欠かない．従って，これらの基本的な実体を形成する過程，つまり種分化は，進化過程と不可分の関係にあり，遺伝的変異の進化上の意義は，その過程の観点から特別視されてしかるべきである．ある個体群に高い多様性が保持されているなら，それには多くの理由があり，そのうちのひとつは，その個体群の大きさが大きいまま存続してきたことにあるだろう．そのため，その系統が絶滅する可能性はほとんどなかっただろう．そのような個体群の進化は他の小さな個体群とは異なるかもしれないが，それは多かれ少なかれどの個体群でも起こりうることだろう．アメリカイカリモンハンミョウ *C. dorsalis* では，最も多様性の高い個体群は，異なる起源の遺伝子型が混じりあった場所で見つかるが，そうした個体群が最も種分化を起こしやすい個体群ということにはならないだろう．従って，保全遺伝学者の当面の目標は，個体群のもつ多様性の総量や他の個体群からの分岐の程度にかかわらず，そうした互いに独立した遺伝子プールを区別することになるだろう．しかし，いったんそうした遺伝子プールが区別できたならば，次はどの遺伝子プールが保全上のターゲットとして最も適切かが議論されることになるだろう．分子研究によって，保全上の優先度を決定する際の大きな手がかりが得られる．しかし，分子研究からはさらに，そのような決定が必要なとき，別の選択肢もありうることが示される．

1994年以降，Barry Knisleyと米国野生生物局のメンバーは，ニュージャージー州の海岸沿いである非公開の実験をおこなっている．そこは，おそらく人間による過度の利用により，アメリカイカ

リモンハンミョウ原名亜種 C. dorsalis dorsalis が25年以上前に絶滅した場所である（Knisley et al., 2005）．南方にあるチェサピーク湾周辺の個体群からそのニュージャージー州の海岸へ幼虫が移植され，以前の分布範囲のうちの一部にでもこのハンミョウが復活することが期待されている．1999年の夏には，ニュージャージー州北部のサンディー・ホーク地区で250匹の成虫が確認された．昆虫を人の手で移すことは，保全活動としてはあまり例がなく，砂浜で車を乗り回したり娯楽の場所として使いたい人々の反応は芳しくなかった．このハンミョウは公式の絶滅危惧種ではあるが，同じく絶滅危惧種で砂浜で営巣する2種の鳥，フエチドリとコアジサシほどのカリスマ性はもち合わせていない．この2種の鳥は，鳴り物入りで保護されてきた．ここでも，ハンミョウは有用なモデルとしての機能を発揮する．この場合は，一般の人々に理解され受け入れられる昆虫の保全政策を練り上げるためのモデルとして役立つのである．遺伝的適応やハプロタイプ，最小存続可能個体数（minimum viable population size: MVP）といった問題とともに，政策決定の責任者は，適切な環境教育を通して，一般の人々の予断や偏見をも保全計画の中に組み入れて管理する方法を開発しなければならない．もし，日光浴や浜辺でのパーティにしか興味のない人々に，ハンミョウのような昆虫でも保全する価値があるとうまく理解させることができるなら，その生息場所とそこで生活する他の植物と動物もきわめて大きな恩恵を受けることになるだろう．その後，かつての生息地にハンミョウを再導入する別の試みも始まっている（Brust, 2002; Omland, 2002）．

## 市民科学者と保全

　保全にとって必須の基本的情報は，分類や信頼のおける同定，行動の記述，地理的分布，個体群の変化に関するものである．しかしながら，こうしたタイプのデータを集めるために本職の生物学者に与えられる財政的な支出は，ここ20～30年の間に目に見えて減らされてきた．給料と公的研究費の配分では，分子遺伝学，数理モデル，個体群制御のような，もっと高尚とされる研究分野が優遇されるようになった．しかしながら，そうした研究分野もすべて，依然として自然史の基礎的データに依存している（Pearson & Cassola, 2012; Pearson, 2013）．

　イギリス人の2人の社会評論家，Charles Leadbeater と Paul Miller が指摘しているように，天文学から薬学までの幅広い科学分野でアマチュアの貢献が急速に広がっているが，そうした貢献はまだ十分に評価，あるいは活用されているわけではない（Leadbeater & Miller, 2004）．このような市民科学者（citizen scientist）は，ほとんど独学の専門家または専門的アマチュア（pro-am）という新しいタイプの人々であり，インターネットなどの現代技術を駆使して必要な情報を入手している．彼らの多くは，保全に関する調査での基礎的な記載では専門家に負けない技量を備えており，自分の時間と旅費でデータを集めている．彼らは，口コミやウェブサイト，一般向け雑誌や専門誌での発表を介して，調査結果や標本，情報を他のアマチュアや専門家と，分けへだてなく共有している（Pearson & Cassola, 2007）．

　ハンミョウ愛好家の多くは，このような市民科学者であり，彼らなしには最先端の研究の大部分は不可能であっただろう（Pearson, 2006; Russell, 2014）．ハンミョウの生物学を扱った本書は，アマチュアへの教育を助け，アイディアや関連資料を専門家と共有する場を提供する事業の一環でもある．しかし，ハンミョウの観察と研究のおもしろさにアマチュアを引き込むには，種名を調べることのできるフィールドガイド（野外観察図鑑）の類の方が，さらに効果があるに違いない（Pearson & Shetterly, 2006）．

　地域毎のハンミョウを扱ったフィールドガイドはたくさん出版されている（図11.4）．一般向けのフィールドガイドが出版されるたびに，さらに多くの専門家やアマチュアが魅了され，その地域でさらに踏み込んだ研究がおこなわれることになる．その結果，さらに詳しい情報やデータが得られ，次に出版されるもっと詳しいフィールドガイドの中に取り入れられることになる．従って，フィールドガイドは，それが扱う生物の研究の発展段階を反映することが多く，そして，次の研究活動に直接影響を与える．また，このような出版物は調査技術の向上も促し，それがまた逆に基礎的

図11.4 これまでに出版された，北米，南米，アフリカ，そしてアジア産のハンミョウを扱ったさまざまなフィールドガイドおよびフィールドガイド兼モノグラフ（分類的総説）．

および応用的な知見を増加させる．保全策の立案者および政策決定者は，こうした発展しつづける知見を頼みにしており，また，専門家とアマチュアの間の境界線はますます曖昧になってきている．

# 第3部

生態的多様性と分類的多様性の相互作用

# 第12章

# 今後の研究と統合

　本書の目標は，読者にハンミョウの全体像を提示することであった．多くのハンミョウが示す鮮やかな体色と，採集する際の成虫との真剣勝負は，ハンミョウの大きな魅力であるが，それ以外にも興味深い性質をたくさんもっていることを見てきた．肉食で待ち伏せ型の幼虫の背中の鉤や，細かな像を結べる単眼，巣孔を掘る行動は，他の昆虫の幼虫には見られないものである．成虫の超音波の知覚能力，俊敏に走り回れる脚，餌生物を切り刻む鎌状の大顎もまた他に例を見ない．逆説的ではあるが，本書は，そのようなハンミョウの特性を評価することで，かえってハンミョウがどれほど一般的であるかを強調することになった．言い換えれば，身体の構造，行動，生理機能がハンミョウ科全体を通して一貫していることで，仮説を立てるときに組み込まねばならない変数を少なくできる．そのために，ハンミョウは系統，生態，行動，生理の一般的なパターンの検証にとって理想的なモデルとなり，そうしたパターンの原因を突きとめることに役立つのである．ハンミョウは進化過程そのものへの洞察を提供してくれるが，それによって生物地理，種分化，群集構造，保全政策で使える選択肢がさらによく理解できるようになる．

　最近ようやく，生物多様性の全般的な低下に対する関心が高まってきた．その結果，多様性の代表としてのハンミョウへの関心も高まってきた．過去20〜30年間に採集され大きな博物館や個人が所蔵する古いハンミョウ標本が，環境破壊前の生息状況を示し，減少の度合いを計る基準として，にわかに脚光を浴びることとなった．そうしたデータは，局所的な生息場所の質や保全計画を評価するためだけでなく，地球規模と地域レベルの両方での生物多様性の調査にとっても必要不可欠である．ハンミョウは，初歩的ながらも世界規模で全種の分布についてのデータベースが存在する数少ない昆虫類のひとつである．

　今後も，これまでと同様に，採集標本に基づく研究が基本となるだろう．ただし，コンピュータ技術によって研究の方法は変っていくだろう．データベースと「仮想コレクション」(virtual collection)により，多くの情報が電子媒体で利用できるようになり，データの交換も容易になるだろう．標本に付属する採集地や他の情報は，データベースに保存され，そのデータベースは，分布図の作成に利用できるとともに，気候，生息場所，その他の生態学的要因の解析にも使えるだろう．双方向の情報システムにより，誰でも関連する情報を検索できるとともに，問い合わせの情報も保存され，それが現存のデータベースを拡張していくだろう．しかし，この技術によって標本棚に収納されている実際の標本の価値が下がることはなく，これからもさまざまな目的で標本は直接に研究されるべきである．標本の単なる観察や昔ながらの解剖だけでなく，標本を用いた画像解析や，ときにはDNA抽出もおこなわれるだろう．形態の記述と検索表に沿った判定が自動化されて短時間で処理できるようになり，異なる動物群の研究者の間の情報交換が促進されるだろう．国際的な言語だけでなく現地の言葉で書かれた野外観察図鑑や局所的な種名リストが作製され，これまでそれほど研究されてこなかった地域への関心も高まるだろう．こうした目標の実現に最も重要と考えられる研究には，以下の分野が含まれる．

## 分布パターンの研究

　ハンミョウのデータベースが充実するに従い，多様性とその進化について新しい見方が広がってゆくだろう．生物多様性が形成される過程に関するどんな研究でも，前提として必要な研究は，そ

の分類群の分類と地理的分布についての記載的な研究のはずである．ハンミョウの分類の研究は進んでおり，現在まだ記載されていない種はおそらく既知種の10％ほどだろう（Pearson & Cassola, 1992）．［訳注：この推定はやや過小評価であった．Wiesner（1992）のリストでは1,980種ほどであったが，2015年現在，既知種は約2,700種，つまり約1.36倍に増えており（Pearson, 私信），この数は今後まだ増え続けると予想される］．一方，ここ何十年間にデータベースとして急増した情報は，分布パターンに関するものである．W. Horn が論文を書いていた頃，彼は現在知られている種の約半分は知っていたが，それらの分布についてはきわめて限られた情報しかもっていなかった．今日では，ハンミョウの分布についての情報は，わずか10年前と比べても目覚ましく増加している．たとえば，Cazier（1954）のメキシコ産ハンミョウに関するモノグラフで，種多様性が最も高いのは首都のメキシコ市となっているが，それは，その時代には首都以外の地域へは交通の便が悪くアクセスが難しかったことによる偏りであろう．その後，熱心な蒐集家たちがメキシコで頻繁にハンミョウの採集をおこない，分布図を作成してきたので，分布情報は大幅に更新され，それまで知られていた分布パターンは大きく変更された．

ハンミョウの分布パターンについてはかなり分かってきたが，まだ十分ではない．すでに見たように，ハンミョウでは大部分の種が，地域的な変異を示し，それは主に鞘翅の色彩パターンと身体の大きさに表れる．そのような色彩の変異のうちのいくつかは，アメリカイカリモンハンミョウ C. dorsalis に見られた大西洋とメキシコ湾の間の分断のように，進化的な深い分岐を反映している．DNA解析によるサキュウハンミョウ C. limbata の個体群の間の比較では（第4章），この種の地域的変異のひとつとも見なされるコーラルピンクサキュウハンミョウ C. albissima（口絵22）は，他のサキュウハンミョウの個体群とは進化的に深い分岐を示すことが明らかになったが（図4.5を参照），この関係は伝統的な形態学的な比較では分からなかったことである．一方で，それ以外の個体群の間では，そのような地域的な変異は，たとえ明瞭な形態学的な違いに基づいて命名された地域変異であっても［コーラルピンクサキュウハンミョウ以外に4亜種が記載されている］，遺伝的マーカーでは深い分岐は認められない．ところが，私たちが詳しく調査した数種のハンミョウで分かったことは，進化的な分岐のレベルがどれほどであろうと，そうした地域的に隔離された個体群はハンミョウの進化と生態の理解にとってきわめて重要ということである．しかしながら，世界の大部分の地域で個体群の分布パターンと地域的な変異についての知見はまだわずかである．個体群について詳細な研究が必要とされているのは，保全にとって必要であるからだけでなく，問題となる分類群の地理的な構造と分布を分析するためにきわめて有用な手法となるからである．それによって，最近の地史についての理解も深めることができる．

## 亜種の研究の必要性

地域的に分化した集団についての研究は，ハンミョウの多様性，さらには一般的な生命の多様性を理解するのにきわめて重要である（Harrison, 1990; Avise, 1994）．多様化が生じる過程は，直接観察が可能な時間枠をはるかに超えており，この過程を推論するには，現在の多様性を詳しく調べるほかない．つまり，これまでも強調してきたように，観察できるのは多様性のパターンであり，その多様性のパターンから，観察はできないが理解したい進化の過程について推論するのである．種分化を促進する要因や，甲虫の圧倒的な種多様性，そして，ある系統や地理的な場所の種多様性がなぜ他より高いのかという問いに答えたいなら，系統の分岐，および系統の分岐速度と絶滅速度に影響を与える要因を理解する必要がある．

繰り返しとなるが，私たちは進化的過程の推論に役立つ多様性のパターンについては多くの知見をもっているが，それらのパターンを用いて適切な仮説を検証するにはそれ以外の知識も必要である．まず，多様性の単位として最も有用な分類群は何かを明確にする必要がある．地域的に分化した個体群（あるいは，伝統的な分類における亜種）と，きわめて近縁な種は，過去の多様化の過程を推論する対象として適切なのだろうか（Knisley & Haines, 2007）．もしそうなら，次の3

つの情報が必要である．まず，その分類群（それが地域的な変種，亜種，近縁種のいずれであろうと）がどのようなものかを可能なかぎり厳密に規定しなければならない．なぜなら，それらは分析が施される実体だからである．この問題は，これまであまり注意を払われていなかった．なぜなら，亜種とするか種とするかの取扱いの基準はしばしば曖昧だからである．しかし，個体群をまとめたり分けたりする基準自体は明確にしなければならない．次に，いったんそのような実体が明確に規定できたなら，それらの系統的な関係を明らかにし，そうした実体を適切な進化的文脈の中に位置づける必要がある．適切な比較は，最も近縁な実体についての知見を手にして始めて可能となる．最後に，それらの分類群の分布範囲に関する正確な知見が必要となる．その知見とは，それぞれの地理的分布域と，特定の生息場所と関連した地域的な分布の両方を含む．

　こうした情報を手に入れることで，種分化と形態的な差異の進化を促進する要因に関する問いを設定することができる．すなわち，それらの分類群どうしは，分断分布の作用を示唆する異所的分布を示す場合が多いだろうか．種間で一番めだつ形態的な差異は何だろうか．生息場所への結びつきと種の共存が決まるうえで，自然淘汰はどのように作用するだろうか．こうした問いに答えるには，生物地理学，形態学，生態的形質の知見，群集の観点が必要となるが，それらは個別に検討されてはならない．多様化の過程には，そうした要因すべてが同時に組み込まれている．すでに紹介したように，いくつかの分類群で鞘翅の色彩パターンにみごとな収斂が見られる．2つだけ例をあげれば，赤い土（第4章）あるいは砂丘（第10章）に生息するハンミョウ種群はそれぞれ背景に溶け込む色彩パターンを共有しており，それは捕食圧によって生じたと考えられる収斂である．それ以外の形態的形質，たとえば多様な大顎の長さなどは，ハンミョウの競争能力に影響する可能性がある．なお，マルバネハンミョウ亜属 *Ellipsoptera* の砂丘に生息する（異所的な）種では，異なる種の成虫が，似た大顎の長さと身体の大きさを示す．これが意味することは，ある特定の生息場所では，ある特定の表現型への収斂が起こるということなのだろうか．それは共存している場合に差異を広げるようにみえる傾向とは反対の方向なのだが．

　私たちのもつ情報は，これらの問題を適切に評価するには十分とは言えない．その理由の一端は，少数の形質しか考慮していないことにある．今後は，特定の生息場所での適応度に影響する他の形質も調べる必要がある．たとえば，ハンミョウの複眼の位置と大きさは，それぞれの生息場所の植生被度や光学的特性によって異なるだろうか．生息場所の物理的要因と脚の長さは関連するだろうか（脚の長さは，非飛翔性のオーストラリアハンミョウ亜属 *Rivacindela* のように，早く走る種で長くなる場合が多い．第4章を参照）．特定の生息場所で，繰り返し出現する特定の表現型はあるだろうか．もし，そのような関連が見いだせるなら，それは生息場所の変更の方向と頻度に大きく影響するかもしれない．生息場所を変更することは，形態的な特性に制約されると考えられるので，形態的な変化と軌を一にして生じるだろう．オーストラリアハンミョウ亜属のきわめて近縁な2つの個体群で独立に，飛翔能力の喪失とそれに連動した脚の伸長が生じたことが確認されたが，それはおそらく適応度（この場合には捕食者回避であるが）に大きな効果をもつ形態的形質の柔軟性に関する初めての発見である．しかし，そのような現象は他には知られていない．また，そのような形態的特性によって生息場所の特殊化が強まるかもしれない．それというのも，形態形質の組み合わせは通常それほど特殊化できないし，それが結果的に生息場所の幅を広げているかもしれないからである．そして，そのようなジェネラリストの種の方が，生息場所の変更も容易であるかもしれない．

　多様化については，地質学と古気候学的観点からの問いもある．ハンミョウの特定の種や種群の進化に関して提案されてきた仮説の多くは，それぞれの種の現在の分布パターン，および互いに区別できる個体群の多様化を説明すべく考えだされたものである．北米産のハンミョウのほとんどの種は，氷河期からの影響を強く受けており，各種の分布域は，氷河が後退したのちの再移住によって決まっていた．従って，多様化のパターンは，

完新世の比較的短い期間で定まったに違いない.そこで, 主な問いは, 再移住の経路とそれぞれがどれくらいの時間をかけて多様化したのかである.たとえば, ハンミョウの中には, 氷期の間, レフュジア (refugia) [訳注: 環境変化で地域全体の生物が絶滅した際, 一部の個体群が生き残ることができたとする盆地や谷間などの限られた狭い地域を指す] に留まった種もいて, それらの種は, そこから現在の分布域に広がったと考えられる. 旧北区は, そうした仮説が当てはまる地域で (Mandl, 1939), そこではヒブリダハンミョウ *C. hybrida* のように, ポルトガルからロシアのカムチャッカ半島までの間に17の亜種が認定されている種もいる. そして, それぞれの亜種に対応したレフュジアが提案されている (Gebert, 1997). そのような対応についての知見は, 現在の分布域が形成されるまでの分布域の変化と分布拡大の歴史の検証に役立つだろう.

　DNA の塩基配列データには時計のような特性を示すものがある (ミトコンドリア DNA は一般にそのような特性を示すようである). この特性を利用することで, 異なる分類群や異なる地域の間の比較ができるだろう (Brusca, 2000; Zink et al., 2000). たとえば, 地域間で分岐している分類群において, その分岐の度合いは, 現在生息している地域, およびそれぞれが経験してきた地理的な変化と古気候の変遷に大きく依存するだろう. 多様化の度合いは, 地形が複雑なほど大きくなる (Cracraft, 1985). このパターンが一般的であることは, DNA 分析によって確かめられている. 地理的に複雑な地域での急速な放散の例として, 北アメリカの西部山岳地帯におけるウミベハンミョウ (*maritima*) 種群がある. この種群の種分化速度は, 山岳地帯の少ない北アメリカ東部での種分化速度よりずっと早い. 生息場所が安定していて地形的な多様性が乏しい場合には, 個体群が長期に維持され種分化を起こしにくいのだろう.

## 世界全体での比較

　ハンミョウは世界中に分布し, 比較的簡単に限定できる生息場所に見られるので, 大陸間での種多様性のパターンの比較にはよく使われ, いくつかの生態学的な仮説が検討できる. そうした仮説のひとつは, 特定の地域あるいは群集で, 多様性の程度 (あるいは種数) が決まるうえで何か普遍的な規則性は存在するのかという問いである. もし, そのような規則性があるなら, 世界のどの地域でもよく似た生息場所ではよく似た種多様度が見られるはずである. もし, 種数が決まるうえでの主要な要因が生息場所であるなら, インドの草原で見られる種数は, 北米の草原の種数とよく似ているはずである. あるいは, 地域的な種のプール, つまり, インド亜大陸全体またはその中の主要部という大きな地域で見られる種数によって, ある局所的な場所の種数が決まるのかもしれない. つまり, 種数は生息場所ごとに固定されるものではなく, 地域的な種のプールの違いが, 多かれ少なかれ種数に影響を与えるだろう. しかし, それだけで種数が決まるだろうか. 局所的な気候や地形の複雑性の違いなども, 種数に影響を与えるのではないだろうか. 競争や限りある資源の影響はどうだろうか. 地域的な種のプールがどれくらい大きくとも, そうした要因によっても共存できる種数の上限は決まるのではないだろうか. そして, 地域的な種のプールに対する局所的な種数の割合は, 生息場所毎に異なるのではないだろうか (Ricklefs & Schluter, 1993).

　ある生息場所に見られる種多様度が, それぞれの系統の, その生息場所を探しだし占有する能力にある程度依存することは間違いない. たとえば, 世界各地のハンミョウ属 *Cicindela* (広義) で, さまざまな生息場所に移住する能力はどの系統または種でも同じだろうか. 世界各地の系統で, 生息場所の変更 (そして, 他の生態学的要因の変化) の割合はほぼ同じだろうか. もし違いがあるなら, それは, それぞれのハンミョウの系統に見られる特性によるのか, あるいは, 主要には異なる地域で環境および特定の生息場所が利用できるか否かが異なるためだろうか. こうした二者択一の問いに答えるには, 繰り返し現れるパターンを検討できるほど多くの種が存在し, そして, その系統学的な歴史と生息場所の変更を確実にたどれる生物群について, 共存している系統と異所的に分布する系統を注意深く比較すればよいだろう. ハンミョウ, 特に世界中に850種以上が分布するハンミョウ属 *Cicindela* (広義) は, このような

大陸間での比較研究には理想的な対象である．ハンミョウは，多様化の正味の速度を世界規模で比較でき，かつ生物地理区および大陸間で種分化速度と絶滅速度を推定できる数少ない生物群のひとつである．ハンミョウを対象とした比較研究によって，世界的規模で観察される種多様度の違い（たとえば，緯度と経度に見られる勾配）が，多様化速度の違いによるのか，あるいは単に生態学的に「好適な」地域に多くの種が集まっただけなのかが分かるに違いない．

## 系統樹の改良とその予測力の強化

ハンミョウの進化について学ぶべきことはまだまだあり，環境破壊が世界規模で進行している現在，それを完全に解明する機会は急速に失われるかもしれない．しかし，これまでに解明できた点にも大きなものがある．私たちの目標は，ハンミョウの系統を精力的に比較した Walther Horn のそれとそれほど違わない．すなわちハンミョウの進化の解明である．この大仕事の最初の，そして最も基本的な段階は，系統的な枠組みを構築することである．著名な哺乳類学者の G. G. Simpson (1961) は，「科学者は，科学につきまとう失望と欲求は当然受け入れるが，受け入れないし受け入れるべきではないのは，無秩序である」［邦訳『動物分類学の基礎』（岩波書店，1974）］と述べている．私たちには自然界での多様性の観察データを位置づけるための統一的な枠組みが必要なのである．そして，その枠組みは，何かを統合的に考えるときに必要な秩序を提供する．生物多様性を生みだす過程として進化を認識することは，同時に次のことを認識することでもある．つまり，その秩序は，単に人間の意識が求めたものではなく，共通祖先とその後の変化をとおしてすべての生物がつながっているという生物界の全過程を意味するのだと．

第3章で述べたように，生物の階層的な序列は，時間とともに分岐していった系統の進化的な過程を反映している．その分岐過程を現存の生物の形質から再現するのに利用できる手法は，絶えず進歩してきた．従って，その過程についての成果研究への確信は増すばかりである．それでもなお，すべての分岐図は仮説であり，その妥当性は，それを導き出す手順に依存する．ハンミョウ類の系統進化について Horn が導いた仮説と，現代の仮説を比較すると，大きな違いがある．現代の考え方からすると，彼の導いた系統樹は風変りで，現存の種が枝の先ではなく途中に埋め込まれている（図12.1）．それでも，彼の研究は，形態学と生物地理学の両方から導き出されたものであり，ハンミョウ属 *Cicindela*（広義）の主要なグループすべてを含む唯一の仮説であった．彼が初期に描いた系統樹のいくつかの部分は，新しい手法と系統樹の作製のための理論的なアプローチからの吟味には堪えられない．Horn も，彼が最初に描いた系統樹に含まれている多くの難点に気づいていたようで，後に最初のバージョンの多くの点を変更している（Horn, 1915）．現在，ハンミョウの系統発生と進化の理解は，二度目の変換期の只中にある．現在得られている系統樹は，Horn の時代よりもずっと多くの情報と洗練された手法により，もっと洗練された問いを検証できるような枠組みを提供してくれる．将来得られる系統進化の仮説は今のものとはさらに異なっているはずで，それによって進化の仮説の検証はいっそう進むことになるだろう．

## 剛毛の配列様式と統合

本書で使われている生態学的手法と系統学的手法は，生物学の他の分野と統合する際にもおおいに役立つ可能性がある．たとえば剛毛を例にとれば（第3章），ハンミョウ科の進化では，剛毛の配列様式と他の形態的構造を現出させるメカニズムは複雑化する方向に進化したと言えるかもしれない（図12.2）．

ある形質の分化には2つの別の問題が関わる．つまり，相対的に原始的な形質状態（この場合，分化していない配列の剛毛）からの新規な構造の創出と，そうした構造の正確な配置（左右非対称性の軽減と剛毛数のばらつきの抑制を含む）に関するメカニズムの進化である．従って，剛毛の配列という形質の傾向を研究することで，発生中に形態学的な構造が生じるメカニズムについての洞察が得られるだけでなく，発生メカニズムの進化についても何らかの点を明らかにできるはずである．

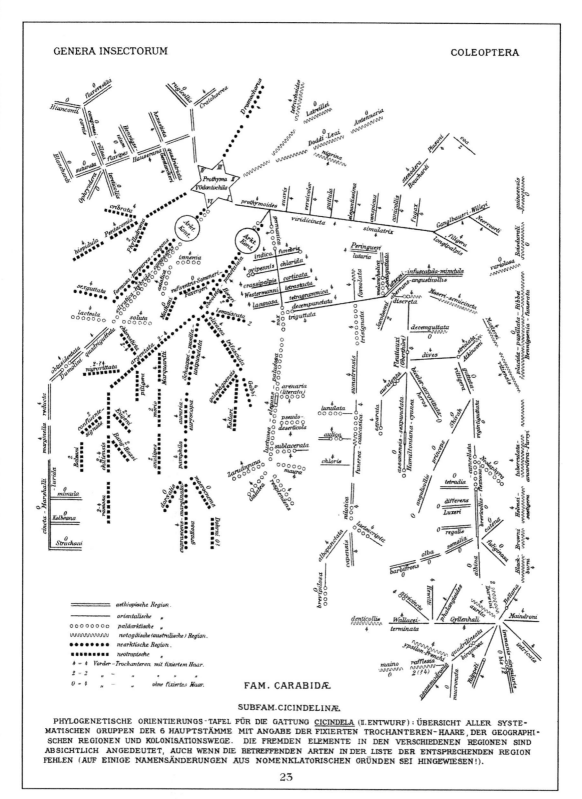

図12.1 Walther Horn（1915）によるハンミョウ属 Cicindela（広義）の系統樹．図中には，前肢の転節に生える剛毛の数，生物地理学上の分布，推定される地理的分散の経路も示されている．

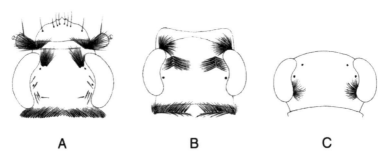

図12.2　ハンミョウの頭部背面と上唇に見られる剛毛の数と配置のパターン．代表的なパターンの3種を示す (Horn, 1915より)．A) カラクサハンミョウ亜属の一種 Cicindela (Lophyra) barbifrons ♀，モザンビークおよび南アフリカ産．B) スジグマハンミョウ亜属の一種 Cicindela (Habrodera) capensis ♀，南アフリカ産．C) カラクサハンミョウ亜属の一種 Cicindela (Lophyra) differens ♀，ケニア〜南アフリカ産．

　再現された系統進化を見れば，発生機構に関するさらに特化した問題設定が可能になるので，現在の発生生物学では進化的な見方が，主要な関心事となっている．それは主として，生物たちの形と構造，そして，その違いを生みだす発生過程の解明に関する問いである．従って，ハンミョウでひときわ目を引く長毛（剛毛）に興味をそそられるのは，分類学者だけではない．種毎に剛毛が正確な位置に生え，その空間的な配置も種ごとに一貫していることは驚くべきことである．そのさまざまなタイプの配置のパターンはどのように生みだされるのだろうか．実際，こうした問いは，ハンミョウの異なる種の間，異なる種群の間，甲虫類の主要なグループの間の違いを検討するとき，何度も出てくる問いである（第4章）．何が，そうした甲虫類の形と構造，体色，全体のボディプラン，付属肢の違いを生みだしているのだろうか．成虫のそうした形質が胚発生の過程で形成されることは明らかで，分子発生生物学の最近の進展によって，発生過程におけるボディプランの主要な位置取りに対する理解は進んでいる．ショウジョウバエ Drosophila でたくさん知られている突然変異体には，発生プログラムが撹乱されたために生じた構造，たとえば，触角の生える位置に肢のような構造が生じたものがある．おそらく，最近の最も驚くべき発見は，ショウジョウバエの肢の脛節に眼のような構造が生じる突然変異を説明するマスタースイッチの発見であろう（Halder et al., 1995）．

　そうした研究から得られた一般的な結論は，類縁関係の遠い生物どうしでも発生プログラムの大部分は保存されているということである．そして，系統が分岐している間に獲得された発生過程の新しい役割を担うのは，大部分がすでに存在する遺伝子のうち，その新しい機能を果たすべく改編されたものによるようである．本書を執筆している間にも，そうした過程を研究する材料として何種かの新しいモデル生物が開発されているが，昆虫の中で最もめざましいものは，チョウの翅の色彩パターンである（Nijhout & Emlen, 1998）．最近の発見によると，個々の鱗粉（剛毛と相同）での異なる発色と発生中の翅で決まる場所毎の色の違いによって生みだされるチョウの翅の色彩パターンは，発生の信号伝達経路に基づいている．その伝達経路には，胚発生初期の一般的なボディプラン全般の発現にも携わる遺伝子が関与している（Keys et al., 1997）．

　では，自然界に見られる変異はどのようにして生みだされるのだろうか．チョウの翅の色彩パターン，ハンミョウの鞘翅の色彩パターン，あるいはハンミョウの剛毛の配列に見られる変異は，そうした構造を作り出す複雑な信号伝達経路の最初の段階を変えることで生みだされているに違いない．ここにも，現代の発生生物学と分類学の両方にまたがる領域が存在する．両分野とも，生物間の違いに注目する．発生生物学では，生物間の違いに関する情報を，信号伝達経路と遺伝子発現のパターンを解析する前提条件として必要とする．一方，分類学は，生物間の違いの情報を系統進化の道筋を明らかにするために必要とする．形態学的な違いの発生について理解が進むと，相同関係を確認したり，ホモプラシーを理解したり，形態

的形質の変化が互いに独立に生じるかどうかを判断する（系統進化の再現の際に必要となる）ことが容易となる．

## 気候変動

もうひとつ，ハンミョウが重要な役割を果たせそうな分野がある．それは地球規模の気候変動の分野で，ハンミョウはその理解と今後の予想の役に立つかもしれない．過去20～30年，地球規模での気候の長期の変動パターンを実証する試みが続けられてきた．気候変動を生じさせる原因にはさまざまなものがあり，たとえば，炭素循環および地球に降り注ぐ太陽放射の変動，プレートテクトニクス，火山の噴火，さらには人間活動などである．

科学者たちは，過去，そして未来の気候変化を理解するために，広範な実験と観察からできるだけ古い気候の記録を明らかにしようと活発な研究を続けている．そうした記録は将来の出来事を予測し，また，因果関係を解明することに役立つ．その際に役立つ記録としては，氷河の移動，地史的変化の証拠，海面水準の変化，過去の気候のデータとともに，動物相とその変化のパターンも含まれる．

甲虫の硬い外骨格は，地層の堆積物中によく保存されている（Elias, 2014）．そうした資料は現在の分布パターンと突き合わせることで，長期および短期の気候変化を解明することに役立つ（Vickers & Buckland, 2015）．甲虫の各種は，特定の気候条件と結びついて分布する傾向が強い．遺伝形質が大きく変化していないハンミョウの系統に関する知見を活用して，それぞれの種の分布域の現在の気候と，その系統のハンミョウの外骨格が見つかる堆積物の時代とを突き合わせることで，過去の気候条件が推定できるのである（Coope et al., 1998）．

気候変動の短期間の変化については生物の分布，特に生息地の緯度的または標高の変化から立証できる可能性がある．ハンミョウに関しては，多くの地域で年代毎の記録が揃っているので，分布の変化が主に何によって引き起こされたかが判定できる可能性がある．つまり，そうした分布の変化は，生息場所の人為的破壊と関連していたのか（Staines, 2005; Kritsky et al., 2009; karube, 2010; Dangalle et al., 2011; MacRae & Brown, 2011），あるいは気候変動に起因する本来の生息場所の移動と対応した，生息地の縮小なり拡大と関連した可能性の方が高いのか（Krotzer, 2013; Braud et al., 2016），といった問いへ答えが出せるかもしれない．

このような資料は，現在進行中の変化と気候変動の傾向を記録するという意味だけでなく，そうした変化の原因を解明することにも役立つのである．ハンミョウでは世界中の多くの種で，生物学，行動，生理，遺伝学的な集団構造がよく調べられているので，気候変動に関する研究でもハンミョウはますます重要な役割を担うことになるだろう（Russell, 2014）．

## 結論

第1章で示したように，一冊の本でさまざまな事例や概念を提供するという目的を達成するために，偉大な先駆者たちの肩に乗った．Dejeanがハンミョウの進化上の関係を初めて問題としてから200年近くが経ち，またHornが今でもハンミョウ研究の金字塔と目される先見的な著書を出版してから85年が経った．HornとDejeanの二人が心血を注いだ問題は今なお私たちの好奇心を煽って止まない．それはつまり，地球上の生物の多様性についての飽くなき探究である．そうした先駆者が提出した根本的な問いは，大自然での進化であり，系統樹と各系統の起源という言葉で語られる．彼らの研究の進展を阻害したのは，そうした問いに答えをだせる化石と解析手法の不足だけであった．

同じく，群集生態学の先駆者たちも，偉大な洞察力をもっていたが，自分たちの考えの検証に必要な技術の多くをもち合わせていなかった．1980年代までのほとんどの生態学的研究は，次の仮定に基づいていたようである．つまり，群集を形作る主要な力は狭い範囲での種間の相互作用であると．従って，局所的な環境条件によって，種の共存パターンが決まり，それによって，ひいては生物多様性の全世界的なパターンが定まっていくに違いないと．しかし，Edward O. Wilson（1961）やRobert H. MacArthur（1972）のような知の巨人

による洞察によって，生態学者は，個々の場所で集められたデータでも局所的な現象として説明することはできないと認識しはじめた．分類学者や生物地理学者，古生物学者が生物多様性の理解に用いる世界規模の過程と歴史的な事象を，生態学者ももはや無視できなくなったのである．進化的な基盤を考慮した世界規模の研究が，そうしたパターンの原因を明らかにし，生態学を確固とした自然科学，つまり強力な予測力を備えた仮説の体系に組み込むためのさらに優れた方法として提案されている．1993年には，論文集『生物群集における種多様性: 歴史的・地理的な観点から』（Species Diversity in Ecological Communities: Historical and Geographical Perspectives）（Ricklefs & Schluter, 1993）が出版され，分子から世界規模の生態学までを視野に入れた研究を示すことで，生態学における今後の指針が提案されている．ポリメラーゼ連鎖反応（PCR）のような分子解析技術の開発と幅広い利用は，幸運にもこうした概論の発表と時期が重なり，Dejean，Horn，Wilson，MacArthurのような先駆者による洞察は，融合され，確実に検証されるようになった．

　本書をとおして，生態学的および行動学的なデータは，局所的な相互作用を超えて（Gaston & Blackburn, 1999），系統進化の観点から検証されることでさらに価値をもつことを示した．ハンミョウを対象としたそのようなタイプの研究から得られた洞察が，他の多くの分類群を研究する場合にも役に立ち，多様性の進化の理解の進展に役立つことを願っている．

# 付録A　ハンミョウの観察と採集

## 観察の方法

　ハンミョウの成虫を観察する場合，観察者は動かずにいるか，動くときもできるだけゆっくりと滑らかに動くようにすれば，成虫はすぐに観察者の存在に慣れてくれる．数分もすればハンミョウは最初の警戒態勢から通常の行動に戻るはずで，その後は近くからでも観察できるようになる．しかし，ハンミョウの種類によっては，ぬかるんだ泥，濡れた岩，他のすべりやすい基質の表面などで活動するために，近づくのが難しいものもいる．そうした種類を詳しく観察するには，近距離焦点双眼鏡（6倍以下の倍率のものが一般的）が役に立つ．夜行性の種類を観察するには懐中電灯が役に立つが，ハンミョウに直接光を向けないよう注意が必要である．懐中電灯に赤いセロファンを被せればハンミョウを刺激する波長が減るので，通常の行動が観察しやすくなるだろう．

　そもそも，ハンミョウの生息場所を見つけるには，最近急速に発展しているリモートセンシング（遠隔探査）のツール，たとえばGoogle EarthやMicrosoft Terraserverなどを活用すれば，イメージに合う生息場所の高解像度の画像を効率よく探し出せるだろう（Mawdsley, 2008）．それによって，珍しい種類や絶滅危惧種のハンミョウが生息していそうな場所の見当をつけることができ，相当の労力が節約できる．

　個体群と行動の研究では，ハンミョウを捕虫網（採集ネット）で捕獲し，胸部か鞘翅に毒性のないカラーペンで小さな点を打つか，ハチの研究で用いられる番号をふった微小なタグを貼りつけ（図A.1），元の場所で放すという方法が使われる（Knisley & Schultz, 1997）．捕食についての研究では，ハンミョウの模型あるいはハンミョウ自体を糸に結びつけ，その糸を竿の先に結びつけたものが使われる（第9章を参照）．初めての人でも少し練習すれば，ムシヒキアブやトカゲといった捕食者の目の前にそのハンミョウを呈示できるようになり，捕食者がどんな獲物を好むのかについてのデータを比較的簡単に収集できるだろう（Pearson, 1985）．

　ハンミョウの幼虫は，観察者がそばにいてもすぐに慣れ，場合によっては細いピンセットの先に挟んだ餌を近づけると，それを捕獲する幼虫もいる．一方，自然状態での捕獲行動や捕食者に対する反応は，そうした状況がめったに起こらないので，観察は難しい．

　成虫も幼虫も，その種に合った土を適切な湿り気で用意できるなら，蓋付きの飼育容器（プラスティックの水槽など）で飼育できる（Soans & Soans, 1972; Palmer, 1979; Knisley & Schultz, 1997; Gwiazdowski et al., 2011）．成虫は飼育容器から逃げようとするので，幼虫よりも飼育が難しい．また，成虫にとって適切な温度と湿度のバランスを維持することも難しい．成虫は，飼育容器の中でも自分で餌を捕まえるだろうが，餌は飛べないものを用意しなければならない．さもないと餌動物が天井側の蓋の裏に集まってしまい，成虫が捕食できなくなる．交尾行動と産卵は，野外よりも飼育容器の方が観察しやすい．幼虫は，成虫よりもずっと簡単に飼育容器の中で育てることができる．温度，湿度，餌量が幼虫の発育，生存，羽化後の成虫の産卵数に及ぼす効果を研究するには，飼育容器を用いておこなうのが一番よい．

## 成虫の採集

　ハンミョウ成虫は一般的に警戒心が強く，捕まえることが比較的難しいので，さまざまな捕獲技術が工夫されている（Larochelle, 1978）．採集した個体は，70％アルコール（エタノール）で保存すればよい．DNAを研究する場合は，標本は生かしたままもち帰り凍結させるか，あるいは無水エタノールか96％エタノール，シリカゲルを入れて乾燥を保ったサンプル瓶のいずれかで保存する必要がある．いずれにせよ標本を急速に脱水することが重要で，シリカゲルを使う場合は，水色の

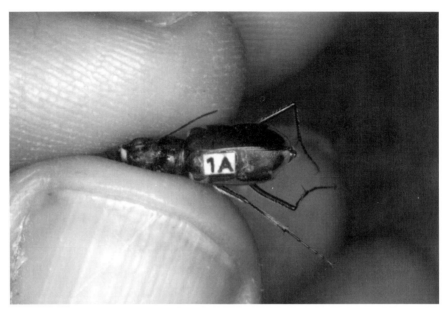

図 A.1　個体群の追跡調査と行動の研究のためにネバダマルバネハンミョウ Cicindela (Ellipsoptera) nevadica Leconte の成虫に個体番号を記したタグを貼りつけて，放す準備ができた状態．アメリカ合衆国ネブラスカ州キャピタルビーチにて．L. Higley 撮影．

状態（高い乾燥度）を保たなければならない．標本は，各容器に1個体ずつ保存すべきである．さもないと，乾燥後に標本が壊れた場合，身体の部品が個体間で混ざってしまい，DNA解析の結果が単一の個体あるいは単一の種のものとして扱えなくなるからである．ねじ蓋式の瓶よりも，ストッパーがついた合成ゴムの蓋のガラスのサンプル瓶の方が，一般的に液が漏れにくい．Nasco 社のwhirl-pak というポリエチレン製の袋は，野外で採集した個体を入れておくのに特に便利である［日本では®ユニパックなどの同等品が市販されている］．化学的な解析やDNA分析の価値が広く知られるようになり，今や多くの博物館や研究所で凍結組織が収集されている．マイナス20℃でアルコール保存すれば，長期間（10〜20年間）経ってもPCR増幅に耐えうる品質が維持できる．

### 採集ネット

採集ネット（捕虫網）の使用が，ハンミョウを採集する最も一般的な方法であることは間違いない．採集するときは，ゆっくりとスムーズに動く必要がある．なぜなら，ハンミョウは，急な動きに対して敏感に反応するからである．採集者の身体の動きだけでなく，ハンミョウに向かって地表を動く影でも，ハンミョウは逃避反応を示す．ある鳥類学者によると，ハンミョウを採集する人のようすは，オオアオサギがゆっくりと獲物に忍び寄る行動にそっくりだとのことである．柄が短く（50cm以下）口径の小さい（20cm）ネットを愛用する採集者は，成虫を捕獲できる距離まで近づくために，辛抱強く，ゆっくりとかがみ込んだ姿勢で忍び寄る必要があるだろう．もっと柄が長く（1〜1.5m）口径の大きな（30〜45cm）ネットを愛用する採集者は，もっと遠い距離から成虫めがけてネットを被せることができる．平らで凸凹のない地面にいる警戒心のきわめて強い種類を採集するには，2mか3m以上の長い柄のネットが有効である．

ハンミョウに近づけたなら，高く持ち上げたネットをハンミョウに被せるように地面に向けて振り下ろす．あるいは，ネットを低く保って，網の口を上にしたままハンミョウに近づくやり方もある．ハンミョウのすぐそばにネットを持っていけたら，すばやく手首を返してネットの口を反転させ，ハンミョウに被せればよい．

どちらのやり方もそれほど簡単ではない．真上からのネットを被せるやり方は，動きをコントロールするのが難しく，また，影ができてハンミョ

ウが逃げるかもしれない．さらに，網を地面に振り下ろしたときに，ネットの枠が水平にならず，地面との間に隙間ができることもある．そして，その隙間を押さえる前に，ハンミョウが逃げ出すこともある．これを避けるには，網を振る直前に，空いている方の手でネットの後端を引っ張って後ろへ伸ばしておくことである．そうすればネットがピンと張り，ネットの枠が地面と平行になりやすい．強くネットを振り降ろすと，特に泥や砂などの柔らかい地面だと，ネットの枠が何センチか埋まり，確実に捕獲できるだろう．横から網を反転させて捕まえる方法では，ハンミョウへの近づき方に熟練が必要で，また，枠を地面に埋めるのは難しくなる．

どちらの方法でも，ネットの下にハンミョウが入ったからといって，それが必ずしもハンミョウの捕獲を保障するものではない．ハンミョウの中には，ネットが被さってきても，身動きせず静止することで悪名高い種類もある．ネット地の網目が細かいと，ネット地ごしに中のようすを見るのが難しい．網目の粗いネットの方が，ハンミョウがネットの中のどこにいるのか外から見て探しやすい．もし，ハンミョウが動かずにいて，外からは見えないが，逃げ出す隙をうかがっていると想定されたら，ネット地をつまんでそっと持ち上げ，ネット地を通して探してみるとよい．しかし，枠が地面から離れてしまうほどネットを持ち上げないように注意しよう．足か膝を枠に近い柄の部分に載せておくと，枠が浮き上がらず，ハンミョウの逃亡を防げる．時々，ネット地の上に手を置いて地面に押し付けるようにすると，ハンミョウが動くこともある．種によっては，ネットの中を走り回り，どこにいるのか分かりやすいハンミョウもいる．ハンミョウがどこにいるのか分かれば，ネットの上から優しく確実にハンミョウを掴む．ネット全体を持ち上げ，ハンミョウをネット地ごと掴んだまま腕をリングの中に通し，ネットを裏返しにする．そして，ハンミョウが出てくるまで，もう一方の手でネット地のひだを丁寧にたぐっていく．ハンミョウの身体の一部が出てきたら，身体全体か2本の後肢を注意深く掴んで，被さっているネット地からはずす．ハンミョウが大顎でネット地に噛みついて，引きはがせないこともよく

ある．強く引っ張りすぎると，頭が取れてしまうおそれがある．それを避けながら，ネット地から優しく外し，採集瓶に頭の方から入れるとよい．熱帯林では，多くのハンミョウが林床の低木の葉の上で採餌したり，飛翔したりしている．ネットでスイーピング（なぎ払うこと）をするなら，ハンミョウが止まっている葉全体を狙うのがよい．できればハンミョウの後ろから近づくのがよい．ネットを頭側から近づけると，ハンミョウに気づかれて逃げられる場合がある．ネットでスイーピングをするときは，細いながら頑丈な枝や棘に注意しないと，ネットの振りが逸れたり止まったりしてしまう．

## ピットフォールトラップ

別の採集法として，ピットフォール（落とし穴）トラップがある．地面に穴を掘って，空缶またはプラスチックカップを開口部の縁が地表と同一面になるように埋める（図A.2）（Boyd, 1985; Franklin, 1988; Hoback et al., 1999; Taboada et al., 2012）．その付近を走り回っているハンミョウが，このカップに落ちることを狙うのである．カップや空缶の上に漏斗状の枠をはめれば，トラップに落ちたハンミョウの脱出や，昆虫食の捕食者からハンミョウを横取りされることを防げる．無香料の石鹸を溶かした石鹸水を入れておくと，水の表面張力が弱くなるので，トラップの捕獲率が上がる．こうしたトラップは，頻繁にチェックしなければならない（最低でも1日1回）．そうしないと，トラップにかかった昆虫が死んですぐに腐るからである．もし1週間に1回程度しかチェックできない状況なら，アルコールとグリセリンの混合物を入れておけば，かかった昆虫の腐敗が防げる．ただし，この化学薬品の臭いでトラップを避けるハンミョウ類もいるかもしれない．水辺の縁や，大きな石の根元などハンミョウがよく通りそうな場所にトラップをかければ，捕獲率が上がる．開けた場所では花壇の縁取り用のプラスチック製の板（高さ15cm程度）を，ピットフォールを結ぶように地面と垂直に立てれば，走り回っているハンミョウの通り道を塞ぐ障壁を作ることができる（Dunn, 1980）．その細長い板を各ピットフォールトラップを結ぶように張れば，走ってきて障

図 A.2　ピットフォールトラップと，粘着剤を塗った透明のビニールのプレートを地表に取りつけてハンミョウの餌動物の相対量を調査する学生たち．アメリカ合衆国アリゾナ州ウィルコックスにて．D. Pearson 撮影．

壁に行き当たったハンミョウは，その障壁に沿って走るので，結局はトラップに落ちることになる．プラスチック板をピットフォールトラップの入口から X 字の形で伸ばせば，ほぼどの方向から走って来るハンミョウも捕獲できるだろう．ある種のハンミョウの採集には，腐りかけの肉をピットフォールトラップに入れて，その臭いで誘因することが有効とする人もいる．ピットフォールトラップが一番有効なのは夜行性あるいは非飛翔性のハンミョウに対してで，熱帯雨林の林床では役に立たない．

### 灯火採集

ハンミョウの種類によっては，夜間に灯火や懐中電灯を使って捕まえることもできる．紫外線を出すポータブルのブラックライトか，全波長域の光を出す水銀灯を，白い大きな布の上か前に置く．できるだけ多くの昆虫を誘引するには，布を縦に吊し，それに直角に光が当たるように光源を置き，布に反射した光が遠くまで届くようにすればよい．また，布を地面の上に広げてその上に光源を設置すれば，近づいてくるハンミョウを簡単に見つけることができる．ハンミョウの中には光源のすぐ近くには寄ってこない種類もあり，そのような種類ではこの方式が有効である．ハンミョウはキャンピング用のマントル式ランプや，懐中電灯，終夜営業の店やガソリンスタンドの白熱灯にも誘引される．一般的に，ハンミョウは灯火の下でもとても活発に活動する．飛んだり，走ったり，ときには同じく灯火に誘引された餌動物を追いかけさえしている．灯火に集まっているハンミョウなら素手で捕まえられるだろう．昼行性のハンミョウ類が遠くから灯火に集まることはないが，ねぐらとしている場所から夜中にたまたま何かに邪魔されて，近くの灯火に誘引されるということはあるだろう．夜中に草地や他の植生の中を歩き回れば，驚いたハンミョウが懐中電灯などにたくさん集まるといったこともあるだろう．

夜行性の種類は，灯火に誘引されなくても，強い光の懐中電灯を使って探しだせる．特に非飛翔性の種類に対してはこの方法が有効である．懐中電灯を前後にゆっくり振りながら，生息場所を歩くのである．岩の多い小川の縁や他の足場の悪い生息場所では，バンドで頭に固定するタイプのヘッドランプを利用すると，手が自由になりハンミョウの捕獲も楽になる．すこし慣れれば，特有のシルエットや走ったときのお化けのような影の動きから，それがハンミョウだと分かるようになる．

しかし，実際にそれを手で捕まえるとなると，懐中電灯で照らされた所と影になった所を走り回り，地面の小さな窪みに入りこんで動かずにいたりするので，さらに経験が必要となる．指で捕まえることが難しい場合は，手のひらを軽く丸めて被せるとよい．手を丸めないと，ハンミョウをつぶしてしまう．手のひらの下でハンミョウがもがいているのを感じてから，手のひらを少し引いて，閉じた指がハンミョウの上に来るようにする．そして，注意深く指を広げながら，ハンミョウが逃げようとして身体をねじ込んでくるほどの隙間を作る．ハンミョウがその指の間に入り込んだら，すぐに指で挟んで捕まえる．

### 殺虫剤スプレー

　ハンミョウの採集に殺虫剤を使うときには細心の注意が必要である．ハンミョウの中には，他の採集方法がほとんど使えない岩のごろごろした海岸や大きな岩の表面，シロアリの塚など変わった基質にだけ見られる種類がいる．そのような場合，ミツバチやスズメバチを5mも離れたところから撃退するのに使われるスプレー缶が威力を発揮するだろう．ピレトリン（除虫菊の有効成分）など半減期が短く脊椎動物の多くには影響しない殺虫剤を含むスプレー缶をお勧めする．しかしながら，最も弱いスプレー缶でも，水生生物には悪影響を与えるし，川や池を汚染しやすいので，水辺での使用は避けた方がよい．スプレー缶を使うときは，常に風下に向かって，できるだけ風が止まったときにスプレーする．スプレーがかかると，ハンミョウの飛翔能力はすぐに弱まるが，走ることには影響しない．従って，森の中の下生えのような入り組んだ生息場所では，スプレーした個体を探しだすのはきわめて困難である．殺虫剤スプレーの使用が最も効果的なのは，スプレーした個体をたやすく追える開けた単純な空間の生息場所である．

### 林冠の燻蒸

　林冠の燻蒸は，ニジイロハンミョウ属 *Iresia*，クシヒゲハンミョウ属 *Ctenostoma*，ニセニジイロハンミョウ属 *Langea* の成虫のように，樹上性で，かつ下生えまでめったに降りてこない種類を採集するときに有効である．まず，燻蒸する木を1本選び，樹冠の下の地面にビニールシートか他の採集用具を置く．ポータブルの燻蒸器を使って殺虫剤の雲霧状の気体を発生させる．燻蒸に適した時刻は，通常，殺虫剤の雲霧をかき乱す風がまったく，あるいはほとんどない早朝である．殺虫剤は，幹沿いに樹冠まで立ち登り，その樹にいるほとんどの昆虫はたちまち殺されてしまう．死んだ昆虫は，地面のビニールシートに向かって落ちてくるので，簡単に採集できる（Erwin, 1983）．この方法の主な難点は，ビニールシートに落ちてくる昆虫の量（熱帯林で1本の樹から得られる節足動物は1kgにもなる）と比較して，わずかな量のハンミョウしか得られない点である．そのため，ハンミョウを選びだす作業も大変である．燻蒸器が高価であることも難点である．この方法は，アマチュアの採集者や予算が限られている場合にはお勧めできない．

### 草本のビーティングとスイーピング

　葉のついた枝のビーティング（叩くこと）とスイーピング（薙ぎ払うこと）は，地表に近いところにもいる樹上性のハンミョウを採集する際，燻蒸に代わる方法となる．棒で葉っぱごと枝を叩いて，その下にポータブルなシートをかざすか，あるいは開いた傘を逆さにしてかざし，落ちてくる虫を受ける．また，頑丈なスイーピング用の捕虫網なら，葉のついた枝を薙ぎ払うようにすくって，枝に止まっている虫をネットの中にすくい取る．スイーピング用の捕虫網よりもビーティング用の棒とシートの方が，同じ広さの範囲をすばやく処理できるが，シートに落ちてきたハンミョウを捕まえるには機敏な手の動きを必要とする．飛翔する種類なら，シートに落ちてきても捕まえるのが難しい．これら2つの方法はともに効率が悪いが，必要のない虫まで殺してしまうことはない．

### 粘着トラップ

　石油系の化合物を使った粘着トラップは，タングルフットとタックトラップという製品名のものが販売されている．このきわめて粘着性の高い物質を，木の幹に直接塗るか，あるいは短冊状のビニールシートに薄く塗り，適当な場所に置くか画

鋲で止める（図A.2）．また，この物質を厚紙か薄い合板製の四角形のプレートに塗ったものもすでに市販されている［日本では「Ⓡゴキブリホイホイ」などがこれに当たる］．この上を歩いた昆虫はたちまち脚をとられて動けなくなる．この方法は，数時間から丸一日の間，ハンミョウとその餌動物のサンプルを採集したい場合に一番役に立つ方法である．この方法が効果的なのは，クチヒゲハンミョウ属 *Pogonostoma*，キノボリハンミョウ属 *Tricondyla*，キマダラハンミョウ属 *Distipsidera* のような木の幹の上で生活する種類をセンサスする場合である．この方法の主な難点は，採集できた標本を綺麗にすることがとても難しいことである．水とアルコールは用をなさず，標本を剥がすにはペンキ用のシンナーなどの溶媒を使わねばならない．透明なビニールシートを粘着トラップと同じ大きさに切り，回収したトラップの粘着部分にカバーとして貼るとよい．そうすれば，このやっかいな粘着剤が指，ドアノブ，車のハンドルにねばりつくことを防ぎ，またトラップの持ち運びと保存も楽になる．さらに，実体顕微鏡の下で，この透明なビニールシートをかけたまま採集標本の個体数を数えたり，計測したり，同定したりできる．

### 休息個体の探索

　休息しているハンミョウを探すことも，場合によってはとても効果的な採集方法となる．夜行性の種類が日中に，あるいは昼行性の種類が夜間にどこに潜んでいるのかが分かるようになれば，そうした場所を探せば潜んでいるハンミョウを素手で採集できることになる．砂浜で採餌するハンミョウの成虫の多くは，その砂浜や近くの土手のひび割れた隙間に潜んでいる．ハンミョウの種類によっては，流木，岩，干からびた牛糞，その他の有機堆積物の下に潜り込むものもいる．また中には，活動時の水辺から離れた茂みの枝葉の間に潜んだり，小枝にしがみついたりした状態で休息する種もいる．あるいは，ちゃんとした休息用の穴を自分で掘る種もいる．そうしたハンミョウを探し出すには，小さな園芸用の移植ゴテか熊手が役に立つだろう．

### 衝突板トラップ

　衝突板トラップ（flight intercept trap: FIT）は，空気の流れが定常的でかつ方向に制約のある場所，たとえば，小川の河床沿い，森林の中の小径，崖のたもとなどで効果を発揮する．いくつかのタイプがあるが，いずれも飛んでくる昆虫を障壁で止めて，上あるいは下に導いて採集瓶や受け皿に追い込む造りになっている．こうしたトラップは，メッシュ地の布，透明なシート，ガラスなどからできており，3m以上広げられるほど幅広のものがほとんどである．最も広く使われている衝突板トラップは，マレーズトラップ（Malaise trap）で（Wand & Bowling, 1980），それにもさまざまな形や長さのものがあるが，飛翔している昆虫をランダムに採集できるよう設計されている．飛んできた昆虫は障壁で止められ，そこから上方へ這っていき，最後には採集瓶に入る．上部は屋根型のカバーで，逃げにくい構造となっている．もし，トラップを長い間掛けっぱなしにする場合は，採集瓶に落ち込んだ昆虫を殺して保存するための薬剤を入れておく．トラップを頻繁にチェックできるなら，薬剤は使わずに，不要な昆虫はすべて放すこともできる．

### 幼虫の採集

　幼虫を巣孔の中から採集するにはいくつかの方法がある．その前にまず，ハンミョウの幼虫の巣孔の入口がどんな形をして，どんな場所に見られるかのイメージを頭に入れておかねばならない．それはほぼ完璧な円形で，限られた場所に密集して見られることが多い．ほとんどのハンミョウの巣孔は，平らで適度に湿った土の表面に開いているが，種類によっては土手の垂直な法面に巣孔を構えたり，さらには樹木や灌木の枯枝の中に巣孔を造ったりするものもいる．

### 掘る

　幼虫の採集の常套手段は掘ることである．まず，細いイネ科植物の茎，あるいは柔軟性のあるストローを巣孔の入口から，孔の湾曲や屈曲に注意しながらゆっくり差し込む．次に，園芸用の移植ゴテや大きなスプーンを使って，巣孔の脇に深めの穴を掘る．その際，掘り出した土は注意深く穴の

外に取り出す．そして，イネ科植物の茎やストローを目印にして，巣孔の周囲の土を注意深く取り崩し，その土くずは脇の穴の中にそのまま落としてゆく．ストローが止まっている巣孔の末端近くにきたら，土くずを細心の注意で取り除いて，幼虫を見つけだす．幼虫が暴れて，脇の穴の中に落ちてくる場合も多い．穴の中に落とした土くずをそのまま溜めておけば，その幼虫は簡単に捕獲できる．掘り進むときには移植ゴテやスプーンで幼虫を傷つけないように注意しよう．この方法は，小石の多い地面や，巣孔が急に方向を変えていたり曲がりくねっているような場合には，難しい作業となる．

## 釣り

幼虫の採集法には，釣りもある（Brust et al., 2010）．この方法は，少し練習すれば，掘る方法よりも簡単で失敗も少ない．イネ科植物の茎や細い棒，あるいはストローの先を少し折って「鉤」を作り，幼虫の巣孔の中に差し込んでゆく．先端に抵抗を感じたら，すばやくスムーズにストローを巣孔の外まで引き抜く．巣孔に侵入してきたものに対する幼虫の反応は，とにかく噛みつくことなので，幼虫が大顎でストローに噛みついたままなら，巣孔の外に引きずり出して採集できるのである．幼虫をいつも釣りあげることができる人もいれば，うまくできない人もいる．うまい人の要領を見習うようにしよう．

## 巣孔塞ぎ

三番目の方法は，巣孔塞ぎである．活動している幼虫の巣孔を見つけて，ナイフかスプーンを巣孔の入口のすぐ脇の地面から，巣孔を斜めに遮断する方向に刺し込んでいき，巣孔に達する直前で止めて，そのまま待つ．幼虫が採餌のために入口まで登ってきた瞬間に，すばやくナイフかスプーンを巣孔を遮断するように押し込んで，幼虫が底に戻れないようにする．そしてナイフかスプーンの先をテコの原理で土ごと少し持ち上げれば，幼虫を巣孔の上部から簡単に引っぱり出せる．この方法の明らかな難点は，タイミングが悪いと幼虫を真っ2つにしかねないことと，幼虫が巣孔の入口に出てくるまでかなり辛抱強く待たねばなら

ないことだろう．

## 標本の下処理と保存

### 成虫の標本

成虫の体の中には多量の脂肪が含まれることが多く，この脂肪は時間が経つと体表に滲み出てくる．体表に脂肪が溜ると，上クチクラが変色して，剛毛の配列パターンの解析が難しくなる．蒐集家（コレクター）の多くは，ヘキサンのような溶媒の中に標本を数日間漬けるという処理を施し，脂肪の大部分を除去する．この処理は，標本を昆虫針（虫ピン）に刺す前でも後でもできる．どんな溶媒についてもいえるが，適切な換気と皮膚に触れないよう十分注意しなければならない．また，溶媒は一般に引火性が強いのでその点の注意も必要である．この脂肪除去の処理をしても，標本の本来の色彩や剛毛の配列が影響を被ることはほとんどない．しかし，こうした標本の洗浄によって，生息場所と自然史に関する有用な情報が失われてしまうこともある．たとえば，ボリビアで採集された珍しいハンミョウの標本で，密生した剛毛の間に白い砂粒が挟まっていれば，生息場所に関する情報がまったくない種類であっても，砂質の川岸に生息している可能性が示唆される．また，化学物質で処理すると，その後の分子分析に影響を与えることもある．さらに，昆虫針に刺してある標本をそのまま溶媒で洗浄する場合は，ラベルを書くのに使ったインクがその溶媒に不溶性であることを確認しよう．もし溶媒に溶けるインクであったなら，ラベルは外してから標本を溶媒に漬ける．後でラベルを付け直すときに，付け間違いが生じないように注意しよう．

長期保存の方法として広く使われているのは，次の3つである．成虫の保存として最も一般的な方法は，標本を昆虫針に止めて乾燥標本にするやり方である．まず，昆虫針（一番適している太さは1号か2号である）をハンミョウ標本の右の鞘翅の前部に刺して，腹側まで垂直に突き通し，さらに標本を針の上の方までスライドさせる．ただし，指が標本に触れずに針の端がつまめるように，針の端と標本の間には十分な長さを残す．この方法の最大のメリットは，標本を乾燥させた後，標本に直接ふれることなくすべての角度から詳しく

観察できる点である．次に，ラベルまたはラベル類を，標本と同じ針に留めておける点もメリットである．ラベルには，採集した国，県あるいは州，最も近い町までの距離，緯度／経度，標高，採集年月日，採集した標本の生息場所，採集者の氏名など，できるだけ詳しい情報を載せる．特別な事情がないかぎり，ラベルを針から外してはならない．この方法の欠点はほとんどないが，強いてあげれば，針によって標本の身体に穴が開くことと，それに伴い体内の器官とクチクラの一部が壊れることである．また，標本が適切に乾燥していなければ針に癒着してしまい，動かしたときにその部分が壊れて針を軸にして回転することもある．これはステンレス製の針で生じやすい．乾燥標本用の昆虫針としては，ナイロンヘッドで鉄製のエナメル被覆の針が最適である．

もうひとつの保存方法は，成虫の腹面に糊をつけて，薄めの厚紙でできた長方形の台紙の上に接着剤で貼りつける方法である（口絵20）．台紙の端の方に昆虫針を挿し，ラベルも針に挿す．この方法だと，標本の身体を針で傷つけることはない．また，写真撮影も容易になる．欠点は，腹面の観察が難しくなることである．台紙から剥がしたいときは，標本の下面を溶媒に浸す必要があり，もともと壊れやすい標本にさらに手を加えなくてはならないことも難点といえる．さらに，不適切な接着剤が使われると，標本が厚紙から剥がれ落ちる危険もある．

3つ目の有効な保存方法は，成虫を70％アルコール（エタノール）に漬けてサンプル瓶で保存する方法である．一般的に，ストッパー式のサンプル瓶の方がねじ式のサンプル瓶よりも液漏れを起こしにくく，優れている．高品質の中性紙に，長期でもアルコールに耐性のあるインクを使って印刷したデータラベルを，サンプル瓶の中に入れておくべきである．もし必要なら，容器の外側にもラベルかコードを貼りつけるとよい．しかし，容器の外側のラベルは，剥がれたり，取り違えられたりすることも多いので，瓶の中のラベルは必要不可欠である．標本の外部形態と内部の器官はよく保存され，後で解剖や分析に使うことができる．分子の品質もよく保存されるようで，後で分析に使うことができる［訳注: DNA分析を予定している標本は濃度95％以上のエタノールに保存する］．1本の瓶にたくさんの標本を詰め込むと，脂肪分が滲みでて標本が変色する可能性があるので注意しよう．

## 幼虫

幼虫は，標本として適切に固定と保存ができるまでは，土や他の詰め物を入れたサンプル瓶の中で生かしておくのがよい（Knisley & Schultz, 1997）．幼虫の標本を作製するには，熱ホルマリン法というやり方が適している．まず10％ホルマリンを入れた容器を火にかけて沸騰させ，そこに直接幼虫を入れ，容器を火から下し，約30分放置して固定する．次に，幼虫をすくい取り，水の中に5時間漬けて身体に染み込んだホルマリンを抜く．その後，70％アルコール（エタノール）で満たした容器にこの固定標本をラベルといっしょに入れておけば，半永久的に保存できる（Maser, 1971）．

# 付録 B 世界の主な属の自然史 [*印のついた属の和名は新称]

本書では多くのさまざまなハンミョウの属について言及している．その形態や習性についての読者の理解の一助として，世界中の主な属について，現在分かっている自然史と系統分類の概要をまとめておこう．このまとめは，専門的研究者とアマチュア研究者のどちらに対しても，世界各地のハンミョウ類のうち，それぞれの研究にとって最も適したハンミョウはどれかについての情報を提供するだろう．以下の属はおおむね系統分類の順に並べてある（Vogler & Pearson, 1996）．〔描画は Horn（1915）からの再録と，Michael Kippenhan 氏，および Karen Prather 氏による〕．

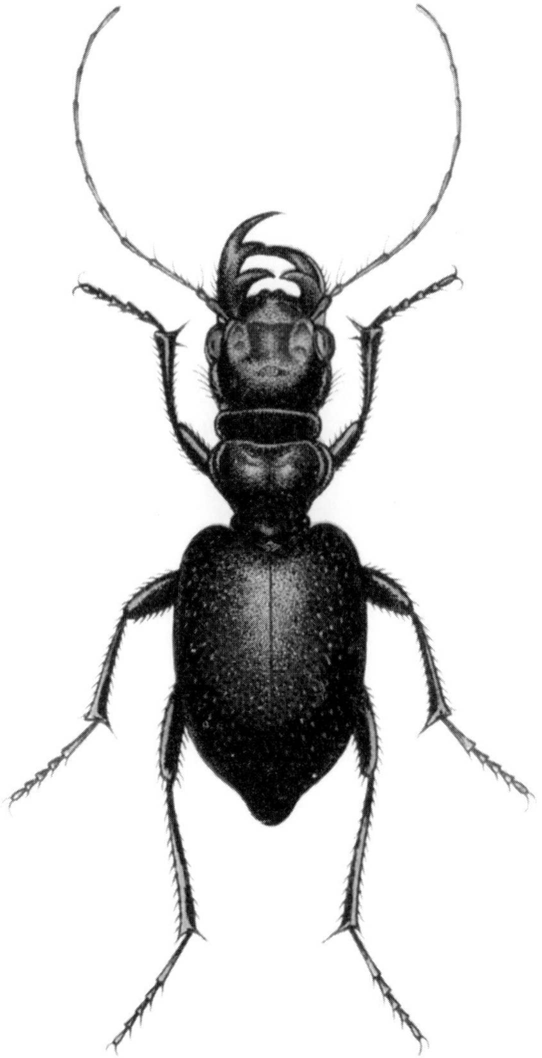

### エンマハンミョウ属（*Manticora* Fabricius）

エンマハンミョウ属の各種は世界で最も大きなハンミョウである（体長 4 cm 以上）．成虫は全身が黒色ないし茶褐色で，体幅がとても大きい（図B.1）．大顎もとても大きく，特に雄では巨大で（図10.7と口絵37），これを使って大きな獲物，たとえばバッタ，大型のセミ，ゴミムシ，ゴミムシダマシなどを捕まえたり（Roer, 1984），他の雄と争ったり，配偶者防衛の際に交尾相手を抑え込む．10種が記載されており，分布域はアフリカ南部で，北限はアンゴラの最南端部，コンゴ民主共和国，タンザニアである．生息場所は，通常，サバンナと砂漠的荒地で，成虫は，夜間および比較的涼しい夕方と明け方に，砂地，ラテライト，岩石上で

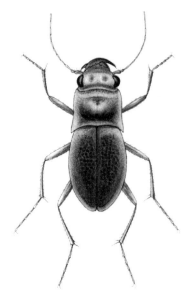

図B.2 ヒラグチハンミョウ
*Platychile pallida* Fabricius.

図B.1 エンマハンミョウ属の一種
*Manticora congoensis* Peringuey.

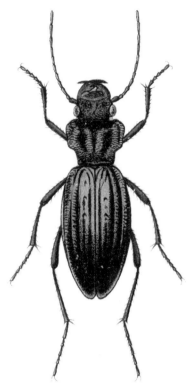

図B.3 スジグロヒラタハンミョウ
*Picnochile fallacosa* Chevrolat.

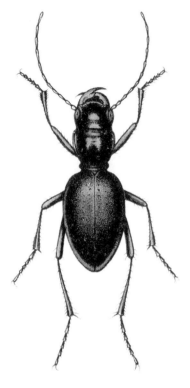

図B.4 アメリカオオハンミョウ属の一種
*Amblycheila baroni* Rivers.

活動する．日中は砂地に斜め下20〜40cmに掘った穴の中で休む．幼虫も巨大で，その成長には，長引く乾季など，獲物の少ないときには数年はかかるだろう（Leffler, 1980; Mareš, 2000; Oberprieler & Arndt, 2000）．

### ヒラグチハンミョウ属*（*Platychile* Macleay）

ヒラグチハンミョウ属は1種だけからなり，非飛翔性かつ夜行性で，ナミビアと南アフリカ共和国の大西洋岸の砂浜に生息する．成虫は，日中，満潮線上の打上げ海藻や他の有機堆積物の下に隠れている．その身体は黄土色でめだたず（図B.2），夜に明色の砂の上や日中に覆いをめくって砂の窪みにいるところを見つけても，すぐには分からないほどである［訳注：訳者のナミビアと南アフリカでの観察では，日中は打ち上げ海藻などの下にはいず，砂地に潜り込んでる．また夜間，砂浜をすばやく走り回っていて，小さなゴミムシダマシや半翅目昆虫を襲っている（口絵38）］．

### スジグロヒラタハンミョウ属*
（*Picnochile* Motschulsky）

この属も，オサムシに似た非飛翔性の1種だけからなる．成虫は全身黒色で，鞘翅に一風変わった縦の溝が彫り込まれている（図B.3）．その行動もハンミョウというよりオサムシの動きである．チリ南部とアルゼンチンの温帯雨林の林床や森林のギャップの草地に生息し，昼行性で，落ち葉や枯れたコケの上や下をすばやく走り回っている（Cekalovik, 1981）．

### アメリカオオハンミョウ属*（*Amblycheila* Say）

アメリカオオハンミョウ属は7種を擁し，いずれの成虫も完全な夜行性で，かつ非飛翔性である．身体は暗褐色ないし黒色で，きわめて大型である（図B.4）．分布域はアメリカ合衆国西部とメキシコ北部に限られている．それぞれの種は明瞭な生息場所の好みを示すが，それは丈の低い大草原，半砂漠の灌木林，あるいは大きな岩だらけの荒地などである（Sumlin, 1991）．幼虫の巣穴は，岩の

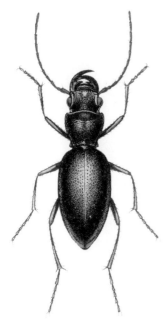

図 B.5 カリフォルニアヤシャハンミョウ
*Omus californicus* Leng.

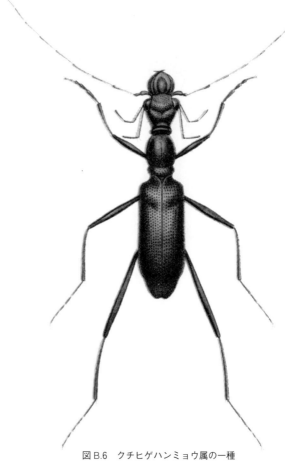

図 B.6 クチヒゲハンミョウ属の一種
*Pogonostoma angustum* Fleutiaux.

下あるいはプレーリードッグやアメリカアナグマの穴の縁などの，遮られて湿気のある場所に造られる．乾季が長引くような場合，幼虫が成虫へと羽化するまでに数年はかかる．

### ヤシャハンミョウ属＊（*Omus* Eschschholtz）

さらにもうひとつのオサムシ様の属，ヤシャハンミョウ属の成虫はやはり黒色で（図 B.5），ハンミョウの中では知名度の低い属である（Leffler, 1985）．この属は5ないし15種に分けられており，いずれも成虫は中型で非飛翔性で，基本的には夜行性であるが，曇天の日には日中でも活動することがある．ほとんどの種は温帯雨林の林床のリター層（落葉落枝層）に見られるが，やや乾燥した林に生息する種もいる．分布域は，カナダ南西部からカリフォルニア州中部までの北米西部の山地と沿岸部である．

### クチヒゲハンミョウ属＊（*Pogonostoma* Klug）

クチヒゲハンミョウ属には110種近くが記載されており（Rivalier, 1970; Moravec, 2007, 2010），すべてマダガスカル特産で，樹上性である．ほとんどの種の成虫は細長い身体で全身黒色である（図 B.6と口絵36）．成虫は樹幹をきわめてすばやく螺旋を描いて走り下る．獲物または交配相手を探索していると思われる．種類によっては，探索を続けたり敵から逃れるときには，すぐに樹の一番上または近隣の樹幹に飛び移る．一方で，危険を感じると飛ばずに林床に落ちたり，樹の高い方に走って逃げる種もいる．［訳注: 幼虫も樹上性で，太い幹の樹皮（コルク層）に巣孔を造る．］

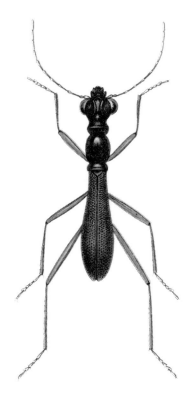

図B.7　ヌバタマキノボリハンミョウ
*Tricondyla cyanea* J. Thomson.

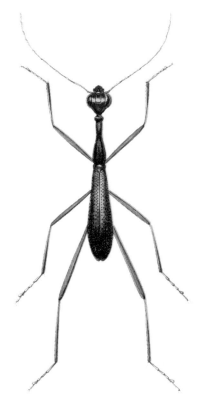

図B.8　ホソキノボリハンミョウ属の一種
*Derocrania aganes* W. Horn.

## キノボリハンミョウ属（*Tricondyla* Latreille）

　キノボリハンミョウ属は黒く細長い身体をしており（図B.7），非飛翔性で左右の鞘翅は癒合しており，基本的に樹上性である（口絵25）．湿潤な一次林にだけ生息するようで，その姿は驚くほどアリに似ている．樹幹を走り上ったり下ったりしており，敵から逃げるときには，あたかもリスのように，樹幹の反対側に回り込むか，場合によっては地表のリター層（落葉落枝層）に落ちてじっとしている．ときには地表を歩いて隣の樹に移動することもある．この属の一種，ハネナシキノボリハンミョウ *T. aptera* の幼虫は生木の樹皮に巣孔を構えていることが知られており，その幼虫は夜だけ活動する（Trautner & Schawaller, 1996）．この属には29種が知られており，分布域としてはスリランカ，インド南部からインド東北部，そして中国南部からマレーシア，ボルネオ島，フィリピン，ニューギニア，さらにオーストラリア北東端まで広がっている．29種のうち15種はキノボリハンミョウ亜属（*Tricondyla*）（狭義）に，そして残り14種はホソキノボリハンミョウ亜属*（*Derocrania*）に分けられる．

　研究者によっては後者をホソキノボリハンミョウ属（*Derocrania*）（図B.8）として独立に扱うが（Naviaux, 2002），その分布域はスリランカとインド最南端に限られる．成虫の大きさは，キノボリハンミョウ亜属（大きな種は体長24mmで比較的頑丈な体つき）と比べて小さく（11mm），やや華奢である［訳注: Naviaux（2002）の総説では，キノボリハンミョウ属は5亜属46種，ホソキノボリハンミョウ属は2亜属16種に整理されている］．

## クビナガハンミョウ属（*Collyris* Fabricius）

　この属は3つの系統群〔オオクビナガハンミョウ類*（*Collyris*），クビナガハンミョウ類（*Neocollyris*），コクビナガハンミョウ類*（*Protocollyris*）〕に分けられ，研究者によってはそれぞれ独立の属とされる（たとえば，Naviaux, 1994）．［訳注: 本書も本文では *Neocollyris* を属として扱っている．全部で約220種が知られている

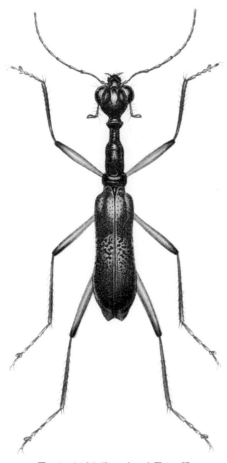

図 B.9　クビナガハンミョウ属の一種
*Collyris contracta* W. Horn.

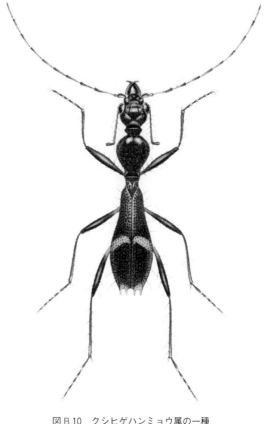

図 B.10　クシヒゲハンミョウ属の一種
*Ctenostoma obliquatum* Chaudoir.

が，*Neocollyris* が約190種で，他は約10種ずつと少ない．］成虫は，二次林と一次林の灌木や樹木の葉上，花，小枝などを活発に走り回り，小昆虫などを捕食している．どの種の成虫もきわめて細長い体つきをしており（図B.9と口絵31），深い藍色ないし黒色のものが多い．危険を感じるとすぐに飛び立ち，木から木へと移動する．210種以上が知られており，分布域は広く，スリランカ，インド南部と東北部から，中国南部，台湾，マレーシア，大スンダ列島，そして小スンダ列島，チモール島まで及ぶ．幼虫は樹木や灌木の立ち枯れの枝に巣孔を造る．

### クシヒゲハンミョウ属＊（*Ctenostoma* Klug）

この属には107種が知られており，成虫はいずれも細長い体つきで，アリに似ているものが多く（図B.10），成虫と幼虫のどちらも樹上に生息するので，観察や採集は難しい（口絵18）（Zikan, 1929; Naviaux, 1998）．非飛翔性の種が多く，飛翔性の種でもめったに飛ばない．何種かは夜間，燈火に誘引されるようである．見かけと行動がカミキリムシに擬態している種もいる（Naviaux, 1998）．また，大型のハリアリ類のサシハリアリ属（*Paraponera*）に擬態している種もいる（口絵19）．成虫は森林の中層の小さな枝の上をすばやく走り回っているが，地表1m近くまで降りてくることも多い．詳しい生態と行動はほとんど知られていない．現在分かっている分布域は新熱帯区のメキシコ中央部からブラジル東南部およびボリビア北部までである．

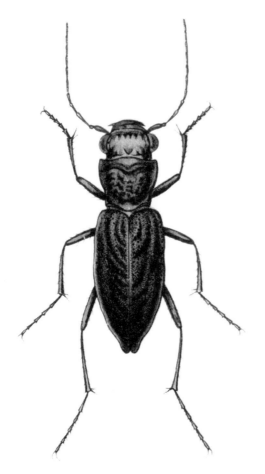

図 B.11　シデハンミョウ
*Aniara sepulcralis* Fabricius.

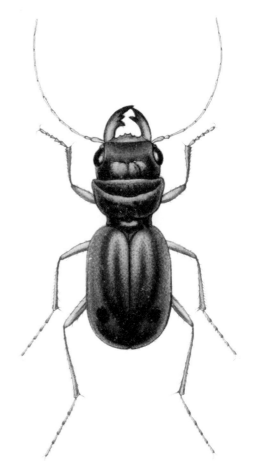

図 B.12　キハダハンミョウ亜属の一種
*Phaeoxantha bucephala* W. Horn.

### シデハンミョウ属*（*Aniara* Hope）

　この属はシデハンミョウ *A. sepulcralis* 1 種だけからなり，成虫は全身黒色で（図 B.11），開けた草地やまばらな低木林の中を日中，走り回っている．成虫は機能的には飛べる翅をもっているが，飛ぶことはほとんどない．種名は，防衛用に放出する化学物質が死体の臭いに似ていることによると言われている．幼虫は後で紹介するカラカネハンミョウ属（*Tetracha*）のものに似ているが，前胸背が 2 色に染め分けられている点で区別できる．幼虫は，植物がまばらな粘土質土壌に浅い巣孔を造る（Arndt et al., 1996b）．分布域は南米東北部からアルゼンチン南部までと広い．

### オオズハンミョウ属（*Megacephala* Latreille）

　研究者の多くは Horn（1908）に従ってオオズハンミョウ属を世界中の熱帯・亜熱帯に広く分布する属として扱っている．しかし Huber（1994）や Naviaux（2007）のように，オオズハンミョウ属をアフリカ産の数種に限定する見解をとる研究者もいる．こうした見解の違いによって，互いに近縁な分類群であることは間違いのない新世界［新北区と新熱帯区を合わせた生物地理区で，南北アメリカ大陸を指す］産のキハダハンミョウ類*（*Phaeoxantha*）とカラカネハンミョウ類*（*Tetracha*），およびオーストラリア産のカラカネハンミョウ類（*Tetracha*）とニセカラカネハンミョウ類*（*Pseudotetracha*）をそれぞれ亜属と見なすか，独立の属と見なすかの違いとなる．これらの分類群の成虫はいずれも夜行性で，大部分の種は非飛翔性で，飛ぶとしても飛翔力は弱い．幼虫は一般的に湿気の多い開けた場所，たとえば川岸

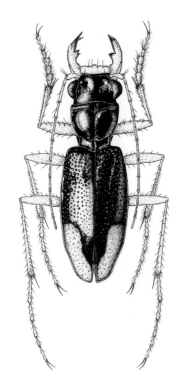

図 B.13　カラカネハンミョウ属の一種
*Tetracha sparsimpunctata* Mandl.

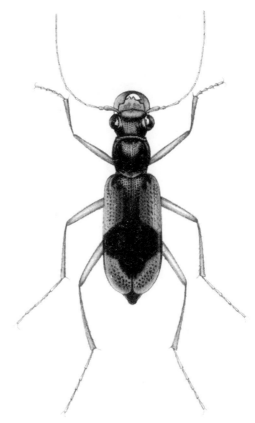

図 B.14　クロモンツツハンミョウ
*Metriocheila nigricollis* Reiche.

の砂地などに巣孔を構える（Putchkov & Arndt, 1997）.

キハダハンミョウ類（*Phaeoxantha*）には10種が含まれ，分布域は基本的に南米の北部である．これらの成虫は一般的に明るい体色をしていて（図B.12），生息場所は河川沿いの湿り気のある，または乾いた砂地に限られる（口絵5）．幼虫もそうした砂地に巣孔を造っており，増水期の長期の浸水に対してとても高い耐性を示す（Zerm & Adis, 2001）.

新世界のカラカネハンミョウ類（*Tetracha*）には50種が含まれ，成虫はいずれも金属光沢を帯びた銅色（口絵7），紺色，緑色など色彩豊かである（図B.13）．分布域としては，北はアメリカ合衆国東北部まで生息する種もいれば，南はアルゼンチン北部とチリに生息する種もいるが，種多様性が一番高いのはボリビアとブラジルのアマゾン川流域南部である．カラカネハンミョウ類の多く

の種の生息場所は水際の泥質地か湿った砂地であるが，湿潤な高地と草原地帯に生息する種もいる.

クロモンツツハンミョウ亜属*（*Metriocheila*）は1種（*M. nigricollis*）だけからなる分類群で，成虫は金属光沢を帯びない．中型のハンミョウで（14〜16mm），頭部と胸部は黒く，鞘翅は地色が黄褐色で暗褐色から黒色の十文字の紋がある（図B.14）．分布域はコロンビアからアルゼンチン北部までで，アンデス山脈の東斜面の麓でよく見られる．生息場所は中程度の標高（420〜900m）の河川の岸辺の，石混じりの砂地である．成虫は夜行性で，水際を走り回っている．日中は湿気のある砂地の岩の下に，単独か数匹の集団で潜んでいる.

オーストラリアには，互いに近縁なカラカネハンミョウ亜属（*Tetracha*），ニセカラカネハンミョウ亜属（*Pseudotetracha*），オーストラリアオオズハンミョウ亜属（*Australicapitona*）が25種以上生息しており，成虫の色彩は，鮮やかな緑か黒の金

付録 B　世界の主な属の自然史

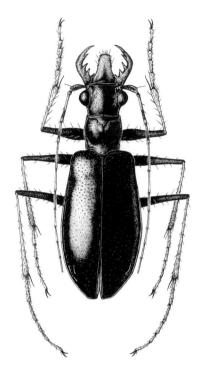

図B.15　トゲグチハンミョウ属の一種
*Oxycheila germaini* Fleutiaux.

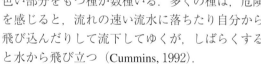

図B.16　ウキフネハンミョウ
*Cheiloxya binotata* Castelnau.

属光沢と広く色の抜けた部分の組み合わせである（Sumlin, 1997）．多くの種の典型的な生息場所は，海岸の干潟と川岸の砂地である．しかし，オーストラリア西部と南部の内陸部に存在する，干上がった広大な湖の塩性の湖底だけに生息するグループもいる．こうした場所の降水量はきわめて不規則で，何年も成虫の活動が見られない場合もある．

### トゲグチハンミョウ属*（*Oxycheila* Dejean）

新熱帯区のトゲグチハンミョウ属の分布域は，メキシコ南部からアルゼンチンまでである（Wiesner, 1999）．46種が知られており，それらの成虫は河川沿いの砂地か岩肌がむき出しになった場所に出現し，基本的に夜行性である．日中は，山沿いの流水の中洲などの岩の下に身を隠す．種類によっては，日中，そうした山沿いの流水近くの灌木の葉の上や草の根元などに隠れるものもい

る．この属のどの種の成虫も，身体は基本的に黒色で，きわめて長い触角，上唇，大顎をもっている（図B.15）．しかし，鞘翅に鮮やかな黄色またはオレンジ色の斑紋をもつもの，あるいは脚に黄色い部分をもつ種が数種いる．多くの種は，危険を感じると，流れの速い流水に落ちたり自分から飛び込んだりして流下してゆくが，しばらくすると水から飛び立つ（Cummins, 1992）．

### ウキフネハンミョウ属*（*Cheiloxya* Guérin）

ウキフネハンミョウ属は1種（*C. binotata*）だけからなり，分布域はアマゾン盆地の中央部と西部で，ベネズエラ南部からボリビア北部に及ぶ．成虫は薄暮および夜行性で，中〜大型の河川の水面で餌を探している（Pearson, 1984）．全身黒色で（体長14〜15mm），見間違えるとすればトゲグチハンミョウ属（*Oxycheila*）だけであるが，そ

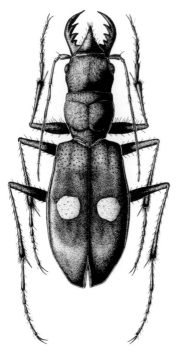

図 B.17　アンデスフタモンハンミョウ
*Pseudoxycheila andina* Cassola.

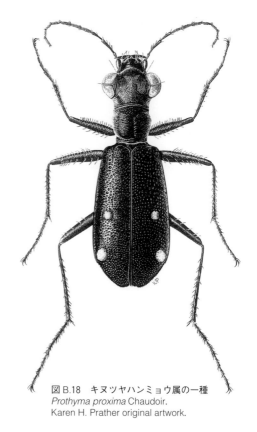

図 B.18　キヌツヤハンミョウ属の一種
*Prothyma proxima* Chaudoir.
Karen H. Prather original artwork.

れとは鞘翅中央に暗赤色の短い帯状の横紋を一対備えていることで簡単に区別できる（図 B.16）．成虫は日中，川沿いの植物に覆われた場所の落葉の下に，しばしば100個体を超える集団で身を隠している．辺りが薄暗くなると川の表面を低く飛んで，ときには水面を走ることさえして，浮き草や芥などの漂流物の上の獲物を襲っている．

### フタモンハンミョウ属*（*Pseudoxycheila* Guérin）

フタモンハンミョウ属は新熱帯区産で，最近，この属の総説が発表されている（Cassola, 1998）．それによるとこの属には21種が含まれ，分布域としては，コスタリカの高原地帯からベネズエラのアンデス地域，さらに南のアンデス山脈の西斜面，そしてペルーの最北端に及ぶ．アンデス山脈の東斜面ではボリビア中部が南限である．エクアドルの限られた地域だけから記載されている種が4種いる．ほとんどの種は標高の高い地域（3,000mまで）に生息するが，1種だけはいつも標高の低い地域（70m付近）に見られる．成虫はほとんど飛ばず，道路沿いの切り通しなどの植生がはぎ取られて粘土質が露出した場所を走り回っていることが多い．その一風変わった走り方は，その特徴的な色彩パターンとあいまって，アリバチ科のハチ（mutillid wasp）の外見とふる舞いに擬態しているようである（Acorn, 1988）．多くの種は互いにとてもよく似ていて区別が難しく，また，同一種でも個体群間の変異が大きい．どの種の成虫も比較的大型で，眼は小さく，上唇と大顎は漆黒である．体色はふつう暗青色から青緑色，あるいは灰色で，鞘翅の中央よりやや後方に一対の黄色またはオレンジ色の丸い斑点がある（図 B.17と口絵39）．幼虫は，道沿いの切り通しと丘陵地にある粘土質の垂直に近い崖，または草原中のほぼ裸地となっている場所に巣孔を造る（Palmer, 1976, 1978）．

### キヌツヤハンミョウ属*（*Prothyma* Hope）

従来，キヌツヤハンミョウ属には60種以上が含まれるとされてきたが，この属は，外見の似た，そして，他にもって行きようのないものをまとめて入れたゴミ箱的な，範囲の曖昧な分類群である．

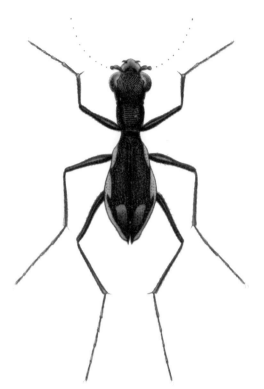

図 B.19　ヒゲブトハンミョウ属の一種
*Dromica discoidalis* W. Horn.

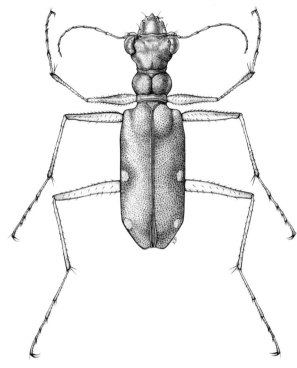

図 B.20　ウスバハンミョウ属の一種
*Heptodonta nodicollis* Bates．［本文の訳注を参照］．
Karen H. Prather original artwork.

　おそらく今後の研究によって，属内のグループの相互関係が合理的に解明されるだろう．現時点では，成虫の身体の下面に白色の長い剛毛を欠くという点以外にはほとんど共通点のない分類群である（図B.18）．日中に地表で活動し，危険を感じるとすぐに飛び立つ種が多いが，夜間に燈火に飛来するものも多い．生息場所としては開けたサバンナから森林の林床までと幅広い．大部分の種はアフリカ中部に分布するが，何種かがアジア南部，中国からインドネシア，台湾，フィリピンに分布する．

### ヒゲブトハンミョウ属（*Dromica* Dejean）

　ヒゲブトハンミョウ属には130種が含まれ，成虫はいずれも細長い紡錘形をしている（図B.19と口絵40）．成虫は非飛翔性でとてもすばやく走り回る．基本的には開けた草原に生息するが，落葉性の疎開林の林床に生息する種も何種か知られている．成虫は雨が降った後の1日か2日間だけ活動し，地表が乾くと姿を消すという．採集家泣かせの習性をもつ．大部分の種はアフリカ南部に分布するが，5種だけは北方のエチオピアにまで分布する．

### ウスバハンミョウ属（*Heptodonta* Hope）

　ウスバハンミョウ属には12種が含まれ，いずれも上唇の前端に7本の突起状の歯をもち，中脚の腿節が平たく膨らむという点で他と区別できる．大部分の種の成虫は，緑色からオリーブ色で，身体の下面に白色の長い剛毛を欠く（後脚の付け根に生える数本のものを除く）（図B.20）．湿潤な二次林または疎開林に生息し，成虫は地表で採餌するが，危険が迫るとすばやく飛び立ち，下生えの葉の上に止まる（口絵30）．分布域はインド北東部から南東方向沿いにインドシナ半島全域，さらにインドネシアの大スンダ列島からフィリピンに及ぶ［訳注: 現在この属はウスバハンミョウ属 *Heptodonta*（11種），クリゲハンミョウ属 *Dilatotarsa*（8種），クリブチハンミョウ属 *Pronyssa*（7種），ニセクリブチハンミョウ属 *Pronyssiformia*（1種）

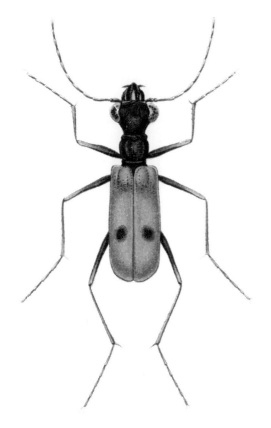

図 B.21　ハチモドキハンミョウ属の一種
*Peridexia ambanurensis* Brancsik.
〔原文では *P. fulvipes* Dejean と記されているが，図のものは Moravec（2010，および私信）により本種と判断される〕．

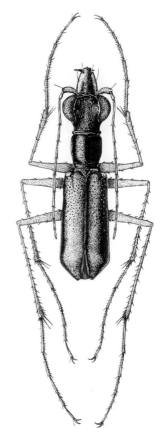

図 B.22　キララハンミョウ属の一種
*Physodeutera fairmairei* W. Horn.

の4属に分けられている．その場合，図B.20の種はクリブチハンミョウ *Pronyssa nodicollis* となる〕．

## フトツヤハンミョウ属*（*Calyptoglossa* Jeannel）

フトツヤハンミョウ属はマダガスカル東部の湿潤な森林に固有の1種だけからなり，一次林および鬱閉した二次林の雨林の林床に生息する．成虫は，系統的には離れているが，新熱帯区のモリハンミョウ属（*Odontocheila*）にとてもよく似ている．何かに驚くとすばやく飛び立って下生えの葉に止まる．

## ハチモドキハンミョウ属*（*Peridexia* Chaudoir）

ハチモドキハンミョウ属もマダガスカル固有で2種からなるが，それぞれ外見的に区別できるいくつかの地理的な型（form）に分けられる〔訳注：最近の総説（Moravec, 2010）によると4種3

亜種に分けられる〕．成虫は開けた雨林の林床に見られ，何かに驚くとすばやく飛び立ってまた近くの林床に止まる．その明るい黒と黄色の色彩パターン（図B.21と口絵41）はベッコウバチ科の *Priocnemis venustipennis* にとてもよく似ていて，さらに行動も，ハンミョウ特有のすばやい走り方ではなく，あたかもハチのように，せわしなく小さな円を描くように走り回る．このハンミョウを見つけたつもりで本物のハチに指を刺されたハンミョウ愛好家は一人や二人ではない．

## キララハンミョウ属*（*Physodeutera* Lacordaire）

キララハンミョウ属もマダガスカルに固有で，70種近くが含まれ，それはさらに8亜属に分けられている（Moravec, 2002, 2010; Moravec & Razanajaonarivalona, 2015）．ほとんどの種の分布域はとても狭く，たとえばひとつの谷とか特定の標高帯だけとかに限

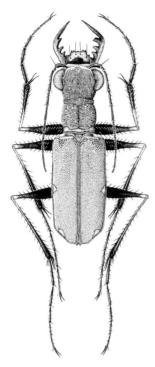

図 B.23 モリハンミョウ属の一種
*Odontocheila dilatoscapis* Huber.

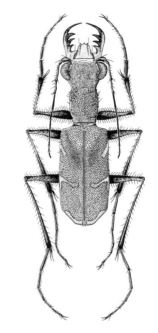

図 B.24 ヒメモリハンミョウ亜属の一種
*Odontocheila* (*Pentacomia*) *vallicola* Huber.

られている．成虫はいずれもかなり小さく（図B.22と口絵42），生息場所は伐採地や雨林の林床で，地表で餌を探している．危険に敏感ですぐに飛び立つ．大部分の種は東部の雨林地帯に生息するが，西部の乾燥林地帯に生息する種も数種いる．

### モリハンミョウ属*（*Odontocheila* Castelnau）

新熱帯区のモリハンミョウ類はかなり多様な分類群で，いくつかの分類学的名称のもとにまとめられてきた．Rivalier（1969）は4つの属にまとめたが，最近の分子系統分析（Vogler & Pearson, 1996）によれば，これらのグループは亜属として取り扱う方が適切である．最も種数の多いモリハンミョウ亜属 *Odontocheila*（狭義）には50種が知られ，メキシコ中部からアルゼンチン北部までの，一次林と二次林の中の小径でふつうに見かける．外見は互いにとてもよく似ているが，雄の交尾器の先端にある鉤爪，棘，ボタン様構造物で種を区別できる．この亜属の大部分の種の成虫はくすんだ褐色か黒色で，薄暗い林床では見つけにくい（図B.23と口絵43）．成虫が飛び立ったり下生え

の葉に止まれば見つけやすいが，成虫はそれほど飛翔せず，飛び立つのは敵から逃げるときと夕暮れに近くの下生えの茂みにねぐらをとるとき（Pearson & Anderson, 1985）ぐらいである（口絵16）．

アマゾン川流域北部と西部から知られる2種は，雄の交尾器中に鞭状片（flagellum）をもたないことで，ツツモリハンミョウ属* *Cenothyla* にまとめられる（Rivalier, 1969）．ヒメモリハンミョウ亜属* *Pentacomia* には32種が含まれ，モリハンミョウ亜属とは雄交尾器での違い（鞭状片がない），上唇の形，鞘翅の斑紋で区別される（図B.24と口絵12）．Rivalier はこの仲間をさらに8つのサブグループに分けている．この亜属には林床に生息する種も何種かいるが，大部分の種はきわめて異なった生息場所，たとえば河川の砂地の岸辺や開けた草原などに生息する．この亜属の成虫はモリハンミョウ亜属の大部分の種よりも小さめである（Moravec, 2012）．

### アリヅカハンミョウ属*（*Cheilonycha* Lacordaire）

アリヅカハンミョウ属には2種が含まれるが，

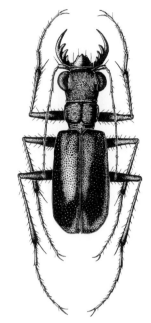

図 B.25　アリヅカハンミョウ属の一種
*Cheilonycha auripennis* Lucas.

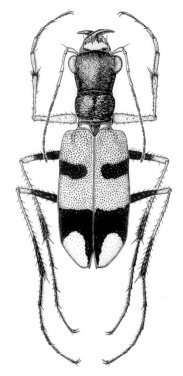

図 B.26　ボリビアホウセキハンミョウ
*Pometon bolivianus* Huber.

どちらも青，緑，赤の金属光沢をもつきらびやかなハンミョウである（図B.25）．分布域はブラジル南部とボリビアからアルゼンチン北部とパラグアイまでで，生息場所は開けた灌木林であるが，その中の大きなシロアリの塚の表面だけに生息するという特異な生態をもつ（Costa & Vanin, 2010）．成虫は塚の表面で小昆虫を食べ，幼虫は塚に巣孔を造る（Arndt et al., 1996b）．危険を感じるとすばやく飛び立って近くの塚に行くが，地表に降りたり走ったりすることはない（Guerra, 1993）．シロアリの塚は，食物の供給源としてだけでなく，そうしたサバンナで頻発する野火からの避難場所でもあるだろう．

## ホウセキハンミョウ属*（*Pometon* Fleutiaux）

2種からなるホウセキハンミョウ属の成虫は，世界で最もきらびやかなハンミョウである．頭部と前胸は金属光沢をおびた青緑色で，対照的に，鞘翅は上半分が鮮やかな黄色で翅端にオレンジ色の斑紋があり，それらを金属光沢のある紫の帯が縁取っている（図B.26）．その鮮やかな色彩，大きさ（体長13mm），弱い飛翔力は捕食者にはよい標的のはずであるが，ハンミョウ研究者にとっては大きな謎となっている．それというのも，この属は世界で最も希少なハンミョウのひとつなのである．最初の標本は，1800年代半ばに中央ブラジルの南部で得られた6匹であった．この種はその後，1800年代末にブラジル南東部で新たに5匹採集されたものの，それ以外にはまったく得られていない．1992年に，この属の2番目の種が，ボリビア東部で発見された（Pearson et al., 1996; Huber, 1999）．なぜ，これほどめだつ種がそれほど長い間，発見されずにいたのだろうか．このボリビアホウセキハンミョウ *P. bolivianus* はサバンナの草原と開けた二次林の林床に出現するが，そのような場所ならすぐに目に止まり，簡単に採集できそうなものである．もしかして，この種は数年間とかの長い生育期間を必要とし，成虫期はほんの短期間なのであろうか．あるいは，成虫は基本的に地下の穴の中で生活し，地表にはたまにしか現れないような習性をもっているのだろうか．何人かの研究者が，その1992年と1993年に11匹の

付録 B　世界の主な属の自然史　215

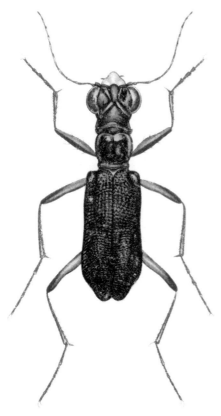

図 B.27　ベスキーニジイロハンミョウ
*Iresia beskei* Mannerheim.

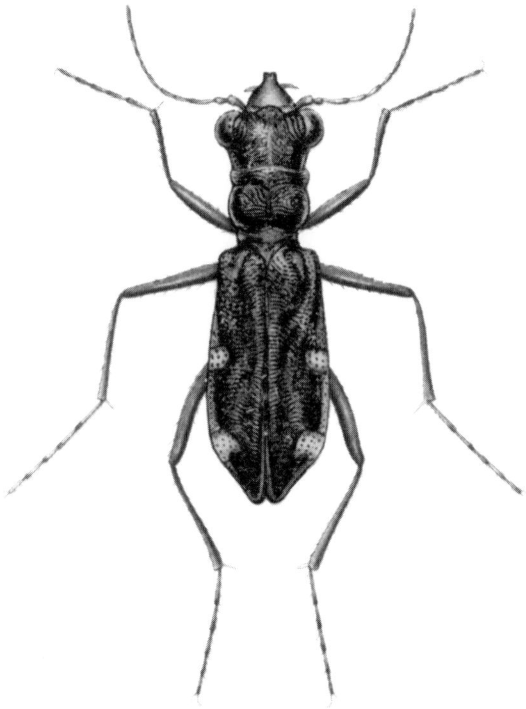

図 B.28　チリメンハンミョウ
*Eucallia boussingaulti* Guérin.

成虫が見つかった同じ地点に赴いたが，誰も追加の標本を採集することはできなかった．

### ニジイロハンミョウ属*（*Iresia* Dejean）

　新熱帯区のニジイロハンミョウ属には12種が含まれ，分布域はメキシコからアルゼンチン北部までである（Sumlin, 1994, 1999）．成虫はいずれも小さく（7.5〜10mm），樹上性で，身体の背面は金属光沢を帯びた緑から青色をしている（図B.27）．どの種も森林の，高さ10m以上の幹や枝にいるため，見つけて採集することが難しく，その生活史はよく分かっていない．成虫は危険が迫ると植物の上を走ったり，近くの樹まで何mかを飛翔する（Zikan, 1929）．樹上性の昆虫を採集する特別な技術として，たとえば殺虫剤を噴霧する手法があるが（Erwin, 1990），この属のハンミョウを採集するには概してそれほど有効ではない［訳注：フレンチギアナ在住の研究者（M. Duranton, 私信）によると，雨期に森林中でのラ

イトトラップでごく希に採集できる］．

### チリメンハンミョウ属*（*Eucallia* Guérin）

　チリメンハンミョウ属は1種（*E. boussingaulti*）だけからなり，成虫は昼行性で，コロンビアとエクアドルからペルー北部（カハマルカ県）にかけての亜熱帯でパラモ地帯よりやや低い標高に生息する［パラモとは南米北部〜西部の高山地帯の樹木のないイネ科草本を主とする植生を指す］．成虫はパラモ地帯の下限付近にある湿潤な森林中で，小径や草のまばらに生えた空き地の中，または苔むした岩の上を走り回っている（口絵9）．成虫（図B.28）は飛ぶことはできるが，それでも走って移動することの方が多い．この種の分布はアンデス山脈の西部山脈と東部山脈の，それぞれ標高2,000mから3,100mまでの2つの地域に不連続に分かれている．この標高は，南米のハンミョウ類の生息場所としては一番高い．分布域の標高の低い場所では個体数は少なくなるが，フタモンハン

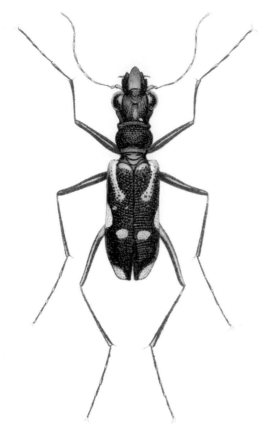

図 B.29 キマダラハンミョウ属の一種
*Distipsidera hackeri* Sloan.

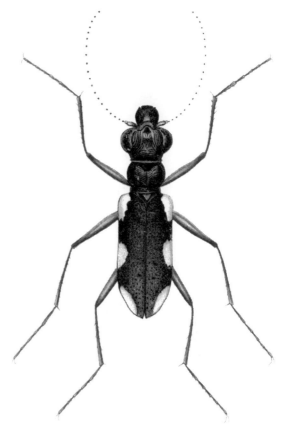

図 B.30 オーストラリアホソハンミョウ属の一種
*Nickerlea distipsideroides* W. Horn.

ミョウ属 *Pseudoxycheila* の何種かと同じ切り通しで見つかることもある．幼虫の巣孔も，フタホシハンミョウと同じように，粘土質の垂直の崖に見られる（Arndt et al., 1996a）．［訳注: 訳者のエクアドルでの観察では，垂直の崖とはかぎらなかった．］

### キマダラハンミョウ属*（*Distipsidera* Westwood）

キマダラハンミョウ属には12種が含まれ，樹上性で湿潤または乾燥した森林に生息する．主要な分布域はオーストラリア北東部であるが，3種がニューギニア島に，また1種がソロモン諸島にも分布を広げている．成虫は，滑らかな樹幹の表面で，頭を下にしたままじっと動かずに獲物を待ち構える．ときには同じ姿勢を，電柱や柵の支柱の表面でも見せてくれる（Sumlin, 1992）．餌となる不運な犠牲者（たいがいはアリだが），うかつにもその待ち伏せの射程距離に入ったとたん，ハンミョウは向きを正して飛びつき，その長い大顎で噛みついて捕まえる．大部分の種は，暗褐色か黒色で，鞘翅にオレンジ色か黄色の斑点をもつものが多い（図B.29）．数種が同一の樹の上で見られることもあるが，違う高さに止まっている．どの種も活発に飛翔し，危険が迫るとすばやく近くの樹に飛び移ったり，地表に降りたりする．幼虫はそうした樹の根元近くの地面に巣孔を造るようである［訳注: ニューカレドニア島特産のカレドニアハンミョウ属 *Caledonica* の13種もこの属とよく似た習性を示す］．

### オーストラリアホソハンミョウ属*
（*Nickerlea* W. Horn）

オーストラリアホソハンミョウ属（図B.30）はオーストラリア南東部と南部に固有で，小型（体長8mm以下）の4種が含まれるが，その生態はよく分かっていない．これまでに得られた知見の出所はほぼすべて，ヒース様の灌木であるマ

付録 B　世界の主な属の自然史　217

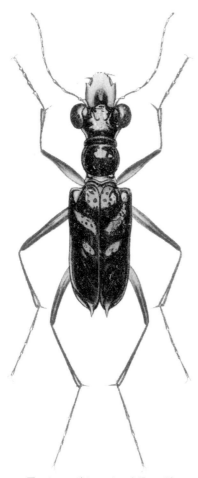

図 B.31　メダカハンミョウ属の一種
*Therates schaumianus* W. Horn.

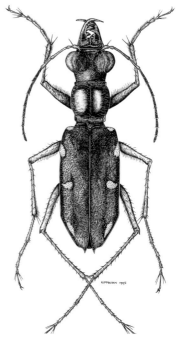

図 B.32　セセラギハンミョウ属の一種
*Oxygonia nigricans* W. Horn.

リー［オーストラリアの乾燥地帯に生育するユーカリ属の常緑低木］の植生中の湿潤な砂質土壌に設置したピットホールトラップ（落とし罠）にかかった標本からである（Sumlin, 1997）．その自然史とか生活環についてはまったく分かっていない．成虫は降雨後のごく短期間だけ活動するようである．

### メダカハンミョウ属（*Therates* Latreille）

メダカハンミョウ属には60種以上が含まれ，大きさも体長5mmの小型種から23mmの大型種までいる．成虫の口器は奇妙なほど小さくなっていて，逆に上唇は巨大で，閉じた大顎をすっぽりと覆っている（図B.31と口絵32）．どの種も湿潤な森林の林床に生息し，危険が迫るとすばやく飛び立って下生えの藪に逃げこむ．成虫の色彩は，全身まっ黒のものから，鞘翅が暗青または黒の地にオレンジ色または黄色の帯か斑点を配したさまざまなパターンが見られる．この属の分布域はネパールからインドシナ半島，さらにインドネシアからニューギニア島，ソロモン諸島，フィリピン，台湾にまで及ぶ（Wiesner, 1988）．幼虫は，1種についてだけ，腐朽しつつある倒木に巣孔を造ることが知られている．

### セセラギハンミョウ属*（*Oxygonia* Mannerheim）

セセラギハンミョウ属の標本はどの有名コレクションにも多くはなく，生活史についての報告もほとんどない（Pearson et al., 1995）．つい最近までこの属の分類は曖昧でいくぶん混乱していた．その主な理由は，この属の成虫の色彩における極端な性的二型による（Kippenhan, 1997）［訳注: 最

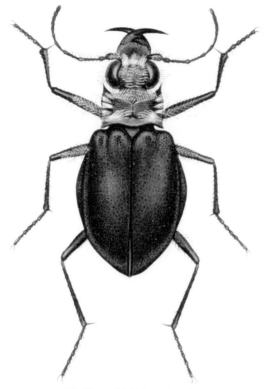

図 B.33　アオヒラタハンミョウ
*Eurymorpha cyanipes* Hope.

近，Moravec（2015）の総説が発表され，分類的知見は深まった］．この属に含まれるとされる18種の分布域は，コスタリカの高地からパナマ，さらにアンデス山脈沿いにボリビア中央部まで及ぶ．この属の成虫の特徴としては，背面のきらびやかな金属光沢（口絵28と29），背面にはおおむね剛毛を欠くこと，細く長い大顎（5本以上の歯が生えている），さらに短い四角形の上唇である（図B.32）．どの種も，山地帯の流れの速い渓流沿い，あるいは，そのすぐ近くに生息している．何種かは夜行性であるが，大部分の種は日中に活動する．

### ハンミョウ属（*Cicindela* Linne）（広義）

世界中で知られている2,000種以上のハンミョウのうち，約875種はこのハンミョウ属に含まれる．成虫の大きさと色彩もきわめて変異に富んでいて（口絵27），生息場所も森林，高山，荒原の草地，海浜まで多岐にわたる．南極以外のどの大陸にも，また大洋の中心部の島々を除くほとんどの諸島にも生息する（Cassola & Pearson, 2000）．ほぼすべての種が，幼虫と成虫とも，さまざまなタイプの土壌の地表で餌をとる（Pearson, 1988）．この属の大部分の種の成虫の餌と配偶相手の探索場所は，植物がほとんど生えていない裸地であるが，熱帯雨林の林床に生息している種も何種かいるし，さらに湿潤な森林中の倒木の上だけに生息するほど特殊化した種もいる．成虫は敵などの危険には敏感に反応し，すばやく飛び立ってはすぐ近くに降り立つ．しかし，非飛翔性の種も少数いる．Rivalier（1971）は，主に雄の交尾器の違いに基づいて，この属の種を55のグループ（属と亜属）に整理した．本書では，大きくまとめて，これらの種すべてを単一の属，ハンミョウ属 *Cicindela*（広義）に含める扱いをした．

### アオヒラタハンミョウ属＊（*Eurymorpha* Hope）

アオヒラタハンミョウ属は一風変わった姿の1種だけ（*E. cyanipes*）からなり，アンゴラとその

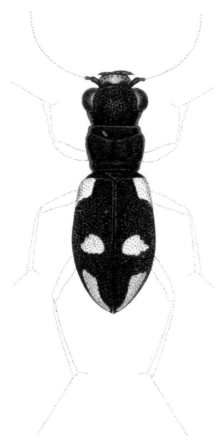

図 B.34　ハネナシダルマハンミョウ
*Apteroessa grossa* Fabricius.

南のナミビア，さらに南アフリカ共和国北西部の，大西洋に面した砂浜だけに生息する［訳注：南アフリカ共和国には産せず，かつてナミビアが南アフリカ共和国の一部であったときの記録が混同されているようである］．成虫の身体は奇妙なほど平たく，また幅広くなっている（図B.33と口絵44）．その体つきは，悪天候や夜間に打ち上げ藻や塵芥の下や砂の穴などにすぐに潜り込むのに役立つにちがいない．鈍く青みを帯びた金属光沢にはむらがなく，銅色タイプと緑色タイプという，はっきりと異なる2種類の色彩型がふつうに見られる．成虫（体長は14～18mm）は晴天の日中に，海岸の打ち上げ藻や塵芥の間で餌を探しており，危険が迫るとすばやく飛び立つ［訳注：訳者のナミビアでの観察では，前述のヒラグチハンミョウと同じ砂浜に生息し，夜間は砂地に潜り込んでる．日中，砂浜をすばやく走り回って，ハマトビムシやアリなどの昆虫を襲っている］．

### ハネナシダルマハンミョウ属*（*Apteroessa* Hope）

ハネナシダルマハンミョウ属も風変わりな1種（*A. grossa*）だけからなるが，19世紀初頭にインド南部で採集された3個体の不完全な成虫の標本が知られているだけで，その後も採集されていない．頑丈な脚，飛翔の翅を欠くこと，大型の身体（22mm），大きな頭，剛毛に覆われた鞘翅といった特徴をもつが（図B.34），これらからはハンミョウ科の中での系統関係を定める手がかりは得られない．それでも，ほとんどの大御所たちの見解では，これは最も分化した（派生的な）種である可能性が高いとされる．これを明らかにするには，今後，複数の新鮮な標本が採集され，その生活史，生息場所，行動が観察されることを待たねばならない．それまでは，このハネナシダルマハンミョウ属はすべてのハンミョウの属の中で，最も謎に満ちたものであり続けるだろう．

# 訳者あとがき

　本書は David L. Pearson & Alfried P. Vogler 著『Tiger beetles: the evolution, ecology, and diversity of the cicindelids』(2001) の全訳かつ増補版である（増補版の意味は後で述べる）．内容は，目次からも分かるように，ハンミョウ科甲虫の生物学全般に渡っており，学史を含む分類，形態，進化，生物地理，摂食と繁殖に関する生態と行動，捕食者との関係を含む群集内での地位，さらには保全の問題まで，系統立てて詳しく論じている．

　読者としてはさまざまな立場の人を想定しているようで，序文によれば，学生，昆虫愛好家，自然保護活動家，さらには関連する分野の研究者も含まれている．付録として，ハンミョウの採集法や標本の作製法，そして世界の主なハンミョウの自然史の解説がつけられており，幅広い読者に向けてハンミョウの生物学の教科書を世に出すという著者の熱い心意気が感じられる．

　Pearson 博士はアリゾナ州立大学教授で，ハンミョウの生態学と分類学を中心に1970年代から幅広い研究活動を精力的に続けており，現在のハンミョウ生物学の第一人者と言える．中でも，共存種の間で大顎の長さに一貫した有意差が存在することを示した研究は，当時の群集生態学で大きな注目を集めた．Vogler 博士は，インペリアルカレッジ教授（大英博物館兼任教授）で，甲虫類の分子情報の解析を専門としており，1980年代よりハンミョウを中心に甲虫全般の分子集団遺伝学や系統解析の分野で名を馳せている．本書でも詳しく解説されているアメリカイカリモンハンミョウ Cicindela (Habroscelimorpha) dorsalis 種群の大西洋沿岸からメキシコ湾沿岸にかけての雄大な集団遺伝学的解析は，当時まだ黎明期にあった分子情報の解析技術を駆使して野生生物の集団遺伝構造を解明した研究として世界的な注目を集めた．その後，ハンミョウ類の分子系統樹を再構築し，従来の分類学のクビナガハンミョウ亜科が，系統樹の根元でハンミョウ亜科と分かれたのではなく，エンマハンミョウ類やオオズハンミョウ類が分岐した後に現れた系統で，ハンミョウ族と姉妹群をなすことを示した．この研究は，従来の分類大系を根底から見直すことになる貢献である．この二人の合作による本書は，ハンミョウの生物学の教科書としてこれ以上望めない内容の深さと幅広さを達成している．

　私たち訳者二人は，日本では数少ないハンミョウの研究者である．具体的には，堀がかつてナミハンミョウ Cicindela (Sophiodela) japonica の生態学的研究で学位をとり，その後大学に職を得てハンミョウの研究を続けたが，その指導のもと佐藤が日本産の海浜性ハンミョウ類のすみわけと共存についての研究で学位を取得した．その研究では DNA 分析による東アジア産ハンミョウの系統解析も試みている．そしてハンミョウを詳しく解説した教科書がないことを残念に思っていた私たち二人にとって本書の原本の出版はうれしい衝撃であり，それぞれの章をむさぼるように読んだものである．日本語で読めるものをとの想いから，雑誌の特集号での解説などを編集したが，内容的には十分なものとは言えなかった．そこで本書の訳出を思い立った．長年ハンミョウ研究に携わってきた私たち二人が共同で取り組むことで，本書の内容を正確でわかりやすい日本語にすることができたと考えている．

　翻訳作業は次のような手順で行った．最初にそれぞれが担当する章を決め，その下訳を作った．それを相方が原文と照らし合わせながら点検し，読みにくい部分については代案を示し，最初の担当者が再考した．この作業を2回，または3回繰り返し，堀が全体の語調や表記を統一した．訳者らの専門から少し離れた分野が含まれる第5章については，分子生物学が専門でかつハンミョウについての造詣が深い京都大学大学院生命科学研究科の荒木崇博士に訳文をチェックして頂いた．また第3章の系統樹の再構成の手法に関する部分は，オサムシ類やハンミョウ類を中心に昆虫の分子系統解析では第一人者の京都大学大学院理学研究科の曽田貞滋博士に訳文のチェックをお願いした．これらの作業の後，堀が全体

を見直して最後の手直しをした．なお，原文について，補足や訂正が必要と思われる部分には2通りの訳注をつけた．ひとつは説明不足と思われる箇所への追加説明で，本文の該当部分に［ ］をつけて説明した．もうひとつは，著者の記述なり主張に疑義がある場合で，それが分かるように［訳注: ］として本文の該当部分の後に記入した．こうした訳注も含め，翻訳に間違いや分かりにくい所があれば，それは代表者としての堀の責任である．

　学名に関して，少し説明させていただく．本文でも述べられているが，学名の扱いについては大きく2つの流儀，特に属名を広くとるか狭くとるかの立場に違いがある．中でもハンミョウ亜族 Cicindelina のうち世界中に広く分布し，種数と個体数の点でおおいに繁栄している派生的な分類群をひとつの大きな属として扱うかどうかについての立場に，大きな差がある．Rivarier（1954, 1957, 1961, 1963, 1969）は雄交尾器の内部構造に注目して従来の大きな属，ハンミョウ属 Cicindela を50以上の属に細分した．そのいくつかはすでに先人が創設していたものであるが，多くは Rivarier が新設したものである．その分類大系は以後の研究者の大部分が認めるところとなり，その後のハンミョウ分類学の流れを作った．ただし，アメリカとイギリスなど英語圏の研究者は Rivarier の設定した属のほとんどを亜属として扱う傾向が強い．本書の著者二人もその立場をとっており，ハンミョウ属（広義）は約900種（2016年現在では優に1,000種を超えている）を含む大所帯とされている．

　Rivarier の設定した各属は雄交尾器以外の形質（体型，色彩パターン，毛序）でもそれなりのまとまりを持ち，生物地理的にもまとまった地域に分布域をもつ，納得のいく分類群である．狭義のハンミョウ属 Cicindela はユーラシア大陸北半分（いわゆる旧北区）と北アメリカ大陸に広く分布しているが，北アメリカ大陸のものはおそらく，多くの哺乳類と同様，比較的最近ユーラシア大陸からかつて陸地でつながっていたアラスカ経由で移り住んだグループで，分布域は広いが形態的にはよくまとまったグループである．個々の属については各専門家からの異論はあるとしても，大枠としてそれらの分類群のまとまりについては大方の承認が得られていると言ってよい．大きな意見の違いは，それらを属として扱うかどうかである．

　本書では Rivarier の設定した属をすべて亜属とし，ハンミョウ属 Cicindela（広義）に含まれるとの立場で統一されている．属や亜属に分類学上の明確な基準はなく，その扱いは各研究者に任されている．著者らはアメリカの伝統を受け継ぎながら，特に本書ではハンミョウ属以外の，比較的祖先的な分類群の特徴を比較することを重視した側面もありそうである〔Pearson 博士が代表として出版されている北アメリカ大陸のハンミョウのフィールドガイド（Pearson, D. L., C. B. Knisley, D. P. Duran, and C. J. Kazilek; 2015）や南北アメリカ大陸のハンミョウの分類の解説書（Erwin T. L., and D. L. Pearson; 2008）ではもう少し狭い基準で属を使っており，本書の亜属のいくつかは属として扱われている〕．

　しかし，訳者は，これらすべてを単一の属に含める扱いには無理があると考えている．何よりも参照の大系としての分類システムの使い勝手が悪い．種間比較をするときに，類縁関係についての情報の少ない Cicindela をつけるのは無駄で，また類縁関係を重視すれば結局は亜属名が必要となり，また Rivarier とその後のヨーロッパの研究者がさらに亜属として区別している分類群内の区分を，種群という形で扱わざるを得ない．日本の図鑑などではアメリカの研究者の影響からか，広義のハンミョウ属を採用しており，Rivarier が設定した属の大部分は亜属として使われている．つまり，日本産のハンミョウは，ヤエヤマクビナガハンミョウとシロスジメダカハンミョウの2種を除き，すべてハンミョウ属 Cicindela とされるが，この扱いは上述の理由でやはり使い勝手が悪い．この訳書では，原文に忠実に，広義のハンミョウ属を使わざるを得なかったが，亜属名が併記されているものについてはそちらを重視することをお勧めする．訳者としては，亜属名を属名と読み替えて憶える方が将来的には役に立つと考えている．

　和名についても少し説明させていただく．この訳書の出版を機に，日本でも世界のハンミョウへの関心と知識が広まることを願って，学名にはできる限り和名をつけた．すでに先人たちが考案しているも

の（たとえば，エンマハンミョウ *Manticora*，オオズハンミョウ *Megacephala*，ヒゲブトハンミョウ *Dromica*，ウスバハンミョウ *Heptodonta* など）はそれを踏襲した．ただし変更したものも一部ある．たとえば，ケナシハンミョウ *Prothyma* は，身体の下面に剛毛がないという特徴をとらえてはいるが，無粋すぎるのでキヌツヤハンミョウに，また朝鮮半島北部産の希な種（*Cicindela brevipilosa*）に使われていたカラカネハンミョウの和名は，語感がすばらしいので中南米産の大きな属 *Tetraca* の和名とした．それ以外のまだ和名のない分類群については，上位の分類群はもとより，すべての属，何度も出てくる種，有名な種にはもれなく和名をつけた．和名をつけるにあたっては，学名のラテン語の意味，英名，他の昆虫の和名から一部を借用するなど，できるだけ姿形や習性から憶えやすく短い名前を考えた．一例をあげれば，アメリカイカリモンハンミョウ *Cicindela* (*Habroscelimorpha*) *dorsalis* は，その亜属名（アジア産のイカリモンハンミョウ属 *Abroscelis* に形が似ているとの意）および斑紋と生息場所の類似，双方とも今や希少種となって保護の対象となっていることなどを勘案して名づけた．使いやすい和名は定着し，そうでないものは他の名前に置き換えられるであろう．今後の歴史に委ねたいと思う．

　なお，翻訳作業も大詰めを迎えた今年2月に，Pearson 博士が来日した．本来の目的は博士のもうひとつの専門または趣味とも言えるバードウォッチングであったが，特にお願いして京都大学理学研究科で2日間，生物多様性とハンミョウに関するゼミナールを開催させていただいた．その折，本書の原本で意味の取りにくい部分について解説していただくとともに，今後のハンミョウ研究について議論することができた．そして博士は，日本語版への序文とともに，原本の出版以降のハンミョウ研究の進展についての補足を日本語版のために執筆すると約束してくれた．すぐに送るとのことだったので，比較的短い補足を予想していた．果たして，数週間後に届いたのは，20ページにおよぶ補足と190篇もの引用文献の追加であった．どの章にも十ヶ所以上の補足があり，さらに第11章「経済と保全」には「バイオミメティックス」と「市民科学者」の2つの節，そして「占有モデルと在・不在データ」の小節が，また第12章「今後の研究と統合」には，「気候変動」の節が新たに加えられていた．博士によれば，原本の改訂か増補版の出版に備えて準備していたものをこの日本語版のために提供するとのことであった．さらに，Pearson 博士の呼びかけに応えて，もう一人の著者 A. Vogler 博士も追加の文献といくつかの補足説明も送ってくださり，訳者たちの質問に対しても丁寧に答えてくださった．また Pearson 博士の研究仲間である J. Moravec 博士からも文献と学名についての訂正事項が寄せられた．この訳本ではこれらの補足と訂正を，引用文献も含めてすべて組み込むことができた．すなわち，この日本語版は原本およびフランス語やドイツ語などの他の言語の訳本（すでに6つの言語で翻訳されている）を差し置いてバージョンアップできたことになる．そこで，この日本語版は，世界に先駆けた増補版と呼んでも差し支えない．著者二人の厚意に感謝するとともに，最新の教科書として出版できることを読者とともに喜びたい．

　翻訳作業では東海大学出版部の田志口克己氏にお世話になった．東海大名誉教授の山上　明博士には仲介の労をとっていただいた．先述したように曽田貞滋博士と荒木崇博士には第3章と第5章の訳文のチェックをしていただいた．この日本語版の口絵には，原著にはないハンミョウの生態写真を加えることができたが，榎戸良裕氏と山本捺由他氏には貴重な写真を提供していただき，南アフリカのプレトリア大学の Clarke Scholtz 教授と Hennie de Klerke 氏には世界最大のハンミョウ *Manticora* の写真を提供していただいた．また原著に載せられているアジア産のハンミョウの生態写真は芦田　久氏の撮影されたもので，日本語版への再録を快諾してくださった．これらの方々に篤く感謝の意を表したい．さらに，私たち訳者2人のハンミョウの研究においては，たくさんの友人および同好の士からさまざまな協力を賜った．その方々にもこの場を借りて，お礼を申し上げたい．最後に，翻訳作業を暖かく見守り，支えてくれた訳者2人の家族にも深く感謝する．

2016年6月
訳者を代表して　堀　道雄

# 引用文献

Abrams, P. A., and H. Matsuda. 1996. Positive indirect effects between prey species that share predators. *Ecology* 77: 610-616.

Ache, J. M., and V Dürr. 2015. A computational model of a descending mechanosensory pathway involved in active tactile sensing. *PLoS Comput. Biol.* 11: e1004263.

Acorn, J. H. 1988. Mimetic tiger beetles and the puzzle of cicindelid coloration. *Coleopt. Bull.* 42: 28-33.

——. 1992. The historical development of geographic color variation among dune *Cicindela* in western Canada. Pp. 217-233 in G. R. Noonan, G. E. Ball, and N. E. Stork, eds., *The Biogeography of Ground Beetles of Mountains and Islands*. Andover, UK: Intercept Press.

Adis, J. 1982. On the colonization of central Amazonian inundation-forests (*várzea area*) by carabid beetles (Coleoptera). *Arch. Hydrobiol.* 95: 3-15.

Adis, J., and B. Messner. 1997. Adaptations to life under water: Tiger beetles and millipedes. Pp. 319-330 in W. J. Junk, ed., *The Central Amazon Floodplain*, Ecological Studies No. 126. Heidelberg, Germany: Springer-Verlag.

Adsis, J., W. Paarmann, M. A. Amorim, E. Arndt, and C. R. V. da Fonseca. 1998. On occurrence, habitat specificity and natural history of adult tiger beetles (Coleoptera: Carabidae: Cidndelinae) near Manaus, central Amazonia, and key to the larvae of tiger beetle genera. *Acta Amazonica* 28: 247-272.

Adis, J., M. I. Marques, M. Zerm, and K. M. Wantzen. 2001. Diving ability of a tiger beetle (Cicindelidae, Coleoptera) from floodplains in the Pantanal of Mato Grosso, Brazil. *Amazoniana* 16, in press.

Alcock, J. 1994. Post-insemination associations between males and females in insects: The mate-guarding hypothesis. *Ann. Rev. Entomol.* 39: 1-21.

——. 1998. Unpunctuated equilibrium in the *Natural History* essays of Stephen Jay Gould. *Evol. Hum. Behav.* 19: 321-336.

Alcock, J., and A. Forsyth. 1988. Post-copulatory aggression toward their mates by males of the rove beetle *Leistotrophus versicolor* (Coleoptera: Staphylinidae). *Behav. Ecol. Sociobiol.* 22: 303-308.

Altaba, C. A. 1991. The importance of ecological and historical factors in the production of benzaldehyde by tiger beetles. *Syst. Zool.* 40: 101-105.

Amorim, M. A., J. Adis, and W. Paarmann. 1997. Life cycle adaptations of a diurnal tiger beetle (Coleoptera, Carabidae, Cicindelinae) to conditions on central Amazonian floodplains. Pp. 233-239 in H. Ulrich, ed., *Tropical Biodiversity and Systematics, Proceedings of the International Symposzium on Biodiversity and Systematics in Tropical Ecosystems* (1994). Bonn, Germany. German Soc. Trop. Ecol.

Andriamampianina, L., C. Kremen, D. VaneWright, D. Lees, and V. Razafimahatratra. 2000. Taxic richness patterns and conservation evaluation of Madagascan tiger beetles (Coleoptera: Cicindelidae). *J. Insect Conser*, 4: 109-128.

Arndt, E. F. 1993. Phylogenetische Untersuchungen larvalmorpholgischer Merkmale der Carabidae (Insecta: Coleoptera). *Stuttg. Beitr. Natkd. Ser. A Biol.* 488: 1-56.

Arndt, E., and C. Costa. 2010. Parasitism of Neotropical tiger beetles (Coleoptera: Carabidae: Cicindelinae) by *Anthrax* (Diptera: Bombyliidae). *Studies Neotropical Fauna Environ*. 36: 63-66.

Arndt, E., F. Cassola, and A. V. Putchkov. 1996a. Description of the larva of *Eucallia boussingaultii* (Cuérin, 1843) (Coleoptera: Cicindelidae: Cicindelini). *Mitt. Schweiz. Entomol. Ges.* 69: 371-376.

——. 1997. Phylogenetic investigation of Cicindelidae (Insecta: Coleoptera) using larval morphologieal characters. *Zool. Anz.* 235: 231-241.

Arndt, E., W. Paarmann, and J. Adis. 1996b. Description and key of larval Cicindelidae from Brazil (Coleoptera: Caraboidea). *Acta Soc. Zool. Bohemoslov.* 60: 293-315.

Arndt, E., M. Zerm, and J. Adis. 2002. Key to the larval tiger beetles (Coleoptera: Cicindelidae) of Central Amazonian floodplains (Brazil). *Amazoniana* 17: 95-108.

Arndt, E., W. Rossi, and M. Zerm. 2003. A new species of *Laboulbenia* parasitic on tiger beetles. *Mycol. Prog.* 2: 123-126.

Arndt, E., N. Aydin, and G. Aydin. 2005. Tourism impairs tiger beetle (Cicindelidae) populations - a case study in a Mediterranean beach habitat. *J. Insect Conserv.* 9: 201-206.

Avise, I. C. 1992. Molecular population structure and the biogeographic history of a regional fauna: A case history with lessons for conservation biology. *Oikos* 63: 62-76.

———. 1994. *Molecular Markers, Natural History and Evolution.* New York: Chapman and Hall.

Aydin, G. 2011a. Vulnerability of *Megacephala* (*Grammognatha*) *euphratica euphratica* Latreille & Dejean, 1822 (Coleoptera: Cicindelidae) in natural and disturbed salt marsh and salt meadow habitats in Turkey. *African J. Biotech.* 10: 5692-5696.

———. 2011b. Conservation status of the tiger beetle *Calomera aphrodisia* (Baudi di Selve, 1864) in Turkey (Coleoptera: Cicindelidae). *Zool. Middle East* 52: 121-123.

Aydina, G., E. Şekeroğlu, and E. Arndt. 2005. Tiger beetles as bioindicators of habitat degradation in the Çukurova Delta, southern Turkey. *Zool. Middle East* 36: 51-58.

Baker, G. T., and W. A. Monroe. 1995. Sensory receptors on the adult labial and maxillary palpi and galea of *Cicindela sexguttata* (Coleoptera: Cicindelidae). *J. Morphol.* 226: 25-31.

Balduf, W. V. 1935. *Bionomics of Entomophagous Coleoptera.* New York: J. S. Swift Co.

Ball, G. E. 1996. Vignettes of the history of Neotropical carabidology. *Ann. Zool. Fenn.* 33: 5-16.

Ball, G. E., J. H. Acorn, and D. Shpeley. 2011. Mandibles and labrum-epipharynx of tiger beetles: basic structure and evolution (Coleoptera, Carabidae, Cicindelitae). *ZooKeys* 147: 39-83.

Barker, W. R., and P. J. M. Greenslade, eds. 1982. *Evolution of the Flora and Fauna of Arid Australia.* Frewville, South Australia: Peacock.

Barraclough, T. C., and A. P. Vogler. 2000. Detecting the geographical pattern of speciation from species-level phylogenies. *Am. Nat.* 155: 419-434.

Barraclough, T. G., and A. P. Vogler. 2002. Recent diversification rates in North American tiger beetles estimated from a dated mtDNA phylogenetic tree. *Mol. Biol. Evol.* 19: 1706-1716.

Barraclough, T. G., A. P. Vogler, and P. H. Harvey. 1998. Revealing the factors that promote speciation. *Philos. Trans. A. Soc. Loud. B* 353: 241-249.

Barraclough, T. G., J. E. Hogan, and A. P, Vogler. 1999. Testing whether ecological factors promote cladogenesis in a group of tiger beetles (Coleoptera: Cicindelidae). *Proc. A. Soc. Lond. B* 266: 1061-1067.

Bauer, K. L. 1991. Observations on the developmental biology of *Cicindela arenicola* Rumpp (Coleoptera, Cicindelidae). *Great Basin Nat.* 51: 226-235.

Bauer, T. 1976. Experimente zur Frage der biologisehen Bedeutung des Stridulationsverhalten von Käfern. *Z. Tierpsychol.* 42: 57-65.

Bauer, T., and M. Kredler. 1993. Morphology of the compound eyes as an indicator of life-style in carabid beetles. *Can. J. Zool.* 71: 799-810.

Baum, D. A., and A. Larson. 1991. Adaptation reviewed: A phylogenetic methodology for studying character macroevolution. *Syst. Zool.* 40: 1-18.

Beer, F. 1971. Note on *Cicindela columbica* Hatch. *Cicindela* 3: 32.

Behling, H., A. J. Negret, and H. Hooghiemstra. 1998. Late Quaternary vegetational and climatic change in the Popayan region, southern Colombian Andes. *J. Quat. Sci.* 13: 43-53.

Berglind, S.-A., B. Ehnström, and I1. Ljungberg. 1997. Strandskalbaggar, biologisk mångfald och reglering av små vattendrag - Exemplen Svartån och Mjällån. *Entomol. Tidskr.* 118: 137-154.

Beutel, R. G. 1993. Phylogenetic analysis of Adephaga (Coleoptera) based on characters of the larval head. *Syst. Entomol.* 18: 127-147.

Bhardwaj, M., V. K. Bhargav, and V. P. Uniyal. 2008. Occurrence of tiger beetles (Cicindelidae: Coleoptera) in Chilla Wildlife Sanctuary, Rajaji National Park, Uttarakhand. *Indian Forester* 134: 1636-1645.

Bhargav, V. K., and V. P. Uniyal. 2008. Communal roosting of tiger beetles (Cicindelidae: Coleoptera) in the Shivalik hills, Himachal Pradesh, India. *Cicindela* 40: 1-12.

Bhargav, V., V. P. Uniyal, and K. Sivakumar. 2009. Distinctive patterns in habitat association and distribution of tiger beetles in the Shivalik landscape of North Western India. *J. Insect Conserv.* 13: 459-473.

Bils, W. 1976. Das Abdomenende weiblicher, terrestrisch lebender Adephaga (Coleoptera) und seine Bedeutung für die Phylogenie. *Zoomorphologie* 84: 113-193.

Blaisdell, F. S. 1912. Hibernation of *Cicindeta senilis* (Coleop.). *Entomol. News* 23: 156-159.

Blum, M. S., T. H. Jones, G. J. House, and W. R. Tschinkel. 1981. Defensive secretions of tiger beetles: Cyanogenetic basis. *Comp. Biochem. Physiol. B* 69: 903-904.

Borges, S. H., and A. Carvalhaes. 2000. Bird species of black water inundation forests in the Jau National Park (Amazonas state, Brazil): Their contribution to regional species richness. *Biodiver. Conserv.* 9: 201-214.

Boyd, H. P. 1985. Pitfall trapping Cicindelidae (Coleoptera) and abundance of *Megacephala virginica* and *Cicindela unipunctata* in the pine barrens of New Jersey. *Entomot. News* 96: 105-108.

Boyd, H. P., and Associates. 1982. Checklist of Cicindelidae, the Tiger Beetles: Annotated Checklist of Cicindelidae (Coleoptera) *of North and Central America and the West Indies*. Marlton, N. J.: Plexus Publishing.

Boyd, H. P., and R. W. Rust. 1982. Intraspecific and geographic variations in *Cicindela dorsalis* Say (Coleoptera: Cicindelidae). *Coleopt. Bull.* 36: 221-239.

Bram, A. L, and C. B. Knisley. 1982. Studies of the bee fly, *Anthrax analis* (Bombyliidae), parasitic on tiger beetle larvae (Cicindelidae). *Va. J. Sci.* 33: 99.

Brännström, P. A. 1999. Visual ecology of insect superposition eyes. Ph. D. dissertation. Lund University, Sweden.

Braud, Y, P. Richoux, E. Sardet, J-L. Hentz, and F. Rymarczyk. 2016. Actualisation des connaissances sur *Myriochila melancholica* (Fabricius, 1798) en France continentale. *Rev. Assoc. Roussill. d'Entomol.* 25: 18-22.

Bremer, K. 1988. The limits of amino-acid sequence data in angiosperm phylogenetic reconstruction. *Evolution* 42: 795-803.

Brooks, D. R., and D. A. McLennan. 1991. *Phylogeny, Ecology and Behavior: A Research Program in Comparative Biology*. Chicago: University of Chicago Press.

Brosius, T. R., and L. G. Higley. 2013. Behavioral niche partitioning in a sympatric tiger beetle assemblage and implications for the endangered Salt Creek tiger beetle. *Peer J.* 1: e169.

Brown, K. S., Jr. 1991. Conservation of Neotropical environments: Insects as indicators. Pp. 349-404 in N. M. Collins and I. A. Thomas, eds., *Conservation of Insects and Their Habitats*. London: Academic Press.

Brumfield, R. T., and A. P. Capparella. 1996. Historical diversification of birds in northwestern South America: A molecular perspective on the role of vicariant events. *Evolution* 50: 1607-1624.

Brusca, R. C. 2000. Unraveling the history of arthropod biodiversification. *Ann. Mo. Bot. Gard.* 87: 13-25.

Brust, M. L. 2002. Reintroduction study on *Cicindela formosa* in Marinette County, Wisconsin. *Cicindela* 34: 5-7.

Brust, M. L., and W. W. Hoback. 2009. Hypoxia tolerance in adult and larval *Cicindela* tiger beetles varies by life history but not habitat association. *Ann. Entomol. Soc. Amer.* 102: 462-466.

Brust, M. L., W. W. Hoback, and N. W. Olson. 2004. Fish as predators of tiger beetles: White Bass (*Morone chrysops*) eats *Cicindela punctulata*. *Cicindela* 36: 23-24.

Brust, M. L., W. W. Hoback, K. F. Skinner, and C. B. Knisley. 2005. Differential immersion survival by populations of *Cicindela hirticollis* (Coleoptera: Cicindelidae). *Ann. Entomol. Soc. Amer.* 98: 973-979.

——. 2006. Movement of *Cicindela hirticollis* Say larvae in response to moisture and flooding. *J. Insect Behav.* 19: 251-263.

Brust, M. L., W. W. Hoback, and J. J. Johnson. 2010. Fishing for tigers: A method for collecting tiger beetle larvae holds useful applications for biology and conservation. *Coleop. Bull.* 64: 313-318.

Brust, M. L., W. W. Hoback, and S. M. Spomer. 2012a. Splendid hybrids: The effects of a tiger beetle hybrid zone on apparent species diversity. *Psyche* 2012: 398180.

Brust, M. L., C. B. Knisley, S. M. Spomer, and K. Miwa. 2012b. Observations of oviposition behavior among North American tiger beetle (Coleoptera: Carabidae: Cicindelinae) species and notes on mass rearing. *Coleop. Bull.* 66: 309-314.

Brzoska, D., C. B. Knisley, and J. Slotten. 2011. Rediscovery of *Cicindela scabrosa floridana* (Coleoptera: Cicindelidae) and its elevation to species level. *Insecta Mundi* 0162: 1-7.

Burdick, D. I. A., and M. S. Wasbauer. 1959. Biology of *Methocha californica* Westwood (Hymenoptera: Tiphiidae). *Wasmann J. Biol.* 17: 75-88.

Cárdenas, A. M., M. Zerm, and J. Adis. 2005. Pupal morphology of several species of tiger beetle (Coleoptera: Cicindelidae) from Central Amazonian floodplains (Brazil). *Studies Neotropical Fauna Environ.* 40: 113-121.

Cardillo, M. 1999. Latitude and rates of diversification in birds and butterflies. *Proc. R. Soc. Lond. B* 266: 1221-1225.

Cardoso, A., and A. P. Vogler. 2005. DNA taxonomy, phylogeny and Pleistocene diversification of the *Cicindela hybrida* species group. *Mol. Ecol.* 14: 3531-3546.

Cardoso, A., A. P. Vogler, and A. Serrano. 2003. Morphological and genetic variation in *Cicindela lusitanica* Mandl, 1935 (Coleoptera, Carabidae, Cicindelinae): implications for conservation. *Graellsia* 59: 415-426.

Cardoso, A., A. Serrano, and A. P. Vogler. 2009. Morphological and molecular variation in tiger beetles of the *Cicindela hybrida* complex: is an 'integrative taxonomy' possible? *Mol. Ecol.* 18: 648-664.

Carroll, S. B., J. Gates, D. N. Keys, S. W. Paddock, G. E. F. Panganiban, J. E. Selegue, and J. A. Williams. 1994. Pattern formation and eyespot determination in butterfly wings. *Science* 265: 109-114.

Carroll, S. S. 1998. Modeling abiotic indicators when obtaining spatial predictions of species richness. *Environ. Ecol. Stat.* 5: 257-276.

Carroll, S. S., and D. L. Pearson. 1998a. Spatial modeling of butterfly species richness using tiger beetles (Cicindelidae) as a bioindicator taxon. *Ecol. Appl.* 8: 531-543.

Carroll, S. S., and D. L. Pearson. 1998b. The effects of scale and sample size on the accuracy of spatial predictions of tiger beetle (Cicindelidae) species richness. *Ecography* 21: 401-414.

Carroll, S. S., and D, L Pearson. 2000. Detecting and modeling spatial and temporal dependence in conservation biology. *Conserv. Biol.*, 14: 1893-1897.

Carter, M. R. 1989. The biology and ecology of the tiger beetles (Coleoptera: Cicindelidae) of Nebraska. *Trans. Nebr. Acad. Sci.* 17: 1-18.

Cassola, F. 1972. Studi sui cicindelidi. VIII. Concorrenza ed esclusione in *Cicindela* (Coleoptera, Cicindelidae). Pp. 23-37 in *Atti del IX Congresso Nazionale Italiano di Entomologia*.

———. 1980. Studi sui cicindelidi. XXVIII. Osservazioni preliminari sopra una struttura sessuale maschile non genitale di alcune specie di cicindelidi (Coleoptera Cicindelidae). Pp. 93-103 in *Atti XII Congresso Nazionale Italiano di Entomologia*, Vol. 2.

———. 1998. Studies on tiger beetles. LXXXV. Revision of the Neotropical genus *Pseudoxycheila* Guérin, 1839 (Coleoptera: Cicindelidae). *Fragm. Entomol.* 29: 1-121.

———. 2002. Le cicindele e le coste: biogeografia e conservazione (Studi sui Cicindelidi, CXIX). *Biogeographia* 23: 55-69.

Cassola, F., and D. L. Pearson. 1999. Revision of the South American tiger beetle complex of *Brasziella balzani* (W. Horn) (Coleoptera: Cicindelidae). *Ann. Mus. Civ. Stor. Nat. Giacomo Doria* 7: 1-12.

———. 2000. Global patterns of tiger beetle species richness (Coleoptera: Cicindelidae): Their use in conservation planning. *Biol. Conserv.* 95: 197-208.

Cassola, F., and A. V. Taglianti. 1988. Mimicry in Cicindelini e Graphipterini africani (Coleoptera, Caraboidea). *Biogeographia* 14: 229-233.

Cazier, M. 1954. A review of the Mexican tiger beetles of the genus *Cicindela* (Coleoptera, Cicindelidae). *Bull. Am. Mus. Nat. Mist.* 103: 227-310.

Cekalovik, T. 1981. Descripción de la larva, observaciones sobre habitat y distribución geográfica de *Pycnochile fallaciosa* (Chevrolat), 1854 (Coleoptera, Cicindelidae). *Ann. Inst. Patagónico, Punta Arenas* (Chile) 12: 251-255.

Charlton, R. E., and B. I. Kopper. 2000. An unexpected range extension for *Cicindela trifasciata* F. (Coleoptera: Carabidae: Cicindelinae). *Coleopt. Bull.* 54: 266-268.

Chua, T. H. 1978. Population assessment, distribution and movement in *Cicindela sumatrensis* Hbst. (Coleoptera: Cieindelidae). *Malay Nat. J.* 31: 195-201.

Clarke, J. D. A. 1994. Evolution of the Lefroy and Cowan palaeodrainage channels, Western Australia. *Aust. J. Earth Sci.* 41: 55-68.

Colinvaux, P. A., P, E. DeOliveira, J. E. Moreno, M. C. Miller, and M. B. Bush. 1996. A long pollen record from lowland Amazonia: Forest and cooling in glacial times. *Science* 274: 85-88.

Colwell, R. K., and D. C. Lees. 2000. The mid-domain affect: Geometric constraints on the geography of species richness.

*Trends Ecol. Evol.* 15: 70-76.

Connell, I. H. 1980. Diversity and the coevolution of competition, or the ghost of competition past. *Oikos* 35: 131-138.

Coope, G. R. 1979. Late Cenozoic fossil Coleoptera: Evolution, biogeography, and ecology. *Ann. Rev. Ecol. Syst.* 10: 247-267.

Coope, G. R., G. Lemdahl, J. J. Lowe, and A. Walkling. 1998. Temperature gradients in northern Europe during the last glacial-Holocene transition (14-9 14C kyr BP) interpreted from coleopteran assemblages. *J. Quat.* 13: 419-433.

Cordero, A. 1990. The adaptive significance of prolonged copulations of the damselfly, *Ischnura graellsii* (Odonata: Coenagrionidae). *Anim. Behav.* 40: 43-48.

Cornelisse, T. M. 2013. Conserving extirpated sites: using habitat quality to manage unoccupied patches for metapopulation persistence. *Biodiversity Conserv.* 22: 3171-3184.

Cornelisse, T. M., and T. P. Duane. 2013. Effects of knowledge of an endangered species on recreationists' attitudes and stated behaviors and the significance of management compliance for Ohlone Tiger Beetle Conservation. *Conserv. Biol.* 27: 1449-1457.

Cornelisse, T. M., and J. Hafernik. 2009. Effects of soil characteristics and human disturbance on tiger beetle oviposition. *Ecol. Entomol.* 34: 495-503.

Cornelisse, T. M., M. K. Bennett, and D. K. Letourneau. 2013. The implications of habitat management on the population viability of the endangered Ohlone tiger beetle (*Cicindela ohlone*) metapopulation. *PloS ONE* 8: e71005.

Cornelisse, T. M., M. C. Vasey, K. D. Holl, and D. K. Letourneau. 2013. Artificial bare patches increase habitat for the endangered Ohlone tiger beetle (*Cicindela ohlone*). *J. Insect Conserv.* 17: 17-22.

Costa, C., and S. A. Vanin. 2010. Coleoptera larval fauna associated with termite nests (Isoptera) with emphasis on the "Bioluminescent Termite Nests" from central Brazil. *Psyche* 2010: 723947.

Cracraft, J. 1985. Biological diversification and its causes. *Ann. Mo. Bot. Gard.* 72: 794-822.

———. 1989. Speciation and ontology: The empirical consequences of alternative species concepts for understanding patterns and processes of differentiation. Pp. 28-59, in D. Otte and I. A. Endler, eds., *Speciation and Its Consequences*. Sunderland, Mass.: Sinauer Associates.

Cressie, N. 1991. *Statistics for Spatial Data*. New York: John Wiley.

Criddle, N. 1910. Hiabits of some Manitoba tiger beetles, No. 2 (Cicindelidae). *Can. Entomol.* 42: 9-15.

Croizat, L. 1964. *Space, Time, and Form: The Biological Synthesis*. Caracas, Venezuela: Published by the author.

Crowson, R. A. 1955. *The Natural Classification of the Families of Coleoptera*. London: Nathaniel Lloyd.

Cummins, M. P. 1992. Amphibious behavior of a tropical, adult tiger beetle, *Oxycheila polita* Bates (Coleoptera: Cicindelidae). *Coleopt. Bull.* 46: 145-151.

Currie, D. J. 1991. Energy and large-scale patterns of animal and plant-species richness. *Am. Nat.* 137: 27-49.

Currie, D. J., A. P. Francis, and J. T. Kerr. 1999. Some general propositions about the study of spatial patterns of species richness. *Ecoscience* 6: 392-399.

Dahmen, H. J. 1980. A simple apparatus to investigate the orientation of walking insects. *Experientia* 36: 685-686.

Dammerman, K. W. 1929. *The Agricultural Zoology of the Malay Archipelago*. Amsterdam: de Bussy.

Dangalle, C. D. 2013. The current status of the tiger beetle species of the coastal habitats of Sri Lanka. *J. Trop. Forest. Environ.* 3: 39-52.

Dangalle, C. D., and N. Pallewatta. 2012. Habitat specificity of tiger beetle species (Coleoptera, Cicindelidae) of Sri Lanka. *Cicindela* 44: 1-32.

Dangalle, C. D., N. Pallewatta, and A. P. Vogler. 2011. The current occurrence, habitat and historical change in the distribution range of an endemic tiger beetle species *Cicindela* (*Ifasina*) *willeyi* Horn (Coleoptera: Cicindelidae) of Sri Lanka. *J. Threatened Taxa* 3: 1493-1505.

———. 2012. Tiger beetles (Coleoptera: Cicindelidae) of ancient reservoir ecosystems of Sri Lanka. *J. Threatened Taxa* 4: 2490-2498.

———. 2013. The Association between body-size and habitat-type in tiger beetles (Coleoptera, Cicindelidae) of Sri Lanka. *Ceylon J. Sci. (Biol. Sci.).* 42: 41-53.

———. 2014. Inferring population history of tiger beetle species of Sri Lanka using Mitochondrial DNA Sequences. *Ceylon J. Sci. (Biol. Sci.).* 43: 47-63.

Danks, H. V. 1987. *Insect Dormancy: An Ecological Perspective*. Biological Survey of Canada Monograph. Ottawa.

———. 1994. Diversity and integration of life-cycle controls in insects. Pp. 5-40 in H. V. Danks, eds. *Insect Life-Cycle Polymorphism: Theory, Evolution, and Ecological Consequences for Seasonality and Diapause Control*. Kluwer Academic Publishers, Dordrecht, Netherlands.

Darlington, P. J., Jr. 1957. *Zoogeography: The Geographical Distribution of Animals*. New York: John Wiley.

Darwin, C. 1859. *On the Origin of Species by Means of Natural Selection of Favored Races in the Struggle for Life*. London: John Murray.

Da Silva, M. N. F., and J. L. Patton. 1998. Molecular phylogeography and the evolution and conservation of Amazonian mammals. *Mol. Ecol.* 7: 475-486.

Davis, J. I., and K. C. Nixon. 1992. Populations, genetic variation, and the delimitation of phylogenetic species. *Syst. Biol.* 41: 421-435.

Dejean, P. F. M. A. 1825. *Species général des coleoptères de la colletion de M. le Comte Dejean*. Vol. 1. Paris.

De Oliveira, A. A., and D. C. Daly. 1999. Geographic distribution of tree species occurring in the region of Manaus, Brazil: Implications for regional diversity and conservation. *Biodiver. Conserv.* 8: 1245-1259.

Desender, K., and H. Turin. 1989. Loss of habitats and changes in the composition of the ground and tiger beetle fauna in four West European countries since 1950 (Coleoptera: Carabidae, Cicindelidae). *Biol. Conserv.* 48: 277-294.

Desender, K., L. Baert, and J. P. Maelfait. 1992. El Niño-Events and the establishment of ground beetles in the Galápagos Archipelago. *Bull. Inst. R. Sci. Nat. Belg, Entomol.* 62: 67-74.

Desender, K., M. Dufrêne, and J.-P. Maelfait. 1994. Long term dynamics of carabid beetles in Belgium: A preliminary analysis on the influence of changing climate and land use by means of a data base covering more than a century. Pp. 247-252 in K. Desender et al., eds., *Carabid Beetles: Ecology and Evolution*. Dordrecht, Netherlands: Kluwer Academic Publishers.

DeSouza, M. M., and D. E. Alexander. 1997. Passive aerodynamic stabilization by beetle elytra (wing covers). *Physiol. Entomol.* 22: 109-115.

Dettner, K 1985. Ecological and phylogenetic significance of defensive compounds from pygidial glands of Hydradephaga (Coleoptera). *Proc. Acad. Nat. Sci. Phila*, 137: 156-171.

Deuve, T. 1993. L'abdomen et les genitalia de femelles de Coléoptères Adephaga. *Mem. Mus. Natl. Hist. Nat.* 155: 1-184.

Diogo, A. C., A. P. Vogler, A. Gimenez, D. Gallego, and J. Galián. 1999. Conservation genetics of *Cicindela deserticoloides*, an endangered tiger beetle endemic to southeastern Spain. *J. Insect Conserv.* 3: 117-123.

Dizon, A. E., C. Lockyer, W. F. Perrin, D. P. Demaster, and J. Sisson. 1992. Rethinking the stock concept - A phylogenetic approach. *Conserv. Biol.* 6: 24-36.

Dobson, A. P., J. P. Rodriguez, W. M. Roberts, and D. S. Wilcove. 1997. Geographic distribution of endangered species in the United States. *Science* 275: 550-553.

Dreisig, H. 1980. Daily activity, thermoregulation and water loss in the tiger beetle *Cicindela hybrida*. *Oecologia* 44: 376-389.

———. 1981. The rate of predation and its temperature dependence in a tiger beetle, *Cicindela hybrida*. *Oikos* 36: 196-202.

———. 1984. Control of body temperature in shuttling ectotherms. *J. Therm. Biol.* 9: 229-233.

———. 1985. A time budget model of thermoregulation in shuttling ectotherms. *J. Arid Environ.* 8: 191-205.

———. 1990. Thermoregulatory stilting in tiger beetles, *Cicindela hybrida* L. *J. Arid Environ.* 19: 297-302.

Dunn, G. A. 1980. Taking *Amblycheila cylindriformis* Say by barrier-type pit fall traps (Coleoptera: Cicindelidae). *Entomol. News* 91: 143-144.

Dunson, W. A., and J. Travis. 1991. The role of abiotic factors in community organization. *Am. Nat.* 138: 1067-1091.

Eberhard, W. G. 1985. *Sexual Selection and Animal Genitalia*. Cambridge: Harvard University Press.

———. 1988. Paradoxical post-copulating courtship in *Minantigera nigrifemorata* (Diptera: Stratiomyidae). *Psyche* 95: 115-122.

———. 1994. Evidence for widespread courtship during copulation in 131 species of insects and spiders, and implications for cryptic female choice. *Evolution* 48: 711-733.

Edirisinghe, H. M., C. D. Dangalle, and K. Pulasinghe. 2014. Predicting the relationship between body size and habitat type of tiger beetles (Coleoptera, Cicindelidae) using artificial neural networks. *J. New Biol. Reports* 3: 97-110.

Elias, S. A. 2014. Environmental interpretation of fossil insect assemblages from MIS 5 at Ziegler Reservoir, Snowmass Village, Colorado. *Quat. Res.* 82: 592-603.

Ellingsen, K. 2012. Discovery of the first tiger beetle found on the island of Tasmania, Australia. *Cicindela* 44: 59-61.

Endler, J. A. 1982. Problems in distinguishing historical from ecological factors in biogeography. *Am. Zool.* 22: 441A52.

——. 1988. Frequency-dependent predation, crypsis, and aposematic colouration. *Philos. Trans. R. Soc. Lond. B* 319: 505-523.

Erwin, T. L 1979. Thoughts on the evolutionary history of ground beetles: Hypotheses generated from comparative faunal analysis of lowland forest sites in temperate and tropical regions. Pp. 539-587 in T. L. Erwin, G. E. Ball, D. R. Whitehead, and A. L Halpern, eds., *Carabid Beetles: Their Evolution, Natural History, and Classification.* The Hague, Netherlands: W. Junk.

——. 1983. Beetles and other insects of tropical forest canopies at Manaus, Brazil, sampled by insecticidal fogging. Pp. 59-75 in S. L. Sutton, T. C. Whitmore, and A. C. Chadwick, eds., *Tropical Rain Forest.. Ecology and Management.* Proceedings of the Tropical Rainforest Symposium, Leeds, UK (1982). Oxford, UK: Blackwell.

——. 1985. The taxon pulse: A general pattern of lineage radiation and extinction among carabid beetles. Pp. 437-472 in G. E. Ball, ed., *Taxonomy, Phylogeny and Zoogeogrgphy of Beetles and Ants.* The Hague: Netherlands: W. Junk.

——. 1990. Natural history of the carabid beetles at the BIOLAT Biological Station, Río Manu, Pakitza, Perú. *Rev. Peru. Entomol.* 33: 1-6.

——. 1991. An evolutionary basis for conservation strategies. *Science* 253: 750-752.

Erwin T. L., and D. L. Pearson. 2008. *A treatise on the Western Hemisphere Caraboidea (Coleoptera). Their classification, distributions, and ways of the life. Volume II. Carabidae - Nebriformes 2 - Cicindelitae.* Pensoft Series Faunistica 84, Pensoft Pub: Sofia, Bulgaria. 365 pp.

Erwin, T. L, and L. L. Sims. 1984. Carabid beetles of the West Indies (Insects: Coleoptera): A synopsis of the genera and checklists of tribes of Caraboidea, and of the West Indian species. *Quaest. Entomol.* 20: 351-466.

Evans, M. E. G. 1965. The feeding method of *Cicindela hybrida* L. (Coleoptera: Cicindelidae). *Proc. R. Entomol. Soc. Loud. A* 40: 61-66.

Evans, M. E. G., and T. G. Forsythe. 1984. A comparison of adaptations to running, pushing and burrowing in some adult Coleoptera: Especially Carabidae. *J. Zool. Lond. A* 202: 513-534.

——. 1985. Feeding mechanisms, and their variation in form, of some adult ground-beetles (Coleoptera: Caraboidea). *J. Zool. Lond. A* 206: 113-143.

Faasch, H. 1968. Beobactungen zur Biologie und zum Verhalten von *Cicindela hybrida* L. und *Cicindela campestris* L. und experimentelle Analyse ihres Beutefangverhaltens. *Zool. Jahrb. Abt. Syst. Oekol. Geogr. Tiere* 95: 477-522.

Faith, D. P. 1992. Conservation evaluation and phylogenetic diversity. *Biol. Conserv.* 61: 1-10.

Fenster, M. S., and C. B. Knisley. 2006. Impact of dams on point bar habitat: a case for the extirpation of the Sacramento Valley Tiger Beetle, *C. hirticollis abrupta. River Res. Applic.* 22: 881-904.

Fenster, M. S., C. B. Knisley, and C. T. Reed. 2006. Habitat preference and the effects of beach nourishment on the federally threatened Northeastern Beach Tiger Beetle, *Cicindela dorsalis dorsalis*: Western Shore, Chesapeake Bay, Virginia. *J. Coast. Res.* 22: 1133-1144.

Fielding, K., and C. B. Knisley. 1995. Mating behavior in two tiger beetles *Cicindela dorsalis* and *C. puritana* (Coleoptera: Cicindelidae). *Entomol. News* 106: 61-67.

Fjeldsa, J., E. Lambin, and B. Mertens. 1999. Correlation between endemism and local ecoclimatic stability documented by comparing Andean bird distributions and remotely sensed land surface data. *Ecography* 22: 63-78.

Forsyth, D. J. 1970. The structure of the defence glands of the Cicindelidae, Amphizoidae, and Hygrobiidae (Insecta: Coleoptera). *J. Zool.* 160: 51-69.

Fowler, H. G. 1987. Predatory behavior of *Megacephala fulgida* (Coleoptera: Cidndelidae). *Coleopt. Bull.* 41: 407-408.

Franklin, R. T. 1988. *Cicindela unipunctata* from pitfall traps (Coleoptera: Cicindelidae). *J. Kans. Entomol. Soc.* 61: 249-250.

Freitag, R. 1965. A revision of the North American species of the *Cicindela maritima* group with a study of hybridization between *Cicindela duodecimguttata* and *oregona. Quaest. Entomol.* 1: 87-170.

——. 1966. The female genitalia of four species of tiger beetles (Coleoptera: Cicindelidae). *Can. entomol.* 98: 942-952.

———. 1974. Selection for a non-genitalic mating structure in female tiger beetles of the genus *Cicindela* (Coleoptera: Cicindelidae). *Can. Entomol.* 106: 561-568.

———. 1979. Reclassification, phylogeny, and zoogeography of the Australian species of Cicindela (Coleoptera: Cicindelidae). *Aust. J. Zool. Suppl. Ser.* 66: 1-99.

———. 1992. Biogeography of West Indian tiger beetles (Coleoptera: Cicindelidae). Pp. 123-158 in G. R Noonan, G. E. Ball, and N. Stork, eds., *The Biogeography of Ground Beetles (Coteoptera: Carabidae and Cicindelidae) of Mountains and Islands*. Andover, UK: Intercept Press.

———. 2016. The flagellum and tempers of some male tiger beetles (Coleoptera: Carabidae: Cicindelinae). *Can. Entomol.* DOI: http://dx.doi.org/10.4039/tce.2015.86.

Freitag, R., and B. L. Barnes. 1989. Classification of Brazilian species of *Cicindela* and phylogeny and biogeography of subgenera *Brasiella, Gaymara* new subgenus, *Plectographa* and South American species of *Cylindera* (Coleoptera: Cicindelidae). *Quaest. Entomol.* 25: 241-386.

Freitag, R., and S. K. Lee. 1972. Sound producing structures in adult *Cicindela tranquebarica* (Coleoptera: Cicindelidae) including a list of tiger beetles and ground beetles with flight wing files. *Can. Entomol.* 104: 851-857.

Freitag, R., J. E. Olynyk, and B. L. Barnes. 1980. Mating behavior and genitalic counterparts in tiger beetles (Carabidae: Cicindelinae). *Int. J. Invert. Reprod.* 2: 131-135.

Freitag, R., D. H. Kavanaugh, and R. Morgan. 1993. A new species of *Cicindela* (*Cicindela*) (Coleoptera: Carabidae: Cicindelini) from remnant grassland in Santa Cruz County, California. *Coleopt, Bull.* 47: 113-120.

Freitag, R., A. Hartwick, and A. Singh. 2001. Flagellar microstructures of male tiger beetles (Coleoptera: Cicindelidae): implications for systematics and functional morphology. *Can. Entomol.* 133: 633-641.

Frick, K E. 1957. Biology and Control of tiger beetles in alkali bee nesting sites. *J. Econ. Entomol.* 50: 503-504.

Friederichs, H. F. 1931. Beitrage zur Morphologie und Physiologie der Sehorgane der Cicindeliden (Col.). *Z. Morphol. Oekol. Tiere* 21: 1-172.

Galián, J., and P. Hudson. 1999. Cytogenetic analysis of Australian tiger beetles (Coleoptera: Cicindelidae): Chromosome number, sex-determining system and localization of rDNA genes. *J. Zool. Syst. Evol. Res.* 37: 1-6.

Galián, J., and J. F. Lawrence. 1993. First karyotypic data on a cupedid beetle (Coleoptera, Archostemata) showing achiasmatic meiosis. *Entomol. News* 104: 83-87.

Galián, J., and A. P. Vogler. 2003. Evolutionary dynamics of a satellite DNA in the tiger beetle species pair *Cicindela campestris* and *C. maroccana*. *Genome* 46: 213-223.

Galián, J., J. Serrano, and A. S. Ortiz. 1990. Karyotypes of nine species of Cicindelini and cytotaxonomic notes on Cicindelinae (Coleoptera, Carabidae). *Genetica* 82: 17-24.

Galián, J., J. Serrano, P. DelaRua, E. Petitpierre, and C. Juan. 1995. Localizahon and activity of rDNA genes in tiger beetles (Coleoptera, Cicindelinae). *Heredity* 74: 524-530.

Galián, J., F. Pruser, P. DelaRua, J, Serrano, and D. Mossakowski. 1996. Cytological and molecular differences in the *Ceroglossus chilensis* species complex (Coleoptera: Carabidae). *Ann. Zool. Fenn.* 33: 23-30.

Galián, J., E. Hogan, and A. P. Vogler. 2002. The origin of multiple sex chromosomes in tiger beetles. *Mol. Biol. Evol.* 19: 1792-1796.

Galián, J., S. J. R. Proença, and A. P. Vogler. 2007. Evolutionary dynamics of autosomal-heterosomal rearrangements in a multiple-X chromosome system of tiger beetles (Cicindelidae). *BMC Evol. Biol.* 7: 158.

Ganeshaiah, K. N., and V. V. Belavadi. 1986. Habitat segregation in four species of adult tiger beetles (Coleoptera: Cicindelidae). *Ecol. Entomol.* 11: 147-154.

Ganeshaiah, K. N., A. R. V. Kumar, and K. Chandrashekara. 1999. How much should the Hutchinson ratio be and why? *Oikos* 87: 201-203.

García-Reina, A., A. López-López, J. Serrano, and J. Galián. 2014. Phylogeographic patterns of two tiger beetle species at both sides of the strait of Gibraltar (Coleoptera: Cicindelini). *Ann. Société entomologique de France (N.S.): International J. Entomol.* 50: 399-406.

Gaston, K. J. 2000. Global patterns in biodiversity. *Nature* 405: 220-227.

Gaston, K. J., and T. M. Blackburn. 1999. A critique of macroecology. *Oikos* 84: 353-368.

Gebert, J. 1997. Revision der *Cicindela* (s. str.) *hybrida* Gruppe (sensu Mandl 1935/6) und Bemerkungen zu einigen äusserlich ähnlichen palaärktischen Arten. *Mitt. Münch. Entomot. Ges.* 86: 3-32.

Gerhart, J. C., and M. W. Kirsehner. 1997. *Cells, Embryos, and Evolution*. Malden, Mass.: Blackwell).

Giers, E. 1977. Die Nicht-Homologen-Assoziation multipler Geschlechtschromosomen in der Spermatogenesis von *Cicindela hybrida*. Ph. D. dissertation. University of Münster, Germany.

Gilbert, C. 1987. Visual control of prey pursuit by tiger beetles. In K. Hamdorf, ed., *Insect Vision*. Hamburg, Germany: Parey.

——. 1989. Visual determinants of escape in tiger beetle larvae (Cicindelidae). *J. Insect Behav.* 2: 557-574.

——. 1997. Visual control of cursorial prey pursuit by tiger beetles (Cidndelidae). *J. Comp. Physiol. A* 181: 217-230.

Goldstein, P. Z., and R. Desalle. 2003. Calibrating phylogenetic species formation in a threatened insect using DNA from historical specimens. *Mol. Ecol.* 12: 1993-1998.

Gould, S. J. 1989. *Wonderful Life. The Burgess Shale and the Nature of History*. New York: Norton.

Gould, S. J., and D. S. Woodruff. 1990. History as a cause of area effects: An illustration from Cerion on Great Inagua, Bahamas. *Biol. J. Linn. Soc.* 40: 67-98.

Gowan, C., and C. B. Knisley. 2014. Distribution, abundance and conservation of the highly endemic Coral Pink Sand Dunes tiger beetle, *Cicindela albissima* Rumpp. *Biodiversity* 15: 119-129.

Grant, P. R. 1986. *Ecology and Evolution of Darwin's Finches*. Princeton, N. J.: Princeton University Press.

——. 1994. Ecological character displacement. *Science* 266: 746-747.

Grant, P. R., and B. R. Grant. 1995. The founding of a new population of Darwin's finches. *Evolution* 49: 229-240.

Graves, R. C. 1981. Offshore flight in *Cicindela trifasciata*. *Cicindela* 13: 45-47.

Greenberg, C. H., and A. McGrane. 1996. A comparison of relative abundance and biomass of ground-dwelling arthropods under different forest management practices. *For. Ecol. Manage.* 89: 31-41.

Guerra, J. F. 1993. Some observations of the termite mound-dwelling tiger beetle, *Cheilonycha auripennis* Lucas, from northeastern Bolivia. *Cicindela* 25: 23-26.

Guido, A. S., and H. G. Fowler. 1988. *Megacephala fulgida* (Coleoptera: Cicindelidae): A phonotactically orienting predator of *Scapteriscus* mole crickets (Orthoptera: Gryllotalpidae). *Cicindela* 20: 51-52.

Guppy, M., S. Guppy, and J. Hebrard. 1983. Behaviour of the riverine tiger beetle *Lophyridia dongalensis imperatrix*: Effect of water availability on thermoregulatory strategy. *Entomol. Exp. Appl.* 33: 276-282.

Gwiazdowski, R. A., S. Gillespie, R. Weddle, and J. S. Elkinton. 2011. Laboratory rearing of common and endangered species of North American tiger beetles (Coleoptera: Carabidae: Cicindelinae). *Ann. Entomol. Soc. Amer.* 104: 534542.

Hadley, N. F. 1994. *Water Relations of Terrestrial Arthropods*. San Diego, Calif.: Academic Press.

Hadley, N. F., and A. Savill. 1989. Water loss in three subspecies of the New Zealand tiger beetle *Neocicindela perhispida*: Correlations with cuticular hydrocarbons. *Comp. Biochem. Physiol. A* 94: 749-753.

Hadley, N. F., and T. Schultz. 1987. Water loss in three species of tiger beetles (Cicindelidae): Correlations with epicuticular hydrocarbons. *J. Insect Physiol.* 33: 677-682.

Hadley, N. F., T. D. Schultz, and A. Savill. 1988. Spectral refrectances of three tiger beetle subspecies (Neocicindela perhispida): Correlation with their habitat substrate. *N. Z. J. Zool.* 15: 343-346.

Hadley, N. F., C. B. Knisley, T. D. Schultz, and D. L. Pearson. 1990. Water relations of tiger beetle larvae (Cicindela marutha): Correlations with habitat microclimate and burrowing activity. *J. Arid Environ.* 19: 189-197.

Hadley, N. F., A. Savill, and T. D. Schultz. 1992. Coloration and its thermal consequences in the New Zealand tiger beetle *Neocicindela perhispida*. *J. Therm. Biol*, 17: 55-61.

Haffer, J. 1969. Speciation in Amazonian forest birds. *Science* 165: 131-137.

Halder, G., P. Callaerts, and W. J. Gehring. 1995. Induction of ectopic eyes by targeted expression of the eyeless gene in *Drosophila*. *Science* 267: 1788-1792.

Hamilton, C. C. 1925. Studies on the morphology, taxonomy, and ecology of the larvae of Holarctic tiger beetles (Family Cicindelidae). *Proc. U.S. Nat. Mus.* 65: 1-85.

Hancock, J. M., and A. P. Vogler. 1998. Modelling the secondary structures of slippage-prone hypervariable RNA regions: The example of the tiger beetle 18S rRNA variable region V4. *Nucleic Acids Res.* 26: 689-699.

——. 2000. How slippage-derived sequences are incorporated into RNA secondary structure: implications for phylogeny reconstruction. *Mol. Phylogenet. Evol.* 14: 366-374.

Hanski, I. 1998. Connecting the parameters of local extinction and metapopulation dynamics. *Oikos* 83: 390-396.

Harrison, R. C. 1990. Hybrid zones: Windows on evolutionary process. *Oxf. Surv. Evol. Biol.* 7: 69-128.

Harvey, P. H., and M. D. Pagel. 1991. *The Comparative Method in Evolutionary Biology*. Oxford: Oxford University Press.

Harvey, A., and S. Zukoff. 2011. Wind-powered wheel locomotion, initiated by leaping somersaults, in larvae of the Southeastern Beach Tiger Beetle (*Cicindela dorsalis media*). *PLoS ONE* 6: e17746.

Haselsteiner A. F., C. Gilbert, and Z. J. Wang. 2014. Tiger beetles pursue prey using a proportional control law with a delay of one half-stride. *J. Roy. Soc. Interface* 11: 20140216.

Hawkeswood, T. J. 2011. Predation of *Rhinella marina* (L.) (Anura: Bufonidae) tadpoles in a semiarid environment by the tiger beetle *Cicindela semicincta* Brulle (Coleoptera: Cicindelidae). *Calodema* 138: 1-3.

Hennig, W. 1950. *Grundzüge einer Theorie der phylogenetischen Systematik*. Berlin: Deutscher Zentralverlag.

———. 1966. *Phylogenetic Systematics*. Urbana: University Illinois Press.

Higley, L. G. 1986. Morphology of reproductive structures in *Cicindela repanda* (Coleoptera: Cicindelidae). *J. Kans. Entomol. Soc.* 59: 303-308.

Hilborn, R., and S. C. Stearns. 1982. On inference in ecology and evolutionary biology: The problem of multiple causes. *Acta Biotheor.* 31: 145-164.

Hill, J. M., and C. B. Knisley. 1992. Frugivory in the tiger beetle *Cicindela repanda* (Coleoptera: Cieindelidae). *Coleopt. Bull.* 46: 306-310.

Hirschler, J. 1932. Sur le développment de la symétrie bilatérale des ovocytes chez *Cicindela hybrida* L. *Arch. Zool. Exp. Gen.* 74: 541-547.

Hoback, W. W., D. W. Stanley, and L. G. Higley. 1998. Survival of immersion and anoxia by larval tiger beetles, *Cicindela togata*. *Am. Midl. Nat.* 140: 27-33.

Hoback, W. W., T. M. Svatos, S. M. Spomer, and L. G. Higley. 1999, Trap color and placement affects estimates of insect family-level abundance and diversity in a Nebraska salt marsh. *Entomol. Exp. Appl.* 91: 393-402.

Hoback, W. W., D. A. Goliek, T. M. Svatos, S. M. Spomer, and L. G. Higley. 2000a. Salinity and shade preferences result in ovipositional differences between sympatric tiger beetle species. *Ecol. Entomol.* 25: 180-187.

Hoback, W. W., J. E. Podrabsky, L. G. Higley, D. W. Stanley, and S. C. Hand. 2000b. Anoxia tolerance of con-familial tiger beetle larvae is associated with differences in energy flow and anaerobiosis. *J. Comp. Physiol. B* 170: 307-314.

Hoback, W. W., L. G. Higley, and D. W. Stanley. 2001. Tigers eating tigers: evidence of intraguild predation operating in an assemblage of tiger beetles. *Ecol. Entomol.* 26: 367-375.

Holdridge, L. R. 1967. *Life Zone Ecology*. San losé, Costa Rica: Tropical Science Center.

Holeski, P. M., and R. C. Craves. 1978. An analysis of the shore beetle communities of some channelized streams in northwest Ohio (Coleoptera). *Great Lakes Entomol.* 11: 23-36.

Holling, C. S. 1966. The functional response of invertebrate predators to prey density. *Mem. Entomol. Soc. Can*, 48: 1-86.

Horgan, F. G., and J. C. Chávez. 2004. Field boundaries restrict dispersal of a tropical tiger beetle, *Megacephala angustata* Chevrolat 1841 (Coleoptera: Cicindelidae). *Entomotropica* 19: 147-152.

Hori, M. 1976. The vertical distributions of two species of tiger beetles at Sugadaira (Mt. Neko-Dake), Nagano Prefecture, with special reference to their habita preperence. *Physiol. Ecol. Jpn.* 17(1/2): 9-14. (in Japanese); translated in English in *Cicindela* 14(1-4): 19-33 (1982).

———. 1982. The biology and population dynamics of the tiger beetle, *Cicindela japonica* (Thunberg). *Physiol. Ecol. Jpn.* 19: 77-212.

Horn, G. H. 1892. Variations of color markings in Coleoptera. *Entomol. News* 3: 26-28.

Horn, W. 1908. *Megacephala-Tetracha* (Col.). *Dtsch. Entomoi. Z.* 1907: 263-271.

———. 1915. Coleoptera Adephaga (family Carabidae, subfamily Cicindelinae). Pp. 1-486 in P. Wytsrnan, ed., *Genera Insectorum*. Brussels: Desmet-Vereneuil.

———. 1926. Pars 86: Carabidae: Cicindelinae. In *Coleopterum Cgtalogus*. Berlin: Junk and Schenkling.

Houghgoldstein, J. A., G. E. Heimpel, H. E. Bechmann, and C. E. Mason. 1993. Arthropod natural enemies of the Colorado potato beetle. *Crop Prot.* 12: 324-334.

Huber, R. L. 1994. A new species of *Tetracha* from the west coast of Venezuela, with comments on genus-level nomenclature (Coleoptera: Cicindelidae). *Cicindela* 26: 49-75.

——. 1999. Eight new tiger beetle species from Bolivia in the genera *Odontocheila, Pentacomia* and *Pometon* (Coleoptera: Cicindelidae). *Cicindela* 31: 1-44.

Hudgins, R., C. Norment, M. D. Schlesinger, and P. G. Novak. 2011. Habitat selection and dispersal of the Cobblestone Tiger Beetle (*Cicindela marginipennis* Dejean) along the Genesee River, New York. *Amer. Midl. Nat.* 165: 304-318.

Hudgins, R. M., C. Norment, and M. D. Schlesinger. 2012. Assessing detectability for monitoring of rare species: a case study of the cobblestone tiger beetle (*Cicindela marginipennis* Dejean). *J. Insect Conserv.* 16: 447-455.

Hudson, W. G., I. H. Frank, and J. L. Castner. 1988. Biological Control of *Scapteriscus* spp. mole crickets (Orthoptera: Gryllotalpidae) in Florida. *Bull. Entomol. Soc. Am.* 34: 192-198.

Hughes, T. P. 1989. Community structure and diversity of coral reefs: The role of history. *Ecology* 70: 275-279.

Humphries, C. J., and L. R. Parenti. 1999. *Cladistic Biogeography: Interpreting Patterns of Plant and Animal Distributions*. 2nd ed. Oxford, UK: Clarendon Press.

Hussein, M. L-a. 2002. Ground beetle (Coleoptera, Carabidae) communities of the exhausted open-cast mining area KTMnigsaue and of agricultural areas in the district Aschersleben-staßfurt (Saxony-Anhalt). *Arch. Phytopathol. Plant Protect.* 35: 125-155.

Hutchinson, G. E. 1959. Homage to Santa Rosalia or why are there so many kinds of animals? *Am. Nat.* 93: 145-159.

Iriondo, M. 1999. Climatic changes in the South American plains: Records of a continent-scale oscillation. *Quat. Int.* 58: 93-112.

Irmler, U. 1981. Survival strategies of animals in the seasonally flooded Amazonian inundation forest. *Zool. Anz.* 206: 26-38.

——. 1985. Temperature dependent generation cycle for the cicindelid beetle *Pentacomia egregia* Chaudo. (Coleoptera, Carabidae, Cicindelinae) of the Amazon valley. *Amazoniana* 9: 431A39.

Jackson, D. A., and H. H. Harvey. 1989. Biogeographic associations in fish assemblages: Local vs. regional processes. *Ecology* 70: 1472-1484.

Jaeger, R. G., and S. C. Walls. 1989. On salamander guilds and ecological methodology. *Herpetologica* 45: 111-119.

Jaglarz, M. K., Z. Nowak, and S. M. Biliński. 2003. The Balbiani body and generation of early asymmetry in the oocyte of a tiger beetle. *Differentiation* 71: 142-151.

Jaskuła, R. 2011. How unique is the tiger beetle fauna (Coleoptera, Cicindelidae) of the Balkan Peninsula? *ZooKeys* 100: 487-502.

——. 2013. Unexpected vegetarian feeding behaviour of a predatory tiger beetle *Calomera littoralis nemoralis* (Olivier, 1790) (Coleoptera: Cicindelidae). *J. Entomol. Res. Soc.* 15: 1-6.

——. 2015. The Maghreb-one more important biodiversity hot spot for tiger beetle fauna (Coleoptera, Carabidae, Cicindelinae) in the Mediterranean region. *ZooKeys* 482: 35-53.

Jeannel, R. 1942a. *La genese des faunes terrestres: Elements de biogeographie*. Paris: Presses Universitaires de France.

——. 1942b. Coléoptères carabiques. *I. Faune Fr.* 39: 1-571.

Kamoun, S. 1996. Occurrence of the threatened *Cicindela senilis frosti* Varas Arangua in an inland salt marsh in Riverside County, Califomia (Coleoptera: Cidndelidae). *Coleopt. Bull.* 50: 369-371.

Kamoun, S., and S. A. Hogenhoult. 1996. Flightlessness and rapid terrestrial locomotion in tiger beetles of the *Cicindela* L. subgenus *Rivacicindeta* van Nidek from saline habitats of Australia (Coleoptera: Cicindelidae). *Coleopt. Bull.* 50: 221-230.

Karube, H. 2010. Endemic insects in the Ogasawara Islands: Negative impacts of alien species and a potential mitigation strategy, Chp. 20. Pp. 133-137 in K. Kawakami, and I. Okochi, eds., *Restoring the Oceanic Island Ecosystem Impact and management of Invasive Alien Species in the Bonin Islands*. Japan: Springer.

Kaulbars, M. M., and R. Freitag. 1993a. Foraging behaviour of the tiger beetle *Cicindela denikei* Brown (Coleoptera: Cicindelidae). *Can. Field-Nat.* 107: 53-58.

——. 1993b. Geographic variation, classifcation, reconstructed phylogeny, and geographic history of the *Cicindela sexguttata* group (Coleoptera: Cicindelidae). *Can. Entomol.* 125: 267-316.

Kelley, K. C. 1997. Local diversity of a bioindicator taxon: Tiger beetles (Coleoptera: Cicindelidae: *Cicindela* spp.) of the

Big Thicket and Pineywoods. *Tex. J. Sci.* 49: 51-66.

Kelley, K. C., and A. B. Schilling. 1998. Quantitative variation in chemical defense within and among subgenera of *Cicindela. J. Chem. Ecol.* 24: 451-472.

Kerr, J. T., and D. J. Currie. 1999. The relative importance of evolutionary and environmental controls on broad-scale patterns of species richness in North America. *Ecoscience* 6: 329-337.

Keys, D. N., D. L. Lewis, L. V Goodrich, J. Selegue, J. Gates, M. P. Scott, and S. B. Carroll. 1997. Butterfly eyespots and the co-option of A-P patterning genes. *Dev. Biol.* 186: 32a.

Kippenhan, M. G. 1994. The tiger beetles (Coleoptera: Cicindelidae) of Colorado. *Trans. Am. Entomot. Soc.* 120: 1-86.

——. 1997. A review of the Neotropical tiger beetle genus *Oxygonia* Mannerheim. (Coleoptera: Cicindelidae). *Contrib. Entomol. Int.* 2: 301-353.

Kirkendall, L. R. 1984. Long copulations and post-copulatory 'escort behaviour' in the locust leaf miner, *Odontoma dorsglis* (Coleoptera: Chrysomelidae). *J. Nat. Hist.* 18: 905-919.

Kitching, I. J. 1996. Identifying complementary areas for conservation in Thailand: An example using owls, hawkmoths and tiger beetles. *Biodiver. Conserv.* 5: 841-858.

Kluge, A. G. 1989. A concern for evidence and phylogenetic hypothesis of relationships among *Epicrates* (Boidae, Serpentes). *Syst. Zool.* 38: 7-25.

Knisley, C. B. 1979. Distribution, abundance, and seasonality of tiger beetles (Cicindelidae) of the Indiana dunes region. *Proc. Indiana Acad. Sci.* 88: 125-133.

——. 1984. Ecological distribution of tiger beetles (Coleoptera: Cicindelidae) in Colfax County, New Mexico. *Southwest. Nat.* 29: 93-104.

——. 1985. Utilization of tiger beetle larval burrows by a nest-provisioning wasp, *Leucodynerus russatus* (Bohart) (Hymenoptera: Eumenidae). *Proc. Entomol. Soc. Wash.* 87: 481.

——. 1987. Habitats, food resources and natural enemies of a community of larval *Cicindela* in southeastern Arizona (Coleoptera: Cicindelidae). *Can. J. Zool.* 65: 1191-1200.

——. 2011. Anthropogenic disturbances and rare tiger beetle habitats: benefits, risks, and implications for conservation. *Terr. Arthropod Rev.* 4: 41-61.

Knisley, C. B., and R. A. Arnold. 2013. Biology and conservation of *Cicindela ohlone* Freitag and Kavanaugh, the endangered Ohlone Tiger Beetle (Coleoptera: Carabidae: Cicindelinae). I. Distribution and Natural History. *Coleop. Bull.* 67: 569-580.

Knisley, C. B., and M. S. Fenster. 2005. Apparent extinction of the tiger beetle, *Cicindela hirticollis abrupta* (Coleoptera: Carabidae: Cicindelinae). *Coleop. Bull.* 59: 451-458.

Knisley, C. B., and R. D. Haines. 2007. Description and conservation status of a new subspecies of *Cicindela tranquebarica* (Coleoptera: Cicindelidae), from the San Joaquin Valley of California, USA. *Entomol. News* 118: 109-126.

Knisley, C. B., and J. M. Hill. 1992. Effects of habitat change from ecological succession and human impact on tiger beetles. *Va. J. Sci.* 43: 134-142.

——. 2001. Biology and conservation of the Coral Pink Sand Dunes Tiger Beetle, *Cicindela limbata albissima* Rumpp. *West. N. A. Nat.* In press.

Knisley, C. B., and W. H. Hoback. 1994. Nocturnal roosting of *Odontocheila confusa* Dejean in the Peruvian Amazon (Coleoptera: Carabidae: Cicindelinae). *Coteopt. Bull.* 48: 353-354.

Knisley, C. B., and S. A. Juliano. 1988. Survival, development and size of larval tiger beetles: Effects of food and water. *Ecology* 69: 1983-1992.

Knisley, C. B., and D. L. Pearson. 1981. The function of turret building behaviour in the larval tiger beetle, *Cicindela willistoni* (Coleoptera: Cieindelidae). *Ecol. Entomol.* 6: 401-410.

——. 1984. Biosystematics of larval tiger beetles of the Sulphur Springs Valley, Arizona. *Trans. Am. Entomol. Soc.* 110: 465-551.

Knisley, C. B., and T. D. Schultz. 1997. *The Biology of Tiger Beetles and a Guide to the Species of the South Atlantic States.* Special Publication No. 5. Virginia Museum of Natural History, Martinsville, Va.

Knisley, C. B., T. D. Schultz, and T. H. Hasewinkel. 1990. Seasonal activity and thermoregulatory behavior of *Cicindela patruela* (Coleoptera: Cieindelidae). *Ann. Entomol. Soc. Am.* 83: 911-915.

Knisley, C. B., J. M. Hill, and A. M. Scherer. 2005. Translocation of threatened tiger beetle *Cicindela dorsalis dorsalis* (Coleoptera: Cicindelidae) to Sandy Hook, New Jersey. *Ann. Entomol. Soc. Amer.* 98: 552-557.

Knisley, C. B., M. Kippenhan, and D. Brzoska. 2014. Conservation status of United States tiger beetles. *Terrestrial Arthropod Rev.* 7: 93-145.

Kozol, A. J., J. F. A. Traniello, and S. M. Williams. 1994. Genetic-variation in the endangered burying beetle, *Nicrophorus americanus* (Coleoptera, Silphidae). *Ann. Entomol. Soc. Am.* 87: 928-935.

Kraus, B., and R. C. Lederhouse. 1983. Contact guarding during courtship in the tiger beetle *Cicindelg marutha* Dow (Coleoptera: Cicindehdae). *Am. Midl. Nat.* 110: 208-211.

Kremen, C. 1992. Assessing the indicator properties of species assemblages for natural areas monitoring. *Ecol. Appl.* 2: 203-217.

———. 1994. Biological inventory using target taxa: A case study of the butterflies of Madagascar. *Ecol. Appl.* 4: 407-422.

Kremen, C., R. K. Colwell, T. L. Erwin, D. D. Murphy, R. F. Noss, and M. A. Sanjayan. 1993. Terrestrial arthropod assemblages: Their use as indicators in conservation planning. *Conserv. Biol.* 7: 796-808.

Kremein, C., V. Razafimahatratra, R. P. Guillery, J. Rakotomalala, A. Weiss, and J.-S. Ratsisompatrarivo. 1999. Designing the Masoala National Park in Madagascar based on biological and socioeconomic data. *Conserv. Biol.* 13: 1055-1068.

Kritsky, G., and S. Reidel. 1996. Evidence of a male-choice sexual selection in *Cicindeta repgnda* (Coleoptera: Cicindelidae). *Cicindela* 28: 53-59.

Kritsky, G., and S. Simon. 1995. Mandibular sexual dimorphism in *Cicindela* (Coleoptera: Cicindelidae). *Coleopt. Bull.* 49: 143-148.

———. 1996. Patterns of mandibular wear in *Cicindela sexguttgta* Fabricius (Coleoptera: Cicindelidae). *Cicindela* 28: 23-29.

Kritsky, G., A. Watkins, J. Smith, and N. Gallagher. 1999. Mixed assemblages of tiger beetles on sand piles of various ages (Coleoptera: Cicindelidae). *Cicindela* 31: 73-80.

Kritsky, G., B. Cortright, M. Duennes, andJ. Smith. 2009. The status of *Cicindela marginipennis* (Coleoptera: Carabidae) in southeastern Indiana. *Proc. Indiana Acad. Sci.* 118: 139-142.

Krombein, K. V. 1979. Studies in the Tiphiidae. XII. A new genus of Methochinae with notes on the subgenera of *Methocha* Latreille (Hymenoptera, Aculeata). *Proc. Entomol. Soc. Wash.* 81: 424-434.

Krotzer, R. S. 2013. New records of *Cicindelidia ocellata rectilatera* (Chaudoir) and *Cicindela formosa* in the southeastern United States. *Cicindela* 45: 1-7.

Kryzhanovskiy, J. L 1976. An attempt to a revised classification of the family Carabidae (Coleoptera). *Entomol. Rev.* 55: 56-64.

Kuster, J. E. 1980. Fine structure of the compound eyes and interfacetal mechanoreceptors of *Cicindela tranquebarica* Herbst (Coleoptera: Cicindelidae). *Cell Tiss. Res.* 206: 123-138.

Kuster, J. E., and W. G. Evans. 1980. Visual fields of the compound eyes of four species of Cicindelidae (Coleoptera). *Can. J. Zool.* 58: 326-336.

Lack, D. 1947. *Darwin's Finches*. Cambridge: Cambridge University Press.

Larochelle, A. 1977. Cicindelidae caught at lights. *Cicindela* 9: 50-60.

———. 1978. Techniques for catching tiger beetles. *Cicindela* 10: 23-26.

Larson, D. J. 1986. The tiger beetle, *Cicindela limbata hyperborea* LeConte, in Goose Bay, Labrador. *Coleopt. Bull.* 40: 249-250.

Lawrence, J. F., and A. E. Newton. 1982. Evolution and classification of beetles. *Ann. Rev. Ecol. Syst.* 13: 261-290.

Layne, J. E., P. W. Chen, and C. Gilbert. 2006. The role of target elevation in prey selection by tiger beetles (Carabidae: *Cicindela* spp.). *J. Exp. Biol.* 209: 4295-4303.

Leadbeater, C., and P. Miller. 2004. *The Pro-Am Revolution: How Enthusiasts are Changing our Society and Economy*. London: Demos. 74 pp.

Lees, D. C., C. Kremen, and L. Andriamampianina. 1999. A null model for species richness gradients: Bounded range overlap of butterfies and other rainforest endemics in Madagascar. *Biol. J. Linn. Soc.* 67: 529-584.

Leffler, S. R. 1979. Tiger beetles of the Pacific Northwest (Coleoptera: Cicindelidae). Ph. D. dissertation. University of Washington, Seattle.

———. 1980. The larva of *Mantichora* Fabricius. *Cicindela* 12: 1-12.

———. 1985. *Omus submetallicus* G. Morn: Historical perspective, systematic position, type locality, and habitat. *Cicindela* 17: 37-50.

Legendre, P. 1993. Spatial autocorrelation: Trouble or new paradigm? *Ecology* 74: 1659-1673.

Legge, J. T, R. Roush, R. DeSalle, A. P. Vogler, and B. May. 1996. Genetic criteria for establishing evolutionarily significant units in Cryan's buckmoth. *Conserv. Biol.* 10: 85-90.

Lehmann, F. 1978. Notes on the hibernation of *Cicindela hybrida* L. (Coleoptera: Carabidae). *Cordulia* 4: 78-79.

Lenau, T., and M. Barfoed. 2008. Colours and metallic sheen in beetle shells - A biomimetic search for material structuring principles causing light interference. *Adv. Eng. Mat.* 10: 299-314.

Leng, C. W. 1902. American Coleoptera. *Trans. Am. Entomol. Soc.* 28: 95-185.

Li, C., A. O. Pullin, D. W. Haldane, H. K. Lam, R. S. Fearing, and R. J. Full. 2015. Terradynamically streamlined shapes in animals and robots enhance traversability through densely cluttered terrain. *Bioinspir. Biomic.* 10: 046003.

Liebherr, J. K., and K. W. Will. 1998. Inferring phylogenetic relationships within Carabidae (Insecta, Coleoptera) from characters of the female reproductive tract. Pp. 107-170 in G. E. Ball, A. Casale, and A. V. Taglianti, eds., *Phylogeny and Classification of Caraboidea (Coleoptera.. Adephaga)*. Turin, Italy: Museo Regionale di Scienze Naturali.

Lima, S. L. 1985. Maximizing efficiency and minimizing time exposed to predators: A trade-off in the Black-capped Chickadee. *Oecologia* 66: 60-67.

Lin, S. W., and T. Okuyama. 2014. Hidden burrow plugs and their function in the tiger beetle, *Cosmodela batesi* (Coleoptera, Cicindelidae). *J. Ethol.* 32: 23-27.

López-López, A., P. Hudson, and J. Galián. 2012. The *blackburni/murchisona* species complex in Australian *Pseudotetracha* (Coleoptera: Carabidae: Cicindelinae: Megacephalini): evaluating molecular and karyological evidence. *J. Zool. Syst. Evol. Res.* 50: 177-183.

Losos, J. B., T. R. Jackman, A. Larson, K deQueiroz, and L. Rodriguez-Schettino. 1998. Contingency and deteminism in replicated adaptive radiations of island lizards. *Science* 279: 2115-2118.

Lovari, S., L Favilli, M. P. Eusebi, and F. Cassola. 1992. The effects of prey movement, size and colour in the attack/avoidance behaviour of the tiger beetle *Cephalota circumpicta leonschaeferi* (Cassola) (Coleoptera, Cicindelidae). *Ethol. Ecol. Evol.* 4: 321-331.

MacArthur, R. H. 1972. *Geographical Ecology: Patterns in the Distribution of Species*. New York: Harper and Row.

Macfie, J. W. 1922. A note on a beetle which preys on mosquito larvae. *Bull. Entomol. Res.* 13: 403.

MacKenzie, D. I., J. D. Nichols, J. A. Royle, K. H. Pollock, L. L. Bailey, and J. E. Hines. 2006. *Occupancy estimation and modeling: inferring patterns and dynamics of species occurrence*. Boston: Elsevier. 344 pp.

MacRae, T. C., and C. R. Brown. 2011. Historical and contemporary occurrence of *Cylindera* (s. str.) *celeripes* (LeConte) (Coleoptera: Carabidae: Cicindelinae) and implications for its conservation. *Coleop. Bull.* 65: 230-241.

Maddison, D. R., M. D. Baker, and K A. Ober. 1999. Phylogeny of carabid beetles as inferred from 18S ribosomal DNA (Coleoptera: Carabidae). *System. Entomol.* 24: 103-138.

Maguire, L. A. 1991. Risk analysis for conservation biologists. *Conserv. Biol.* 5: 123-125.

Mandl, K. 1931. Künstliche veränderung der Farben an *Cicindela nitida* Licht. und an anderen *Cicindela*-Arten. *Z. Morphol. Oekol. Tiere* 22: 110-120.

———. 1939. Geographische Verbreitung, Rassenbildung und Verbreitungswege der europäischen Cicindelaarten. Verhandlung. VII. Pp. 268-291 in *International Kongr. Entomologie-Berlin* (1938), vol. 1. Weimar, Germany: Uschmann.

MacRae, T. C., and C. R. Brown. 2011. Historical and contemporary occurrence of *Cylindera* (s. str.) *celeripes* (LeConte) (Coleoptera: Carabidae: Cicindelinae) and implications for its conservation. *Coleop. Bull.* 65: 230-241.

Mareš, J. 2000. *Manticora. A monograph of the genus*. Taita Publishers, s. r. o., Hradec Králové, 205 pp.

Maser, C. 1971. A simple method for preserving larval Cidndelidae. *Cicindela* 3: 79.

Mawdsley, J. R. 2005a. Extirpation of a population of *Cicindela patruela* Dejean (Coleoptera: Carabidae: Cicindelini) in suburban Washington, DC, USA. *Proc. Entomol. Soc. Wash.* 107: 64-70.

——. 2005b. Additional historic records of *Cicindela dorsalis* Say and *Cicindela puritana* Horn (Coleoptera: Carabidae: Cicindelini) from the Chesapeake Bay region, USA. *Proc. Entomol. Soc. Wash.* 107: 808-811.

——. 2007. Ecology, distribution, and conservation biology of the tiger beetle *Cicindela patruela consentanea* Dejean (Coleoptera: Carabidae: Cicindelinae). *Proc. Entomol. Soc. Wash.* 109: 17-28.

——. 2008. Use of simple remote sensing tools to expedite surveys for rare tiger beetles (Insecta: Coleoptera: Cicindelidae). *J. Insect Conserv.* 12: 689-693.

Mawdsley, J. R., and H. Sithole. 2008. Dry season ecology of riverine tiger beetles in Kruger National Park, South Africa. *African J. Ecol.* 46: 126-131.

——. 2012. Tiger beetles (Coleoptera: Cicindelidae) of the Kruger National Park, South Africa: distribution, habitat associations and conservation status. *African Entomol.* 20: 266-275.

May, M. L, D. L. Pearson, and T. Casey. 1986. Oxygen consumption of active and inactive adult tiger beetles. *Physiol. Entomol.* 11: 171-179.

Mayden, R. L 1997. A hierarchy of species concepts: The denouement in the saga of the species problem. Pp. 381-A23 in M. F. Claridge, H. A. Dawah, and M. R. Wilson, eds., *Species. The Units of Biodiversity*. London: Chapman and Hall.

Mayr, E. 1942. *Systematics and the Origin of Species*. New York: Columbia University Press.

Mazzei, A., P. Brandmayr, S. Larosa, M. G. Novello, S. Scalercio, and T. Bonacci. 2014. Spatial distribution of *Calomera littoralis nemoralis* (Olivier, 1790) in a coastal habitat of Southern Italy and its importance for conservation (Coleoptera Carabidae Cicindelinae). *Biodiversity J.* 5: 55-60.

McGeoch, M. A. 1998. The selection, testing and application of terrestrial insects as bioindicators. *Biol. Rev.* 73: 181-201.

McGovern, G. C., C. B. Knisley, and J. C. Mitchell. 1986. Prey selection experiments and predator-prey size relations in eastern fence lizards, *Sceloporus undulatus hyacinthinis*, from Virginia. *Va. J. Sci.* 37: 9-15.

MeKenzie, N. L., L. Belbin, C. R. Margules, and G. J. Keighery. 1989. Selecting representative reserve systems in remote areas: A case study in the Nullarbor region, Australia. *Biol. Conserv.* 50: 239-261.

McLain, D. K. 1989. Prolonged copulation as a post-insemination guarding tactic in a natural population of the ragwort seed bug. *Anim. Behav.* 38: 659-664.

Mesa, A., and C. S. Fotanetti. 1985. The chromosomes of a primitive species of beetle: *Ytu zeus* (Coleoptera: Myxophaga, Torridinicolidae). *Proc. Acad. Nat. Sci. Phila.* 137: 102-105.

Meyer, A. 1993. Phylogenetic relationships and evolutionary processes in East African cichlid fishes. *Trends Ecol. Evol.* 8: 279-284.

Mikkola, K. 1992. Evidence for lock-and-key mechanisms in the internal genitalia of the *Apamea* moths (Lepidoptera, Noctudiae). *Syst. Entomol.* 17: 145-153.

Mittal, O. P., T. K Gill, and S. Chugh. 1989. Chromosome studies on three species of Indian cicindelids (Adephaga: Coleoptera). *Caryologia* 42: 115-120.

Mittermeier, R. A., and C. G. Mittermeier. 1997. *Megadiversity: Earth's Biologically Wealthiest Nations*. Mexico City: CEMEX.

Mizutani, A., and Y. Toh. 1995. Optical and physiological properties of the larval visual system of the tiger beetle, *Cicindela chinensis*. *J. Comp. Physiol. A* 177: 591-599.

——. 1998. Behavioral analysis of two distinct visual responses in the larva of the tiger beetle, *Cicindela chinensis*. *J. Comp. Physiol. A* 182: 277-286.

Molina, S. I., G. R. Valladares, S. Gardner, and M. R. Cabido. 1999. The effects of logging and grazing on the insect community associated with a semi-arid chaco forest in central Argentina. *J. Arid Environ.* 42: 29-42.

Mooi, R., P, F. Cannell, V. A. Funk, P. M. Mabee, R. T. O'Grady, and C. K. Starr. 1989. Historical perspectives, ecology, and tiger beetles: An alternative discussion. *Syst. Zool.* 38: 191-195.

Moore, B. P., and B. E. Wallbank. 1968. Chemical composition of the defensive secretion in carabid beetles and its importance as a taxonomic character. *Proc. R. Entomol. Soc. Lond. B* 37: 62-72.

Moravec. J. 2002. *Tiger Beetles of Madagascar, Volume 2. A monograph of the genus* Physodeutera *(Coleoptera: Cicindelidae)*. Nakladatelstvi Kabourek, Zlin, Czech Republic. 290 pp.

——. 2007. *Tiger Beetles of Madagascar, Volume 1. A monograph of the genus* Pogonostoma *(Coleoptera: Cicindelidae)*. Nakladatelstvi Kabourek, Zlin, Czech Republic. 499 pp.

———. 2010. *Tiger beetles of Madagascan Region (Madagascar, Seychelles, Comoreo, Mascarenes, and other islands. Taxonomic revision of the 17 genera occurrig in the region (Coleoptera: Cicindelidae)*. Lednice na Moravě: Biosférická rezervace Doliní Morava, o. p. s., 429 pp.

———. 2012. Taxonomic and nomenclatorial revision within the Neotropical genera of the subtribe Odontochilina W. Horn in a new sense - 1: Some changes in taxonomy and nomenclature within the genus *Odontocheila* (Coleoptera: Cicindelidae). *Acta Musei Moraviae, Scientiae biologicae (Brno)* 97: 13-33.

———. 2015. Taxonomic revision within the Neotropical genus *Oxygonia* Mannerheim - 1 (Coleoptera: Cicindelidae). *Folia Heyrovskyana, series A* 23: 27-70.

Moravec. J. and E. H. Razanajaonarivalona. 2015. New or rare Madagascar tiger beetles - 16. *Physodeutera* (*Axinomera*) *horimichioi* sp. nov. and a new record of *Paraphysodeutera naviauxi* from western Madagascar (Coleoptera: Cicindelidae). Folia Heyrovskyana, series A, vol. 23(1): 54-62.

Morgan, A. V., and R. Freitag. 1982. The occurrence of *Cicindela limbalis* Klug (Coleoptera: Cicindelidae) in a late glacial site at Brampton, Ontario. *Coleopt. Bull.* 36: 105-108.

Morgan, K. R. 1985. Body temperature regulation and terrestrial activity in the ectothermic tiger beetle *Cicidela tranquebarica*. *Physiol. Zool.* 58: 29-37.

Morgan, M., C. B. Knisley, and A. P. Vogler. 2000. New taxonomiec status of the endangered tiger beetle, *Cicindela limbata albissima* Rumpp (Coleoptera: Cicindelidae). *Ann. Entomol. Soc. Am.* 93: 1108-1115.

Moritz, C., 1994. Defining "Evolutionary Significant Unit" for conservation. *Trends Ecol. Evol.* 9: 373-375.

Murphy, D. D., and B. R. Noon. 1992. Integrating scientific methods with habitat conservation planning: Reserve design for Northern Spotted Owls. *Ecol. Appl.* 2: 2-17.

Murphy, D. D., K. E. Freas, and S. B. Weiss. 1990. An environment-metapopulation approach to to population viability analysis for a threatened invertebrate. *Conserv. Biol.* 4: 41-51.

Mury Meyer, E. J. 1981. The capture efficiency of flickers preying on larval tiger beetles. *Auk* 98: 189-191.

———. 1987. Asymmetric resource use in two syntopic species of larval tiger beetles (Cicindelidae). *Oikos* 50: 167-175.

Nachappa, O., L. P. Guillebeau, S. K. Braman, and J. N. All. 2006a. Functional response of the tiger beetle *Mergacephala carolina* (Coleoptera: Carabidae) on Twolined Spittlebug (Hemiptera: Cercopidae) and Armyworm (Lepidoptera: Noctuidae). *J. Econ. Entomol.* 99: 1583-1589.

———. 2006b. Susceptibility of Twolined Spittlebug (Hemiptera: Cercopidae) life stages to entomophagous arthropods in turfgrass. *J. Econ. Entomol.* 99: 1711-1716.

Nachtigall, W. 1996a. Locomotory behaviour in a population of the tiger beetle species *Cicindela hybrida* on a small, hot, sandy area (Coeloptera: Cidndelidae). *Entomol. Gen*, 20: 241-248.

———. 1996b. Take-off and flight behavior of the tiger-beetle species *Cicindela hybrida* in a hot environment. *Entomol. Gen.* 20: 249-262.

Nagano, C. D. 1980. Population status of the tiger beetles of the genus *Cicindela* (Coleoptera: Cicindelidae) inhabiting the marine shoreline of Southern California. *Atala* 8: 33-42.

Nagano, C. D., S. E. Miller, and A. V. Morgan. 1982. Fossil tiger beetles (Coleoptera: Cicindelidae): Review and new Quaternary records. *Psyche* 89: 339-346.

Naviaux, R. 1994. Les *Collyris* (Coleoptera, Cicindelidae): Révision des genres et description de nouveaux taxons. *Bull. Mens. Soc. Linn. Lyon* 63: 1-332.

———. 1998. *Ctenostoma* (Coleoptera, Cicindelidae): Révision du genre et description de nouveaux taxons. *Mem, Soc. Entomol. Fr.* 2: 1-186.

———. 2002. Les Tricondylina (Coleoptera, Cicindelidae): Révision de genres *Tricondyla* Latreille et *Derocrania* Chaudoir et descriptions de nouveaux taxons. *Mémoires Soc. Entomol. France* 5: 1-106.

———. 2007. *Tetracha* (Coleoptera, Cicindelidae, Megacephalina): Révision du genre et descriptions de nouveaux taxons. *Mémoires Soc. Entomol. France* 7: 1-197.

Nei, M. 1987. *Molecular Evolutionary Genetics*. New York: Columbia University Press.

Nei, M., and S. Kumar. 2000. *Molecular Evolution and Phylogenetics*. New York: Oxford University Press.

Nelson, G. J., and N. I. Platniek. 1981. *Systematics and Biogeography: Cladistics and Vicariance*. New York: Columbia University Press.

Nichols, S. W. 1985. *Omophron* and the origin of Hydradephaga (Insecta: Coleoptera: Adephaga). *Proc. Acad. Nat. Sci. Phila.* 137: 182-201.

Niemelä, J. 1993. Interspecific competition in ground-beetle assemblages (Carabidae): What have we learned? *Oikos* 66: 325-335.

Niemelä, J., and E. Ranta. 1993. World-wide tiger beetle mandible length ratios: Was something left unmentioned? *Ann. Zool. Fenn.* 30: 85-88.

Nijhout, H. F., and D. J. Emlen. 1998. Competition among body parts in the development and evolution of insect morphology. *Proc. Natl. Acad. Sci. USA* 95: 3685-3689.

Nomaguchi, S., K. Higashi, M. Harada, and M. Maede. 1984. An experimental study of territoriality in *Mnais pruinosa pruinosa* Selys (Zygoptera: Calopterygidae). *Odonatologica* 13: 259-267.

Nordin, P, D. 1985. Interspecific mating of two alpine California cicindelids. *Cicindela* 17: 13-15.

Noss, R. F. 1990. Indicators for monitoring biodiversity: A hierarchical approach. *Conserv. Biol.* 4: 355-364.

Oberprieler, R. G., and E. Arndt. 2000. On the biology of *Manticora* Fabricius (Coleoptera: Carabidae: Cicindelinae), with a description of the larva and taxonomic notes. *Tijdschrift voor Entomologie* 143: 71-89.

Oda, F. H., L. Vieira, and V. G. Batista. 2014. *Tetracha brasiliensis brasiliensis* (Kirky, 1818) (Coleoptera: Cicindelidae) as a predator of newly-metamorphosed anurans. *Entomotropica* 29: 183-186.

Okamura, J. Y., and Y. Toh. 2001. Responses of medulla neurons to illumination and movement stimuli in the tiger beetle larva. *J. Comp. Physiol. A* 187: 713-725.

——. 2004. Morphological and physiological identification of medulla interneurons in the visual system of the tiger beetle larva. *J. Comp. Physiol. A* 190: 449-468.

Omland. K. S. 2002. Larval habitat and reintroduction site selection for *Cicindela puritana* in Connecticut. *Northeastern Nat.* 9: 433-450.

Paarmann, W., U Irmler, and J. Adis. 1982. *Pentacomia egregia* Chaud. (Carabidae, Cicindelinae): A univoltine species in the Amazonian inundation forest. *Coteopt. Bull.* 36: 183-188.

Palmer, M. K. 1976. Natural history and behavior of *Pseudoxycheila tarsalis* Bates. *Cicindela* 8: 61-92.

——. 1978. Growth rates and survivorship of tiger beetle larvae. *Cicindela* 10: 49-66.

——. 1979. Rearing tiger beetles in the laboratory. *Cicindela* 11: 1-11.

——. 1981. Notes on the biology and behavior of *Odontocheila mexicana*. *Cicindela* 13: 29-36.

——. 1982. Biology and behavior of two species of *Anthrax* (Diptera: Bombyliidae), parasitoids of the larvae of tiger beetles (Coleoptera: Cicindelidae). *Ann. Entomol Soc. Am,* 75: 61-70.

Palmer, M. K., and M. A. Gorrick. 1979. Influence of food on development in tiger beetle larvae. *Cicindela* 11: 17-25.

Parker, G. A. 1970. Sperm competition and its evolutionary consequences in the insects. *Biol. Rev.* 45: 525-567.

——. 1974. Courtship persistence and female guarding as male time investment strategies. *Behaviour* 48: 157-184.

Parker, G. A., and J. L. Smith. 1975. Sperm competition and evolution of precopulatory passive phase behavior in *Locusta migratoria migratorioides*. *J. Entomol, Ser. A* 49: 155-171.

Patterson, B. D., D. F. Stotz, S. Solari, J. W. Fitzpatrick, and V. Pacheco. 1998. Contrasting patterns of elevational zonation for birds and mammals in the Andes of southeastern Perú. *J. Biogeogr.* 25: 593-607.

Patton, J. L, M. N. F. Da Silva, and J. R. Malcolm. 2000. Mammals of the Río Jurua and the evolutionary and ecological diversification of Amazonia. *Bull. Am. Mus. Nat. Hist.* 244: 1-345.

Pearson, D. L. 1980. Patterns of limiting similarity in tropical forest tiger beetles (Coleoptera: Cicindelidae). *Biotropica* 12: 195-204.

——. 1982. Historical factors and bird species richness. Pp. 441-452 in G. T. Prance, ed., *Biological Diversifcation in the Tropics*. New York: Columbia University Press.

——. 1984. The tiger beetles (Coleoptera: Cicindelidae) of the Tambopata Reserved Zone, Madre de Dios, Perú. *Rev. Peru. Entomol.* 27: 15-24.

——. 1985. The function of multiple anti-predator mechanisms in adult tiger beetles (Coleoptera: Cicindelidae). *Ecol. Entomol.* 10: 65-72.

——. 1986. Community structure and species co-occurrence: A basis for developing broader generalizations. *Oikos* 46: 419-423.

——. 1988. Biology of tiger beetles. *Ann. Rev. Entomol.* 33: 123-147.

——. 1990. The evolution of multi anti-predator characteristics as illustrated by tiger beetles (Coleoptera: Cicindelidae). *Fla. Entomol.* 73: 67-70.

——. 1991. A basis for developing broader generalizations of bird community structure and species co-occurrence. Pp. 1462-1469 in *Acta XX Congressus Internationalis Ornithologici*, Christchurch, New Zealand.

——. 1994. Selecting indicator taxa for the quantitative assessment of biodiversity. *Philos. Trams. R. Soc. Lond. B* 345: 75-79.

——. 2006. A historical review of the studies of Neotropical tiger beetles (Coleoptera: Cicindelidae) with special reference to their use in biodiversity and conservation. *Studies Neotropical Fauna Environ.* 41: 217-226.

——. 2013. Tiger beetles: lessons in natural history, conservation and the rise of amateur involvement. Pp. 56-75 in R. H. Lemelin, ed., *The Management of Insects in Recreation and Tourism*. NY: Cambridge Univ. Press.

Pearson, D. L., and J. J. Anderson. 1985. Perching heights and nocturnal communal roosts of some tiger beetles (Coleoptera: Cicindelidae) in southeastern Perú. *Biotropica* 17: 126-129.

Pearson, D. L., and S. S. Carroll. 1998. Global patterns of species richness: Spatial models for conservation planning using bioindicators and precipitation. *Conserv. Biol.* 12: 809-821.

——. 1999. The influence of spatial scale on cross-taxon congruence patterns and prediction accuracy of species richness. *J. Biogeogr.* 26: 1079-1090.

——. 2001. Predicting patterns of tiger beetle (Coleoptera: Cicindelidae) species richness in northwestern South America. *Stud. Neotrop. Fauna Environ.* 36: 125-136.

Pearson, D. L., and F. Cassola. 1992. World-wide species richness patterns of tiger beetles (Coleoptera: Cicindelidae): Indicator taxon for biodiversity and conservation studies. *Conserv. Biol.* 6: 376-391.

——. 2005. A quantitative analysis of species descriptions of tiger beetles (Coleoptera: Cicindelidae), from 1758 to 2004, and notes about related developments in biodiversity studies. *Coleop. Bull.* 59: 184-193.

——. 2007. Are we doomed to repeat history? A model of the past using tiger beetles (Coleoptera: Cicindelidae) and conservation biology to anticipate the future *J. Insect. Conserv.* 11: 47-59.

——. 2012. Insect Conservation Biology: What Can We Learn from Ornithology and Birding? Pp. 377-399 in T. R. New, ed., *Insect Conservation: Past, Present and Prospects*. NY: Springer.

Pearson, D. L., and J. A. Derr. 1986. Seasonal patterns of lowland forest floor arthropod abundance in southeastern Perú. *Biotropica* 18: 244-256.

Pearson, D. L., and K. Ghorpade. 1989. Geographieal distribution and ecological history of tiger beetles (Coleoptera: Cicindelidae) of the Indian subcontinent. *J. Biogeogr.* 16: 333-344.

Pearson, D. L., and S. A. Juliano. 1991. Mandible length ratios as a mechanism for co-occurrence: Evidence from a world-wide comparison of tiger beetle assemblages (Cicindelidae). *Oikos* 61: 223-233.

——. 1993. Evidence for the influence of historical processes in co-occurrence and diversity of tiger beetle species. Pp. 194-202 in A. Ricklefs and D. Sehluter, eds., *Species Diversity in Ecological Communities: Historical and Geoglaphical Perspectives*. Chicago: University of Chicago Press.

Pearson, D. L., and C. B. Knisley. 1985. Evidence for food as a limiting resource in the life cycle of tiger beetles (Coleoptera: Cicindelidae). *Oikos* 45: 161-168.

Pearson, D. L., and R. C. Lederhouse. 1987. Thermal ecology and the structure of an assemblage of adult tiger beetle species (Coleoptera: Cidndelidae). *Oikos* 50: 247-255.

Pearson, D. L., and E. J. Mury. 1979, Character divergence and convergence among tiger beetles (Coleoptera: Cicindelidae). *Ecology* 60: 557-566.

Pearson, D. L., and J. A. Shetterly. 2006. How do published field guides influence interactions between amateurs and professionals in entomology? *Amer. Entomol.* 52: 246-252.

Pearson, D. L., and S. L. Stemberger. 1980. Competition, body size and the relative energy balance of adult tiger beetles (Coleoptera: Cicindelidae). *Am. Midl. Nat.* 104: 373-377.

Pearson, D. L, M. S. Blum, T. H. Jones, H. M. Fales, E. Gonda, and B. R. White. 1988. Historical perspective and the interpretation of ecological patterns: Defensive compounds of tiger beetles (Coleoptera: Cicindelidae). *Am. Nat*, 132: 404-416.

Pearson, D. L, D. W. Brzoska, and J. Buestán. 1995. Natural history observations on species of the tiger beetle genus *Oxygonia* in Ecuador (Coleoptera: Cicindelidae). *Cicindela* 27: 45-50.

Pearson, D. L., D. W. Brzoska, and J. F. Guerra. 1996. Rediscovery of *Pometon singularis* Fleutiaux (Coleoptera: Cicindelidae) and notes on its natural history in southeastern Bolivia. *Cicindela* 28: 12-22.

Pearson, D. L, T. G. Barraclough, and A. P. Vogler. 1997. Distributional maps for North American species of tiger beetles (Coleoptera: Cicindelidae). *Cicindela* 29: 33-84.

Pearson, D. L., C. D. Anderson, B. R. Mitchell, M. S. Rosenberg, R. Navarrete, and P. Coopmans. 2010. Testing hypotheses of bird extinctions at Río Palenque, Ecuador, with informal species lists. *Conserv. Biol.* 24: 500-510.

Pearson, D. L., C. B. Knisley, D. P. Duran, and C. J. Kazilek. 2015. *A Field Guide to the Tiger Beetles of the United States and Canada: Identification, Natural History, and Distribution of the Cicindelinae* 2nd Edition. NY: Oxford Univ. Press. 251 pp.

Peters, R. H. 1991. *A Critique for Ecology*. Cambridge: Cambridge University Press.

Pianka, E. R. 1966. Latitudinal gradients in species diversity: Where is it? *Am. Nat.* 100: 33-46.

——. 1986. *Ecology and Natural History of Desert Lizards: Analysis of the Ecological Niche and Community Structure*. Princeton, N. J.: Princeton University Press.

Polis, G. A., and C. A. Meyers. 1989. The ecology and evolution of intraguild predation: potential competitors eat each other. *Ann. Rev. Ecol. Syst.* 20: 297-330.

Polis, G. A., and R. D. Holt. 1992. Intraguild predation: The dynamics of complex trophic interactions. *Trends Ecot. Evol.* 7: 151-154.

Pons, J. 2006. DNA-based identification of preys from non-destructive, total DNA extractions of predators using arthropod universal primers. *Mol. Ecol. Notes* 6: 623-626.

Pons, J., and A. P. Vogler. 2005. Complex pattern of coalescence and fast evolution of a mitochondrial rRNA pseudogene in a recent radiation of tiger beetles. *Mol. Biol. Evol.* 22: 991-1000.

Pons, J., T. G. Barraclough, K. Theodorides, A. Cardoso, and A. P. Vogler. 2004. Using exon and intron sequences of the gene Mp20 to resolve basal relationships in *Cicindela* (Coleoptera: Cicindelidae). *Syst. Biol.* 53: 554-570.

Pons, J., T. G. Barraclough, J. Gomez-Zurita, A. Cardoso, D. P. Duran, S. Hazell, S. Kamoun, W. D. Sumlin, and A. P. Vogler. 2006. Sequence-based species delimitation for the DNA taxonomy of undescribed insects. *Syst. Biol.* 55: 595-609.

Pons, J., T. Fujisawa, E. M. Claridge, R. A. Savill, T. G. Barraclough, and A. P. Vogler. 2011. Deep mtDNA subdivision within Linnean species in an endemic radiation of tiger beetles from New Zealand (genus Neocicindela). *Mol. Phylogenetics Evol.* 59: 251-262.

Poulsen, B. O., and N. Krabbe. 1997. The diversity of cloud forest birds on the eastern and western slopes of the Ecuadorian Andes: A latitudinal and comparative analysis with implications for conservation. *Ecography* 20: 475-482.

Pratt, R. Y. 1939. The mandibles of *Omus dejeani* Rche. as secondary sexual organs. *Pan-Pac. Entomol.* 15: 95-96.

Proença, S. J. R., and J. Galian. 2003. Chromosome evolution in the genus *Cicindela*: physical mapping and activity of rDNA loci in the tiger beetle species *Cicindela littoralis* and *C. flexuosa*. *J. Zool. Syst. Evol. Research* 41: 227-232.

Proença, S. J. R., M. J. Collares-Pereira, and A. R. M. Serrano. 1999a. Karyological study of *Cicindela trifasciata* (Coleoptera, Cicindelidae) from Cuba: Evidence of B chromosomes. *Gen. Mol. Biol.* 22: 45-48.

Proença, S. J. R., A. R. M. Serrano, and M. J. Collares-Pereira. 1999b. First record on the cytotaxonomy of cicindelids (Insecta, Coleoptera) from an Afrotropical region. *Caryologia* 52: 37-47.

——. 2002a. An unusual karyotype with low chromosome number in Megacephalini, a basal group of tiger beetles (Coleoptera, Cicindelidae): cytogenetic characterisation by C-banding and location of rDNA genes. *Hereditas* 137: 202-207.

——. 2002b. Cytogenetic variability in genus *Odontocheila* (Coleoptera, Cicindelidae): karyotypes, C-banding, NORs and localisation of ribosomal genes *of O. confusa* and *O. nodicornis*. *Genetica* 114: 237-245.

Proença, S. J. R, M. J. Collares-Pereira, and A. R.M. Serrano. 2004a. Cytogenetic variability in three species of the genus *Cicindela* (s. l.) (Coleoptera, Cicindelidae): Karyotypes and localization of 18S rDNA genes. *Genet. Mol. Biol* 27: 555-560.

——. 2004b. Cytogenetic variability in three species of the genus *Cicindela* (*s. l.*) (Coleoptera, Cicindelidae): karyotypes and localization of 18S rDNA genes. *Genet. Mol. Biol.* 27: 555-560.

——. 2005a. Chromosome evolution in tiger beetles: Karyotypes and localization of 18S rDNA loci in Neotropical Megacephalini (Coleoptera, Cicindelidae). *Genet. Mol. Biol.* 28: 725-733.

——. 2005b. New contributions to the cytotaxonomy of tiger beetles (Coleoptera, Cicindelidae) from the Afrotropical Region: cytogenetic characterization of *Prothyma concinna, Elliptica lugubris* and *Ropaloteres cinctus. Caryologia* 58: 56-61.

Proença, S. J. R., A. R. M. Serrano, J. Serrano, and J. Galián. 2011. Patterns of rDNA chromosomal localization in Palearctic *Cephalota* and *Cylindera* (Coleoptera: Carabidae: Cicindelini) with different numbers of X-chromosomes. *Comp. Cytogenet.* 5: 47-59.

Purrington, F. F. 2003. Ditching at sea: Predator avoidance by the Atlantic marine shoreline tiger beetle, *Cicindela marginata* F. (Coleoptera: Carabidae). *Entomol. News* 114: 113-115.

Putchkov, A. V., and E. Arndt. 1994. Preliminary list and key of known tiger beetle larvae (Coleoptera, Cicindelidae) of the world. *Mitt. Schweiz. Entomol. Ges.* 67: 411-420.

——. 1997. Larval taxonomy of *Megacephala* (Coleoptera, Cicindelidae). *Beitr. Entomol.* 47: 55-62.

Pyle, R., M. Bentzien, and P. Opler. 1981. Insect conservation. *Ann. Rev. Entomol.* 26: 233-258.

Ratcliffe, B. C., and M. L. Jameson. 1992. New Nebraska occurrences of the endangered American burying beetle (Coleoptera, Silphidae). *Coleopt. Bull.* 46: 421-424.

Regenfuss, H. 1975. Die Antennen-Putzeinrichtung der Adephaga (Coleoptera), parallele evolutive Vervollkommung einer komplexen Struktur. *Z. Zool. Syst. Evolutionsforsch.* 13: 278-299.

Reid, W. V. 1998. Biodiversity hotspots. *Trends Ecol. Evol.* 13: 275-280.

Remington, C. L 1968. The population genetics of insect introduction. *Ann. Rev. Entomol.* 13: 415-426.

Remmert, H. 1960. Über tagesperiodische Änderungen des Licht- und Temperatur- präferendums bei Insekten (Untersuchungen an *Cicindela campestris* und *Gryllis domesticus*). *Biol. Zentbl.* 79: 577-584.

Rice, M. E. 2012. Microhabitat preference of Great Plains Giant Tiger Beetle larvae, *Amblycheila cylindriformis* Say (Coleoptera: Carabidae: Cicindelinae), is influenced by soil slope profile. *Coleop. Bull.* 66: 280-284.

Richardson, R. K. 2010. Mandibular chirality in tiger beetles (Carabidae: Cicindelinae). *Coleop. Bull.* 64: 386-387.

Richoux, P. 2001. Sensibilité de Cylindera arenaria aux aménagements fluviaux: l'exemple de la region lyonnaise (Coléoptères Cicindelidae). *Mus. d'Hist. Nat. Lyon*, fasc 2: 63-74.

——. 2010. Cicindèles et psammicoles: des habitats alluviaux menaces. *Bull. Soc. Linn. Lyon* pp. 1-3.

——. 2014. *Cylindera (Cylindera) germanica* (L., 1758), espèce rare ou discrète? *L'Entomolgiste* 70: 265-268.

Rickman, A. D., and T. Price. 1992. Evolution of ecological differences in the old-world leaf warblers. *Nature* 355: 817-821.

Ricketts, T. H., E. Dinerstein, D. M. Olson, and C. Loucks. 1999. Who's where in North America? Patterns of species richness and the utility of indicator taxa for conservation. *Bioscience* 49: 369-381.

Ricklefs, R. E., and D. Schluter, eds. 1993. *Species Diversity in Ecological Communities: Historical and Geographical Perspectives.* Chicago: University of Chicago Press.

Riggins, J. J., and W. W. Hoback. 2005. Diurnal tiger beetles (Coleoptera: Cicindelidae) capture prey without sight. *J. Insect Behav.* 18: 305-312.

Rivalier, E. 1950. Démembrement du genre *Cicindela* Linné. (Travail préliminaire limité a la faune paléarctique). *Rev. Fr. Entomol.* 17: 217-244.

——. 1954. Démembrement du genre *Cicindela* Linné, II. Faune américaine. *Rev. Fr. Entomol.* 21: 249-268.

——. 1957. Démembrement du genre *Cicindela* Linné, III. Faune africano-malgache. *Rev. Fr. Entomol.* 24: 312-342.

——. 1961. Démembrement du genre *Cicindela* L. (Suite) (1), IV. Faune indomalaise. *Rev. Fr. Entomol.* 28: 121-149.

——. 1963. Démembrement du genre *Cicindela* L. (fin) V. Faune australienne. (Et liste recapitulative des genres et sous-genres proposes pour la faune mondiale). *Rev. Fr. Entomot.* 30: 30-48.

——. 1969. Démembrement du gertre *Odontochila* (Col. Cicindelidae) et révision des principales espèces. *Ann. Soc. Entomol. Fr.* (n. s.) 5: 195-237.

——. 1970. Le genre *Pogonostoma* (Col. Cicindelidae), révision avec description d'espèces nouvelles. *Ann. Soc, Entomol.*

*Fr.* (n. s.) 6: 269-338.

——. 1971. Remarques sur la tribu des Cicindelini (Col. Cicindelidae) et sa subdivision en sous-tribus. *Nouv. Rev. Entomol.* 1: 135-143.

Rivers-Moore, N. A., and M. J. Samways. 1996. Game and cattle tramping, and impacts of human dwellings on arthropods at a game park boundary. *Biodiver. Conserv.* 5: 1545-1556.

Rodríguez, J. P., D. L. Pearson, and R. Barrera. 1998. A test for the adequacy of bioindicator taxa: Are tiger beetles (Coleoptera: Cicindelidae) appropriate indicators for momitoring the degradation of tropical forests in Venezuela? *Biol. Conserv.* 83: 69-76.

Rodríguez, R. L. 1998. Mating behavior of two *Pseudoxycheila* beetles (Coleoptera: Cicindelidae). *Can. Entomol.* 130: 735-750.

——. 2000. Spermatophore transfer and ejection in the beetle *Pseudoxycheila tarsalis* (Coleoptera: Cicindelidae). *J. Kans. Entomol. Soc.* 72: 1-9.

Rodríguez-Flores, P. C., J. Gutiérrez-Rodríguez, E. F. Aguirre-Ruiz, M. García-París. 2016. Salt lakes of La Mancha (Central Spain): a hot spot for tiger beetle (Carabidae, Cicindelinae) species diversity. *ZooKeys* 561: 63-103.

Roer, H. 1984. Zum Vorkommen und Beutefangverhalten des Sandlaufkäfers *Mantichora latipennis* Waterh. (Col.: Cicindelidae) in Südwestafrika/Namibia. *Südwestafr. Wiss. Ges.* 38: 87-93.

Rohde, K. 1992. Latitudinal gradients in spedes diversity: The search for the primary cause. *Oikos* 65: 514-527.

Romey, W. L., and C. B. Knisley. 2002. Microhabitat segregation of two Utah sand dune tiger beetles (Coleoptera: Cicindelidae). *Southwestern Nat.* 47: 169-174.

Röschmann, F. 1999. Revision of the evidence of *Tetracha carolina* (Coleoptera, Cicindelidae) in Baltic amber (Eocene-Oligocene). *Est. Mus. Cienc. Nat. Alava* 14: 207-211.

Rosenzweig, M. L. 1995. *Species Diversity in Space and Time*. Cambridge, Mass.: Cambridge University Press.

Russell, S. A. 2014. *Diary of a Citizen Scientist: Chasing Tiger Beetles and Other New Ways of Engaging the World*. Corvallis: Oregon State Univ. Press, 222 pp.

Ryder, O. A. 1986. Species conservation and systematics: The dilemma of subspecies. *Trends Ecol. Evol.* 1: 9-10.

Samways, M. J. 1994. *Insect Conservation Biology*. London: Chapman and Hall.

Sastry, K. S. S., and M. Appanna. 1958. Parasites and predators of some of the common insect pests of sugarcane in Visvesvaraya Canal Tract, Mandya District, Mysore State. *Mysore Agric. J.* 33: 140-149.

Satoh, A. 2008. The current status and conservation of coastal tiger beetles (Coleoptera: Cicindelidae). *Jap. J. Conserv. Ecol.* 13: 103-110.

Satoh, A., and S. Hayaishi. 2007. Microhabitat and rhythmic behavior of tiger beetle *Callytron yuasai okinawense* larvae in a mangrove forest in Japan. *Entomol. Sci.* 10: 231-235.

Satoh, A., and M. Hori. 2004. Interpopulation differences in the mandible size of the coastal tiger beetle *Lophyridia angulata* associated with different sympatric species. *Entomol. Sci.* 7: 211-217.

——. 2005. Microhabitat segregation in larvae of six species of coastal tiger beetles in Japan. *Ecol. Res.* 20: 143-149.

Satoh, A., T. Uéda, Y. Enokido, and M. Hori. 2003. Patterns of species assemblages and geographical distributions associated with mandible size differences in coastal tiger beetles in Japan. *Pop. Ecol.* 45: 67-74.

Satoh, A., T. Sota, T. Uéda, Y. Enokido, J. C. Paik, and M. Hori. 2004. Evolutionary history of coastal tiger beetles in Japan based on a comparative phylogeography of four species. *Mol. Ecol.* 13: 3057-3069.

Satoh, A., H. Momoshita, and M. Hori. 2006a. Circatidal rhythmic behaviour in the coastal tiger beetle *Callytron inspecularis* in Japan. *Biol. Rhythm Res.* 37: 147-155.

Satoh, A., T. Uéda, E. Ichion, and M. Hori. 2006b. Distribution and habitat of three species of riparian tiger beetle in the Tedori River system of Japan. *Environ. Entomol.* 35: 320-325.

Savill, A. 1999. A key to the New Zealand tiger beetles, including distribution, habitat and new synonyms (Coleoptera: Carabidae: Cicindelinae). *Rec. Canterbury Mus.* 13: 129-146.

Schincariol, L. A., and R. Freitag. 1986. Copulatory locus, structure and function of the flagellum of *Cicindela tranquebarica* Herbst (Coleoptera: Cicindelidae). *Int. J. Invertebr. Reprod. Dev.* 9: 333-338.

——. 1991. Biological character analysis, classification, and history of the North American *Cicindela splendida* group taxa (Coleoptera: Cicindelidae). *Can. Entomol.* 123: 1327-1353.

Schlesinger, M. D., and P. G. Novak. 2011. Status and conservation of an imperiled tiger beetle fauna in New York State, USA. *J. Insect Conserv.* 15: 839-852.

Schmidt, J. O., and M. S. Blum, 1977. Adaptations and responses of *Dasymutilla occidentalis* (Hymenoptera: Mutillidae) to predators. *Entomot. Exp. Appl.* 21: 99-111.

Schneider, P. 1974. Start und Flug des Sandlaufkäfers (Cicindela). *Naturwissenschaften* 61: 82-83.

Schremmer, F. 1979. Ethoecological observations on burrow construction with larvae of the Central European tiger beetle species *Cicindela silvicola* (Coleoptera: Cicindelidae). *Entomol. Gen.* 5: 201-219.

Schultz, T. D. 1981. Tiger beetles scavenging on dead vertebrates. *Cicindela* 13: 48.

——. 1982. Interspecific copulation of *Cicindela scutellaris* and *Cicindeta formosa. Cicindela* 14: 41-44.

——. 1983. Opportunistic foraging of western kingbirds on aggregations of tiger beetles. *Auk* 100: 496-497.

——. 1986. Role of structural colors in predator avoidance by tiger beetles of the genus *Cicindela* (Coleoptera: Cicindelidae). *Bull. Entomol. Soc. Am.* 32: 142-146.

——. 1989. Habitat preference and seasonal abundances of eight sympatric species of the tiger beetle genus *Cicindela* (Coleoptera: Cicindelidae) in Bastrop State Park, Texas. *Southwest. Nat.* 34: 468-477.

——. 1994. Predation by larval soldier beetles (Coleoptera: Cantharidae) on the eggs and larvae of *Pseudoxycheila tarsalis* (Coleoptera: Cicindelidae). *Entomol. News* 105: 14-16.

——. 1998a. Verification of an autumn diapause in adult *Cicindela sexguttata. Cicindela* 30: 1-7.

——. 1998b. The utilization of patchy thermal microhabitats by the ectothemic insect predator, *Cicindela sexguttata. Ecol. Entomol.* 23: 444-450.

Schultz, T. D., and G. D. Bernard. 1989. Pointillistic mixing of interference colours in cryptic *tiger beetles. Nature* 337: 72-73.

Schultz, T. D., and N. F. Hadley. 1987a. Microhabitat segregation and physiological differences in co-occurring tiger beetle species, *Cicindela oregona* and *Cicindela tranquebarica. Oecologia* 73: 363-370.

——. 1987b. Structural colors of tiger beetles and their role in heat transfer through the integument. *Physiol. Zool.* 60: 737-745.

Schultz, T. D., and M. A. Rankin. 1983a. The ultrastructure of the epicuticular interference reflectors of tiger beetles (*Cicindela*). *J. Exp. Biol.* 117: 87-110.

——. 1983b. Development changes in the interference reflectors and colorations of tiger beetles (*Cicindela*). *J. Exp. Biol.* 117: 111-117.

Schultz, T. D., M. C. Quinlan, and N. F. Hadley. 1992. Preferred body temperature, metabolic physiology, and water balance of adult *Cicindela longilabris*: A comparison of populations from boreal habitats and climatic refugia. *Physiol. Zool.* 65: 226-242.

Scudder, G. G. E. 1971. Comparative morphology of insect genitalia. *Ann. Rev. Entomol.* 16: 379-406.

Seltzer, G., D. Rodbell, and S. Burns. 2000. Isotopic evidence for late Quaternary climatic change in tropical South America. *Geology* 28: 35-38.

Serrano, A. R., A. C. Diogo, E. Viçoso, and P. J. Fonseca. 2003. New stridulatory structures in a tiger beetle (Coleoptera: Carabidae: Cicindelinae): Morphology and sound characterization. *Coleop. Bull.* 57: 161-166.

Serrano, A. R. M. 1985. *Cephalota* (*Taenidia*) *litorea goudoti* (Dejean, 1829) (Col. Cicindelidae), a crepuscular-nocturnal tiger beetle at Castro Marin marshes (Portugal). *Actas II Congr. Ibér. Entomol.* 1: 201-216.

——. 1990. Os Cicindelideos (Coleoptera, Cicindelidae) da região de Castro Marim-Vila Real de Santo António: Biosistemática, Citogenética e Ecologia. Ph.D. dissertation. University of Lisbon, Portugal.

——. 1991. Description of the pupal stage of tiger beetles (Coleoptera: Cicindelidae) of Castro Marim-Vila Real Santo Antonio region (Algarve-Portugal). *Elytron* (suppl.) 5: 197-220.

——. 1995. The life cycle and phenology of *Cephalota* (s. st.) *hispanica* (Gory, 1833) (Coleoptera, Cicindelidae). Pp. 165-178 in comité editorial, eds., Avances en Entomología Ibérica. Mus. Nac. Ciencias Nat. and Univ. Aut. Madrid, Spain.

Serrano, J. 1980. Diferencias cariotípicas entre *Cicindela maroccoma pseudomaroccoma* y *C. campestris* (Col. Cicindelidae). *Bol. Asoc. Esp. Entomol.* 4: 65-68.

Serrano, J., and J. Galián. 1999. A review of karyotypic evolution and phylogeny of carabid beetles (Coleoptera). Pp. 191-

228 in G. E. Ball, A. Casalae, and A. V. Taglianti, eds., *Phylogeny and Classification of Caraboidea* (*Coleoptera: Adephaga*). Turin, Italy: Museo Regionale di Scienze Naturali.

Serrano, J., and J. S. Yadav. 1984. Chromosome numbers and sex-determing mechanisms in adephagan Coleoptera. *Coleopt. Bull.* 38: 335-357.

Serrano, J., J. Galián, and A. Ortiz. 1986. Cicindelid beetles without multiple sex chromosomes (Coleoptera, Carboidea), *Can. J. Genet. Cytol.* 28: 235-239.

Sharma, P. C. 1988. Karyomorphology of three arboreal species of Indian tiger beetles (Coleoptera: Cicindelidae: Collyrinae) from Himachal Pradesh. Abstract. P. 9 in *International Symposium on Recent Advances in Cytogenetic Research, Kurushetra* (*India*).

Shelford, R. 1902. Observations on some mimetic insects and spiders from Borneo and Singapore. *Proc. Zool. Soc. Loud.* 1902: 230-284.

Shelford, V. E. 1907. Preliminary note on the distribution of the tiger beetles (*Cicindela*) and its relation to plant succession. *Biol. Bull.* (Woods Hole) 14: 9-14.

——. 1908. Life histories and larval habits of the tiger beetles (Cicindelidae). *Zool. J. Linn. Soc.* 30: 157-184.

——. 1915. Abnormalities and regeneration in *Cicindela. Ann. Entomol. Soc. Am*, 8: 291-294.

——. 1917. Color and color pattern mechanism of tiger beetles. *Ill. Biol. Monogr.* 3: 1-134.

Shelly, T. E., and D. L Pearson. 1978. Size and color discrimination of the robber fry *Efferia tricella* (Diptera: Asilidae) as a predator on tiger beetles (Coleoptera: Cicindelidae). *Environ. Entmol.* 7: 790-793.

——. 1982. Diurnal variation in the predatory behavior of the grassland robber fly, *Proctacanthella leucopogon* (Williston) (Diptera: Asilidae). *Pan-Pac. Entomol.* 58: 250-257.

Shepard, B. M., E. G. Farnworth, and F. Gibson. 2008. Diurnal activity and territorial behavior of *Pseudoxycheila tarsalis* Bates (Carabidae: Cicindelinae). *Southwestern Entomol.* 33: 199-208.

Shivashankar, T., and D. L. Pearson. 1994. A comparison of mate guarding among five syntopic tiger beetle spedes from Peninsular India (Coleoptera: Cieindelidae). *Biotropica* 26: 436-442.

Shivashankar, T., A. R. V. Kumar, G. K. Veeresh, and D. L. Pearson. 1988. Angular turret-building behavior in a larval tiger beetle species (Coleoptera: Cicindelidae) from South India. *Coleopt. Bull.* 42: 63-68.

Shook, G. 1981. The status of the Columbia Tiger Beetle (Cicindela columbica Hatch) in Idaho (Coleoptera: Cicindelidae). *Pan-Pac. Entomol.* 57: 359-363.

Shukowsky, W., and M. S. M. Mantovani. 1999. Spatial variability of tidal gravity anonalies and its correlation with the effective elastic thickness of the lithosphere. *Phys. Earth Planetary Interiors* 114: 81-90.

Shull, V. L., A. P. Vogler, M. D. Baker, D. R. Maddison, and P. M. Hammond. 2001. Basal relationships in adephagan beetles inferred from 18S ribosomal RNA sequences: evidence for a monophyletic Hydradephaga. *System. Biol.*, in press.

Simon-Reising, E. M., E. Heidt, and H. Plachter. 1996. Life cycle and population structure of the tiger beetle *Cicindela hybrida* L (Coleoptera: Cicindelidae). *Dtsch. Entomol. Z.* 43: 251-264.

Simpson, G. G. 1961. Principles of animal taxonomy. Columbia University Press, New York, xiv+247 pp. ［白上謙一訳 1974. 動物分類学の基礎. 岩波書店　東京, x+272 pp.］

Singh, T., and S. Gupta. 1982. Morphology and histology of the mandibular gland in *Cicindela sexpunctata* Fabr. (Coleoptera: Cicindelidae). *Uttar Pradesh J. Zool.* 2: 14-18.

Sinu, P. A., M. Nasser, and P. D. Rajan. 2006. Feeding fauna and foraging habits of tiger beetles found in agro-ecosystems in Western Ghats, India. *Biotropica* 38: 500-507.

Sites, R. W. 2000. Aggregation behavior in three species of *Cicindela* (Coleoptera: Cicindelidae) in Thailand. *Cicindela* 32: 31-33.

Slowinski, J. B., and C. Guyer. 1989. Testing the stochasticity of patterns of organismal diversity: An improved null model. *Am. Nat.* 134: 907-921.

Smith, S. G., and R. S. Edgar. 1954. The sex determining mechanism in some North American Cicindelidae (Coleoptera). *Rev. Suisse Zool.* 61: 657-667.

Smith, S. G., and N. Virkki. 1978. Coleoptera. P. 5 in B. John, ed., *Animal Cytogenetics*, vol. 3, *Insecta*. Berlin: Gebrüder Bornträger.

Soans, A. B., and J. S. Soans. 1972. A convenient method of rearing tiger beetles (Coleoptera: Cicindelidae) in the laboratory for biological and behavioral studies. *J. Bombay Nat. Hist. Soc.* 69: 209-210.

Solow, A. R. 2005. Inferring extinction from a sighting record. *Math. Biosci.* 195: 47-55.

Sónia, J. R., S. J. R. Proença, M. J. Collares-Pereira, and A. R. M. Serrano. 1999. Karyological study of *Cicindela trifasciata* (Coleoptera, Cicindelidae) from Cuba: Evidence of B chromosomes. *Genet. Mol. Biol.* 22: 45-48.

Sota, T. 1994. Variation of carabid life cycles along climatic gradients: An adaptive perspective for life-history evolution under adverse conditions. Pp. 91-112 in H. V. Danks, ed., *Insect Life-Cycle Polymorphism: Theory, Evolution, and Ecological Consequences for Seasonality and Digpause Control.* Dordrecht, Netherlands: Kluwer Academic Publishers.

Sota, T., and K. Kubota. 1998. Genital lock-and-key as a selective agent against hybridization. *Evolution* 52: 1507-1513.

Sota, T., H. Liang, Y. Enokido, and M. Hori. 2011. Phylogeny and divergence time of island tiger beetles of the genus *Cylindera* (Coleoptera: Cicindelidae) in East Asia. *Biol. J. Linnean Soc.* 102: 715-727.

Spangler, H. G. 1988. Hearing in tiger beetles (Cicindelidae). *Physiol. Entomol.* 13: 447-452.

Spanton, T. G. 1988. The *Cicindela sylvatica* group: Geographical variation and classification of the Nearctic taxa, and reconstructed phylogeny and geographical history of the species (Coleoptera: Cicindelidae). *Quaest. Entomol.* 24: 51-161.

Spellerberg, I. F. 1991. *Monitoring Ecological Change.* Cambridge: Cambridge University Press.

Spomer, S. M., and L. G. Higley. 1993. Population status and distribution of the Salt Creek Tiger Beetle, *Cicindela nevadica lincolniana* Casey (Coleoptera: Cicindelidae). *J. Kans. Entomol. Soc.* 66: 392-398.

Spomer, S. M., G. J. Brewer, M. I. Fritz, R. R. Harms, K. A. Klatt, A. M. Johns, S. A. Crosier, and J. A. Palmer. 2015. Determining optimum soil type and salinity for rearing the federally endangered Salt Creek Tiger Beetle, *Cicindela (Ellipsoptera) nevadica lincolniana* Casey (Coleoptera: Carabidae: Cicindelinae). *J. Kansas Entomol. Soc.* 88: 444-449.

Staines, C. L. 2005. *Cicindela hirticollis* Say (Coleoptera: Cicindelidae) naturally colonizing a restored beach in the Chesapeake Bay, Maryland. *Cicindela* 37: 79-80.

Stanton, E. J., and F. E. Kurczewski. 1999. Notes on the distribution of *Cicindela lepida* Dejean (Coleoptera: Cicindelidae) in New York, Ontario and Quebec. *Coleopt. Bull.* 53: 275-279.

Stein, B. A., and R. M. Chipley, eds. 1996. Priorities for Conservation: 1996 Annual Report Card for U.S. Plant and Animal Species. The Nature Conservancy, Arlington, Va.

Stork, N. E. 1980. A scanning electron microscope study of tarsal adhesive setae in the Coleoptera. *Zool. J. Linn. Soc.* 68: 173-306.

Stork, N. E., and W. Paarmann. 1992. Reproductive seasonality of the ground and tiger beetle (Coleoptera: Carabidae, Cicindelidae) fauna in north Sulawesi (Indonesia). *Stud. Neotrop. Fauna Environ.* 27: 101-115.

Sumlin III, W. D. 1991. Studies on the Mexican Cicindelidae II: Two new species from Coahuila and Nuevo Leon (Coleoptera). *Cicindelidae: Bull. Worldwide Res.* 1: 1-9.

———. 1992. Studies on the Australian Cicindelidae VII: Observations on seven *Distipsidera* species from Queensland (Coleoptera). *Cicindelidae: Bull. Worldwide Res.* 4: 2-6.

———. 1994. Studies on the Neotropical Cicindelidae V: A review of the genus *Iresia* (Coleoptera). Cicindelidae: Bull. Worldwide Res. 3: 1-32.

———. 1997. Studies on the Australian Cicindelidae XII: Additions to *Megacephala*, *Nickerlea* and *Cicindela* with notes (Coleoptera). *Cicindelidae: Bull. Worldwide Res.* 4: 1-56.

———. 1999. Studies on the Neotropical Cicindelidae VI: Two new species of *Iresia* from Bolivia and Ecuador (Coleoptera). *Cicindela* 31: 6-51.

Swiecimski, J. 1956. The rôle of sight and memory in food capture by predatory beetles of the species *Cicindela hybrida* L. (Coleoptera, Cicindelidae). *Pol. Pismo Entomol.* 26: 205-232.

Sylvestre, F., S. Servant-Vildray, and M. Servant. 1998. The last glacial maximum (21000-17000 C-14 yr BP) in the southern tropical Andes (Bolivia) based on diatom studies. *C. R. Acad. Sci. Ser. II Fasc. A-Sci. Terre Planetes* 327: 611-618.

Taboada, A., C. Pérez-Aguirre, and T. Assmann. 2012. A new method for collecting agile tiger beetles by live pitfall trapping. *Entomologia Experimentalis et Applicata* 145: 82-87.

Taboada, A., H. vonWehrden, and T. Assman. 2013. Integrating life stages into ecological niche models: A case study on tiger beetles. *PLoS ONE* 8: e70038.

Takeuchi, Y., and M. Hori. 2007. Spatial density-dependent survival and development at different larval stages of the tiger beetle *Cicindela japonica* (Thunberg). *Pop. Ecol.* 49: 305-316.

Tanner, O. 1988. Of tiger beetles and wedge mussels: Protecting Connecticut River riches. *The Nature Conservancy Magazine* 38: 4-11.

Tauber, M. J., C. A. Tauber, and S. Masaki. 1986. *Seasonal Adaptations of Insects*. Oxford: Oxford University Press.

Taylor, P. J, 1987. Historical versus selectionist explanations in evolutionary biology. *Cladistics* 3: 1-13.

Terborgh, J. 1977. Bird species-Diversity on an Andean elevational gradient. *Ecology* 58: 1007-1019.

Terry, L. A., D. A. Potter, and P. G. Spicer. 1993. Insecticides affect predatory arthropods and predation on Japanese-beetle (Coleoptera, Scarabaeidae) eggs and fall armyworm (Lepidoptera, Noctuidae) pupae in turfgrass. *J. Econ. Entomol.* 86: 871-878.

Thiele, H.-U. 1977. *Carabid Beetles in Their Environments: A Study on Habitat Selection by Adaptations in Physiology and Behavior*. Berlin: Springer-Verlag.

Thompson, J. N. 1994. *The Coevolutionary Process*. Chicago: University of Chicago Press.

——. 1998. Rapid evolution as an ecological process. *Trends Ecol. Evol.* 13: 329-332.

Thornhill, R., and J. Alcock. 1983. *The Evolution of Insect Mating Systems*. Cambridge: Harvard University Press.

Tigreros, N., and G. H. Kattan. 2008. Mating behavior in two sympatric species of Andean tiger beetles (Cicindelidae). *Boletin Mus. Entomol. Univ. Valle* 9: 22-28.

Toh, Y., and A. Mizutani. 1994a. Structure of the visual system of the larva of the tiger beetle, *Cicindela chinensis*. *Cell Tiss. Res.* 278: 125-134.

——. 1994b. Neural organization of the lamina neuropil of the larva of the tiger beetle, *Cicindela chinensis*. *Cell Tiss. Res.* 278: 135-144.

Toh, Y., and J. Y. Okamura. 2001. Behavioural responses of the tiger beetle larva to moving objects: role of binocular and monocular vision. *J. Exper. Biol.* 204: 615-625.

Toh, Y., J. Y. Okamura, and Y. Takeda. 2003. The neural basis of early vision distance and size estimation in the tiger beetle larva: Behavioral, morphological, and electrophysiological approaches. Pp. 80-85 in A. Kaneko, ed., *The Neural Basis of Early Vision*, Volume 11 Keio University International Symposia for Life Sciences and Medicine. Japan: Springer.

Trautner, J. 1996. Historische und aktuelle Bestandssituation des Sandlaufäkafers *Cicindela arenaria* Fuesslin, 1775 in Deutschland (Col., Cidndelidae). *Entomol. Nachr. Ber.* 40: 83-88.

Trautner, J., and W. Schawaller. 1996. Larval morphology, biology and faunistics of Cicindelidae (Coleoptera) from Leyte, Philippines. *Trop. Zool.* 9: 47-59.

Tsuji, K., M. Hori, M. H. Phyu, H. Liang, and T. Sota. 2016. Colorful patterns indicate common ancestry in diverged tiger beetle taxa: Molecular phylogeny, biogeography, and evolution of elytral coloration of the genus *Cicindela* subgenus *Sophiodela* and its allies. *Mol. Phylog. Evol.* 95: 1-10.

Uscian, J. M., J. S. Miller, G. Sarath, and D. W. Stanley-Samuelson. 1995. A digestive phospholipase A2 in the tiger beetle *Cicindela circumpicta*. *J. Insect Physiol.* 41: 135-141.

U.S. Department of Interior [USDI]. 1980. *Habitat Evaluation Procedures* (*HEP*). Ecological services manual no. 102. Washington, D.C.: Division of Ecological Services, U.S.D.I. Fish and Wildlife Service.

Valenti, M. A. 1995. Vertical escape flight: Unusual anti-predator behavior for tiger beetles (Coleoptera: Cicindelidae) inhabiting a forest Clearing. *Cicindela* 27: 67-71.

van de Graaff, W. J. E., R. W. A. Crowe, J. A. Bunting, and M. J. Jackson. 1977. Relict early Cenozoic drainages in arid Western Australia. *Z. Geomorphol.* 21: 79-400.

Van der Hammen, T., and H. Hooghiemstra. 2000. Neogene and Quaternary history of vegetation, climate, and plant diversity in Amazonia. *Quat. Sci. Rev.* 19: 725-742.

Van Dooren, T. J. M., and E. Matthysen. 2004. Generalized linear models for means and variances applied to movement of tiger beetles along corridor roads. *J. Animal Ecol.* 73: 261-271.

Van Natto, C., and R. Freitag. 1986. Solar radiation reflectivity of *Cicindela repanda* and *Agonum decentis* (Coleoptera: Carabidae). *Can. Entomol.* 118: 89-95.

Vick, K. W., and S. J. Roman. 1985. Elevation of *Cicindela nigrior* to species rank. *Insecta Mundi* 1: 27-28.

Vickers, K., and P. I. Buckland. 2015. Predicting island beetle faunas by their climate ranges: the tabula rasa/refugia theory in the North Atlantic. *J. Biogeog.* 42: 2031-2048.

Vitt, L. J., P. A. Zani, and M. C. Esposito. 1999. Historical ecology of Amazonian lizards: Implications for community ecology. *Oikos* 87: 286-294.

Vitturi, R., E. Catalano, I. Sparacio, M. S. Colomba, and A. Morello. 1996. Multiple-Chromosome sex systems in the darkling beetles *Blaps gigas* and *Blaps gibba* (Coleoptera, Tenebrionidae). *Genetica* 97: 225-233.

Vogler, A. P. 1998. Extinction and the evolutionary process in endangered species: What to conserve? Pp. 191-210 in R. DeSalle and B. Schierwater, eds., *Molecular Approaches to Ecology and Evolution*. Basel, Switzerland: Birkhäuser Verlag.

Vogler, A. P., and T. G. Barraclough. 1998. Reconstructing shifts in diversification rate during the radiation of Cicindelidae (Coleoptera). Pages 251-260 *in Phylogeny and Classification of Carboidea, XXth International Congress of Entomology (1996)*, Florence, Italy.

Vogler, A. P., and R. DeSalle. 1993. Phylogeographic patterns in coastal North American tiger beetles (*Cicindeta dorsalis* Say) inferred from mitochondrial DNA sequences. *Evolution* 47: 1192-1202.

——. 1994a. Mitochondrial DNA evolution and the application of the phylogenetic species concept in the *Cicindela dorsalis* complex (Coleoptera: Cicindelidae). Pp. 79-85 in K. Desender et al., eds., *Carabid Beetles: Ecology and Evolution*. Dordrecht, Netherlands: Kluwer Academic Publishers.

——. 1994b. Evolution and phylogenetic information content of the ITS-1 region in the tiger beetle *Cicindela dorsalis*. *Mol. Biol. Evol.* 11: 93-405.

——. 1994c. Diagnosing units of conservation management. *Consen. Biol.* 8: 354-363.

Vogler, A. P., and P. Z. Goldstein. 1997. Adaptation, cladogenesis, and the evolution of habitat association in North American tiger beetles: A phylogenetic perspective. Pp. 353-373 in T. Givnish and K. Systma, eds., *Molecular Evolution and Adaptive Radiation*. Cambridge: Cambridge University Press.

Vogler, A. P., and K C. Kelley. 1996. At the interface of phylogenetics and ecology: The case of chemical defenses in Cicindela. *Ann. Zool. Fenn.* 33: 39-47.

——. 1998. Covariation of defensive traits in tiger beetles (Genus *Cicindela*): A phylogenetic approach using MTDNA. *Evolution* 52: 29-538.

Vogler, A. P., and D. L. Pearson. 1996. A molecular phylogeny of the tiger beetles (Cicindelidae): Congruence of mitochondrial and nuclear rDNA data sets. *Mol. Phylogenet. Evol.* 6: 321-338.

Vogler, A. P., and A. Welsh. 1997. Phylogeny of North American *Cicindela* tiger beetles inferred from multiple mitochondrial DNA sequences. *Mol. Phylogenet. Evol.* 8: 225-235.

Vogler, A. P., C. B. Knisley, S. B. Glueck, J. M. Hill, and R. DeSalle. 1993. Using molecular and ecological data to diagnose endangered populations of the puritan tiger beetle *Cicindela puritana*. *Mol. Ecol.* 2: 375-383.

Vogler, A. P., A. Welsh, and J. M. Hancock. 1997. Phylogenetic analysis of slippage-like sequence variation in the V4 rRNA expansion segment in tiger beetles (Cicindelidae). *Mol. Biol. Evol.* 14: 6-19.

Vogler, A. P., A. Welsh, and T. C. Barraclough. 1998. Molecular phylogeny of the *Cicindela maritima* (Coleoptera: Cicindelidae) group indicates fast radiation in western North America. *Ann. Entomol. Soc. Am.* 91: 185-194.

Vogler, A. P., A. Cardoso, and T. G. Barraclough. 2005. Exploring rate variation among and within sites in a densely sampled tree: species level phylogenetics of North American tiger beetles (genus *Cicindela*). *Syst. Biol.* 54: 4-20.

Wagner, D. L., and J. K. Liebherr. 1992. Flightlessness in insects. *Trends Ecol. Evol.* 7: 216-220.

Ward, R. D. 1979. Metathoracic wing structure as phylogenetic indicators in the Adephaga (Coleoptera). Pp. 181-191 in T. L. Erwin, C. E. Ball, and D. R. Whitehead, eds., *Carabid Beetles: Their Evolution, Natural History, and Classification*. The Hague, Netherlands: Junk.

Ward, R. D., and T. A. Bowling. 1980. *Cicindela* collected from malaise traps in Michigan and notes on the distribution of Michigan species. *Cicindela* 12: 29-31.

Ward, M. A., and J. D. Mays. 2014. Survey of a coastal tiger beetle species, *Cicindela marginata* Fabricius, in Maine.

*Northeastern Nat.* 21: 574-586.

———. 2015. *Cicindela marginata* Fabricius (Carabidae: Cicindelinae) in the Northeastern United States: A tiger beetle in decline? *Northeastern Nat.* 22: 192-199.

Warrant, E. J., and P. D. McIntyre. 1993. Arthropod eye design and the physical limits to spatial resolving power. *Prog. Neurobiol.* 40: 413-461.

Warren, S. D., and R. Büttner. 2008. Active military training areas as refugia for disturbance-dependent endangered insects. *J. Insect Conserv.* 12: 671-676.

Watson, P. J., G. Arqvist, and R. R. Stallmann. 1998. Sexual conflict and the energetic costs of mating and mate choice in water striders. *Am. Nat.* 151: 6-58.

Werner, G. 1965. Untersuchungen über die Spermiogenese beim Sandläufer, *Cicindela campestris* L. *Z. Zellforsch. Mikrosk. Anat.* 66: 255-275.

Werner, K. 1991. *Cicindelidae, Regionis Palaearcticae, Megacephala - Cicindelini 1. Die Käger der Welt* 13: 1-74. Venette, France: Sciences Naturelles.

———. 1992. *Cicindelidae, Regionis Palaearcticae, Cicindelini 2. Die Käfer der Welt* 15: 1-94. Venette, France: Sciences Naturelles.

———. 1993. *Cicindelidae, Regionis Nearcticae, Collyrini - Cicindelini 3. Die Käfer der Welt* 18: 1-163. Venette, France: Sciences Naturelles.

———. 1994. *Cicindelidae Regionis Nearcticae, Cicindelini 4. Die Käfer der Welt* 20: 1-196. Venette, France: Sciences Naturelles.

———. 1999a. *The Tiger Beetles of Africa (Coleoptera: Cicindelidae).* Vol. 1. Hradec Kralove, Czech Republic: Taita Publishers.

———. 1999b. *The Tiger Beetles of Africa (Coleoptera: Cicindelidae).* Vol. 2. Hradec Kralove, Czech Repubhe: Taita Publishers.

White, M. J. D. 1973. *Animal Cytology and Evolution.* 3rd ed. Cambridge: Cambridge University Press.

Wickham, H. F. 1904. The influence of the mutations of the Pleistocene lakes upon the present distribution of *Cicindela. Am. Nat.* 38: 643-654.

Wiesner, J. 1988. Die Gattung *Therates* Latr. und ihre Arten. *Mitt. Münch. Entomol. Ges.* 78: 5-107.

———. 1992. *Verzeichnis der Sandlaufkäfer der Welt (Checklist of the tiger beetles of the world).* Keltern, Germany: Verlag Erna Bauer.

———. 1999. The tiger beetle genus *Oxycheila* (Cicindelididae, Coleoptera, Insecta), 50th contribution towards the knowledge of Cicindelidae. *Schwafelder Coleopt. Mitt.* 3: 1-81.

Wigglesworth, V. B. 1929. Observations on the "Furau" (Cicindelidae) of northern Nigeria. *Bull. Entomol. Res.* 20: 403-406.

Wilbur, H. M. 1997. Experimental ecology of food webs: Complex systems in temporary ponds. *Ecology* 78: 2279-2302.

Williams, P, H. 1996. Mapping variations in the strength and breadth of biogeographic transition zones using species turnover. *Proc. R. Soc. Lond. B* 263: 579-588.

Williams, P. H., and C. J. Humphries. 1994. Biodiversity, taxonomic relatedness, and endemism in conservation. Pp. 269-288 in P. L. Forey, C. J. Humphries, and I. R. Vane-Wright, eds., *Systematics and Conservation Evaluation.* Oxford: Oxford University Press.

Willis, H. L. 1967. Bionomics and zoogeography of tiger beetles of saline habitats in the central United States (Coleoptera: Cicindelidae). *Univer. Kans. Sci. Bull.* 47: 145-313.

———. 1969. Translation and condensation of Horn's key to the world genera of Cicindelidae. *Cicindela* 1: 1-16.

Willis, K. J., and R. J. Whittaker. 2000. Paleoecology - The refugial debate. *Science* 287: 1406-1407.

Wilson, D. A. 1974. Survival of cicindelid larvae after flooding, *Cicindela* 6: 79-82.

Wilson, D. S. 1978. Prudent predation: A field study involving three species of tiger beetles. *Oikos* 31: 128-136.

Wilson, E. O. 1959. Adaptive shift and dispersal in a tropical ant fauna. *Evolution* 13: 122-144.

———. 1961. The nature of the taxon cycle in the Melanesian ant fauna. *Am. Nat.* 95: 169-193.

Wilson, E. O., and D. J. Farish. 1973. Predatory behaviour in the ant-like wasp *Methocha stygia* (Say) (Hymenoptera: Tiphiidae). *Anim. Behav.* 21: 292-295.

Wolf, L. L., E. C. Waltz, K. Wakely, and D. Klockowski. 1989. Copulation duration and sperm competition in white-faced dragonflies (Leucorrhina intacta; Odonata: Libellulidae). *Behav. Ecol. Sociobiol.* 24: 63-68.

Woodcock, R. M., and C. B. Knisley. 2009. Genetic analysis of an unusual population of the problematic tiger beetle group, *Cicindela splendida/C. limbalis*, from Virginia, U.S.A. (Coleoptera: Cicindelidae) using mtDNA. *Entomol. News* 120: 341-348.

Woodruff, R. E., and R. C. Graves. 1963. *Cicindela olivacea* Chaudoir, an endemic Cuban tiger beetle, established in the Florida Keys (Coleoptera: Cicindelidae). *Coleopt. Bull.* 17: 79-83.

Xin, L., W. Xiangke, L. Jie, Z. Guozhong, and S. Lincheng. 2015. Expansion rate based collision avoidance for Unmanned Aerial Vehicles. *Proc. 34$^{th}$ Chinese In Control Conference* (CCC), pp. 8393-8398.

Yabu, H., Y. Saito, and M. Shimomura. 2014. Unique light reflectors that mimic the structural colors of tiger beetles. *Polymer J.* 46: 212-215.

Yadav, J. S., M. R. Burra, and J. Singh 1987. Chromosome number and meioformulae in 36 species of Indian Coleoptera (Insecta). *Nat. Acad. Sci. Lett.* 10: 223-227.

Yager, D. D., and H. G. Spangler. 1995. Characterization of auditory afferents in the tiger beetle, *Cicindela marutha* Dow. *J. Comp. Physiol. A* 176: 587-599.

——. 1997. Behavioral response to ultrasound by the tiger beetle *Cicindela marutha* Dow combines aerodynamic changes and sound production. *J. Exp. Biol.* 200: 649-659.

Yager, D. D., A. P. Cook, D. L. Pearson, and H. C. Spangler. 2000. A comparative study of ultrasound-triggered behaviour in tiger beetles (Cicindelidae). *J. Zool.* 251: 355-368.

Yahiro, K. 1996. Comparative morphology of the alimentary canal and reproductive organs of the terrestrial Carabidae (Coleoptera: Adephaga). Part 1. *Jpn. J. Entomol.* 64: 536-550.

Yarbrough, W. W., and C. B Knisley. 1994. Distribution and abundance of the coastal tiger beetle, *Cicindela dorsalis media* (Coleoptera: Cicindelidae), in South Carolina. *Entomol. News* 105: 189-194.

Young, O. P. 2011. Laboratory evaluation of *Tetracha carolina* (Coleoptera: Carabidae: Cicindelinae) as a predator of ground-surface arthropods in an old-field habitat. *Entomol. News* 122: 192-197.

——. 2015a. Activity patterns, associated environmental conditions, and mortality of the larvae of *Tetracha* (=*Megacephala*) *carolina* (Coleoptera: Cicindelidae). *Ann. Entomol. Soc. Amer.* 108: 130-136.

——. 2015b. Size relationships, early reproductive status, and mandibular wear in adult *Tetracha* (=*Megacephala*) *carolina* (L.) (Coleoptera: Carabidae: Cicindelinae). *Coleop. Bull.* 69: 167-173.

Zerm, M. 2002. Zur Biologie und Überlebensstrategie der Sandlaufkäfer offener Habitate zentralamazonischer Überschwemmungsgebiete (Col.: Carabidae: Cicindelinae) (Brasilien). *Amazoniana* 17: 249-282.

Zerm, M. and J. Adis. 2001a. Spatio-temporal distribution of larval and adult tiger beetles (Coleoptera: Cicindelidae) from open areas in central Amazonian floodplains (Brazil). *Studies Neotropical Fauna Environ.* 36: 185-198.

——. 2001b. Further observations on the natural history and survival strategies of riverine tiger beetles (Coleoptera: Cicindelidae) from open habitats in central Amazonian floodplains (Brazil). *Ecotropica* 7: 115-137.

——. 2002. Flight ability in nocturnal tiger beetles (Coleoptera: Carabidae: Cicindelinae) from central Amazonian floodplains (Brazil). *Coleop. Bull.* 56: 491-500.

——. 2003. Exceptional anoxia resistance in larval tiger beetle, *Phaeoxantha klugii* (Coleoptera: Cicindelidae). *Physiol. Entomol.* 28: 150-153.

——. 2004. Seasonality of *Laboulbenia phaeoxanthae* (Ascomycota, Laboulbeniales) and its host *Phaeoxantha aequinoctialis* (Coleoptera, Carabidae) at a central Amazonian blackwater floodplain. *Mycol. Res.* 108: 590-594.

Zerm, M., J. Adis, W. Paarmann, M. A. Amorim, and C. D. Fonseca 2000. On habitat specificity, life cycles, and guild structure in tiger beetles of Central Amazonia (Brazil) (Coleoptera: Cicindelidae). *Entomologia Generalis* 25: 141-154.

Zerm, M., J. Adis, and U. Krumme. 2004. Circulatory responses to submersion in larvae of *Phaeoxantha klugii* (Coleoptera: Cicindelidae) from Central Amazonian floodplains. *Studies Neotropical Fauna Environ.* 39: 91-94.

Zerm, M., O. Walenciak, A. L. Val, and J. Adis. 2004. Evidence for anaerobic metabolism in the larval tiger beetle, *Phaeoxantha klugii* (Col. Cicindelidae) from a Central Amazonian floodplain (Brazil). *Physiol. Entomol.* 29: 483-488.

Zerm, M., D. Zinkler, and J. Adis. 2004. Oxygen uptake and local $PO_2$ profiles in submerged larvae of *Phaeoxantha klugii* (Coleoptera: Cicindelidae), as well as their metabolic rate in air. *Physiol. Biochem. Zool.* 77: 378-389.

Zerm, M., J. Wiesner, J. Ledezma, D. Brzoska, U. Drechsele, A. C. Cicchino, J. P Rodríguez, L. Martinsen, J. Adis, and L. Bachmann. 2007. Molecular phylogeny of Megacephalina Horn, 1910 tiger beetles (Coleoptera: Cicindelidae). *Studies Neotropical Fauna Environ.* 42: 211-219.

Zikan, J. J. 1929. Zur Biologie der Cicindeliden brasiliens. *Zool. Anz.* 82: 269-414.

Zink, R. M., R. C. Blackwell-Rago, and F. Ronquist. 2000. The shifting roles of dispersal and vicariance in biogeography. *Proc. R. Soc. Lond. B* 267: 497-503.

Zurek D. B., and C. Gilbert. 2014. Static antennae act as locomotory guides that compensate for visual motion blur in a diurnal, keen-eyed predator. *Proc. R. Soc. B* 281: 20133072.

Zurek, D. B., Q. Perkins, and C. Gilbert. 2014. Dynamic visual cues induce jaw opening and closing by tiger beetles during pursuit of prey. *Biol. Lett.* 10: 20140760.

# 索引

## 学名

### A
Adephaga　オサムシ亜目（食肉亜目）　8, 47, 74, 141
Alocosternale　細前側板類*　29, 32, 37, 41
Amblycheila　アメリカオオハンミョウ属*　12, 34, 37, 204
Amblycheila baroni　アメリカオオハンミョウ属*の一種　204
Amblycheila cylindriformis　アメリカオオハンミョウ属*の一種　10
Ancylia　ヤハズハンミョウ亜属　128
Aniara　シデハンミョウ属*　208
Aniara sepulcralis　シデハンミョウ*　208
Anthrax　ツリアブ科の一属　134
Apteroessa　ハネナシダルマハンミョウ属*　220
Apteroessa grossa　ハネナシダルマハンミョウ*　220
Apteroessina　ハネナシダルマハンミョウ亜族*　34
Araneus　オニグモ属　132
Archostemata　ナガヒラタムシ亜目　74
Asilidae　ムシヒキアブ科　130
Australicapitona　オーストラリアオオズハンミョウ属*　209
Axinomera　キララハンミョウ属*の一亜属　125

### B
Blaps　オサムシダマシ属　73
Bombyliidae　ツリアブ科　134
Brachinus　ホソクビゴミムシ属　73
Brasiella　ブラジルハンミョウ亜属*　21, 89, 92

### C
Caledonica　カレドニアハンミョウ属*　164
Callytron　シロヘリハンミョウ亜属　95
Calochroa　キボシハンミョウ亜属*　95, 97
Calyptoglossa　フトツヤハンミョウ属*　213
Carabidae　オサムシ科　8, 32, 46, 47, 73
Carabus (Ohomopterus)　オサムシ属（オオオサムシ亜属）　126
Cenothyla　ツツモリハンミョウ属*　106, 214
Cenothyla consobrina　ツツモリハンミョウ属の一種　126
Cephalota　ヒラズハンミョウ亜属*　170
Ceroglossus　チリオサムシ属　73
Chaetodera　カワラハンミョウ亜属　95
Cheilonycha　アリヅカハンミョウ属*　214
Cheilonycha auripennis　アリヅカハンミョウ属*の一種　215
Cheiloxya　ウキフネハンミョウ属*　210
Cheiloxya binotata　ウキフネハンミョウ*　150, 210
Cicindela　ハンミョウ属　19, 29, 32-34, 39-44, 78, 91-93, 114, 129, 141, 189, 219
Cicindela (Abroscelis) anchoralis　イカリモンハンミョウ　口絵34, 128
Cicindela (Abroscelis) tenuipes　アシナガイカリモンハンミョウ*　107
Cicindela (Ancylia) calligramma　ヤハズハンミョウ亜属*の一種　128
Cicindela (Brasiella) balzani　ブラジルハンミョウ亜属*の一種　21, 89
Cicindela (Brasiella) rotundatodilatata　ブラジルハンミョウ亜属*の一種　21
Cicindela (Brasiella) viridisticta　アオホシブラジルハンミョウ*　156
Cicindela (Calochroa) bicolor　フタイロキボシハンミョウ*　128
Cicindela (Calochroa) flavomaculata　ニセムツボシハンミョウ*　口絵21, 167
Cicindela (Calochroa) sexpunctata　ムツボシハンミョウ*　167
Cicindela (Cephalota) deserticoloides　ニセサバクハンミョウ*　170
Cicindela (Cephalota) littorea　ハマベハンミョウ*　72
Cicindela (Chaetodera) laetescripta　カワラハンミョウ　口絵8, 125
Cicindela (Cicindela) albissima　コーラルピンクサキュウハンミョウ*　口絵22, 169, 187
Cicindela (Cicindela) arenicola　アンソニーサキュウハンミョウ*　27
Cicindela (Cicindela) bellissima　ウエストコーストハンミョウ*　65
Cicindela (Cicindela) campestris　ヨーロッパワニハンミョウ*　29, 42, 75, 77
Cicindela (Cicindela) depressula　ウスグロハンミョウ*　65
Cicindela (Cicindela) duodecimguttata　ジュウニモンハンミョウ*　50-52, 66
Cicindela (Cicindela) formosa　オオサキュウハンミョウ*　104, 112, 124, 165
Cicindela (Cicindela) fulgida　ヒガタハンミョウ*　59, 124
Cicindela (Cicindela) hirticollis　シラゲハンミョウ*　114
Cicindela (Cicindela) hybrida　ヒブリダハンミョウ*　29, 105, 107, 119, 151
Cicindela (Cicindela) japana　ニワハンミョウ　152
Cicindela (Cicindela) limbalis　ベンガラハンミョウ*　口絵13, 10
Cicindela (Cicindela) limbata　サキュウハンミョウ*　54-58, 65, 108, 187
Cicindela (Cicindela) longilabris　アメリカミヤマハンミョウ*　105, 109
Cicindela (Cicindela) maritima　ウミベハンミョウ*　170
Cicindela (Cicindela) maroccana　モロッコハンミョウ*　75, 77
Cicindela (Cicindela) nigrior　セグロハンミョウ*　113, 120
Cicindela (Cicindela) ohlone　オーロニハンミョウ*　169
Cicindela (Cicindela) oregona　オレゴンハンミョウ*　13-18, 20, 22, 50-52, 65, 66
Cicindela (Cicindela) oregona maricopa　オレゴンハンミョウの一亜種　110
Cicindela (Cicindela) patruela　キタアレチハンミョウ*　113
Cicindela (Cicindela) pimeriana　コチースハンミョウ*　135, 156
Cicindela (Cicindela) pulchra　アカネハンミョウ*　口絵6, 23, 24, 112, 135, 156
Cicindela (Cicindela) purpurea　マキバハンミョウ*　103
Cicindela (Cicindela) repanda　ドウイロハンミョウ*　口絵15, 124, 150

*Cicindela* (*Cicindela*) *sachalinensis*　ミヤマハンミョウ　152
*Cicindela* (*Cicindela*) *scutellaris*　コトブキハンミョウ*　口絵2, 54, 83, 120, 165
*Cicindela* (*Cicindela*) *sexguttata*　アメリカムツボシハンミョウ*　口絵10, 113, 119, 124, 144
*Cicindela* (*Cicindela*) *sylvatica*　ユーラシアミヤマハンミョウ*　29, 151
*Cicindela* (*Cicindela*) *tranquebarica*　ハスオビハンミョウ*　102
*Cicindela* (*Cicindelidia*) *floridana*　マイアミアメリカハンミョウ*　169
*Cicindela* (*Cicindelidia*) *haemorrhagica*　アカハラアメリカハンミョウ*　135, 156
*Cicindela* (*Cicindelidia*) *highlandensis*　コウゲンアメリカハンミョウ*　65, 169
*Cicindela* (*Cicindelidia*) *hornii*　ホーンアメリカハンミョウ*　104, 156
*Cicindela* (*Cicindelidia*) *nigrocoerulea*　グンジョウアメリカハンミョウ*　124, 135, 147, 156
*Cicindela* (*Cicindelidia*) *obsoleta*　ソウゲンアメリカハンミョウ*　124, 135, 147, 152, 156
*Cicindela* (*Cicindelidia*) *ocellata*　シラホシアメリカハンミョウ*　131, 135, 147, 149, 156
*Cicindela* (*Cicindelidia*) *punctulata*　テンコクアメリカハンミョウ*　111, 113, 116, 152, 156
*Cicindela* (*Cicindelidia*) *scabrosa*　アラメアメリカハンミョウ*　65
*Cicindela* (*Cicindelidia*) *sedecimpuncata*　ジュウロクテンアメリカハンミョウ*　135, 149, 156
*Cicindela* (*Cicindelidia*) *tenuisignata*　ホソモンアメリカハンミョウ*　135, 156
*Cicindela* (*Cicindelidia*) *trifasciata*　ミスジアメリカハンミョウ*　117
*Cicindela* (*Cicindelidia*) *willistoni*　ウィリストンアメリカハンミョウ*　59, 100, 101, 113, 135, 156
*Cicindela* (*Cosmodela*) *batesi*　タイワンヤツボシハンミョウ*　口絵35
*Cicindela* (*Cylindela*) *debilis*　クサチヒメハンミョウ*　28, 156
*Cicindela* (*Cylindela*) *lemniscata*　リボンヒメハンミョウ*　20, 135, 156
*Cicindela* (*Cylindera*) *germanica*　ゲルマンホソハンミョウ*　74, 76
*Cicindela* (*Cylindera*) *paludosa*　ヌマチホソハンミョウ*　72, 74-77
*Cicindela* (*Ellipsoptera*) *cuprascens*　ドウイロマルバネハンミョウ*　59, 124
*Cicindela* (*Ellipsoptera*) *macra*　カワラマルバネハンミョウ*　59
*Cicindela* (*Ellipsoptera*) *marginata*　ヘリジロマルバネハンミョウ*　136
*Cicindela* (*Ellipsoptera*) *marutha*　アレチマルバネハンミョウ*　121, 131, 132, 135, 156
*Cicindela* (*Ellipsoptera*) *nevadica*　ネバダマルバネハンミョウ*　27, 156, 196
*Cicindela* (*Ellipsoptera*) *nevadica lincolniana*　ネバダマルバネハンミョウ*の一亜種　169
*Cicindela* (*Ellipsoptera*) *puritana*　ピューリタンマルバネハンミョウ*　67, 169, 182
*Cicindela* (*Elliptica*) *flavovestita*　スダレハンミョウ亜属*の一種　口絵20, 137
*Cicindela* (*Eunota*) *praetextata*　カワベシロブチハンミョウ　156
*Cicindela* (*Eunota*) *togata*　シロブチハンミョウ*　25, 59, 82, 103, 133
*Cicindela* (*Habrodera*) *capensis*　スジグマハンミョウ亜属*の一種　192
*Cicindela* (*Habroscelimorpha*) *circumpicta*　アメリカカワラハンミョウ*　59, 136
*Cicindela* (*Habroscelimorpha*) *curvata*　マガリモンハンミョウ*　60
*Cicindela* (*Habroscelimorpha*) *dorsalis*　アメリカイカリモンハンミョウ亜属*の一種　50, 56, 59-65, 88, 96, 103, 113, 137, 163, 169, 178-182, 187
*Cicindela* (*Habroscelimorpha*) *fulgoris*　キラメキハンミョウ*　97, 135
*Cicindela* (*Habroscelimorpha*) *galapagoensis*　ガラパゴスハンミョウ*　164
*Cicindela* (*Hipparidium*) *xanthophila*　クラカケハンミョウ亜属*の一種　123
*Cicindela* (*Hypaetha*) *biramosa*　フタスジハマベヒラタハンミョウ*　165
*Cicindela* (*Hypaetha*) *quadrilineata*　ヨツスジハマベヒラタハンミョウ*　165
*Cicindela* (*Ifasina*) *octoguttata*　ホソヒメハンミョウ亜属*の一種　168
*Cicindela* (*Lophyra*) *alba*　カラクサハンミョウ亜属*の一種　40
*Cicindela* (*Lophyra*) *albens*　カラクサハンミョウ亜属*の一種　40
*Cicindela* (*Lophyra*) *arnoldi*　カラクサハンミョウ亜属*の一種　40
*Cicindela* (*Lophyra*) *catena*　カラクサハンミョウ亜属*の一種　128
*Cicindela* (*Lophyridia*) *angulata*　ハラビロハンミョウ　口絵17, 口絵33, 136
*Cicindela* (*Lophyridia*) *littoralis*　ハラビロハンミョウ亜属の一種　口絵1, 口絵14
*Cicindela* (*Lophyridia*) *plumigera*　カドハンミョウ　口絵17, 136
*Cicindela* (*Microthylax*) *olivacea*　オリーブハンミョウ*　83
*Cicindela* (*Myriochile*) *fastidiosa*　コハンミョウ亜属の一種　128
*Cicindela* (*Myriochile*) *semicincta*　オセアニアコハンミョウ　168
*Cicindela* (*Opilidia*) *chlorocephala*　ライムハンミョウ*　83
*Cicindela* (*Pancallia*) *aurofasciata*　キンスジハンミョウ*　26, 109, 128
*Cicindela* (*Rivacindela*) *blackburni*　オーストラリアハンミョウ亜属*の一種　67
*Cicindela* (*Rivacindela*) *eburneola*　オーストラリアハンミョウ亜属*の一種　70
*Cicindela* (*Rivacindela*) *salicursoria*　オーストラリアハンミョウ亜属*の一種　67
*Cicindela* (*Rivacindela*) *shetterlyi*　オーストラリアハンミョウ亜属*の一種　67
*Cicindela* (*Rivacindela*) *trepida*　オーストラリアハンミョウ亜属の一種　67
*Cicindela* (*Sophiodela*) *japonica*　ナミハンミョウ　口絵11, 148, 150
*Cicindela* (*Sophyodela*) *cyanea*　ヌバタマハンミョウ*　94
*Cicindela* (*Zecicindela*) *perhispida*　ニュージーランドハンミョウ亜属の一種　59, 136
Cicindelidae　ハンミョウ科　32, 33, 43, 47, 48
Cicindelidia　アメリカハンミョウ亜属*　34, 92, 142
Cicindelina　ハンミョウ亜族　32, 34, 37, 40, 42, 46
Cicindelinae　ハンミョウ亜科　8, 37, 41, 74
Cicindelini　ハンミョウ族　8, 32, 46
*Cicindera* (*Cicindera*) *columbica*　コロンビアガワハンミョウ*　65
Cicindina　ヒメハンミョウ亜属　95, 97
Collyrinae　クビナガハンミョウ亜科　37, 41, 46, 74
*Collyris*　クビナガハンミョウ属*（広義）　26, 29, 206
*Collyris contracta*　クビナガハンミョウ属*の一種　207

*Cosmodela*　ヤツボシハンミョウ亜属*　19, 97
*Ctenostoma*　クシヒゲハンミョウ属*　26, 97, 136, 150, 199, 207
*Ctenostoma (Euctenostoma) regium*　クシヒゲハンミョウ属の一種　□絵18, 137
*Ctenostoma obliquatum*　クシヒゲハンミョウ属の一種　207
*Cylindera*　ホソハンミョウ亜属　92

## D
*Derocrania*　ホソキノボリハンミョウ属*　206
*Derocrania aganes*　ホソキノボリハンミョウ属*の一種　206
*Dilatotarsa*　クリゲハンミョウ属*　212
*Distipsidera*　キマダラハンミョウ属*　150, 200, 217
*Distipsidera hackeri*　キマダラハンミョウ属*の一種　217
*Dromica*　ヒゲブトハンミョウ属　28, 212
*Dromica horii*　ヒゲブトハンミョウの一種　□絵40
*Dromicina*　ヒゲブトハンミョウ亜族　32, 34, 40, 42
*Dytiscidae*　ゲンゴロウ科　8

## E
*Efferia tricella*　ムシヒキアブの一種　131
*Ellipsoptera*　マルバネハンミョウ亜属*　161-165
*Eucallia*　チリメンハンミョウ属*　216
*Eucallia boussingaulti*　チリメンハンミョウ属*　□絵9, 216
*Eunota*　シロブチハンミョウ亜属*　25, 82, 103, 133
*Eurymorpha*　アオヒラタハンミョウ属　219
*Eurymorpha cyanipes*　アオヒラタハンミョウ*　□絵44, 219

## F
*Falco sparverius*　アメリカチョウゲンボウ　59, 136

## G
Geadephaga　陸生オサムシ類　47
Gyrinidae　ミズスマシ科　8

## H
*Habrodera*　スジグマハンミョウ亜属*　192
*Habroscelimorpha*　アメリカイカリモンハンミョウ亜属*　92
Haliplidae　コガシラミズムシ科　8
Harpalinae　ゴモクムシ亜科　47
*Heptodonta analis*　ウスバハンミョウ属*の一種　□絵30
*Heptodonta nodicollis*　ウスバハンミョウ属*の一種　212
*Hypaetha*　ハマベヒラタハンミョウ亜属*　95

## I
*Ifasina*　ホソヒメハンミョウ亜属　97
*Ifasina*　ホソヒメハンミョウ亜属　95
*Iresia*　ニジイロハンミョウ属*　150, 199, 216
*Iresia beskei*　ベスキーニジイロハンミョウ*　216
Iresina　ニジイロハンミョウ亜族*　34

## J
*Jansenia*　ヤンセンホソハンミョウ亜属*　95, 97

## K
*Karlissa*　ツヤアリバチ類の一属　133

## L
*Langea*　ニセニジイロハンミョウ属*　199
*Lophyra*　カラクサハンミョウ亜属*　40, 95
*Lophyridia*　ハラビロハンミョウ亜属　19, 118

## M
*Mantica*　オニハンミョウ属*　42
*Manticora*　エンマハンミョウ属　28, 29, 37, 42, 203
*Manticora congoensis*　エンマハンミョウ属の一種　203
*Manticora livingstoni*　リビングストンエンマハンミョウ*　159
*Manticora tibialis*　エンマハンミョウ属の一種　□絵37
Manticorini　エンマハンミョウ族　32, 40
*Megacephala*　オオズハンミョウ属　37, 42, 46, 74, 87, 208
*Megacephala euphratica*　ユーフラテスオオズハンミョウ*　72
Megacephalini　オオズハンミョウ族　37, 38, 40, 42
*Methocha*　ツヤアリバチ類の一属　133
*Metriocheila*　クロモンツツハンミョウ亜属*　209
*Metriocheila nigricollis*　クロモンツツハンミョウ*　209
*Myriochile*　コハンミョウ亜属　95
Myxophaga　ツブミズムシ亜目　74

## N
*Neocicindela*　マオリハンミョウ亜属*　94, 164
*Neocollyris*　クビナガハンミョウ属（狭義）　137, 149, 168, 206
*Neocollyris bonelli*　クビナガハンミョウ属の一種　10
*Neocollyris loochooensis*　ヤエヤマクビナガハンミョウ　□絵31
*Nickerlea*　オーストラリアホソハンミョウ属*　217
*Nickerlea distipsideroides*　オーストラリアホソハンミョウ属*の一種　217
*Nicrophorus americanus*　アメリカヨツモンシデムシ　180

## O
*Odontocheila*　モリハンミョウ属*　19, 31, 34, 37, 74, 106, 119, 134, 136, 214
*Odontocheila cajennensis*　モリハンミョウ属*の一種　□絵43
*Odontocheila chrysis*　モリハンミョウ属*の一種　126
*Odontocheila confusa*　モリハンミョウ属*の一種　□絵16
*Odontocheila curvidens*　モリハンミョウ属*の一種　125
*Odontocheila dilatoscapis*　モリハンミョウ属*の一種　214
*Odontocheila luridipes*　モリハンミョウ属*の一種　126
*Odontocheila margineguttata*　モリハンミョウ属*の一種　126
*Odontocheila mexicana*　モリハンミョウ属*の一種　123
*Odontocheila nitidicollis*　モリハンミョウ属*の一種　126
*Odontocheila nodicornis*　モリハンミョウ属*の一種　126
*Odontocheila (Pentacomia) egregia*　ヒメモリハンミョウ亜属*の一種　□絵12, 25, 123
*Odontocheila (Pentacomia) vallicola*　ヒメモリハンミョウ亜属*の一種　214
Odontocheilina　モリハンミョウ亜族*　32, 40
Odontocheilini　モリハンミョウ族*　42
Omina　ヤシャハンミョウ亜族*　38, 41
Omini　ヤシャハンミョウ族*　37
*Omus*　ヤシャハンミョウ属*　12, 34, 37, 48, 80, 109, 205
*Omus californicus*　カリフォルニアヤシャハンミョウ　10, 205
*Omus dejeani*　ヤシャハンミョウ属*の一種　127
*Opilidia*　アメリカアシダカハンミョウ亜属*　83, 163, 169
*Oxycheila*　トゲグチハンミョウ属*　32, 37, 38, 42, 106, 210
*Oxycheila germaini*　トゲグチハンミョウ属*の一種　210

*Oxygonia nigricans*　セセラギハンミョウ属\*の一種　218
*Oxygonia prodiga*　セセラギハンミョウ\*　　□絵28, □絵29

## P

*Pancallia*　キンスジハンミョウ亜属\*　　26, 109, 128
*Paraponera*　サシハリアリ属　207
*Paraponera clavata*　サシハリアリ　　□絵19, 137
Paussidae　ヒゲブトオサムシ科　47
*Pentacomia*　ヒメモリハンミョウ亜属\*　　□絵4, 34, 37, 106, 214
*Peridexia*　ハチモドキハンミョウ属\*　213
*Peridexia ambanurensis*　ハチモドキハンミョウ属\*の一種　213
*Peridexia fulvipes*　ハチモドキハンミョウ属\*の一種　　□絵41
*Phaeoxantha*　キハダハンミョウ亜属\*　　104, 208, 209
*Phaeoxantha aequinoctalis*　キハダハンミョウ亜属\*の一種　　□絵5
*Phaeoxantha bucephala*　キハダハンミョウ亜属\*の一種　208
*Physodeutera*　キララハンミョウ属\*　　125, 213
*Physodeutera fairmairei*　キララハンミョウ属\*の一種　213
*Physodeutera horimichioi*　キララハンミョウ属\*の一種　　□絵42
*Picnochile*　スジグロヒラタハンミョウ属\*　204
*Picnochile fallacosa*　スジグロヒラタハンミョウ属\*の一種　204
*Platychile*　ヒラグチハンミョウ属\*　　□絵38, 37, 42, 204
*Platychile pallida*　ヒラグチハンミョウ\*　　□絵38, 203
Platysternale　太前側板類　29, 32, 37
*Plectographa*　アヤモンハンミョウ亜属\*　92
*Pogonostoma*　クチヒゲハンミョウ属\*　137
*Pogonostoma*　クチヒゲハンミョウ属\*　　41, 97, 150, 200, 205
*Pogonostoma angustum*　クチヒゲハンミョウ属\*の一種　205
*Pogonostoma chalybaeum*　クチヒゲハンミョウ属\*の一種　31
*Pogonostoma simile*　クチヒゲハンミョウ属\*の一種　　□絵36
*Polyergus*　サムライアリ属　133
Polyphaga　多食亜目（カブトムシ亜目）　74
*Pometon*　ホウセキハンミョウ属\*　215
*Pometon bolivianus*　ボリビアホウセキハンミョウ\*　215
Pompilidae　ベッコウバチ科　137, 213
*Priocnemis venustipennis*　ベッコウバチ科の一種　213
*Pronyssa*　クリブチハンミョウ属\*　212
*Pronyssa nodicollis*　クリブチハンミョウ\*　213
*Pronyssiformia*　ニセクリブチハンミョウ属\*　212
*Prothyma*　キヌツヤハンミョウ属\*　211
*Prothyma proxima*　キヌツヤハンミョウ属\*の一種　211
Prothymina　キヌツヤハンミョウ亜族\*　　32, 34, 37, 40, 46

*Protocollyris*　コクビナガハンミョウ属\*　206
*Pseudotetracha*　ニセカラカネハンミョウ亜属\*　　208, 209
*Pseudoxycheila*　フタモンハンミョウ属\*　　127, 211
*Pseudoxycheila andina*　アンデスフタモンハンミョウ\*　211
*Pseudoxycheila chaudoiri*　フタモンハンミョウ属\*の一種　　□絵39
*Pseudoxycheila tarsalis*　ツマビロフタモンハンミョウ\*　125
*Pterombus*　ツヤアリバチ類の一属　133

## R

*Rhinella marina*　オオヒキガエル　168
Rhysodidae　セスジムシ科　47
*Rivacindela*　オーストラリアハンミョウ亜属\*　　14, 66, 67, 69, 70, 88, 97, 188

## S

*Salpingophora*　ペルシアシロブチハンミョウ亜属\*　95
*Scaphiopus* sp.　スキアシガエル　149
*Scapteriscus*　南北アメリカ大陸産のケラの属　168
*Scarites*　ヒョウタンゴミムシ属　73
*Sophiodela*　ナミハンミョウ亜属\*　　□絵11, 118, 148, 150

## T

*Tetracha*　カラカネハンミョウ属\*　　208, 209
*Tetracha brasiliensis*　ブラジルカラカネハンミョウ\*　106
*Tetracha carolina carolina*　カロライナカラカネハンミョウ\*　　10, 31
*Tetracha carolina chilensis*　チリカラカネハンミョウ\*　31
*Tetracha sobrina*　ナミカラカネハンミョウ\*　　□絵7, 106, 150
*Tetracha sparsimpunctata*　カラカネハンミョウ属\*の一種　209
*Tetracha virginica*　バージニアカラカネハンミョウ\*　168
*Therates*　メダカハンミョウ属\*　　□絵4, 40, 42, 119, 218
*Therates alboobliquatus*　シロスジメダカハンミョウ\*　　□絵32
*Therates schaumianus*　メダカハンミョウ属\*の一種　218
Theratina　メダカハンミョウ亜族　32, 34
Tiphiidae　コツチバチ科　133
Trachypachidae　ムカシゴミムシ科　47
*Tricondyla*　キノボリハンミョウ属\*　　26, 136, 137, 150, 200, 206
*Tricondyla aptera*　ハネナシキノボリハンミョウ\*　206
*Tricondyla cyanea*　ヌバタマキノボリハンミョウ\*　　□絵25, 206

## Z

*Zecicindela*　ニュージーランドハンミョウ属\*　94

# 分類名・和名

## ア

アオヒラタハンミョウ* *Eurymorpha cyanipes* □絵44, 219
アオヒラタハンミョウ属 *Eurymorpha* 219
アオホシブラジルハンミョウ* *Cicindela (Brasiella) viridisticta* 156
アカネハンミョウ* *Cicindela (Cicindela) pulchra* □絵6, 23, 24, 112, 135, 156
アカハラアメリカハンミョウ* *Cicindela (Cicindelidia) haemorrhagica* 135, 156
アシナガイカリモンハンミョウ* *Cicindela (Abroscelis) tenuipes* 107
アメリカアシダカハンミョウ亜属* *Opilidia* 83, 163, 169
アメリカイカリモンハンミョウ亜属* *Habroscelimorpha* 92
アメリカイカリモンハンミョウ亜属*の一種 *Cicindela (Habroscelimorpha) dorsalis* 50, 56, 59-65, 88, 96, 103, 113, 137, 163, 169, 178-182, 187
アメリカオオハンミョウ属* *Amblycheila* 12, 34, 37, 204
アメリカカワラハンミョウ* *Cicindela (Habroscelimorpha) circumpicta* 59, 136
アメリカチョウゲンボウ *Falco sparverius* 59, 136
アメリカハンミョウ亜属* *Cicindelidia* 34, 92, 142
アメリカミヤマハンミョウ* *Cicindela (Cicindela) longilabris* 105, 109
アメリカムツボシハンミョウ* *Cicindela (Cicindela) sexguttata* □絵10, 113, 119, 124, 144
アメリカヨツモンシデムシ *Nicrophorus americanus* 180
アヤモンハンミョウ亜属 *Plectographa* 92
アラメアメリカハンミョウ* *Cicindela (Cicindelidia) scabrosa* 65
アリヅカハンミョウ属* *Cheilonycha* 214
アレチマルバネハンミョウ* *Cicindela (Ellipsoptera) marutha* 121, 131, 132, 135, 156
アンソニーサキュウハンミョウ* *Cicindela (Cicindela) arenicola* 27
アンデスフタモンハンミョウ* *Pseudoxycheila andina* 211

## イ

イカリモンハンミョウ* *Cicindela (Abroscelis) anchoralis* □絵34, 128

## ウ

ウィリストンアメリカハンミョウ* *Cicindela (Cicindelidia) willistoni* 59, 100, 101, 113, 135, 156
ウエストコーストハンミョウ* *Cicindela (Cicindela) bellissima* 65
ウキフネハンミョウ* *Cheiloxya binotata* 150, 210
ウキフネハンミョウ属* *Cheiloxya* 210
ウスグロハンミョウ* *Cicindela (Cicindela) depressula* 65
ウスバハンミョウ属 *Heptodonta* 212
ウスバハンミョウ属の一種 *Heptodonta analis* □絵30
ウスバハンミョウ属の一種 *Heptodonta nodicollis* 212
ウミベハンミョウ* *Cicindela (Cicindela) maritima* 170

## エ

エンマハンミョウ属 *Manticora* 28, 29, 37, 42, 203
エンマハンミョウ族 *Manticorini* 32, 40
エンマハンミョウ属の一種 *Manticora congoensis* 203
エンマハンミョウ属の一種 *Manticora tibialis* □絵37

## オ

オオサキュウハンミョウ* *Cicindela (Cicindela) formosa* 104, 112, 124, 165
オーストラリアオオズハンミョウ亜属* *Australicapitona* 209
オーストラリアハンミョウ亜属* *Rivacindela* 14, 66, 67, 69, 70, 88, 97, 188
オーストラリアハンミョウ亜属*の一種 *Cicindela (Rivacindela) blackburni* 67
オーストラリアホソハンミョウ属* *Nickerlea* 217
オオズハンミョウ属 *Megacephala* 37, 42, 46, 73, 87, 208
オオズハンミョウ族 *Megacephalini* 32, 37, 38, 40, 42
オオヒキガエル *Rhinella marina* 168
オーロニハンミョウ* *Cicindela (Cicindela) ohlone* 169
オサムシ亜目（食肉亜目） *Adephaga* 8, 47, 74, 141
オサムシ科 *Carabidae* 8, 32, 46, 47, 73
オサムシ属（オオオサムシ亜属） *Carabus (Ohomopterus)* 126
オサムシダマシ属 *Blaps* 73
オセアニアコハンミョウ *Cicindela (Myriochile) semicincta* 81, 168
オニグモ属 *Araneus* 132
オニハンミョウ属* *Mantica* 42
オリーブハンミョウ* *Cicindela (Microthylax) olivacea* 83
オレゴンハンミョウ* *Cicindela (Cicindela) oregona* 12-18, 20, 22, 50-52, 65, 66

## カ

カドハンミョウ *Cicindela (Lophyridia) plumigera* □絵17, 136
カラカネハンミョウ属* *Tetracha* 208, 209
カラカネハンミョウ属*の一種 *Tetracha sparsimpunctata* 209
カラクサハンミョウ亜属* *Lophyra* 40, 95
ガラパゴスハンミョウ* *Cicindela (Habroscelimorpha) galapagoensis* 164
カリフォルニアヤシャハンミョウ* *Omus californicus* 10, 205
カレドニアハンミョウ属* *Caledonica* 164
カロライナカラカネハンミョウ* *Tetracha carolina carolina* 10, 31
カワベシロブチハンミョウ* *Cicindela (Eunota) praetextata* 156
カワラハンミョウ *Cicindela (Chaetodera) laetescripta* □絵8, 125
カワラハンミョウ亜属 *Chaetodera* 95
カワラマルバネハンミョウ* *Cicindela (Ellipsoptera) macra* 59

## キ

キタアレチハンミョウ* *Cicindela (Cicindela) patruela* 113
キヌツヤハンミョウ亜族* *Prothymina* 32, 34, 37, 40, 46
キヌツヤハンミョウ属* *Prothyma* 211
キヌツヤハンミョウ属*の一種 *Prothyma proxima* 211
キノボリハンミョウ属 *Tricondyla* 26, 136, 137, 150, 200, 206
キハダハンミョウ亜属* *Phaeoxantha* 104, 208, 209
キハダハンミョウ亜属*の一種 *Phaeoxantha aequinoctalis* □絵5
キハダハンミョウ亜属*の一種 *Phaeoxantha bucephala* 208
キボシハンミョウ亜属* *Calochroa* 95, 97
キマダラハンミョウ属* *Distipsidera* 150, 200, 217
キラメキハンミョウ* *Cicindela (Habroscelimorpha) fulgoris* 97, 135

分類名・和名索引　259

キララハンミョウ属* *Physodeutera* 125, 213
キララハンミョウ属*の一種 *Physodeutera fairmairei* 213
キララハンミョウ属*の一種 *Physodeutera horimichioi* □絵42
キンスジハンミョウ* *Cicindela (Pancallia) aurofasciata* 26, 109, 128
キンスジハンミョウ亜属* *Pancallia* 26, 109, 128

## ク
クサチヒメハンミョウ* *Cicindela (Cylindela) debilis* 28, 156
クシヒゲハンミョウ属* *Ctenostoma* 26, 97, 136, 150, 199, 207
クチヒゲハンミョウ属* *Pogonostoma* 41, 97, 137, 150, 200, 205
クチヒゲハンミョウ属*の一種 *Pogonostoma angustum* 205
クチヒゲハンミョウ属*の一種 *Pogonostoma chalybaeum* 31
クチヒゲハンミョウ属*の一種 *Pogonostoma simile* □絵36
クビナガハンミョウ亜科 Collyrinae 37, 41, 46, 74
クビナガハンミョウ属*（広義）*Collyris* 26, 29, 206
クビナガハンミョウ属*（狭義）*Neocollyris* 137, 149, 168, 206
クビナガハンミョウ属*の一種 *Collyris contracta* 207
クラカケハンミョウ亜属*の一種 *Cicindela (Hipparidium) xanthophila* 123
クリゲハンミョウ属* *Dilatotarsa* 212
クリブチハンミョウ* *Pronyssa nidicollis* 213
クリブチハンミョウ属 *Pronyssa* 212
クロモンツツハンミョウ* *Metriocheila nigricollis* 209
クロモンツツハンミョウ亜属* *Metriocheila* 209
グンジョウアメリカハンミョウ* *Cicindela (Cicindelidia) nigrocoerulea* 124, 135, 147, 156

## ケ
ケラ mole crickets 168
ゲルマンホソハンミョウ* *Cicindela (Cylindera) germanica* 74, 76
ゲンゴロウ科 Dytiscidae 8

## コ
コアジサシ Least Tern 183
コウゲンアメリカハンミョウ* *Cicindela (Cicindelidia) highlandensis* 65, 169
コウモリ bat 139
コーラルピンクサキュウハンミョウ* *Cicindela (Cicindela) albissima* □絵22, 54, 169, 187
コガシラミズムシ科 Haliplidae 8
コクビナガハンミョウ属* *Protocollyris* 206
コチースハンミョウ* *Cicindela (Cicindela) pimeriana* 135, 156
コツチバチ科 Tiphiidae 133
コトブキハンミョウ* *Cicindela (Cicindela) scutellaris* □絵2, 54, 83, 120, 165
コハンミョウ亜属 *Myriochile* 95
コハンミョウ亜属の一種 *Cicindela (Myriochile) fastidiosa* 128
ゴモクムシ亜科 Harpalinae 47
コロンビアガワハンミョウ* *Cicindera (Cicindera) columbica* 65

## サ
サキュウハンミョウ* *Cicindela (Cicindela) limbata* 54-58, 65, 108, 187
サシハリアリ *Paraponera clavata* □絵19, 137
サシハリアリ属 *Paraponera* 207
サムライアリ属 *Polyergus* 133

## シ
シデハンミョウ* *Aniara sepulcralis* 208
シデハンミョウ属* *Aniara* 208
ジュウニモンハンミョウ* *Cicindela (Cicindela) duodecimguttata* 50-52, 66
ジュウロクテンアメリカハンミョウ* *Cicindela (Cicindelidia) sedecimpuncata* 135, 149, 156
シラゲハンミョウ* *Cicindela (Cicindela) hirticollis* 114
シラホシアメリカハンミョウ* *Cicindela (Cicindelidia) ocellata* 131, 135, 147, 149, 156
シロスジメダカハンミョウ *Therates alboobliquatus* □絵32
シロブチハンミョウ* *Cicindela (Eunota) togata* 25, 59, 82, 103, 133
シロブチハンミョウ亜属* *Eunota* 25, 82, 103, 133
シロヘリハンミョウ亜属 *Callytron* 95

## ス
スキアシガエル *Scaphiopus* sp. 149
スジグマハンミョウ亜属* *Habrodera* 192
スジグマハンミョウ亜属*の一種 *Cicindela (Habrodera) capensis* 192
スジグロヒラタハンミョウ* *Picnochile fallacosa* 204
スジグロヒラタハンミョウ属* *Picnochile* 80, 204
スダレハンミョウ亜属*の一種 *Cicindela (Elliptica) flavovestita* □絵20, 137

## セ
セグロハンミョウ* *Cicindela (Cicindela) nigrior* 113, 120
セスジムシ科 Rhysodidae 47
セセラギハンミョウ* *Oxygonia prodiga* □絵28, □絵29
セセラギハンミョウ属* *Oxygonia* 218

## ソ
ソウゲンアメリカハンミョウ* *Cicindela (Cicindelidia) obsoleta* 124, 135, 147, 152, 156

## タ
ダーウィンフィンチ Darwin's Finches 160
タイワンヤツボシハンミョウ *Cicindela (Cosmodela) batesi* □絵35
多食亜目（カブトムシ亜目）Polyphaga 74

## チ
チリオサムシ属 *Ceroglossus* 73
チリカラカネハンミョウ* *Tetracha carolina chilensis* 31
チリメンハンミョウ* *Eucallia boussingaulti* □絵9, 216
チリメンハンミョウ属* *Eucallia* 216

## ツ
ツツモリハンミョウ属* *Cenothyla* 106, 214
ツブミズムシ亜目 Myxophaga 74
ツマビロフタモンハンミョウ* *Pseudoxycheila tarsalis* 125
ツリアブ科 Bombyliidae 134

## テ
テンコクアメリカハンミョウ* *Cicindela (Cicindelidia) punctulata* 111, 113, 116, 152, 156

**ト**

ドウイロハンミョウ*　*Cicindela (Cicindela) repanda*　□絵15, 124, 150
ドウイロマルバネハンミョウ*　*Cicindela (Ellipsoptera) cuprascens*　59, 124
トゲグチハンミョウ属*　*Oxycheila*　32, 37, 38, 42, 106, 210

**ナ**

ナガヒラタムシ亜目　Archostemata　74
ナミカラカネハンミョウ*　*Tetracha sobrina*　□絵7, 106, 150
ナミハンミョウ　*Cicindela (Sophiodela) japonica*　□絵11, 148, 150
ナミハンミョウ亜属　*Sophiodela*　□絵11, 118, 148, 150
南北アメリカ大陸産のケラの属　*Scapteriscus*　168

**ニ**

ニジイロハンミョウ亜族*　*Iresina*　34
ニジイロハンミョウ属*　*Iresia*　150, 199, 216
ニセカラカネハンミョウ亜属*　*Pseudotetracha*　208, 209
ニセクリプチハンミョウ属*　*Pronyssiformia*　212
ニセサバクハンミョウ*　*Cicindela (Cephalota) deserticoloides*　170
ニセニジイロハンミョウ属*　*Langea*　199
ニセムツボシハンミョウ*　*Cicindela (Calochroa) flavomaculata*　□絵21, 167
ニュージーランドハンミョウ属*　*Zecicindela*　94
ニワハンミョウ　*Cicindela (Cicindela) japana*　152

**ヌ**

ヌバタマキノボリハンミョウ*　*Tricondyla cyanea*　□絵25, 206
ヌバタマハンミョウ*　*Cicindela (Sophyodela) cyanea*　94
ヌマチホソハンミョウ*　*Cicindela (Cylindera) paludosa*　72, 74-77

**ネ**

ネバダマルバネハンミョウ*　*Cicindela (Ellipsoptera) nevadica*　27, 156, 196

**ハ**

バージニアカラカネハンミョウ*　*Tetracha virginica*　168
ハスオビハンミョウ*　*Cicindela (Cicindela) tranquebarica*　102
ハチモドキハンミョウ属*　*Peridexia*　213
ハチモドキハンミョウ属*の一種　*Peridexia ambanurensis*　213
ハチモドキハンミョウ属*の一種　*Peridexia fulvipes*　□絵41
ハネナシキノボリハンミョウ　*Tricondyla aptera*　206
ハネナシダルマハンミョウ*　*Apteroessa grossa*　220
ハネナシダルマハンミョウ亜族*　*Apteroessina*　34
ハネナシダルマハンミョウ属*　*Apteroessa*　220
ハマベハンミョウ*　*Cicindela (Cephalota) littorea*　72
ハマベヒラタハンミョウ亜属*　*Hypaetha*　95
ハラビロハンミョウ　*Cicindela (Lophyridia) angulata*　□絵17, □絵33, 136
ハラビロハンミョウ亜属*　*Lophyridia*　19, 118
ハラビロハンミョウ亜属の一種　*Cicindela (Lophyridia) littoralis*　□絵1, □絵14
ハンミョウ亜科　Cicindelinae　8, 37, 41, 74
ハンミョウ亜族　Cicindelina　32, 34, 37, 40, 42, 46
ハンミョウ科　Cicindelidae　32, 33, 43, 47, 48
ハンミョウ属　*Cicindela*　19, 29, 32-34, 39-44, 78, 91-93, 114, 129, 141, 189, 219
ハンミョウ族　Cicindelini　8, 32, 46

**ヒ**

ヒガタハンミョウ*　*Cicindela (Cicindela) fulgida*　59, 124
ヒゲブトオサムシ科　Paussidae　47
ヒゲブトハンミョウ亜族　Dromicina　32, 34, 40, 42
ヒゲブトハンミョウ属　*Dromica*　28, 212
ヒブリダハンミョウ*　*Cicindela (Cicindela) hybrida*　29, 104, 107, 119, 151
ヒメハンミョウ亜属　*Cicindina*　95, 97
ヒメモリハンミョウ亜属*　*Pentacomia*　□絵4, 34, 37, 106, 214
ヒメモリハンミョウ亜属*の一種　*Odontocheila (Pentacomia) egregia*　□絵12, 25, 123
ヒメモリハンミョウ亜属*の一種　*Odontocheila (Pentacomia) vallicola*　214
ピューリタンマルバネハンミョウ*　*Cicindela (Ellipsoptera) puritana*　67, 169, 182
ヒョウタンゴミムシ属　*Scarites*　73
ヒラグチハンミョウ*　*Platychile pallida*　□絵38, 203
ヒラグチハンミョウ属*　*Platychile*　□絵38, 37, 42, 204
ヒラズハンミョウ亜属*　*Cephalota*　170

**フ**

フエチドリ　Piping Plover　183
フタイロキボシハンミョウ*　*Cicindela (Calochroa) bicolor*　128
フタスジハマベヒラタハンミョウ*　*Cicindela (Hypaetha) biramosa*　165
フタモンハンミョウ属*　*Pseudoxycheila*　127, 211
フタモンハンミョウ属*の一種　*Pseudoxycheila chaudoiri*　□絵39
太前側板類　Platysternale　29, 32, 37
フトツヤハンミョウ属*　*Calyptoglossa*　213
ブラジルカラカネハンミョウ*　*Tetracha brasiliensis*　106
ブラジルハンミョウ亜属*　*Brasiella*　21, 89, 92

**ヘ**

ベスキーニジイロハンミョウ*　*Iresia beskei*　216
ベッコウバチ科　Pompilidae　137, 213
ベッコウバチ科の一種　*Priocnemis venustipennis*　213
ヘリジロマルバネハンミョウ*　*Cicindela (Ellipsoptera) marginata*　136
ペルシアシロブチハンミョウ亜属*　*Salpingophora*　95
ベンガラハンミョウ*　*Cicindela (Cicindela) limbalis*　□絵13, 10

**ホ**

ホウセキハンミョウ属*　*Pometon*　215
ホーンアメリカハンミョウ*　*Cicindela (Cicindelidia) hornii*　104, 156
ホソキノボリハンミョウ属*　*Derocrania*　206
ホソクビゴミムシ属　*Brachinus*　73
細前側板類　Alocosternale　29, 32, 37, 41
ホソハンミョウ亜属*　*Cylindera*　92
ホソヒメハンミョウ亜属*　*Ifasina*　95, 97
ホソモンアメリカハンミョウ*　*Cicindela (Cicindelidia) tenuisignata*　135, 156
ボリビアホウセキハンミョウ*　*Pometon bolivianus*　215

**マ**

マイアミアメリカハンミョウ*　*Cicindela (Cicindelidia) floridana*　169
マオリハンミョウ亜属*　*Neocicindela*　94, 164

マガリモンハンミョウ*　*Cicindela (Habroscelimorpha) curvata*　60
マキバハンミョウ*　*Cicindela (Cicindela) purpurea*　103
マルバネハンミョウ亜属*　*Ellipsoptera*　161-165

## ミ

ミスジアメリカハンミョウ*　*Cicindela (Cicindelidia) trifasciata*　117
ミズスマシ科　Gyrinidae　8
ミヤマハンミョウ　*Cicindela (Cicindela) sachalinensis*　152

## ム

ムカシゴミムシ科　Trachypachidae　47
ムシヒキアブ　robber fly　131, 132, 136, 138, 139, 142, 144
ムシヒキアブ科　Asilidae　130
ムツボシハンミョウ*　*Cicindela (Calochroa) sexpunctata*　167

## メ

メダカハンミョウ亜族　Theratina　32, 34
メダカハンミョウ属　*Therates*　口絵4, 40, 42, 119, 218

## モ

モリハンミョウ亜族*　Odontocheilina　32, 40
モリハンミョウ属*　*Odontocheila*　19, 31, 34, 37, 74, 106, 119, 134, 136, 214
モリハンミョウ族*　Odontocheilini　42
モリハンミョウ属*の一種　*Odontocheila cajennensis*　口絵43
モリハンミョウ属*の一種　*Odontocheila chrysis*　126
モロッコハンミョウ*　*Cicindela (Cicindela) maroccana*　75, 77

## ヤ

ヤエヤマクビナガハンミョウ　*Neocollyris loochooensis*　口絵31
ヤシャハンミョウ亜族*　Omina　37, 41
ヤシャハンミョウ属*　*Omus*　12, 34, 37, 48, 80, 109, 205
ヤシャハンミョウ族*　Omini　37
ヤシャハンミョウ属*の一種　*Omus dejeani*　127
ヤツボシハンミョウ亜属*　*Cosmodela*　19, 97
ヤハズハンミョウ亜属　*Ancylia*　128
ヤンセンホソハンミョウ亜属*　*Jansenia*　95, 97

## ユ

ユーフラテスオオズハンミョウ*　*Megacephala euphratica*　72
ユーラシアミヤマハンミョウ*　*Cicindela (Cicindela) sylvatica*　29, 151

## ヨ

ヨーロッパニワハンミョウ*　*Cicindela (Cicindela) campestris*　29, 42, 75, 77
ヨツスジハマベヒラタハンミョウ*　*Cicindela (Hypaetha) quadrilineata*　165

## ラ

ライムハンミョウ*　*Cicindela (Opilidia) chlorocephala*　82

## リ

陸生オサムシ類　Geadephaga ★　47
リビングストンエンマハンミョウ*　*Manticora livingstoni*　159
リボンヒメハンミョウ*　*Cicindela (Cylindela) lemniscata*　20, 135, 156

# 人名

## A
Auguste, Pierre F. M.　2

## B
Basilewsky, Pierre　3
Bates, Henry W.　2
Brullé, Gaspard　31

## C
Casey, Thomas L.　3, 48
Cassola, Fabio　3
Cazier, Mont A.　3, 40, 187
de Chaudoir, Baron Maximilien　2
Chevrolat, Louis A. A.　3

## D
Darlington, P. J., Jr.　3
Dejean, P. F. M. A. le Comte　2, 29, 193
Dokhtouroff, Wladimir S.　3

## F
Fabricius, Johann C.　2, 29
Fall, Henry　3
Fischer von Waldheim, Gotthelf　3
Fleutiaux, Edmond　3
Freitag, Richard　3, 93

## G
Gage, Ed V.　3
Graves, Robert C.　3

## H
Haldeman, Samuel H.　3
Harris, Thaddeus W.　3
Hatch, Melville　3
Hennig, Willi　35, 48
Horn, George H.　3, 43
Horn, Walther　3, 29, 40, 41, 48, 87, 187, 193
Huber, Ronald L.　3

## J
Jeannel, René　3, 32
Johnson, Walter　3

## K
Knisley, C. Barry　50, 182

## L
Lacordaire, Jean T.　3
Larochelle, André　3
Latreille, Pierre A.　2
LeConte, John L.　3
Leng, Charles W.　3
Lindroth, Carl H.　3
Linnaeus, Carolus (Linné)　2, 29

## M
MacArthur, Robert H.　194
Mandl, Karl　3, 32

## N
Naviaux, Roger　3

## P
Pliny　2

## R
Ray, John　2
Reiche, Louis　3
Rivalier, Emile　3, 33
Rumpp, Norman L.　3

## S
Say, Thomas　2
Shelford, Victor　3, 112, 114
Simpson, G. G.　190
Sumlin, W. Dan, III　3

## T
Thomson, James　3

## V
van Nidek, Chris M. C. Brouerius　3

## W
Werner, Karl　3
Wickham, Henry　3
Wiesner, Jürgen　3, 29
Willis, Harold L.　3
Wilson, Edward O.　193

# 事項

## 欧文

DNA　DNA　39
DNA 塩基配列の変異　DNA sequence divergence　64
ESU　evolutionarily significant unit　178
FIT（衝突板トラップ）　FIT (flight intercept trap)　200
in situ ハイブリダイゼーション　in situ hybridization　口絵4, 77
MVP　MVP (minimum viable population size)　183
PCR（ポリメラーゼ連鎖反応）　PCR (polymerase chain reaction)　196

## あ

赤色の地層（二畳紀）　red bed soils　59, 188
脚　legs　14
亜種　subspecies　48, 187
アマゾン川（河）流域　Amazon Basin　104, 105, 118, 123, 150, 165, 167, 173
アルベド　albedo　104
アンデス山脈　Andes　89, 176
アンブレラ種　umbrella species　170

## い

異形染色体　heterosome　71
異所的分布，異所性　allopatry　162, 165
一回繁殖　semelparity　120
一化性　univoltinism　113
遺伝子　gene　71
遺伝子の転座　translocation of genes (transposition)　78
遺伝子量補正　dosage compensation　76
緯度勾配（種多様性の）　latitudinal gradient in spedes richness　83, 155
陰具片（狭義の産卵管）　gonapophysis　21
インド　India　90, 94, 167
咽頭　cibarial-pharyngeal pump　9
インドプレート　Indian plate　94
隠蔽された雌の好み　criptic female choice　127
インベントリー（生物目録）　inventory　171

## う

羽化　emergence (adult)　123

## え

エチオピア区　Ethiopian region　83
塩性湿地　salt (alkaline) flats　14, 66

## お

黄体　corpora lutea　118
大顎　mandible　13, 123, 155, 156, 158, 162
オーストラリア　Australia　14, 66, 111

## か

害虫の制御　pest control　167
回転移動　wheel locomotion　138
外皮（クチクラ）の構造　cuticle structure　12, 104
科学的手法　scientific method　2
限りある資源　limiting resource　146, 147, 155

核型　karyotype　71, 75
下唇　labium　13
化石　fossil　30, 31
合衆国の絶滅危惧種保護法　U.S. Endangered Species Act　169, 177
カモフラージュ（隠蔽色）　camouflage (crypsis)　58, 59, 136, 139, 142
身体の大きさ　body size　57, 104
ガラパゴス諸島　Galapagos Islands　81
感桿　rhabdom　18, 20

## き

キアズマ　chiasma　73
奇形　teratology　28
気候変動　climate change　193
季節周期（フェノロジー）　phenology/seasonal cycle　110, 111, 114, 118
擬態　mimicry　137, 144
気門　spiracle　106
求愛　courtship　123, 127
休止　quiescence　110
臼歯状の歯　molarlike tooth　8
吸収（熱エネルギーの）　absorption　104
休眠　diapause　110, 113, 117, 120
境界層効果　boundary layer effect　100, 106
競争　competition　146, 151
競争排除　competitive exclusion　146, 151
共存仮説（群集レベルでの）　community-level hypotheses　155, 156
胸部　thorax　13
ギルド内捕食　intraguild predation　151
金属光沢　iridescence　104, 142

## く

クチクラの透過性　cuticular permeability　105
燻蒸（林冠の）　fumigation (canopy)　199
群淘汰　group selection　151

## け

警告色　aposematic (warning) coloration　136, 142
経済的な利用価値　economic use　167
形質置換　character displacement　159
形態形成　morphogenesis　44
系統の慣性　phylogenetic inertia　144, 162
系統発生（系統進化）/系統樹　phylogeny/phylogenetic tree　29, 32, 35, 45, 114, 129, 141, 142, 160, 161, 163, 165
系統分類学　phylogenetic systemaics　35
血縁淘汰　kin selection　151
減数分裂　meiosis　71, 78

## こ

後胸腹板　metasternum　29, 32
交雑　hybridization　51, 123, 125
行動圏　home range　125
交尾　copulation　13, 21, 121
交尾溝　coupling sulcus　13, 123

交尾前シグナル　pre-copulatory signals　123
剛毛　setae　13, 40, 41, 104, 106, 190
剛毛パッド（雄の跗節）　tarsal pads (male)　15, 123
向陽姿勢　sun facing　106
コープの法則　Cope's rule　59
個眼　facet, ommatidium　18
刻孔　foveae　14
個体群集約分析　population aggregation analysis　62
琥珀　amber　31
鼓膜（耳）　tympanum　21, 136
木洩れ日　sun flecks　120
固有性の高い地域　area of endemism　96
昆虫針　insect pin　202
ゴンドワナ大陸　Gondwanaland　88, 96

## さ
採餌行動　foraging behavior　147
最小存続可能個体数　minimun viable population size　183
最節約原理　parsimony　38
再導入　reintroduce　183
砂丘（砂地）　dunes　112, 162, 165, 188
蛹　pupa　27
鞘翅　elytra　8, 14, 41-43, 57
鞘翅の下の空洞　sub-elytral cavity　106
産卵　oviposition　25
産卵管　ovipositor　21, 25
産卵数（幼虫数）　fecundity　28, 146, 150, 155, 157

## し
シアン化物　cyanide　130
飼育容器　terrarium　195
視覚　vision　18, 135, 137, 149
色彩　color　12, 28, 32, 41-43, 54, 57, 104, 142
試供（モデル）生物　model test organism　4
自己相関　autocorrelation (in space and time)　172
死亡率　mortality rates　134, 148, 158
姉妹群　sister taxa　35
翅脈　veins (wing)　15
市民科学者　citizen scientist　183
ジャックナイフ法　jackknifing　38
集団（群集中のある分類群の）　assemblage　166
集団ねぐら　communal nocturnal roost　口絵17, 136
収斂進化　convergent evolution　97, 162, 188
樹上性の種　arboreal species　15
種数のパターン　species-richness patterns　44, 175
受精　fertilization　25
受精嚢　spermatheca　21, 25, 121, 126
シュタイナー木　Steiner tree　37
種の定義　species definition　48, 52
種分化　speciation　49
種分化（競争介在の）　speciation (competition-mediated)　160
種分化速度　speciation rate　46, 48, 178
種分化（起源）の中心地　center of origin　87, 91, 94, 96
寿命　life span　28
消化器系　digestive system　18
条件的嫌気生活　facultative anaerobiosis　103
小孔（内袋の）　ostium　21
上唇　labrum　13, 40, 158

常染色体　autosome　71
小塔状の巣孔　larval turret　100, 147
錠と鍵の関係　lock-and-key relationshiop　126
蒸発散速度　evapotranspiration rate　83
触角　antennae　13, 15
シリカゲル　silica gel　195
皺　rugae　13, 14
進化的に重要な単位（ESU）　evolutionarily significant units (ESUs)　178, 181
新成虫　teneral specimens　112
新熱帯区　Neotropieal region　83, 118, 150

## す
巣孔　larval tunnel　26, 147
水田　rice paddy　167
スウェーデン　Sweden　151, 170
スペイン　Spain　170
すみわけ（空間）　spatial segregation　151
すみわけ（時間）　temporal segregation　152
ずれ（DNAの）　slippage (DNA)　39, 47

## せ
性決定　sex determination　76
精子競争　sperm competition　121, 127
精子形成　spermatogenesis　25
精子優先度　sperm precedence　127
生殖隔離　reproductive isolation　49
生殖細胞　sex cell　71
性染色体　sex chromosome　71
生息場所の持続性　habitat persistence　70
生息場所の変更　habitat switches　188
生態的な多様化　ecological diversification　164
成虫の出現の同調　synchronization of adult emergence　120
性的二型　sexual dimorphism　123, 158
性淘汰　sexual selection　122
生物指標　bioindicators　170
生物地理的な歴史　biogeographic history　177
生物目録の作成　inventory studies　171
生物模倣　biomimetics/biomimicry　168
精包　spermatophore　123, 126, 127
絶滅　extinction　178
背伸び行動　stilting　106
前胸背板　pronotum　13
染色体　chromosome　71, 78
染色体の多様化　chromosomal divergence　73
前側板　episternum　29
専門的アマチュア　pro-am　183

## そ
相互参照　reciprocal illumination　39
挿入器（交尾器）　aedeagus　21, 126, 127
側単眼　stemmata　22
祖先形質　plesiomorphic　141

## た
体温調節　thermoregulation　55, 100, 103, 139, 153
体重の閾値（脱皮時の）　biomass threshold　148
大陸移動　continental drift　87, 92

タクソン・サイクル仮説　taxon cycle hypothesis　163
多型　polymorphism　62
脱皮　molt　26, 28, 148
脱皮（蛹からの）　ecdysis　28
多変量解析　multiple-factor analysis　158
多様化（正味の）　net diversification　87
単系統　monophyletic　37
短翅型　brachypterous characters　15
端部動原体型染色体　acrocentric chromosomes　76

## ち
チェサピーク湾　Chesapeake Bay　61, 181
地球統計学　geostatistics　173
地史的な生物地理　historical biogeography　97
中緯度効果　mid-latitude effect　83
中鉤　median hooks (larval)　22
聴覚　hearing　21, 136, 139, 141
地理的分断　vicariance　88, 96

## て
適応放散　adaptive radiation　160
出入り（はいり）行動　shuttling　106, 119
点刻　punctuation　14

## と
同一性（系統樹の）　congruence　38, 96
同所性　sympatry　162, 165
同所的種分化　sympatric speciation　120
同地性　syntopic　83
同調因子　zeitgeber　118
東南アジア　southeastern Asia region　83
東洋区　Oriental region　83
特殊化　specialization　188
独立した個体群単位　independent population segments　177
トラップ　trap　197

## な
夏型の種　summer-active species　112, 114, 152
なわばり制　territoriality　125

## に
西インド諸島　West Indies　93
二次的な接触　zone of secondary contact　90, 160
日光浴　basking　106, 119
日長　photoperiod　111
二年化性（二年一化性）　semivoltinism　113
日本　Japan　94, 126, 150
ニュージーランド　New Zealand　94

## ね
熱収支　heat gain　104, 139
熱帯での季節周期　seasonal cycles in the tropics　117
熱特性（生息場所の）　thermal quality (habitat)　119, 152, 162
粘着トラップ　sticky trap　199

## は
配偶者防衛　mate-guarding　121, 127, 158
胚発生　embryological development　43, 192

薄暮性　crepuscular activity　14, 210
走る行動　running behavior　8, 14
離ればなれの個体群（飛び石状の）　stepping stone populations　180
ハプロタイプ　haplotype　60, 180
春-秋型の種　spring-fall active species　112, 114, 152
反射（熱エネルギーの）　reflectance　104
半水生　semiaquatic　106
ハンミョウ科の類縁　basal relationship　38, 47
ハンミョウ属のラテン語の意味　*Cicindela*, Latin origin　2
斑紋　maculations　14, 42
氾濫（冠水）　flooding　100, 103, 106

## ひ
微細彫刻　microsculpturing　13
飛翔用の翅　flight wings　8, 15
微生息場所　microhabitat　27, 119, 151, 152, 163
尾節（腎部）腺　pygidial glands　22, 141
ピットフォールトラップ　pitfall traps　197
非飛翔性　flightlessness　15, 70, 144, 188
微毛（触角の）　microtrichia　40
標識再捕法　mark-and-recapture　195
標徴　diagnostics　53
費用便益分析　cost-benefit analysis　102, 121, 127, 138
開けたマツ林　pine barrens　151, 165
ピレトリン　pyrethrum　199
品種　race　48, 164

## ふ
ブートストラップ法　bootstrapping　38
孵化　eclosion　25
複X染色体システム　multiple X-chromosome system　73
腹肢　pygopod (larval)　22
腹部の色（オレンジ）　abdomen color (orange)　130
プレートテクトニクス　plate tectonics　87
ブレーマー支持指数　Bremer support　38
フロリダ半島　Florida Peninsula　60
分岐図 / (系統) 分岐　cladogram/cladogenesis　34, 44, 60, 88, 187
分岐分類学　cladistics　34, 96
分岐分類学に基づく生物地理　cladistic biogeography　96
分散（短距離の）　dispersion (short-range)　110
分散（長距離の）　dispersal (long-range)　81, 87, 96
分散経路の合流　confluence of dispersion routes　90, 94
分子時計　molecular clock　64, 189
分子マーカー　molecular marker　177
分布パターン　distribudonal patterns　186

## へ
ベーツ型擬態　Batesian mimicry　137
ベーリング海峡　Bering Strait　92
ヘキサン　hexane　201
鞭状片　flagellum　21, 126
ベンズアルデヒド　benzaldehyde　130, 141, 142
変態　metamorphosis　27

## ほ
防衛（防御）　defense　130
防御化学物質　defense chemicals　141, 142
縫合帯　suture zones　177

放散　divergence　159
捕食寄生者　parasitoid　133, 158
捕食者（トカゲ）　lizard predators　130
捕食者（鳥）　bird predators　130
保全　conservation　169
保全遺伝学　conservation genetics　177
保全の単位集団　conservation unit　181

## ま

マーサズ・ヴィニヤード島　Massachusetts, Martha's Vineyard　61, 179
マウント行動　amplexus　121, 127
摩擦音　stridulation　137
待ち伏せ（成虫）　sit-and-wait foraging　119
マルピーギ管　Malpighian tubules　18, 27
マレーズトラップ　Malaise trap　200

## み

三日月（半月）紋　lunules　14, 42
ミシガン湖　Lake Michigan　112
ミトコンドリア DNA　mtDNA (mitochondrial DNA)　39, 60, 179
ミニサテライト DNA　minisatellite DNA　78
ミュラー型擬態　Müllerian mimicry　137

## む

無翅型　apterous characters　15

## め

眼（成虫）　eye: adult　13, 18
眼（幼虫）　eye: larval　22
メキシコ湾沿岸　Gulf coast　61
雌の選り好み　female choice (mating)　122
メタ個体群　metapopulation　178

毛序　chaetotaxy　40, 41
モニタリング（生息場所の）　monitoring habitats　171

## や

夜行性　nocturnal activity　14, 18, 109, 139, 153, 195, 198

## ゆ

有糸分裂　mitosis　71

## よ

幼虫の行動　larval behavior　9, 26

## ら

ラベル　label　202
卵　egg　25
卵殻　chorion　25
卵形成　oogenesis　25

## り

リボゾーム DNA 遺伝子座　genetic locus (rDNA)　77
リボゾーム RNA　rRNA (ribosomal RNA)　38

## る

類似性の限界　limiting similarity　155

## れ

齢期　instar　26
歴史的な制約仮説　historical constraint hypothesis　141
レフュジア　refugia　189

## ろ

蝋質化合物　lipids (waxy eutide)　104

## 著者紹介

**David L. Pearson**（デイビッド L. ピアソン）

1973年ワシントン州立大学で生物学を専攻．Ph.D. 現在アリゾナ州立大学教授．ハンミョウの生態学と分類学を中心に1970年代から幅広い研究活動を精力的に続けており，現在のハンミョウ生物学の第一人者といえる．南北アメリカ大陸のハンミョウのモノグラフやフィールドガイドなどの出版物も多数．

**Alfried P. Vogler**（アルフリート P. ボグラー）

1988年ドイツ・オスナブリュック大学で微生物学を専攻．Ph.D. その後，米国エール大学，アメリカ自然史博物館で博士研究員としてハンミョウの分子系統学の研究を始めた．現在は，英国インペリアルカレッジ教授（大英自然史博物館兼任教授）．分子系統学的手法を駆使した系統学，生物多様性研究の第一人者として国際的に活躍している．

## 訳者紹介

**堀　道雄**（ほり　みちお）

1977年京都大学大学院理学研究科博士課程修了．博士（理学）．前京都大学大学院理学研究科教授．現在，京都大学名誉教授．専門は動物生態学．最近の研究テーマは，ハンミョウ類の生態，タンガニイカ湖の魚類群集の構造，および水生動物の左右性の動態．著書『タンガニイカ湖の魚たち—多様性の謎を探る』（編著，平凡社），『シリーズ21世紀ノ動物科学11　生態と環境』（松本忠夫他編，分担執筆），訳書『動物生態学』（M. ベゴン他著，共訳，京都大学出版会）など．

**佐藤　綾**（さとう　あや）

2004年京都大学大学院理学研究科博士課程修了．博士（理学）．琉球大学理学部助教を経て，現在，総合研究大学院大学特別研究員．専門は，昆虫を対象とした行動学的，生態学的研究．最近は，潮間帯に棲む昆虫の示す生物リズムと適応戦略について研究を進めている．著書『生物時計の生態学：リズムを刻む生物の世界』（分担執筆，文一総合出版），『時間生物学』（分担執筆，化学同人），『森と水辺の甲虫誌』（分担執筆，東海大学出版会）など．

装丁　中野達彦

---

**ハンミョウの生物学—ハンミョウ類の進化・生態・多様性**

2017年1月10日　第1版第1刷発行

| | |
|---|---|
| 訳　者 | 堀 道雄・佐藤 綾 |
| 発行者 | 橋本敏明 |
| 発行所 | 東海大学出版部 |

〒259-1292　神奈川県平塚市北金目4-1-1
TEL　0463-58-7811　FAX　0463-58-7833
URL　http://www.press.tokai.ac.jp/
振替　00100-5-46614

| | |
|---|---|
| 印刷所 | 港北出版印刷株式会社 |
| 製本所 | 誠製本株式会社 |

Ⓒ Michio Hori and Aya Sato, 2017　　ISBN978-4-486-01990-9

Ⓡ〈日本複製権センター委託出版物〉
本書の全部または一部を無断で複写複製（コピー）することは，著作権法上の例外を除き，禁じられています．本書から複写複製する場合は日本複製権センターへご連絡の上，許諾を得てください．日本複製権センター（電話 03-3401-2382）